"十二五"普通高等教育本科国家级规划教材

普通高等教育
"十五"国家级规划教材

普通高等教育
"九五"国家级重点教材

荣获中国石油和化学工业优秀出版物奖·教材一等奖

化工原理

(下册)

第五版

陈敏恒　丛德滋　齐鸣斋　潘鹤林　黄婕　编

化学工业出版社
·北京·

图书在版编目（CIP）数据

化工原理．下册/陈敏恒等编．—5版．—北京：化学工业出版社，2020.6（2023.8重印）
“十二五”普通高等教育本科国家级规划教材
ISBN 978-7-122-35691-8

Ⅰ.①化… Ⅱ.①陈… Ⅲ.①化工原理-高等学校-教材 Ⅳ.①TQ02

中国版本图书馆CIP数据核字（2020）第067785号

责任编辑：徐雅妮　杜进祥　　　装帧设计：关　飞
责任校对：张雨彤

出版发行：化学工业出版社（北京市东城区青年湖南街13号　邮政编码100011）
印　　刷：北京云浩印刷有限责任公司
装　　订：三河市振勇印装有限公司
787mm×1092mm　1/16　印张17¼　字数437千字　　2023年8月北京第5版第5次印刷

购书咨询：010-64518888　　　售后服务：010-64518899
网　　址：http://www.cip.com.cn
凡购买本书，如有缺损质量问题，本社销售中心负责调换。

定　价：49.00元

第五版前言

在我国改革开放初期，为推动高等学校化工原理教学改革，华东理工大学于 1985 年 9 月组织编写出版了《化工原理》第一版。随着化工技术的进步和发展，以及教学内容、方法的改革，本书在出版后的 35 年里不断更新、完善，分别于 1999 年 6 月出版第二版，2006 年 5 月出版第三版，2015 年 7 月出版第四版，并被评选为普通高等教育“九五”国家级重点教材、普通高等教育“十五”国家级规划教材和“十二五”普通高等教育本科国家级规划教材。本次再版为第五版。

当前，根据新时代国家战略急需、新一轮产业变革趋势和社会民生新要求，我国工科高等教育正在加快推进新工科建设。在此背景下，高校要重塑高等教育人才培养体系，为党育人、为国育才，以互联网和工业智能为核心的新兴产业也迫切需要高素质复合型人才。在化工类及相关工科专业人才培养过程中，学习化工过程技术开发的基本原理至关重要，如何改革化工原理课程教学内容以适应新工科的挑战，培养造就德才兼备的高素质人才，是《化工原理》(第五版) 修订再版时我们重点考虑的。

《化工原理》(第五版) 将化工单元操作按传递过程共性归类，以动量传递为基础叙述流体输送、搅拌、流体通过颗粒层的流动、绕流及相关的单元操作；以热量传递为基础阐述换热和蒸发操作；以质量传递原理说明吸收、精馏、萃取、吸附、结晶、膜分离等传质单元操作；最后阐述了具有热、质同时传递过程特点的固体干燥。

本书还结合典型单元操作的定量分析和数学描述对现代化工技术常用的方法作了较详细的说明，如数学模型法、参数归并法和过程分解与综合法等。单元操作的发展在过程和设备方面积累了丰富的材料，笔者在取舍和组织这些材料时，注意培养读者的工程观点，如机械能衡算、控制步骤与过程强化等，以使读者在获取知识的同时对重要的工程观点有较深的印象，便于日后分析较为复杂的工程问题，助力产教融合、科教融汇。在数学描述结果的应用中，本书从设计、操作和综合三个方面着手讨论，便于读者理论联系实际。本书各章均配有思考题、习题及答案，便于读者自学。

《化工原理》(第五版) 由陈敏恒、丛德滋、齐鸣斋、潘鹤林、黄婕编。本次修订我们融合了现代教学技术手段，增加了主要章节的微课和重要知识点的动画视频，以提升读者的学习效果。微课视频由华东理工大学化工原理教学中心潘鹤林、黄婕、张辉、孙浩、宗原、曹正芳、叶启亮、刘玉兰、许煦、丛梅、熊丹柳老师联合录制。动画资源由浙江中控科教仪器设备有限公司提供技术支持。

本书第一版由陈敏恒、丛德滋、方图南编；第二、三版由陈敏恒、丛德滋、方图南、齐鸣斋编；第四版由陈敏恒、丛德滋、方图南、齐鸣斋、潘鹤林编。华东理工大学化工原理教研室的前辈先贤也为教材的建设奉献了毕生精力，值此再版之时，谨向各位前辈表示最崇高的敬意！

本书是华东理工大学化工原理教学中心集体的教学经验与成果，在此向全体同事在编写工作中给予的帮助和支持表示衷心感谢。本书的持续发展离不开读者们的认可与支持，在此向全国选用本书作为教材的广大高等院校师生表示感谢。

书中难免有不足之处，恳请读者批评指正，使本书不断完善。

编　者

2023 年 7 月

目录

第 8 章　气体吸收　/ 1

第 9 章　液体精馏　/ 49

第 10 章 气液传质设备 / 107

第 11 章 液液萃取 / 152

第 12 章 其他传质分离方法 / 182

第 13 章 热、质同时传递过程 / 216

第 14 章 固体干燥 / 230

附 录 / 262

参考文献 / 266

名人堂 / 268

第8章 气体吸收

8.1 概 述

在化学工业中，经常需将气体混合物中的各个组分加以分离，其目的是：

① 回收或捕获气体混合物中的有用物质，以制取产品；

② 除去工艺气体中的有害成分，使气体净化。

实际过程往往同时兼有净化与回收双重目的。

气体混合物的分离，是根据混合物中各组分间某种物理和化学性质的差异而进行的。根据不同性质上的差异，可开发出不同的分离方法。吸收操作仅为其中之一，它根据气体混合物各组分在某种溶剂中溶解度的不同而实现分离。

工业吸收过程 现以气体脱硫为例，说明吸收操作的流程。在合成氨生产的造气过程中，半水煤气内含有少量的硫化氢（H_2S）气体，应予以脱除，并分离回收。吸收操作的流程如图 8-1 所示，所用的吸收溶剂为乙醇胺，工业上称此方法为乙醇胺法脱硫。

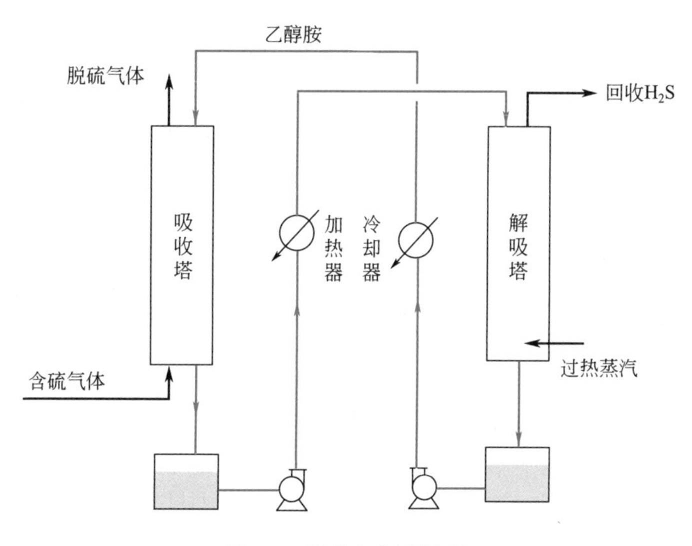

图 8-1 **吸收与解吸流程**

脱硫的流程包括吸收和解吸两大部分。含硫气体在 25～40℃下进入吸收塔底部，乙醇胺溶液从塔顶淋下，塔内装有填料以扩大气液接触面积。在气体与液体接触的过程中，气体中的硫化氢溶解于溶液，使离开吸收塔顶的气体硫化氢含量降低至允许值，而溶有较多硫化氢的液体由吸收塔底排出。为了使乙醇胺溶液能够再次使用，需要将硫化氢与乙醇胺溶液分离，这一过程称为溶剂的再生。解吸是溶剂再生的一种方法，乙醇胺溶液经过加热后送入解吸塔，与上升的过热蒸汽接触，硫化氢从液相解吸至气相。因此，解吸操作是一个与吸收过程相反的操作。硫化氢被解吸后，乙醇胺溶液得到再生，经过冷却后再重新作为吸收剂送入吸收塔循环使用。

由此可见，采用吸收操作实现气体混合物的分离必须解决下列问题：

① 选择合适的溶剂，使能选择性地溶解某个（或某些）被分离组分；

② 提供适当的传质设备以实现气液两相的接触，使被分离组分得以自气相转移至液相；

③ 溶剂的再生，即脱除溶解于溶剂中的被分离组分以便循环使用。

总之，一个吸收分离过程常常包括吸收和溶剂再生（如解吸）两个组成部分。

溶剂的选择 吸收操作是气液两相之间的接触传质过程，吸收操作的成功与否在很大程度上取决于溶剂的性质，特别是溶剂与气体混合物之间的相平衡关系。根据物理化学中有关相平衡的知识可知，评价溶剂优劣的主要依据应包括：

① 溶剂应对混合气中被分离组分（下称溶质）有较大的溶解度，或者说溶质的平衡分压要低。这样，处理一定量混合气体所需的溶剂量较少，气体中溶质的极限残余浓度亦可降低；就过程速率而言，溶质平衡分压低，过程推动力大，传质速率快，所需设备的尺寸小。

② 溶剂对混合气体中其他组分的溶解度要小，即溶剂应具有较高的选择性。如果溶剂的选择性不高，它将同时吸收气体混合物中的其他组分，不能实现较为完全的分离。

③ 溶质在溶剂中的溶解度应对温度的变化比较敏感，即不仅在低温下溶解度要大，平衡分压要小，而且随温度升高，溶解度应迅速下降，平衡分压应迅速上升。这样，被吸收的气体容易解吸，溶剂再生方便。

④ 溶剂的蒸气压要低，以减少吸收和再生过程中溶剂的挥发损失。

除上述诸点以外，溶剂还应满足：

⑤ 溶剂应有较好的化学稳定性，以免使用过程中发生变质。

⑥ 溶剂应有较低的黏度，且在吸收过程中不易产生泡沫，以实现吸收塔内良好的气液接触和塔顶的气液分离。在必要时，可在溶剂中加入少量消泡剂。

⑦ 溶剂应尽可能满足价廉、易得、无毒、不易燃烧等经济和安全条件。

实际上很难找到一个理想的溶剂能够满足所有这些要求，因此，应对可供选用的溶剂作全面的评价以作出经济合理的选择。

物理吸收和化学吸收 气体中各组分因在溶剂中物理溶解度的不同而被分离的吸收操作称为物理吸收。在物理吸收中的溶质与溶剂的结合力较弱，解吸比较方便。

但是，一般气体在溶剂中的溶解度不高。利用适当的化学反应，可大幅度地提高溶剂对气体的吸收能力。例如，H_2S 在水中的溶解度甚低，但若以二乙醇胺溶液吸收 H_2S 时，则在液相中发生下列反应：

$$(HOCH_2CH_2)_2NH + H_2S \Longrightarrow (HOCH_2CH_2)_2NH_2 \cdot SH$$

从而使溶液具有较高的吸收 H_2S 的能力。同时，化学反应本身的高度选择性使吸收操作具有很高的选择性。可见，化学反应使吸收操作的应用范围得以扩展，此种利用化学反应而实现吸收的操作称为化学吸收。

吸收操作的经济性 吸收的操作费用主要包括：

① 气、液两相流经吸收设备的能量消耗；

② 溶剂的挥发损失和变质损失；

③ 溶剂的再生费用，如解吸操作费。

此三者中尤以再生费用所占的比例最大。

常用的解吸方法有升温、减压、吹气，其中升温与吹气特别是升温和吹气同时使用最为常见。溶剂在吸收与解吸设备之间循环，其间的加热与冷却、泄压与加压须消耗较多的能量。如果溶剂的溶解能力差，离开吸收设备的溶剂中溶质浓度低，则所需的溶剂循环量大，再生时的能量消耗也大。同样，若溶剂的溶解能力对温度变化不敏感，所需解吸温度较高，溶剂再生的能耗也将增大。

若吸收了溶质以后的溶液是过程的产品，此时不再需要溶剂的再生，这种吸收过程自然是最经济的。

吸收过程中气、液两相的接触方式 吸收设备种类很多，但以塔设备最为常见。按气、液两相接触方式可分为级式接触与微分接触两大类。图 8-2 所示为这两类设备中典型的吸收塔示意图。

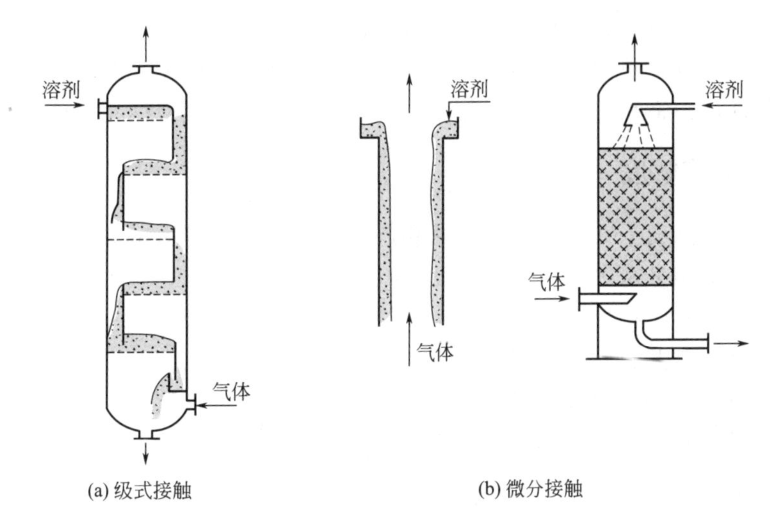

图 8-2 两类吸收设备

在图 8-2(a) 所示的板式吸收塔中，气体与液体为逐级逆流接触。气体自下而上通过板上小孔逐板上升，在每一板上与溶剂接触，其中可溶组分被部分地溶解。在此类设备中，气体每上升一块塔板，其可溶组分的浓度阶跃式地降低；溶剂浓度逐板下降，其可溶组分的浓度则阶跃式地升高。但是，在级式接触过程中所进行的吸收过程仍可不随时间而变，为定态连续过程。

在图 8-2(b) 所示设备中，液体呈膜状沿壁流下，此为湿壁塔或降膜塔。更常见的是在塔内充以填料，液体自塔顶均匀淋下并沿填料表面向下流动，气体通过填料间的空隙上升与液体作连续的逆流接触。在这种设备中，气体中的可溶组分不断地被吸收，其浓度自下而上连续地降低；液体浓度则由上而下连续地增高，此既是微分接触吸收设备。

级式与微分接触两类设备不仅可用于气体吸收，同样也可用于液体精馏、萃取等其他传质单元操作。两类设备可采用完全不同的计算方法。

本章所作的基本假定 为便于说明问题，本章讨论的气体吸收限于下列较为简单的情况：

① 气体混合物中只有一个组分溶于溶剂，其余组分在溶剂中的溶解度极低而可忽略不计，因而可视为一个惰性组分。

② 溶剂的蒸气压很低，即不计气体中的溶剂蒸气。

③ 操作在连续、定态的条件下进行。

这样，在气相中仅包括一个惰性组分和一个可溶组分；在液相中则包含着可溶组分（溶质）与溶剂。

思考题

8-1 吸收的目的和基本依据是什么？吸收的主要操作费用产生在哪？

8-2 选择吸收溶剂的主要依据是什么？什么是溶剂的选择性？

8-3 工业吸收过程气液接触的方式有哪两种？

8.2 气液相平衡

若将吸收过程与传热过程作比较，传热过程传递的是热量，传递的推动力是两流体间的温度差，过程极限是冷、热流体间温度相等；吸收过程是气液两相间的物质传递，传递的是物质，但传递的推动力不是两相的浓度差，过程的极限也不是气液两相浓度相等。

8.2.1 平衡溶解度

气液两相在一定温度下充分接触后，两相趋于平衡。此时溶质组分在两相中的浓度服从某种确定的关系，即相平衡关系。此相平衡关系可以用不同的方式表示。

溶解度曲线　气液两相处于平衡状态时，溶质在液相中的浓度称为溶解度，它与温度、溶质在气相中的分压有关。若在一定温度下，将平衡时溶质在气相中的分压 p_e 与液相中的摩尔分数 x 相关联，即得溶解度曲线。图 8-3 所示为不同温度下氨在水中的溶解度曲线。从此图可以看出，温度升高，气体的溶解度降低。

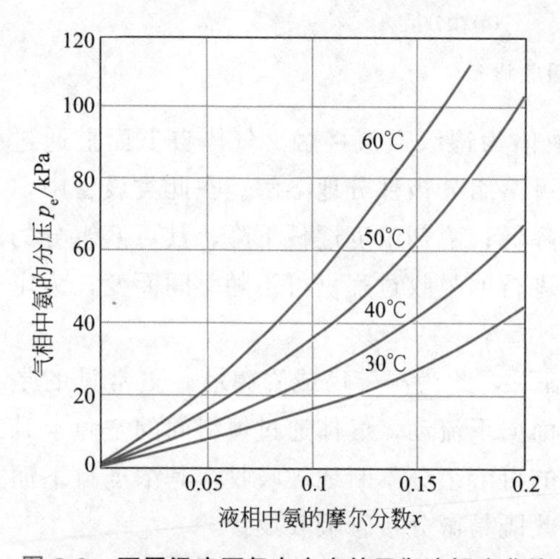

图 8-3　不同温度下氨在水中的平衡溶解度曲线

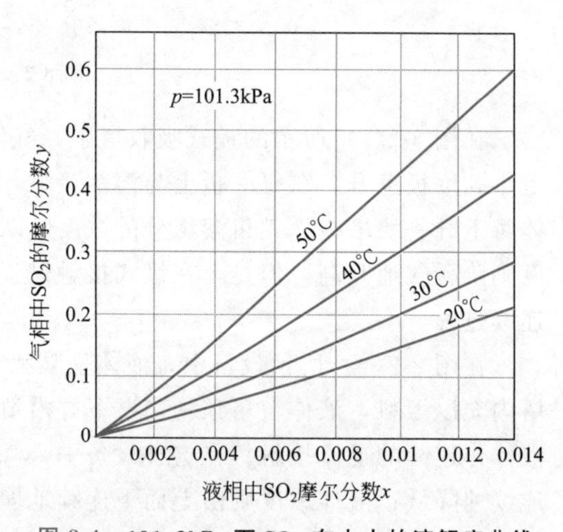

图 8-4　101.3kPa 下 SO_2 在水中的溶解度曲线

溶解度及溶质在气相中的组成也可用其他单位表示。例如，气相以摩尔分数 y 表示，液相用摩尔浓度 c(kmol 溶质/m^3 溶液）或摩尔浓度 x 表示。图 8-4 所示为 101.3kPa 下 SO_2 在水中的溶解度曲线，图中气、液两相中的溶质浓度分别以 y、x（摩尔分数）表示。

在一定温度下，分压是直接决定溶解度的参数。当总压不太高时（一般约小于

0.5MPa，视物系而异)，总压的变化对分压与溶解度之间的关系无影响。但是，当保持气相中溶质的摩尔分数 y 为定值，分压正比于总压。因此，不同总压下 y-x 溶解度曲线的位置不同。

以分压表示的溶解度曲线直接反映了相平衡的本质，便于思考和分析问题；而以摩尔分数 x 与 y 表示的相平衡关系，则便于物料衡算及对整个吸收过程进行数学描述。

亨利定律　吸收操作最常用于分离低浓度的气体混合物。低浓度气体混合物吸收时液相的浓度通常也较低，即常在稀溶液范围内。稀溶液的溶解度曲线通常近似地为一直线，此时溶解度与气相的平衡分压 p_e 之间服从亨利定律，即

$$p_e = Ex \tag{8-1}$$

当以其他单位表示可溶组分（溶质）在两相中的浓度时，亨利定律也可表示为

$$p_e = Hc \tag{8-2}$$

$$y_e = mx \tag{8-3}$$

以上三式中，比例系数 E、H、m 为以不同单位表示的亨利常数，m 又称为相平衡常数。这些常数的数值越小，表明可溶组分的溶解度越大。

比较式(8-1)～式(8-3) 不难得出三个比例常数之间的关系为：

$$m = \frac{E}{p} \tag{8-4}$$

$$E = Hc_M \tag{8-5}$$

式中，p 为总压；c_M 为混合液的总摩尔浓度，$kmol/m^3$。溶液中溶质的摩尔浓度 c 与摩尔分数 x 的关系为

$$c = c_M x \tag{8-6}$$

溶液的总摩尔浓度 c_M 可用 $1m^3$ 溶液为基准来计算，即

$$c_M = \frac{\rho_m}{M_m} \tag{8-7}$$

式中，ρ_m 为混合液的平均密度，kg/m^3；M_m 为混合液的平均分子量。

对稀溶液，式(8-7) 可近似为 $c_M \approx \rho_s / M_s$，其中 ρ_s、M_s 分别为溶剂的密度和分子量。将此式代入式(8-5) 可得

$$H \approx \frac{EM_s}{\rho_s} \tag{8-8}$$

常见物系的气液溶解度数据、亨利常数 E 可在有关手册中查到。必须注意，手册中气液两相浓度常使用各种不同的单位，亨利常数的数值与单位也不同。

在较宽的浓度范围内，溶质在两相中浓度的平衡关系可一般地写成某种函数形式

$$y_e = f(x)$$

此式称为相平衡方程。有时在有限的浓度范围内，溶解度曲线也可近似取为直线，但此直线不一定通过原点，与亨利定律有区别。

【例 8-1】 相平衡曲线的求取

在总压为 101.3kPa 和 202.6kPa 下，根据 25℃ 的 NH_3-水的气液数据绘出以摩尔分数表示气、液浓度的相平衡曲线，并计算气相组成 $y=0.01$（摩尔分数）时，两种不同总压下的

平衡液相浓度。

解：(1) 25℃下NH_3-水的气液相平衡数据取自数据手册（见参考文献[1]），列于附表第1、第2列。a为100g水中溶解的NH_3质量(g)，溶液中NH_3的摩尔分数x为

$$x=\frac{\frac{a}{17}}{\frac{a}{17}+\frac{100}{18}}$$

例8-1附表　25℃ NH_3-水平衡数据

a /(g NH_3/100g H_2O)	p_e /kPa	液相浓度 x	气相浓度 y_e	
			$p=101.3$kPa	$p=202.6$kPa
0.105	0.105	0.00111	0.00104	0.000520
0.244	0.243	0.00258	0.00241	0.00120
0.380	0.385	0.00401	0.00380	0.00190
0.576	0.588	0.00606	0.00580	0.00290
1.02	1.061	0.01068	0.01047	0.00524
1.53	1.587	0.01594	0.01567	0.00784
1.98	2.099	0.02053	0.02072	0.01036
2.75	2.983	0.02829	0.02945	0.01472

按此式将附表第1列的溶液浓度换算成摩尔分数x列入附表第3列。气相浓度

$$y_e=\frac{p_e}{p}$$

在$p=101.3$kPa及$p=202.6$kPa下将附表第2列NH_3分压p_e换算成y_e列入第4、第5列。根据气、液平衡浓度y_e-x作图，即得25℃下NH_3-水的相平衡曲线，如图8-5所示。

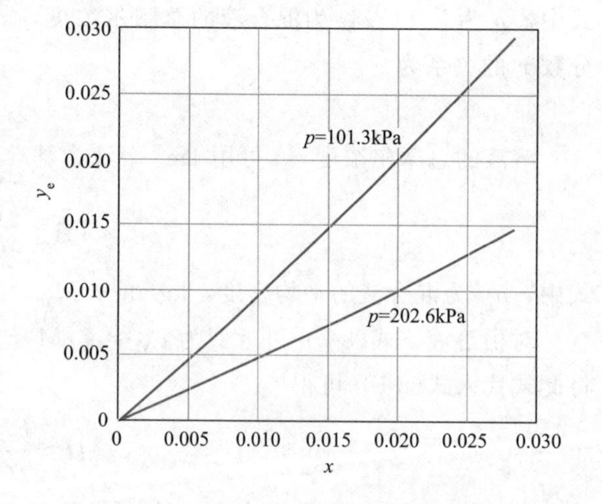

图8-5　25℃下NH_3-水的相平衡曲线

(2) 当混合气中NH_3浓度$y=0.01$时，可由图8-5的相平衡曲线查得液相的平衡浓度为

$$p=101.3\text{kPa},\quad x_e=0.0102$$
$$p=202.6\text{kPa},\quad x_e=0.0203$$

由本例可知，总压p的变化将改变y-x平衡曲线的位置。对指定气相组成y，总压增加使NH_3分压增大，溶解度x也随之增大。

8.2.2 相平衡与吸收过程的关系

过程的方向　设在101.3kPa、20℃下稀氨水的相平衡方程为$y_e=0.94x$，今使含氨0.10（摩尔分数）的混合气和$x=0.05$的氨水接触[图8-6(a)]。因实际气相浓度y大于与实际溶液浓度x成平衡的气相浓度$y_e=0.047$，故两相接触时将有部分氨自气相转入液相，

即发生吸收过程。

同样，也可理解为实际液相浓度 x 小于与实际气相浓度 y 成平衡的液相浓度 $x_e=y/m=0.106$，故两相接触时部分氨自气相转入液相。

反之，若以 $y=0.05$ 的含氨混合气与 $x=0.1$ 的氨水接触［图 8-6(b)］，则因 $y<y_e$ 或 $x>x_e$，部分氨将由液相转入气相，即发生解吸过程。

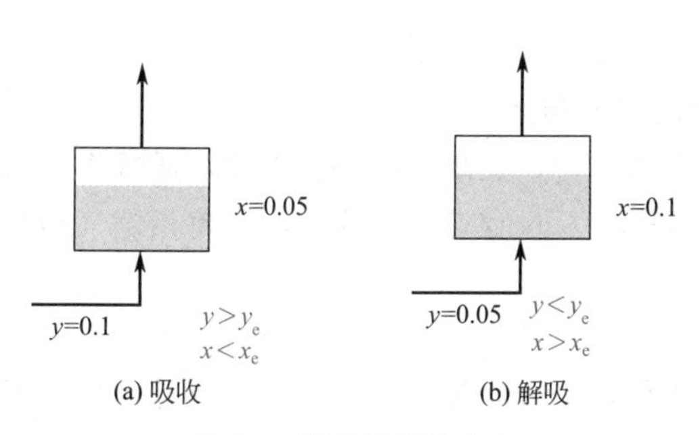

图 8-6　判别过程的方向

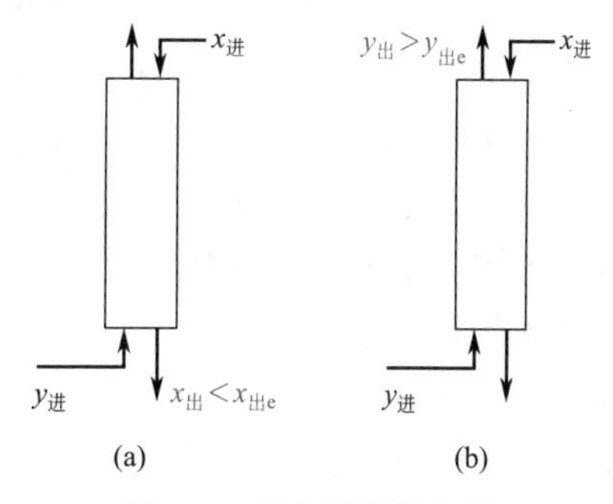

图 8-7　吸收过程的极限

过程的极限　浓度为 $y_{进}$ 的混合气送入某吸收塔的底部，溶剂自塔顶加入作逆流吸收［图 8-7(a)］。若减少吸收溶剂量，则溶剂在塔底出口的浓度 $x_{出}$ 将增高。但即使在塔很高、吸收溶剂量很少的情况下，$x_{出}$ 也不会无限增大，其极限是气相浓度 $y_{进}$ 的平衡浓度 $x_{出e}$，即

$$x_{出\max}=x_{出c}=y_{进}/m$$

反之，当吸收剂用量很大而气体流量较小时，即使在无限高的塔内进行逆流吸收［图 8-7(b)］，出口气体的溶质浓度也不会低于吸收剂入口浓度 $x_{进}$ 的平衡浓度 $y_{出e}$，即

$$y_{出\min}=y_{出e}=mx_{进}$$

由此可见，相平衡关系限制了吸收溶剂离塔时的最高浓度和气体混合物离塔时的最低浓度。

过程的推动力　平衡是过程的极限，只有不平衡的两相互相接触才会发生气体的吸收或解吸。实际浓度偏离平衡浓度越远，过程的推动力越大，过程的速率也越快。在吸收过程中，通常以实际浓度与平衡浓度的差值来表示吸收的推动力。

图 8-8 所示为吸收塔的某一截面，该处气相溶质浓度为 y，液相溶质浓度为 x。在 y-x 表示的相平衡图上，该截面的两相实际浓度可用 A 点表示。显然，因相平衡关系的存在，气液两相间的吸收推动力不是 $(y-x)$，而是 $(y-y_e)$ 或 (x_e-x)。$(y-y_e)$ 称为以气相浓度差表示的吸收推动力，(x_e-x) 则称为以液相浓度差表示的吸收推动力。

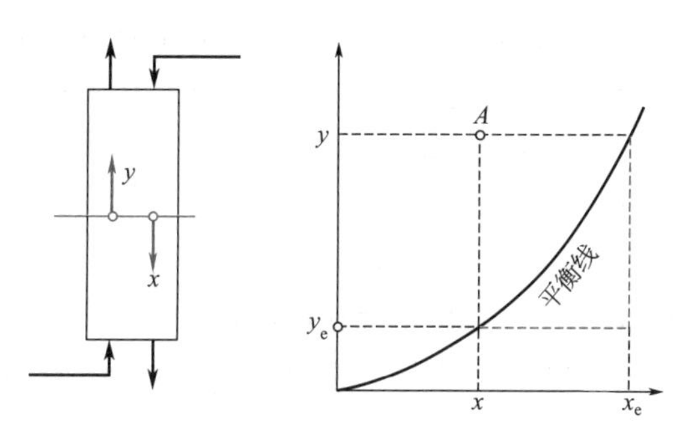

图 8-8　吸收推动力

思考题

8-4　E，m，H 三者各自与温度、总压有何关系？

8-5　相平衡与吸收过程的关系如何？

8.3 扩散和单相传质

分析化工传递过程时需要解决过程的速率问题。本节将讨论吸收过程的速率。

吸收过程涉及两相间的物质传递，它包括三个步骤：

① 溶质由气相主体传递到两相界面，即气相内的物质传递；

② 溶质在相界面上的溶解，由气相转入液相，即界面上发生的溶解过程；

③ 溶质自界面被传递至液相主体，即液相内的传质传递。

通常，上述第二步即界面上发生的溶解过程很易进行，其阻力极小。因此，通常都认为界面上气、液两相的溶质浓度满足相平衡关系。这样，总过程速率主要由两个单相即气相与液相内的传质速率所决定。

不论气相或液相，物质传递的机理不外分子扩散和对流传质两种。

(1) 分子扩散 分子扩散类似于传热中的热传导，是分子微观运动的宏观统计结果。混合物中存在温度梯度、压强梯度及浓度梯度都会产生分子扩散，本章仅讨论吸收及常见传质过程中因浓度差而造成的分子扩散速率。

(2) 对流传质 在流动的流体中不仅有分子扩散，而且流体的宏观流动也将导致物质的传递，这种现象称为对流传质。对流传质与对流传热相类似，且通常是指流体与某一界面（如气液界面）之间的传质。

工业吸收过程大多为定态过程，下面讨论定态条件下双组分物系的分子扩散和对流传质。

8.3.1 双组分混合物中的分子扩散

费克定律 分子扩散的实质是分子的微观随机运动，对恒温恒压下的一维定态扩散，其统计规律可用宏观的方式表达如下

$$J_A=-D_{AB}\frac{dc_A}{dz} \tag{8-9}$$

式中，J_A 为单位时间内组分 A 扩散通过单位面积的物质的量，称为扩散速率，kmol/(m^2·s)；dc_A/dz 为组分在扩散方向 z 上的浓度梯度，浓度 c_A 的单位是 kmol/m^3 混合物；D_{AB} 为组分 A 在 A、B 双组分混合物中的扩散系数，m^2/s；－表示组分 A 的扩散方向与浓度梯度方向相反。

式(8-9) 称为费克定律，其形式与牛顿黏性定律、傅立叶热传导定律相类似。费克定律表明，只要混合物中存在浓度梯度，必产生物质的扩散流。

对双组分混合物，在总浓度（对气相也可说总压）各处相等的前提下，即

$$c_M=c_A+c_B=\text{常数}$$

则

$$\frac{dc_A}{dz}=-\frac{dc_B}{dz} \tag{8-10}$$

因此，在双组分混合物内，物质 A 产生扩散流 J_A 的同时，必伴有反方向的物质 B 扩散流 J_B。由费克定律，此扩散流可表示为

$$J_B=-D_{BA}\frac{dc_B}{dz} \tag{8-11}$$

对双组分混合物 $$D_{AB}=D_{BA}=D \tag{8-12}$$

即在同一物系中，组分 A 在组分 B 中的扩散系数等于组分 B 在组分 A 中的扩散系数。于是，将式(8-10) 代入式(8-11) 可得

$$J_A=-J_B \tag{8-13}$$

此式表明，组分 B 的扩散流 J_B 与组分 A 的扩散流 J_A 大小相等，方向相反。

分子扩散与主体流动　在定态传质过程中，设在气液界面的一侧有一厚度为 δ 的静止气层，气层内总压处处相等。组分 A 在界面及相距界面 δ 处的气相主体的浓度分别为 c_{Ai} 和 c_A，则如图 8-9 所示，组分 B 在此两处相应的浓度必为

$$c_{Bi}=c_M-c_{Ai}, \quad c_B=c_M-c_A$$

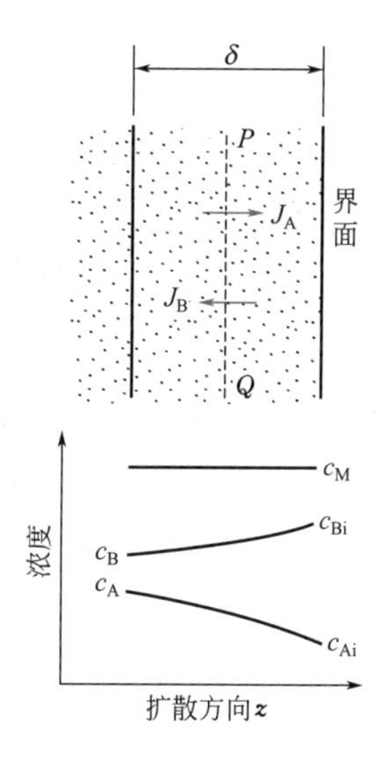

图 8-9　分子的扩散

因气相主体与界面间存在着浓度差，$c_A>c_{Ai}$，组分 A 将以 J_A 的速率由主体向界面扩散。作为定态过程，界面处没有物质的积累，组分 A 必在界面上以同样的速率溶解并传递到液相主体中去。但是，组分 B 以同样的速率 J_B 由界面向气相主体扩散。显然，只有当液相能以同一速率向界面供应组分 B 时，界面上 c_{Bi} 方能保持定态，即通过截面 PQ 的净物质量为零，这种现象称为等分子反向扩散。可见，等分子反向扩散的前提是界面能等速率地向气相提供组分 B（在下一章的精馏过程中常出现）。

在气体吸收中，A 为被吸收组分，B 为惰性组分，液相不存在物质 B，不可能向界面提供组分 B。因此，吸收过程所发生的是组分 A 的单向扩散。在吸收过程中，组分 A 被液体吸收及组分 B 的反向扩散，都将导致界面处气体总压降低，使气相主体与界面之间产生微小压差。这一压差必定促使混合气体向界面流动，此流动称为主体流动。

主体流动不同于扩散流，它系宏观运动，它同时携带组分 A 与组分 B 流向界面。在定态条件下，主体流动所带组分 B 的量必恰好等于组分 B 的反向扩散，以使 c_{Bi} 保持定态。

以上解释了产生主体流动的原因。严格地说，只要不满足等分子反向扩散条件，都必然出现主体流动。

分子扩散的速率方程　组分 A 因分子扩散和主体流动而造成的传递速率 N_A 可由物料衡算及费克定律导出。由上述可知，通过任一与气液界面平行的静止平面 PQ 一般存在着三个物流：两个扩散流 J_A、J_B 及一个主体流动 N_M（图 8-10）。设通过静止考察平面 PQ 的净物流为 N [kmol/(m^2·s)]，对平面 PQ 作总物料衡算可得

$$N=N_M+J_A+J_B=N_M \tag{8-14}$$

可见，主体流动的速率必等于净物流速率。组分 A 的传递速率等于扩散流 J_A 和主体流动 $N_M x_A$ 之和，摩尔分数 $x_A=c_A/c_M$。这样，在平面 PQ 处对组分 A 作物料衡算可得

$$N_A=J_A+N_M\frac{c_A}{c_M}=J_A+N\frac{c_A}{c_M} \tag{8-15}$$

对双组分物系 $$N=N_A+N_B$$

故 $$N_A=J_A+(N_A+N_B)\frac{c_A}{c_M} \tag{8-16}$$

式(8-16) 称为组分 A 的分子扩散速率方程。

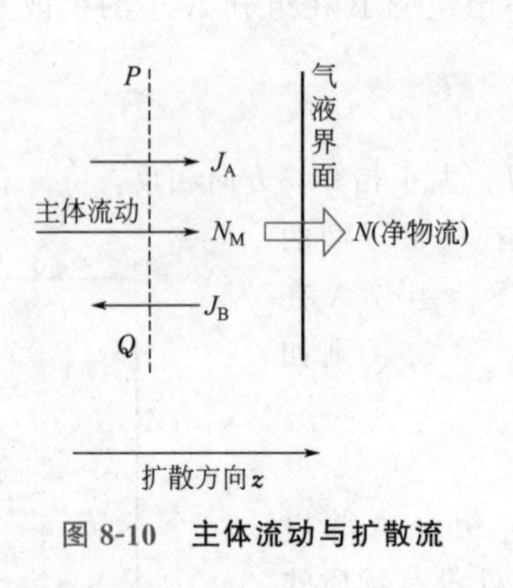

图 8-10　主体流动与扩散流

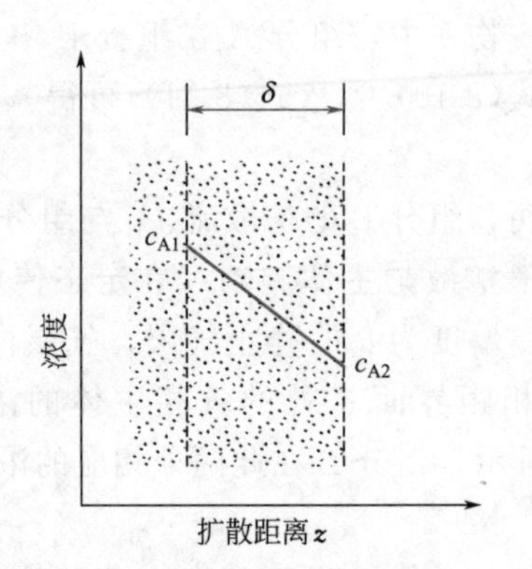

图 8-11　等分子反向扩散

分子扩散速率的积分式　上述分子扩散速率方程式中包含 N_A 和 N_B 两个未知数，只有已知 N_B 和 N_A 之间的关系时，才能积分求解 N_A。以下是常见的两种情况。

(1) 等分子反向扩散　如图 8-11 所示。没有净物流，$N=0$，或 $N_A=-N_B$，由式(8-16) 得

$$N_A=J_A=-D\frac{dc_A}{dz}$$

因定态，组分 A 通过静止流体层内任一平面的传递速率 N_A 为一常数，故上式积分可得

$$N_A=\frac{D}{\delta}(c_{A1}-c_{A2}) \tag{8-17}$$

此式对气相或液相均适用，它表明在扩散方向上组分 A 的浓度分布为一直线。

对于理想气体，组分的摩尔浓度与分压的关系为

$$c_A=\frac{n_A}{V}=\frac{p_A}{RT} \tag{8-18}$$

式(8-17) 成为

$$N_A=\frac{D}{RT\delta}(p_{A1}-p_{A2}) \tag{8-19}$$

式中，p_{A1}、p_{A2} 为组分 A 在上述两平面处的分压。

(2) 单向扩散　在吸收过程中，惰性组分 B 的净传递速率 $N_B=0$，式(8-16) 可写为

$$N_A\left(1-\frac{c_A}{c_M}\right)=-D\frac{dc_A}{dz}$$

同样，在定态条件下 N_A 为常数，将上式积分可得

$$N_A=\frac{D}{\delta}c_M\frac{c_{A1}-c_{A2}}{\dfrac{(c_M-c_{A2})-(c_M-c_{A1})}{\ln[(c_M-c_{A2})/(c_M-c_{A1})]}}$$

或

$$N_A=\frac{D}{\delta}\times\frac{c_M}{c_{Bm}}(c_{A1}-c_{A2}) \tag{8-20}$$

式中

$$c_{Bm}=\frac{c_{B2}-c_{B1}}{\ln(c_{B2}/c_{B1})} \tag{8-21}$$

为在静止流体层两侧组分 B 浓度的对数平均值，参见图 8-12，该图表示单向扩散时，组分

A 的浓度分布为一对数曲线。

式(8-20) 对气相和液相均适用，气相扩散时，混合物的总摩尔浓度 c_M 与总压 p 的关系为 $c_M=p/RT$，式(8-20) 可写为

$$N_A=\frac{D}{RT\delta}\left(\frac{p}{p_{Bm}}\right)(p_{A1}-p_{A2}) \tag{8-22}$$

式中，p_{Bm} 为图 8-12 所示两平面处 B 组分分压的对数平均值。

比较式(8-17)、式(8-20) 可知，在单向扩散时因存在主体流动而使 A 的传递速率 N_A 较等分子反向扩散增大了 (c_M/c_{Bm}) 或 (p/p_{Bm}) 倍。此倍数称为漂流因子，其值恒大于 1。当混合物中浓度 c_A 很低、$c_{Bm}\approx c_M$ 时，漂流因子接近于 1。

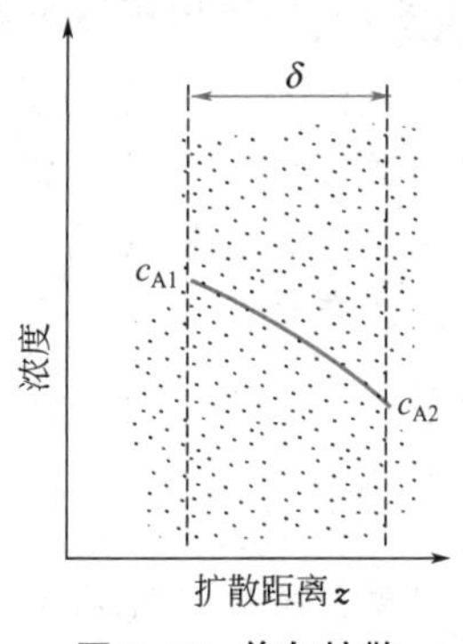

图 8-12 单向扩散

8.3.2 扩散系数

扩散系数是物质的一种传递性质，其值受温度、压强和混合物中组分浓度的影响，同一组分在不同的混合物中其扩散系数也不一样。在需要确切了解某一物系的扩散系数时，一般应通过实验测定。常见物质的扩散系数可在手册中查到，某些计算扩散系数的半经验公式也可用来作大致的估计（见参考文献 [4]）。

组分在气体中的扩散系数 经分子运动理论的推导与实验修正，计算气体扩散系数的半经验式为

$$D=\frac{1.517T^{1.81}(1/M_A+1/M_B)^{0.5}}{p(T_{CA}T_{CB})^{0.1405}(V_{CA}^{0.4}+V_{CB}^{0.4})^2} \tag{8-23}$$

式中，D 为气体的扩散系数，cm^2/s；T 为热力学温度，K；M_A、M_B 为组分 A、B 的相对分子质量；p 为总压，kPa；T_{CA}、T_{CB} 为组分 A、B 的临界温度，K；V_{CA}、V_{CB} 为组分 A、B 的临界容积，cm^3/mol。

物质的临界温度和临界容积可在一般理化手册中查到。当 $p<0.5$MPa 时，扩散系数的数值与组分 A 的浓度无关，此时根据式(8-23) 可较准确地估计气体的扩散系数 D。

由式(8-23) 不难推出扩散系数与温度、压强的关系为

$$D=D_0\left(\frac{T}{T_0}\right)^{1.81}\left(\frac{p_0}{p}\right) \tag{8-24}$$

式中，D_0 为 T_0、p_0 状态下的扩散系数。温度升高、分子动能较大；压强降低，分子间距加大，两者均使扩散系数增加。几种物质在气体中的扩散系数列于表 8-1。

表 8-1 几种物质在气体中的扩散系数 (101.3kPa)

物系	温度/K	扩散系数/(cm^2/s)	物系	温度/K	扩散系数/(cm^2/s)	物系	温度/K	扩散系数/(cm^2/s)
空气-氨	273	0.198	空气-甲醇	298	0.162	氮-氨	293	0.241
苯	298	0.0962	汞	614	0.473	乙烯	298	0.163
二氧化碳	273	0.136	氧	273	0.175	氢	288	0.743
二硫化碳	273	0.0883	二氧化硫	273	0.122	氧	273	0.181
氯	273	0.124	水	298	0.260	氧-氨	293	0.253
乙醇	298	0.132	氢-氨	293	0.849	苯	293	0.0939
乙醚	293	0.0896	氧	273	0.697	乙烯	293	0.182

【例 8-2】 气相扩散系数的测定

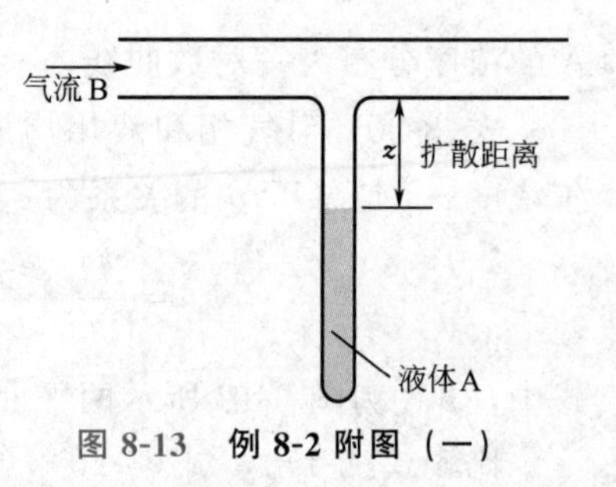

图 8-13 例 8-2 附图（一）

在图 8-13 所示的垂直细管中盛以待测组分的液体，该组分通过静止气层 z 扩散至管口被另一股气流 B 带走。紧贴液面上方组分 A 的分压为液体 A 在一定温度下的饱和蒸气压，管口处 A 的分压可视为零。组分 A 的汽化使扩散距离 z 不断增加，记录时间 τ 与 z 的关系即可计算 A 在 B 中的扩散系数。

今在 101.3kPa、48℃下测定 CCl_4 在空气中的扩散系数，记取的时间 τ 与距离 z 的关系见附表，试求扩散系数。

例 8-2 附表

项目 \ 序号	1	2	3	4	5	6
时间 τ/ks	0	9.34	24.9	46.7	74.8	109.0
距离 z/mm	10(z_0)	20	30	40	50	60

解：CCl_4 通过静止气体层的扩散为单向扩散，且为一非定态过程。但因扩散距离 z 的变化缓慢，故可作为拟定态处理。此时式(8-22) 可写成

$$N_A = \frac{p}{RT} \times \frac{D}{z} \ln \frac{p_{B2}}{p_{B1}} \quad ①$$

设 A 为细管的截面积，ρ_L 为 CCl_4 液体密度，在 $d\tau$ 时间内汽化的 CCl_4 量应等于 CCl_4 扩散出管口的量，即

$$AN_A d\tau = \frac{\rho_L A dz}{M_A}$$

或

$$N_A = \frac{\rho_L}{M_A} \times \frac{dz}{d\tau} \quad ②$$

因此，可通过测量细管内液面下降的速率计算出扩散速率 N_A。将式②代入式①并积分可得

$$\int_{z_0}^{z} \frac{\rho_L}{M_A} z dz = D \frac{p}{RT} \ln \frac{p_{B2}}{p_{B1}} \int_0^{\tau} d\tau$$

$$z^2 = z_0^2 + B\tau$$

式中

$$B = \frac{2M_A}{\rho_L} \times \frac{Dp}{RT} \ln \frac{p_{B2}}{p_{B1}}$$

现以时间 τ 为横坐标，z^2 为纵坐标将实验数据作图（见图 8-14)，并以最小二乘法求得直线的斜率为

$$B = 3.21 \times 10^{-8} m^2/s$$

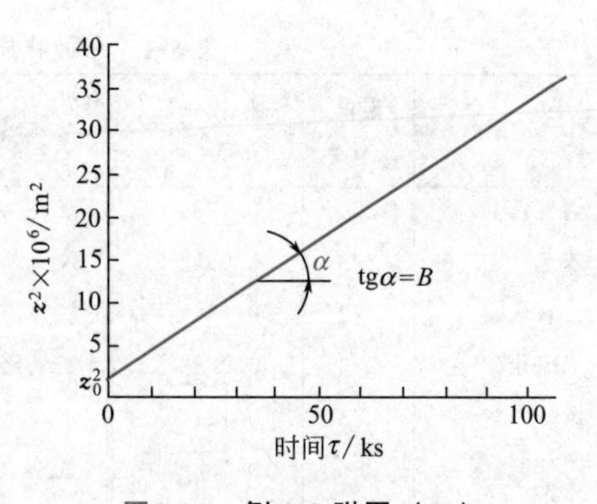

图8-14 例 8-2 附图（二）

在 321K、101.3kPa 下查得 CCl_4 的饱和蒸气压为 $p_{A1} = 37.6$kPa，密度 $\rho_L = 1540 kg/m^3$，并根据已知条件求得：$p_{B1} = p - p_{A1} = 101.3 - 37.6 = 63.7$ (kPa)，$p_{B2} = 101.3$kPa，$M_A = 154$kg/kmol，$R = 8.31$kJ/(kmol · K)。于是，求得扩散系数为

$$D=B\frac{\rho_L RT}{2M_A p}\times\frac{1}{\ln(p_{B2}/p_{B1})}=\frac{3.21\times10^{-8}\times1540\times8.31\times321}{2\times154\times101.3\times\ln\dfrac{101.3}{63.7}}=9.12\times10^{-6}\ (m^2/s)$$

组分在液体中的扩散系数 组分在液体中的扩散比在气体中慢得多，扩散系数差 4 个数量级，且与浓度关系较大。当扩散组分为低分子量的非电解质，其在稀溶液中的扩散系数可按下式估计：

$$D_{AB}=\frac{7.4\times10^{-8}(\alpha M_B)^{1/2}T}{\mu V_A^{0.6}} \tag{8-25}$$

式中，D_{AB}为组分 A 在液体中的扩散系数，cm^2/s；T 为热力学温度，K；μ 为溶液黏度，mPa·s；M_B 为溶剂 B 的分子量；V_A 为组分 A 在常沸点下的摩尔容积，cm^3/mol，可按纯液体在常沸点下的密度算出，也可用表 8-2 所列的原子体积相加求出。当溶质为水时，V_A 取 75.6cm^3/mol（见参考文献 [5]）。

表 8-2 几种物质的原子体积 单位：cm^3/mol

元素	原子体积	元素	原子体积	元素	原子体积
碳	14.8	氮	15.6	氧(在高级酯、高级醚中)	11.0
氢	3.7	氮(在伯胺中)	10.5	氧(在酸中)	12.0
溴	27.0	氮(在仲胺中)	12.0	硫	25.6
碘	37.0	氧	7.4	苯环:减去	15
氯(R-Cl)	21.6	氧(在甲酯中)	9.1	萘环:减去	30
氯(R-CHCl-R)	24.6	氧(在甲醚中)	9.9		

α 为溶剂的缔合因子。某些溶剂的缔合因子为：水 $\alpha=2.6$；甲醇 $\alpha=1.9$；乙醇 $\alpha=1.5$；苯、乙醚等非缔合溶剂 $\alpha=1.0$。

式(8-25) 的平均偏差对水溶液为 10%～15%，非水溶液约为 25%，建议使用的范围为 278～313K，$V_A<500cm^3/mol$。

电解质（如 KCl）在溶液中将离解为离子，其扩散自然比非电解质分子扩散为快。

由式(8-25) 可知液体的扩散系数与温度、黏度的关系为

$$D=D_0\frac{T}{T_0}\times\frac{\mu_0}{\mu} \tag{8-26}$$

表 8-3 列出几种物质在液体中的扩散系数。

表 8-3 几种物质在液体中的扩散系数 D_{AB}

物系 A-B	温度 /K	溶质 A 浓度 /(kmol/m³)	$10^5\times D_{AB}$ /(cm²/s)	物系 A-B	温度 /K	溶质 A 浓度 /(kmol/m³)	$10^5\times D_{AB}$ /(cm²/s)
氯-水	289	0.12	1.26	氯化氢-水	273	9	2.7
氨-水	278	3.5	1.24		273	2	1.8
	288	1.0	1.77	乙醇-水	283	3.75	0.50
二氧化碳-水	283	0	1.46		283	0.05	0.83
	293	0	1.77	二氧化碳-乙醇	290	0	3.2

【例 8-3】 乙醇在水中扩散系数的估算

某乙醇-水稀溶液含乙醇 0.05kmol/m³ 水，溶液在 10℃时的黏度为 1.45mPa·s，求乙醇在水中的扩散系数。

解： 按表 8-2 计算乙醇的摩尔体积

$$V_A = 2V_C + 6V_H + V_O = 2\times14.8 + 6\times3.7 + 7.4 = 59.2\ (\text{cm}^3/\text{mol})$$

缔合因子 $\alpha=2.6$（水），按式(8-25) 计算液相扩散系数为

$$D_{AB} = \frac{7.4\times10^{-8}(\alpha M_B)^{1/2}T}{\mu V_A^{0.6}}$$

$$= \frac{7.4\times10^{-8}\times(2.6\times18)^{1/2}\times283}{1.45\times59.2^{0.6}} = 8.5\times10^{-6}\ (\text{cm}^2/\text{s})$$

此值与表 8-3 所列实验值 $8.3\times10^{-6}\text{cm}^2/\text{s}$ 颇为接近。

8.3.3 对流传质

对流对传质的贡献 通常传质设备中的流体都是流动的，流动流体与相界面之间的物质传递称为对流传质。流体的流动加快了相内的物质传递，其原因与对流给热相类似。如图 8-15 所示，界面处根据扩散速率式

$$N_A = -D\left(\frac{dc_A}{dz}\right)_w \tag{8-27}$$

由于流动而使界面浓度梯度 $(dc_A/dz)_w$ 变大，强化了传质。

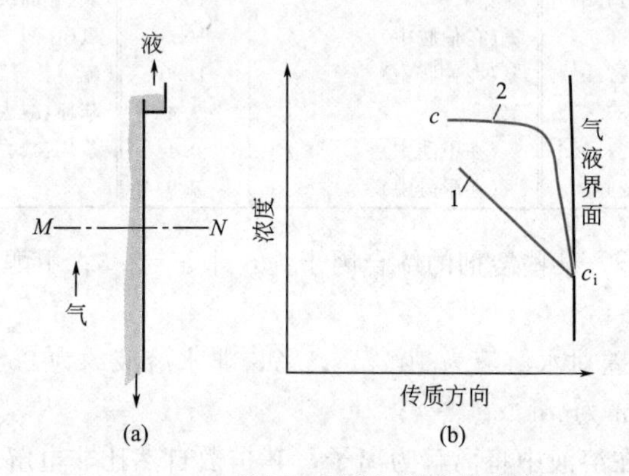

图 8-15 ***MN* 截面上可溶组分的浓度分布**

1—静止流体；2—流动流体

对流传质速率 对流传质较复杂，传质速率通常难以得出解析解，要靠实验测定。仿照对流给热，可将流体与界面间的传质速率 N_A 写成类似于牛顿冷却定律的形式，即传质速率正比于界面浓度与流体主体浓度之差。因气液两相的浓度都可用不同的单位表示，对流传质速率式可写成多种形式。

气相与界面的传质速率式可写成

$$N_A = k_g(p - p_i) \tag{8-28}$$

或

$$N_A = k_y(y - y_i) \tag{8-29}$$

式中，p、p_i 分别为溶质组分 A 在气相主体与界面处的分压，kPa；y、y_i 分别为气相主体、界面处组分 A 的摩尔分数；k_g 为以分压差表示推动力的气相传质分系数，$\text{kmol/(s}\cdot\text{m}^2\cdot\text{kPa)}$；$k_y$ 为以摩尔分数之差表示推动力的气相传质分系数，$\text{kmol/(s}\cdot\text{m}^2)$。

液相与界面的传质速率式可写成

$$N_A = k_L(c_i - c) \tag{8-30}$$

或

$$N_A = k_x(x_i - x) \tag{8-31}$$

式中，c、c_i 分别为溶质组分 A 的主体浓度和界面浓度，kmol/m^3；x、x_i 分别为液相主

体、界面处组分 A 的摩尔分数；k_L 为以摩尔浓度差表示推动力的液相传质分系数，m/s；k_x 为以摩尔分数之差表示推动力的液相传质分系数，kmol/(s·m²)；

比较式(8-28) 与式(8-29) 可得 $k_y=pk_g$，由式(8-30) 与式(8-31) 可得 $k_x=c_M k_L$。实验的任务是在各种具体条件下测定传质系数 k_g、k_L（或 k_y、k_x）的数值及流动条件对它的影响。

传质分系数的无量纲关联式 对流传质分系数 k（气相或液相均以摩尔浓度差 Δc 为推动力，m/s）的影响因素有物性参数、设备参数、操作参数。

物性参数：流体密度 ρ（kg/m³），流体黏度 μ [kg/(m·s)]，扩散系数 D（m²/s）

设备参数：定性尺寸 d（m）

操作参数：流体速度 u（m/s）

待求函数为 $k=f(\rho、\mu、u、d、D)$，先进行无量纲化，得出如下无量纲数群：

Sherwood 数 $Sh=kd/D$

Reynolds 数 $Re=du\rho/\mu$

Schmidt 数 $Sc=\mu/(\rho D)$

于是待求函数为

$$Sh=f(Re,Sc)$$

当气体或液体在降膜式吸收器内作湍流流动，$Re>2100$，$Sc=0.6\sim3000$ 时，实验结果为（见参考文献 [6]）

$$Sh=0.023Re^{0.83}Sc^{0.33} \tag{8-32}$$

式中，定性尺寸取管径 d。将式(8-32) 与式(6-40) 比较，不难看出传质与传热的类似性。

传质设备型式多样，塔内流动情况复杂，两相的接触界面也往往难以确定，这使对流传质分系数的一般特征数关联式远不及传热那样完善和可靠。

8.3.4 对流传质理论

为揭示对流传质分系数的物理本质，从理论上说明各因素对它的影响，研究者提出了多种传质模型，采用数学模型方法加以研究。这里介绍重要的三种传质模型。

有效膜理论 有效膜理论也称为双膜理论，研究者将对流传质过程简化为：气液界面两侧各存在一层静止的气膜和液膜，其厚度为 δ_g 和 δ_L，全部传质阻力集中于该两层静止膜中，膜中的传质是定态的分子扩散。简化的物理图像如图 8-16 所示。

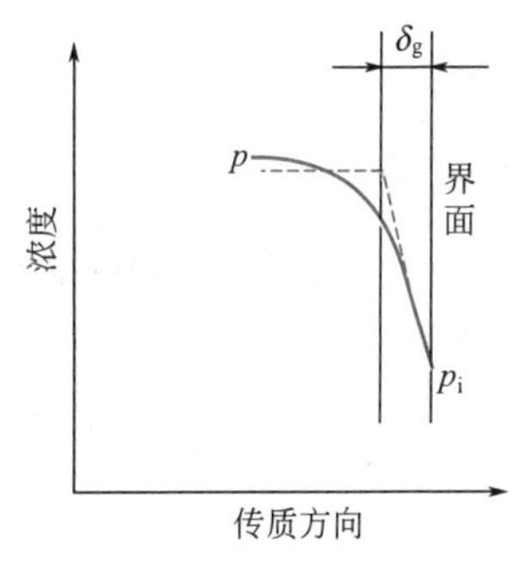

图 8-16 有效膜理论

参照式(8-22)、式(8-20) 可写出气、液两相各自的传质分系数 k_g 及 k_L 为

气相
$$k_g=\frac{D_g}{RT\delta_g}\left(\frac{p}{p_{Bm}}\right) \tag{8-33}$$

液相
$$k_L=\frac{D_L}{\delta_L}\left(\frac{c_M}{c_{Bm}}\right) \tag{8-34}$$

式中，D_g、D_L 分别为溶质组分在气膜与液膜中的扩散系数。

以上两式中都包含了待定参数 δ_g 与 δ_L，称为模型参数，需由实验测定。

式(8-33)、式(8-34) 表明，有效膜理论预示的传质系数与扩散系数 D 的一次方成正比，但实验所得的式(8-32) 却表明传质系数与 D 的 0.67 次方成正比。

溶质渗透理论 研究者 Higbie 认为：液体在流动过程中每隔一定时间 τ_0 发生一次完全的混合，使液体的浓度均匀化。在 τ_0 时间内，液相中发生的是非定态的扩散过程，液相内

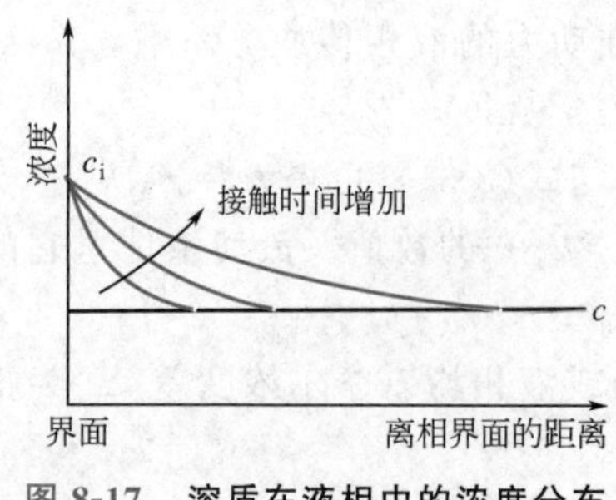

图 8-17　溶质在液相中的浓度分布

的浓度分布随着时间的变化如图 8-17 所示。

在发生混合以后的最初瞬间，只有界面处为平衡浓度 c_i，而界面以外的其他地方浓度均与液相主体浓度相同。此时界面处浓度梯度最大，传质速率最快。随着接触时间的延续，浓度分布趋于均化，传质速率下降，经 τ_0 时间后，又发生另一次混合。传质分系数是 τ_0 时间内的平均值。

该模型引入了一个模型参数 τ_0，称为溶质渗透时间，经数学求解后得出传质分系数的理论式为

$$k_L = 2\sqrt{\frac{D}{\pi\tau_0}} \tag{8-35}$$

该式表明 k_L 与扩散系数 D 的 0.5 次方成正比，与实验值较为接近。这一结果表明溶质渗透理论较有效膜理论更接近于实际情况。

表面更新理论　研究者 Danckwerts 认为：流体在流动中不断地有液体微团从主体进入界面而暴露于气相中，这种界面的不断更新使传质过程强化。通过随机的表面更新，深处的液体有机会直接与气体接触以传递溶质。

该传质模型使用一个参数——更新频率 S，定义 S 为单位时间内表面被更新的百分率。解析解可得

$$k_L = \sqrt{DS} \tag{8-36}$$

式(8-36) 也表明 k_L 与扩散系数 D 的 0.5 次方成正比，与溶质渗透论相同。

溶质渗透论与表面更新论的基本区别在于前者假定表面更新过程是每隔 τ_0 时间周期性的，而后者则认为更新是随机的。

这些传质理论用于过程设计仍有距离，但有助于理解过程的物理本质——非定态扩散和表面更新，为强化传质提供途径。

实际吸收设备中气液两相都是流动的，两相的传质均为对流传质。单相对流传质速率可用式(8-28)～式(8-31) 表示，传质分系数的数值与物性、设备及操作条件有关，一般需由实验测定。

思考题

8-6　扩散流 J_A，净物流 N，主体流动 N_M，传递速率 N_A 相互之间有什么联系和区别？

8-7　漂流因子有什么含义？等分子反向扩散时有无漂流因子？为什么？

8-8　气体分子扩散系数与温度、压力有何关系？液体分子扩散系数与温度、黏度有何关系？

8-9　Sherwood 数、Schmidt 数的物理含义是什么？

8-10　传质理论中，有效膜理论与表面更新理论有何主要区别？

8.4 相际传质

8.4.1　相际传质速率

吸收过程的相际传质是由气相与界面的对流传质、界面上溶质组分的溶解、液相与界面的对流传质三个过程串联而成（参见图 8-18）。传质速率虽可按式(8-29) 和式(8-31) 计算，但必须获得传质分系数 k_y、k_x 的实验值并已知界面浓度；而界面浓度是难以得到的。为方

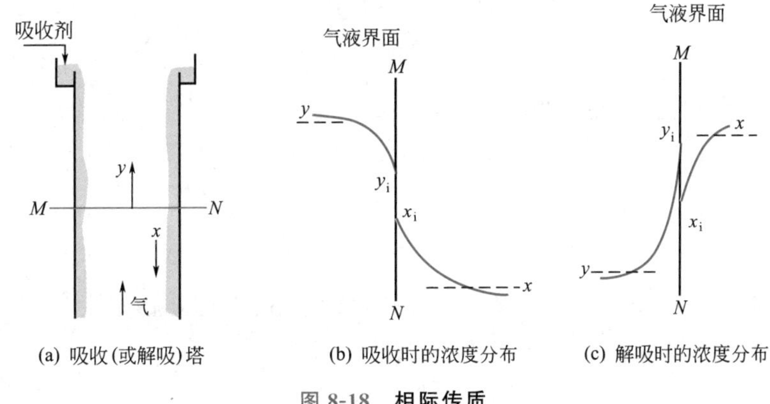

图 8-18 **相际传质**

便起见，借鉴冷热流体间壁式换热过程的处理方法，引入总传质系数，使相际传质速率的计算能够避开气液两相的传质分系数和界面浓度。

相际传质速率方程 前已说明，气相传质速率式为

$$N_A = k_y(y - y_i) \tag{8-29}$$

液相传质速率式为

$$N_A = k_x(x_i - x) \tag{8-31}$$

界面上气液两相浓度达到相平衡

$$y_i = f(x_i) \tag{8-37}$$

对稀溶液，物系服从亨利定律

$$y_i = mx_i \tag{8-38}$$

或在计算范围内，平衡线可近似作直线处理，即

$$y_i = mx_i + a \tag{8-39}$$

图 8-19 表示气、液两相的实际浓度（点 a）及界面浓度（点 b）的相对位置。

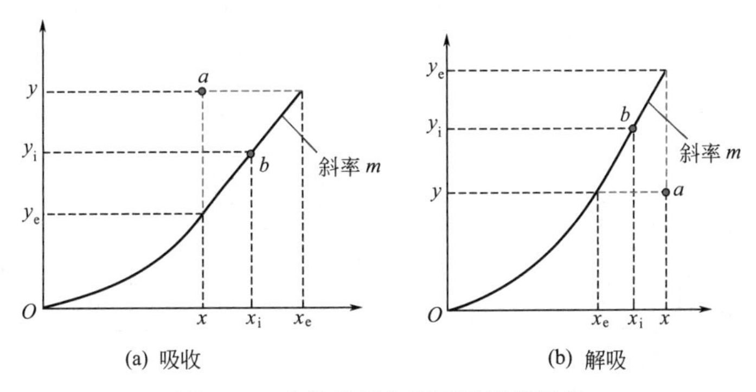

图 8-19 **主体浓度与界面浓度的图示**

传质速率可写成推动力与阻力之比，对定态过程，式(8-29)、式(8-31) 可改写为

$$N_A = \frac{y - y_i}{\dfrac{1}{k_y}} = \frac{x_i - x}{\dfrac{1}{k_x}} = \frac{m(x_i - x)}{\dfrac{m}{k_x}} = \frac{y - y_i + m(x_i - x)}{\dfrac{1}{k_y} + \dfrac{m}{k_x}} \tag{8-40}$$

如图 8-19 所示，平衡线在界面浓度 b 点处的斜率为 m，则 $m(x_i - x) = y_i - y_e$，或 $(y - y_i)/m = x_e - x_i$，消去界面浓度，则上式成为

$$N_A=\frac{y-y_e}{\frac{1}{k_y}+\frac{m}{k_x}} \tag{8-41}$$

于是相际传质速率方程式可表示为

$$N_A=K_y(y-y_e) \tag{8-42}$$

式中

$$K_y=\frac{1}{\frac{1}{k_y}+\frac{m}{k_x}} \tag{8-43}$$

称为以气相浓度差（$y-y_e$）为推动力的总传质系数，kmol/(s・m²)。

同样可得

$$N_A=K_x(x_e-x) \tag{8-44}$$

式中

$$K_x=\frac{1}{\frac{1}{k_y m}+\frac{1}{k_x}} \tag{8-45}$$

称为以液相浓度差（x_e-x）为推动力的总传质系数，kmol/(s・m²)。

比较式(8-43)、式(8-45) 可知

$$mK_y=K_x \tag{8-46}$$

参照图 8-19(b) 不难导出解吸的速率方程为

$$N_A=K_x(x-x_e) \tag{8-47}$$

或

$$N_A=K_y(y_e-y) \tag{8-48}$$

传质速率方程的各种表达形式 传质速率方程可用总传质系数或传质分系数两种方法表示，其相应的推动力也不同。此外，当气相和液相中溶质的浓度采用分压 p 与摩尔浓度 c 表示时，速率式中的传质系数与推动力自然也不同。表 8-4 列举了各种常用的速率方程。不同的推动力对应于不同的传质系数，在计算及引用文献数据时应特别注意。

表 8-4 传质速率方程的各种形式

相平衡方程	$y=mx+a$	$P=HC+b$	备注
吸收传质速率方程	$N_A=k_y(y-y_i)$ $=k_x(x_i-x)$ $=K_y(y-y_e)$ $=K_x(x_e-x)$	$N_A=k_g(p-p_i)$ $=k_L(c_i-c)$ $=K_g(p-p_e)$ $=K_L(c_e-c)$	$k_y=Pk_g$ $k_x=c_M k_L$ $K_y=pK_g$ $K_x=c_M K_L$
吸收或解吸的总传质系数	$K_y=1/(1/k_y+m/k_x)$ $K_x=1/(1/k_y m+1/k_x)$	$K_g=1/(1/k_g+H/k_L)$ $K_L=1/(1/k_g H+1/k_L)$	
备注	$K_y m=K_x$	$K_g H=K_L$	

8.4.2 传质阻力的控制步骤与界面浓度

阻力控制 式(8-43) 可写成

$$1/K_y=1/k_y+m/k_x \tag{8-49}$$

即总传质阻力 $1/K_y$ 为气相传质阻力 $1/k_y$ 与液相传质阻力 m/k_x 之和。

当 $1/k_y \gg m/k_x$ 时

$$K_y \approx k_y \tag{8-50}$$

传质阻力主要集中于气相，称为气相阻力控制过程。

反之，当 $1/k_y \ll m/k_x$ 时

$$K_y \approx k_x/m \tag{8-51}$$

传质阻力主要集中于液相，称为液相阻力控制过程。

气液相平衡关系对两相传质阻力的大小及传质总推动力的分配有着极大的影响。易溶气体平衡线斜率 m 小，其吸收过程通常为气相阻力控制，例如用水吸收 NH_3、HCl 等。难溶气体平衡线斜率 m 大，其吸收过程多为液相阻力控制，例如用水吸收 CO_2、O_2 等。

实际吸收过程的气相阻力和液相阻力各占一定的比例。当吸收操作以气相阻力为主时，增加气体流率，可降低气相阻力而有效地加快吸收过程；而增加液体流率则不会对吸收速率有明显的影响。反之，当实验发现吸收过程的总传质系数主要受液相流率的影响，则该过程为液相阻力控制。

【例 8-4】 传质速率及界面浓度的求取

在总压为 101.3kPa、温度为 298K 下用水吸收混合气中的氨，操作条件下的气相液平衡关系为 $y=1.04x$。已知气相传质分系数 $k_y=5.18\times10^{-4}$ kmol/(s·m²)，液相传质分系数 k_x 为 5.28×10^{-3} kmol/(s·m²)，并在塔的某一截面上测得氨的气相浓度 y 为 0.04，液相浓度为 0.01（均为摩尔分数）。试求该截面上的传质速率及气液界面上两相的浓度。

解：总传质系数

$$K_y=\frac{1}{\frac{1}{k_y}+\frac{m}{k_x}}=\frac{1}{\frac{1}{5.18\times10^{-4}}+\frac{1.04}{5.28\times10^{-3}}}=4.70\times10^{-4}\ [\mathrm{kmol/(s\cdot m^2)}]$$

与实际液相浓度成平衡的气相浓度为

$$y_e=mx=1.04\times0.010=0.0104$$

传质速率

$$N_A=K_y(y-y_e)=4.70\times10^{-4}\times(0.04-0.0104)=1.39\times10^{-5}\ [\mathrm{kmol/(s\cdot m^2)}]$$

由式 $k_y(y-y_i)=K_y(y-mx)$ 得

$$y_i=y-\frac{K_y}{k_y}(y-mx)=0.04-\frac{4.7\times10^{-4}}{5.18\times10^{-4}}\times(0.04-1.04\times0.01)=0.0131$$

$$x_i=y_i/m=0.0131/1.04=0.0126$$

注意，界面气相浓度 y_i 与气相主体浓度（$y=0.04$）相差较大，而界面液相浓度 x_i 与液相主体浓度 $x=0.01$ 比较接近。气相传质阻力占总阻力的比例为

$$\frac{\frac{1}{k_y}}{\frac{1}{K_y}}=\frac{\frac{1}{5.18\times10^{-4}}}{\frac{1}{4.70\times10^{-4}}}=90.7\%$$

思考题

8-11 传质过程中，什么时候气相阻力控制？什么时候液相阻力控制？

8.5 低浓度气体吸收

8.5.1 吸收过程的数学描述

定态操作的微分接触式吸收塔如图 8-20 所示，其横截面积为 A，单位容积内具有的有效吸收表面积为 a（m²/m³）。混合气体自下而上流动，流率（单位塔截面上的摩尔流量）

为 G[kmol/(s·m^2 塔截面)]，液体自上而下流动，流率为 L[kmol/(s·m^2 塔截面)]。

描述吸收过程的基本方法是对过程作物料衡算、热量衡算及列出吸收过程的速率式。对具体的吸收过程，可按具体情况作一些简化假定，以简化过程的数学描述。

低浓度气体吸收的特点 多数工业吸收操作都是将气体中少量溶质组分加以回收或除去。当进塔混合气中的溶质浓度不高（例如小于5%～10%）时，通常称为低浓度气体（贫气）吸收。计算此类吸收问题时可作如下假设：

① G、L 为常量。被吸收的溶质量很少，所以，流经全塔的混合气体流率 G 与液体流率变化不大，可视为常量。

② 吸收过程是等温的。当吸收量少时，由溶解热而引起的液体温度的升高很小，故可认为吸收是在等温下进行的。这样，对低浓度气体吸收过程往往可以不作热量衡算。

③ 传质系数为常量。因气液两相在塔内的流率几乎不变，全塔的流动状况相同，传质分系数 k_x、k_y 在全塔为常数。

这些特点使低浓度气体吸收的计算大大简化。

当被处理气体的溶质浓度较高，但在塔内被吸收量不大时，吸收过程也具有上述特点。因此，本节所述的低浓度气体吸收可理解为一种简化方法，不局限于低浓度的范围。

物料衡算的微分式 微分接触式设备的数学描述须取微元塔段为控制体作物料衡算。如图 8-20 所示，取一微元塔高 $\mathrm{d}h$，其中两相传质面积为 $aA\mathrm{d}h$。若该处的局部传质速率为 N_A，则单位时间在该微元塔段内传递的溶质量为 $N_A aA\mathrm{d}h$ (kmol/s)。

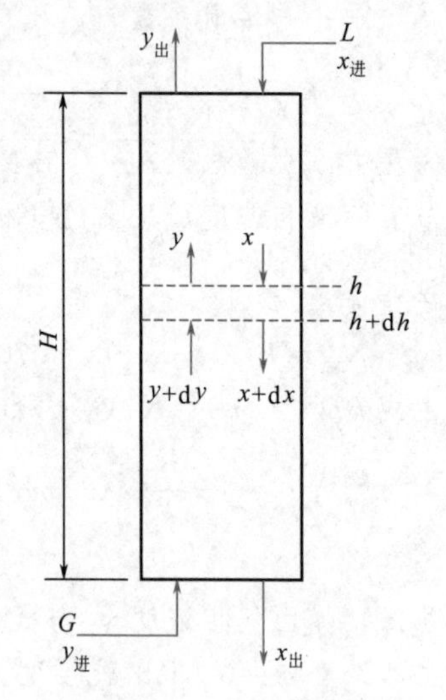

图 8-20 吸收塔内两相浓度的变化

对微元塔段 $\mathrm{d}h$ 作物料衡算，并忽略两端面的轴向分子扩散，对气相可得

$$G\mathrm{d}y=N_A a\mathrm{d}h \tag{8-52}$$

对液相可得

$$L\mathrm{d}x=N_A a\mathrm{d}h \tag{8-53}$$

对两相可得

$$G\mathrm{d}y=L\mathrm{d}x \tag{8-54}$$

传质速率微分式 相际传质速率式是反映过程的特征方程式。将式(8-42) 和式(8-44) 分别代入式(8-52) 和式(8-53) 可得

$$G\mathrm{d}y=K_y a(y-y_e)\mathrm{d}h \tag{8-55}$$

$$L\mathrm{d}x=K_x a(x_e-x)\mathrm{d}h \tag{8-56}$$

全塔物料衡算式 将物料衡算微分方程式(8-54) 积分可得

$$G(y_{进}-y_{出})=L(x_{出}-x_{进}) \tag{8-57}$$

式(8-57) 即为全塔物料衡算式，也可直接对全塔作物料衡算获得。

传质速率积分式 根据低浓度吸收过程的特点，气液两相流率 G 和 L、气液两相传质分系数 k_y 和 k_x 皆为常数。若在吸收塔操作范围内平衡线斜率不变，由式(8-43) 和式(8-45) 可知，总传质系数 K_y 和 K_x 亦沿塔高保持不变。将式(8-55) 与式(8-56) 沿塔高积分可得

$$H=\frac{G}{K_y a}\int_{y_{出}}^{y_{进}}\frac{\mathrm{d}y}{y-y_e} \tag{8-58}$$

及

$$H=\frac{L}{K_x a}\int_{x_{进}}^{x_{出}}\frac{\mathrm{d}x}{x_e-x} \tag{8-59}$$

以上两式是低浓度气体吸收全塔传质速率方程或塔高计算的基本方程式。

传质单元数与传质单元高度 若令

$$N_{OG}=\int_{y_{出}}^{y_{进}}\frac{dy}{y-y_e} \tag{8-60}$$

$$H_{OG}=\frac{G}{K_y a} \tag{8-61}$$

则式(8-58) 可写成

$$H=H_{OG}N_{OG} \tag{8-62}$$

式中，N_{OG}称为以（$y-y_e$）为推动力的传质单元数，为无量纲；H_{OG}具有长度量纲，单位为 m，称为传质单元高度。

同样式(8-59) 可写成

$$H=H_{OL}N_{OL} \tag{8-63}$$

式中

$$N_{OL}=\int_{x_{进}}^{x_{出}}\frac{dx}{x_e-x} \tag{8-64}$$

$$H_{OL}=\frac{L}{K_x a} \tag{8-65}$$

分别为以（x_e-x）为推动力的传质单元数及相应的传质单元高度。

传质单元数 N_{OG}和 N_{OL}中的变量只与物系的相平衡以及进出口浓度有关，反映了分离任务的难易，与设备的型式和设备中的操作条件（如流速）等无关。这样，在选定设备型式之前即可先计算 N_{OG}及 N_{OL}。当 N_{OG}或 N_{OL}的数值太大时，表明吸收剂性能太差，或分离要求过高。H_{OG}、H_{OL}则与设备的型式、设备中的操作条件有关，表示了完成一个传质单元所需的塔高，是吸收设备效能高低的反映。通常传质系数 $K_y a$($K_x a$) 随流率 G（或 L）增加而增加，但 $G/K_y a$（或 $L/K_x a$）则与流率关系较小。常用吸收设备的传质单元高度约为 0.15～1.5m。具体数值须由实验测定。以下仅讨论传质单元数的计算方法。

另外，若将传质速率 N_A 的其他表达形式代入式(8-52) 与式(8-53) 并进行积分，可得类似的塔高计算式。这些塔高计算式及相应的传质单元高度与传质单元数均列入表 8-5。该表所列计算式对解吸操作同样适用，只是传质单元数中的推动力、积分上下限均与吸收刚好相反。

表 8-5 塔高计算式及相应的传质单元高度与传质单元数

塔高计算式	传质单元高度	传质单元数	备注
$H=H_{OG}N_{OG}$	$H_{OG}=\frac{G}{K_y a}$	$N_{OG}=\int_{y_{出}}^{y_{进}}\frac{dy}{y-y_e}$	$H_{OG}=H_g+\frac{mG}{L}H_L$
$H=H_{OL}N_{OL}$	$H_{OL}=\frac{L}{K_x a}$	$N_{OL}=\int_{x_{进}}^{x_{出}}\frac{dx}{x_e-x}$	$H_{OL}=\frac{L}{mG}H_g+H_L$
$H=H_g N_g$	$H_g=\frac{G}{k_y a}$	$N_g=\int_{y_{出}}^{y_{进}}\frac{dy}{y-y_i}$	$H_{OG}\frac{L}{mG}=H_{OL}$
$H=H_L N_L$	$H_L=\frac{L}{k_x a}$	$N_L=\int_{x_{进}}^{x_{出}}\frac{dx}{x_i-x}$	

8.5.2 传质单元数的计算方法

操作线与推动力的变化规律 为将式(8-58) 与式(8-59) 两式积分，必须找出传质推动力（$y-y_e$）和（x_e-x）分别随气相浓度 y 与液相浓度 x 的变化规律。在吸收塔内，气液两相浓度沿塔高的变化受塔段物料衡算式的约束。

设逆流吸收塔内任一横截面上气液两相浓度为 y 与 x，取该截面至塔顶的塔段为控制体作物料衡算［参见图 8-21(a)］，可得

$$G(y-y_{出})=L(x-x_{进})$$

或

$$y=\frac{L}{G}(x-x_{进})+y_{出} \tag{8-66}$$

此式在 y-x 图上为一条直线，如图 8-21(b) 中 AB 线所示，称为吸收操作线。操作线两端点坐标（$y_{进}$、$x_{出}$）与（$y_{出}$、$x_{进}$）分别为气液两相在塔底、塔顶的组成，斜率 L/G 称为吸收操作的液气比，线上任一点 M 的坐标代表塔内同一截面上气、液两相的组成。

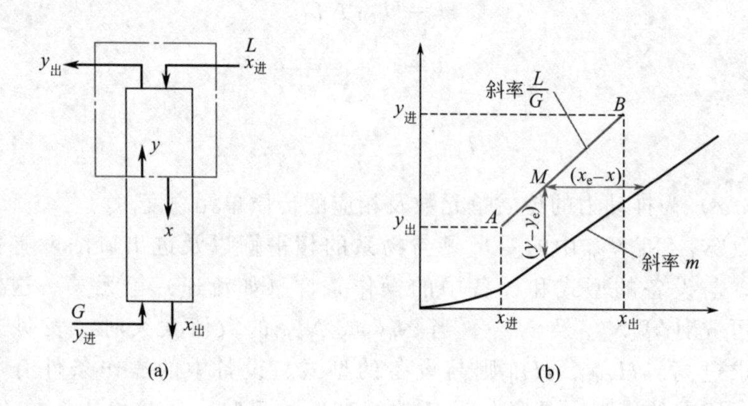

图 8-21　逆流吸收的操作线

若将平衡线与操作线绘于同一图上，操作线上任一 M 点与平衡线间的垂直距离即为塔内该截面上以气相组成表示的吸收推动力（$y-y_e$），与平衡线的水平距离则为该截面上以液相组成表示的吸收推动力（x_e-x）。因此，吸收塔内推动力的变化规律是由操作线与平衡线共同决定的。

如果平衡线在吸收塔操作范围内可近似看成直线，则传质推动力 $\Delta y=(y-y_e)$ 和 $\Delta x=(x_e-x)$ 分别随 y 和 x 呈线性变化，此时推动力 Δy 或 Δx 相对于 y 或 x 的变化率皆为常数，并且可分别用 Δy 和 Δx 的两端值表示，即

$$\frac{d(\Delta y)}{dy}=\frac{(y-y_e)_{进}-(y-y_e)_{出}}{y_{进}-y_{出}}=\frac{\Delta y_{进}-\Delta y_{出}}{y_{进}-y_{出}} \tag{8-67}$$

$$\frac{d(\Delta x)}{dx}=\frac{(x_e-x)_{出}-(x_e-x)_{进}}{x_{出}-x_{进}}=\frac{\Delta x_{出}-\Delta x_{进}}{x_{出}-x_{进}} \tag{8-68}$$

对数平均推动力法　当平衡线可近似视为直线时，吸收过程基本方程式(8-58) 与式(8-59) 可以积分。将式(8-67) 代入式(8-58) 可得

$$H=\frac{G}{K_y a}\times\frac{y_{进}-y_{出}}{\Delta y_{进}-\Delta y_{出}}\int_{\Delta y_{出}}^{\Delta y_{进}}\frac{d(\Delta y)}{\Delta y}=\frac{G}{K_y a}\times\frac{y_{进}-y_{出}}{\dfrac{\Delta y_{进}-\Delta y_{出}}{\ln(\Delta y_{进}/\Delta y_{出})}}=\frac{G}{K_y a}\times\frac{y_{进}-y_{出}}{\Delta y_m} \tag{8-69}$$

式中

$$\Delta y_m=\frac{\Delta y_{进}-\Delta y_{出}}{\ln(\Delta y_{进}/\Delta y_{出})} \tag{8-70}$$

Δy_m称为气相对数平均推动力。比较式(8-62)与式(8-69)可知

$$N_{OG}=\frac{y_{进}-y_{出}}{\Delta y_m} \tag{8-71}$$

同样，将式(8-68)代入式(8-59)可得

$$H=\frac{L}{K_x a}\times\frac{x_{出}-x_{进}}{\dfrac{\Delta x_{出}-\Delta x_{进}}{\ln(\Delta x_{出}/\Delta x_{进})}}=\frac{L}{K_x a}\times\frac{x_{出}-x_{进}}{\Delta x_m} \tag{8-72}$$

式中

$$\Delta x_m=\frac{\Delta x_{出}-\Delta x_{进}}{\ln(\Delta x_{出}/\Delta x_{进})} \tag{8-73}$$

称为液相对数平均推动力。比较式(8-63)与式(8-72)可知

$$N_{OL}=\frac{x_{出}-x_{进}}{\Delta x_m} \tag{8-74}$$

吸收因数法 为计算传质单元数，也可将相平衡关系与操作线方程式(8-66)代入式(8-60)中，直接求积分。当相平衡关系服从亨利定律（过原点的直线）时，积分结果为

$$N_{OG}=\frac{1}{1-\dfrac{1}{A}}\ln\left[\left(1-\frac{1}{A}\right)\frac{y_{进}-mx_{进}}{y_{出}-mx_{进}}+\frac{1}{A}\right] \tag{8-75}$$

式中，$\frac{1}{A}=\frac{mG}{L}$称为解吸因数；A为吸收因数。该式包含N_{OG}、$\frac{1}{A}$及$\frac{y_{进}-mx_{进}}{y_{出}-mx_{进}}$三个数群，可将其绘制成图 8-22。

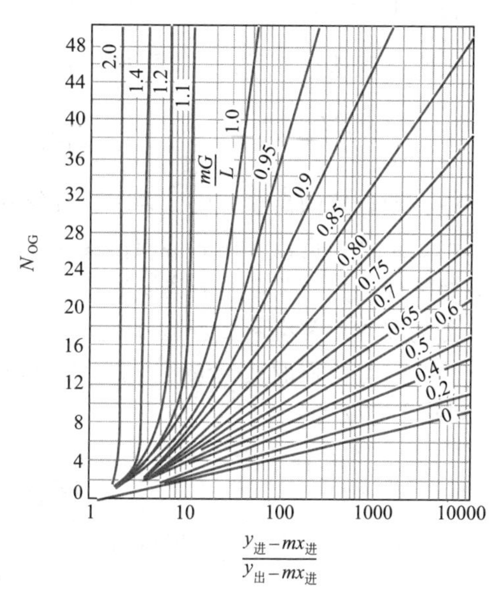

图 8-22 传质单元数

同样，可推导出液相浓度差为推动力的传质单元数。

$$N_{OL}=\frac{1}{1-A}\ln\left[(1-A)\frac{y_{进}-mx_{进}}{y_{进}-mx_{出}}+A\right] \tag{8-76}$$

式中，N_{OL}、A及$\frac{y_{进}-mx_{进}}{y_{进}-mx_{出}}$三者关系也类似于图 8-22 的曲线。

与平均推动力法相比，采用吸收因数法计算吸收操作型问题较为方便。

传质单元数的数值积分法 当相平衡线$y_e=f(x)$为一曲线时，平衡线斜率随x变化，总传质系数亦不再为常数。由式(8-55)可知，此时塔高应采用数值积分法按下式进行计算

$$H=\int_{y_{出}}^{y_{进}}\frac{G\mathrm{d}y}{K_y a(y-y_e)} \tag{8-77}$$

在某些实验数据处理中，可将$\frac{G}{K_y a}$取全塔的平均值而移出积分号外，这样便需要在平衡线为曲线的情况下计算N_{OG}之值（参见图 8-23）。积分式$N_{OG}=\int_{y_{出}}^{y_{进}}\frac{\mathrm{d}y}{y-y_e}$之值等于图 8-23(b)曲线下的阴影面积，可采用各种数值积分方法求积。

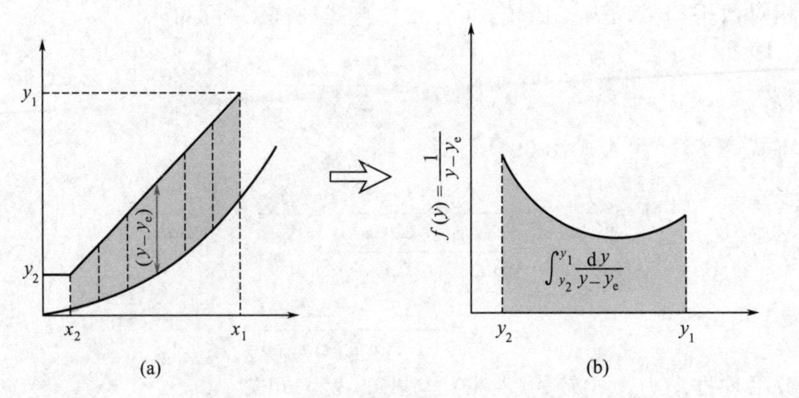

图 8-23　平衡线为曲线时 N_{OG} 的计算法

8.5.3　吸收塔的设计型计算

吸收塔的计算问题可分为设计型、操作型和综合型三类，均可联立求解以下三式得以解决：

全塔物料衡算式　$$G(y_{进}-y_{出})=L(x_{出}-x_{进}) \tag{8-57}$$

相平衡方程式　$$y_e=mx \tag{8-3}$$

吸收过程基本方程式　$$H=H_{OG}N_{OG}=\frac{G}{K_ya}\int_{y_{出}}^{y_{进}}\frac{dy}{y-y_e} \tag{8-58}$$

或　$$H=H_{OL}N_{OL}=\frac{L}{K_xa}\int_{x_{进}}^{x_{出}}\frac{dx}{x_e-x} \tag{8-59}$$

设计型计算的命题　设计要求：计算达到指定的分离要求所需塔高。

给定条件：进口气体的溶质浓度 $y_{进}$、气体的处理量即混合气的进塔流率 G、吸收剂与溶质组分的相平衡关系及分离要求。

分离要求通常有两种表达方式。当吸收目的是除去气体中的有害物，一般直接规定吸收后气体中有害溶质的残余浓度 $y_{出}$。当吸收以回收有用物质为目的，通常规定溶质的回收率 η。回收率定义为

$$\eta=\frac{被吸收的溶质量}{气体进塔的溶质量}=\frac{G_{进}y_{进}-G_{出}y_{出}}{G_{进}y_{进}} \tag{8-78}$$

式中，$G_{进}$ 与 $G_{出}$ 为气体进出口流率。对于低浓度气体，$G_{进}=G_{出}=G$。

$$\eta=1-\frac{y_{出}}{y_{进}} \tag{8-79}$$

或　$$y_{出}=(1-\eta)y_{进} \tag{8-80}$$

为计算塔高 H，必须知道 $K_ya(H_{OG})$ 或 $K_xa(H_{OL})$。总传质系数 K_ya 或 K_xa 涉及吸收塔的类型及其在操作条件下的传质性能，将在第 10 章气液传质设备中讨论，这里暂且作为已知量。

显然，根据上述已知条件，设计型计算问题还没有定解，还须进行一系列条件的选择。

流向选择　在微分接触的吸收塔内，气、液两相可作逆流也可作并流流动。取图 8-24 所示的塔段为控制体作物料衡算，可得并流时的操作线方程

$$y=y_{进}-\frac{L}{G}(x-x_{进}) \tag{8-81}$$

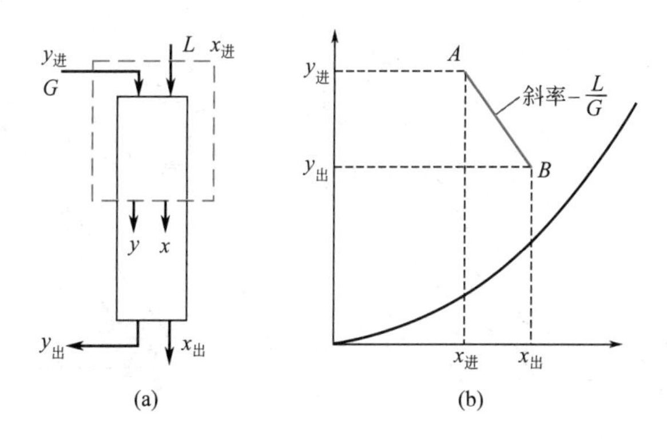

图 8-24　并流吸收的操作线

操作线 AB 是斜率为 $-L/G$ 的直线。因此，只要在 $y_出$-$y_进$ 范围内平衡线是直线，则平均推动力 Δy_m 仍可按式(8-70) 计算。同理，只要 $x_出$-$x_进$ 范围内平衡线是直线，则平均推动力 Δx_m 可按式(8-73) 计算。

比较并流操作线（图 8-24）与逆流操作线（图 8-21）可知，在两相进、出口浓度相同的情况下，逆流时的对数平均推动力大于并流，故就吸收过程本身而言逆流优于并流。但是，就吸收设备而言，逆流操作时下降液体受到上升气体的作用力；这种曳力过大时会妨碍液体的顺利流下，因而限制了吸收塔所允许的液体流率和气体流率，这是逆流的缺点。

为使过程具有最大的推动力，吸收操作大多采用逆流，在以下吸收计算的讨论中，除注明外均指逆流操作。在特殊情况下，如相平衡线斜率 m 极小时，逆流并无多大优点，可采用并流。

吸收剂进口浓度的选择　若设计时所选择的吸收剂进口浓度较高，吸收过程的推动力较小，所需的吸收塔高度较大。若选择的进口浓度过低，则对吸收剂的再生提出了过高的要求，使再生设备和再生费用加大。因此，吸收剂进口溶质浓度 $x_进$ 的选择是一个经济上的优化问题，需要通过多方案的计算和比较才可确定。

除了上述经济方面的考虑之外，还有一个技术上的限制，即存在着一个技术上允许的吸收剂最高进口浓度，超过这一浓度便不可能达到规定的分离要求。

逆流操作时，塔顶气相浓度按设计要求规定为 $y_出$，与 $y_出$ 成平衡的液相浓度为 $x_{进e}$。显然，所选择的吸收剂进口浓度 $x_进$ 必须低于 $x_{进e}$才有可能达到规定的分离要求。当所选 $x_进$ 等于 $x_{进e}$时（见图 8-25)，吸收塔顶的推动力 $\Delta y_出$ 为零，所需的塔高将为无穷大，这就是 $x_进$ 的上限。

总之，对于规定的分离要求，吸收剂进口浓度在技术上存在一个上限，在经济上存在一个最适宜的浓度。

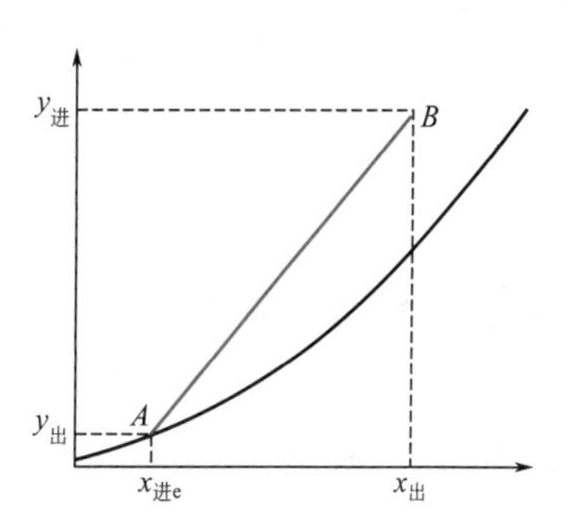

图 8-25　吸收剂进口浓度的上限

最小液气比和吸收剂用量的选择　为计算平均传质推动力或传质单元数，除须知 $y_进$、$y_出$ 和 $x_进$ 之外，还必须确定吸收剂出口浓度 $x_出$ 或液气比 L/G。吸收剂出口浓度 $x_出$ 与液气比 L/G 受全塔物料衡式(8-57) 制约，即

$$x_出 = x_进 + \frac{G}{L}(y_进 - y_出) \tag{8-82}$$

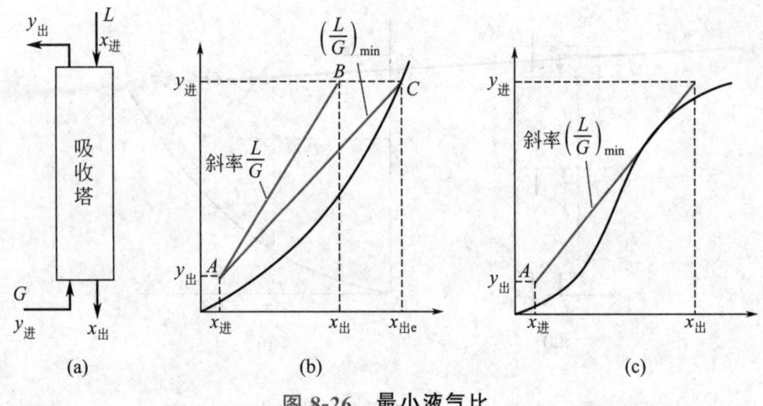

图 8-26 最小液气比

显然，吸收剂用量即液气比愈大，出口浓度 $x_{出}$ 愈小。

液气比的选择同样是个经济上的优化问题。由图 8-26(b) 可知，当 $y_{进}$、$y_{出}$、$x_{进}$ 已定时，液气比 L/G 增大，出口浓度 $x_{出}$ 减小，过程的平均推动力相应增大而传质单元数相应减小，从而所需塔高降低。但是，吸收液流量大而出口浓度低，必使吸收剂的再生费用增加。这里同样需要作多方案比较，从中选择最经济的液气比。

吸收剂的最小用量还存在着技术上的限制。当 (L/G) 减小到图 8-26(b) 中的 $(L/G)_{min}$ 时，操作线与平衡线相交于 C 点，塔底的气、液两相浓度达到平衡。此时吸收推动力 $\Delta y_{进}$ 为零，所需塔高将为无穷大，显然这是液气比的下限或 $x_{出}$ 的上限。通常称此 $(L/G)_{min}$ 为吸收设计的最小液气比，相应的吸收剂用量 L_{min} 为最小吸收剂用量。最小液气比可按物料衡算求得

$$\left(\frac{L}{G}\right)_{min}=\frac{y_{进}-y_{出}}{x_{出e}-x_{进}} \tag{8-83}$$

液气比小于此最低值，规定的分离要求将不能达到。

须指出，由式(8-83) 计算最小液气比并非总是正确的。若平衡线的形状如图 8-26(c) 所示，当液气比 (L/G) 减小到某一程度，塔底两相浓度虽未达到平衡，但操作线已与平衡线相切，切点处的吸收推动力为零，为达到指定分离要求塔高需无穷大。因此，此时的最小液气比 $(L/G)_{min}$，取决于从图中 A 点所作的平衡线切线的斜率。

在设计时为避免作多方案计算，通常可先求出最小液气比，然后乘以某一经验的倍数作为设计的液气比。一般取

$$\frac{L}{G}=(1.1\sim2)\left(\frac{L}{G}\right)_{min} \tag{8-84}$$

【例 8-5】 塔高的计算

在一逆流操作的吸收塔中用清水吸收氨和空气混合气中的氨，混合气流量为 0.03kmol/s，混合气入塔含氨摩尔分数 0.04，出塔含氨摩尔分数 0.002。吸收塔操作时的总压为 101.3kPa，温度为 298K，在操作浓度范围内，氨水系统的平衡方程为 $y=1.04x$，总传质系数 K_ya 为 0.06kmol/(s·m³)。若塔径为 1m，实际液气比为最小液气比的 1.2 倍，所需塔高为多少？

解： 最小液气比

$$(L/G)_{min}=\frac{y_{进}-y_{出}}{x_{出e}-x_{进}}=\frac{0.04-0.002}{0.04/1.04-0}=0.988$$

实际液气比 $L/G=1.2(L/G)_{\min}=1.2\times0.988=1.19$

液相出口浓度 $$x_{出}=\frac{y_{进}-y_{出}}{L/G}+x_{进}=\frac{0.04-0.002}{1.19}=0.0321$$

平均推动力

$$\Delta y_m=\frac{(y_{进}-mx_{出})-(y_{出}-mx_{进})}{\ln\dfrac{y_{进}-mx_{出}}{y_{出}-mx_{进}}}=\frac{(0.04-1.04\times0.0321)-0.002}{\ln\dfrac{0.04-1.04\times0.0321}{0.002}}=3.86\times10^{-3}$$

气相流率 $$G=\frac{0.03}{\dfrac{\pi}{4}\times1^2}=0.0382\ [\text{kmol}/(\text{s}\cdot\text{m}^2)]$$

传质单元高度 $$H_{OG}=\frac{G}{K_y a}=\frac{0.0382}{0.06}=0.637\ (\text{m})$$

传质单元数 $$N_{OG}=\frac{y_{进}-y_{出}}{\Delta y_m}=\frac{0.04-0.002}{3.86\times10^{-3}}=9.85$$

所需塔高 $$H=H_{OG}N_{OG}=0.637\times9.85=6.27\ (\text{m})$$

解吸塔的最小气液比 为使溶剂再生须脱除吸收液中的溶质，通常用另一股与吸收液不互溶的惰性气流与吸收液接触并将溶质带走，因此须确定这股解吸气流的用量 G。以逆流解吸为例［图 8-27(a)］，待解吸的吸收液流率 L、解吸前后的液相溶质浓度 $x_{进}$ 与 $x_{出}$、解吸气流入塔的溶质浓度 $y_{进}$（一般为零）等已作规定。现取图示虚线为控制体作溶质的物料衡算可知，解吸操作线方程与吸收的操作线方程式(8-66)完全相同，但解吸操作线位于平衡线的下方，如图 8-27(b) 中的 AB 线所示。

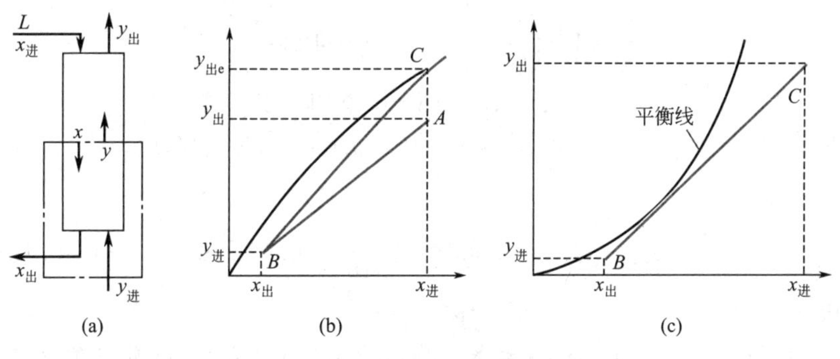

图 8-27 解吸的操作线和最小气液比

当解吸用气量 G 减小，出口气体 $y_{出}$ 必增大，操作线的 A 点向平衡线靠拢，其极限位置为 C 点。此时解吸气出口浓度 $y_{出}$ 与吸收剂进口浓度 $x_{进}$ 成平衡，解吸操作线斜率 L/G 最大而气液比 G/L 为最小，即

$$\left(\frac{G}{L}\right)_{\min}=\frac{x_{进}-x_{出}}{y_{出e}-y_{进}} \tag{8-85}$$

当平衡线呈下凹形状［见图 8-27(c)］时，可从 B 点作平衡线的切线以决定最小气液比 $(G/L)_{\min}$ 的数值。实际操作为使塔顶有一定的推动力，采用比 $(G/L)_{\min}$ 大的气液比。

关于解吸塔的各种计算问题，同样可联立求解式(8-57)与式(8-69)或式(8-72)获得解决。唯一不同之处是解吸推动力与吸收推动力刚好相反。

【例 8-6】 解吸气流用量的计算

含苯摩尔分数 0.022 的煤气用平均分子量为 260 的洗油在一填料塔中作逆流吸收以回收其中 96% 的苯，煤气的流率为 1500kmol/h。塔顶进入的洗油中含苯摩尔分数 0.0056，洗油的流率为最小用量的 1.3 倍。吸收塔在 101.3kPa、25℃下操作，此时气液相平衡关系为 $y=0.124x$。

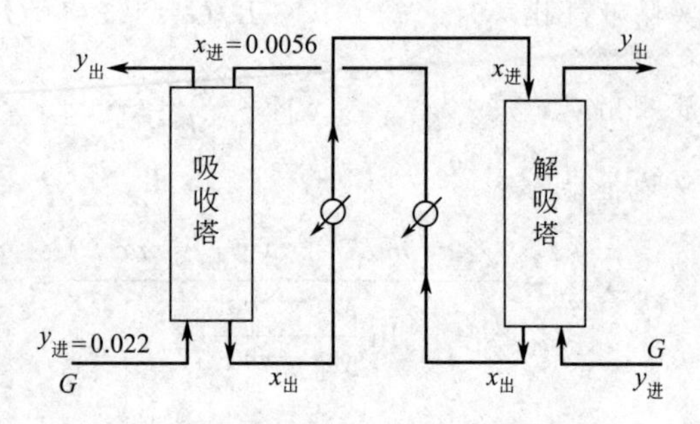

图 8-28 例 8-6 附图

富油由吸收塔底出口经加热后被送入解吸塔塔顶，在解吸塔底送入过热水蒸气使洗油脱苯。脱苯后的贫油由解吸塔底排出被冷却至 25℃再进入吸收塔使用，水蒸气用量取最小用量的 1.2 倍。解吸塔在 101.3kPa、120℃下操作，此时的气液相平衡关系为 $y=3.16x$。

求洗油的循环流量和解吸时的过热蒸汽耗量。

解：(1) 吸收塔

吸收塔出口煤气中含苯为

$$y_{出}=(1-\eta)y_{进}=(1-0.96)\times 0.022=0.00088$$

洗油在吸收塔底的最大浓度为

$$x_{出e}=\frac{y_{进}}{m}=\frac{0.022}{0.124}=0.177$$

吸收塔最小液气比

$$\left(\frac{L}{G}\right)_{\min}=\frac{y_{进}-y_{出}}{x_{出e}-x_{进}}=\frac{0.022-0.00088}{0.177-0.0056}=0.123$$

实际液气比 $\frac{L}{G}=1.3\left(\frac{L}{G}\right)_{\min}=1.3\times 0.123=0.160$

煤气量 $G=1500\text{kmol/h}=0.417\text{kmol/s}$

洗油循环流量 $L=0.160\times 0.417=0.0667\ (\text{kmol/s})$

洗油出塔浓度为

$$x_{出}=x_{进}+\frac{G}{L}(y_{进}-y_{出})=0.0056+\frac{1}{0.16}\times(0.022-0.00088)=0.138$$

(2) 解吸塔

$x_{进}=0.138$，$x_{出}=0.0056$。过热水蒸气中不含苯，$y_{进}=0$。解吸塔顶汽相中含苯的最大浓度为

$$y_{出e}=mx_{进}=3.16\times 0.138=0.435$$

解吸塔的最小气液比为

$$\left(\frac{G}{L}\right)_{\min}=\frac{x_{进}-x_{出}}{y_{出e}-y_{进}}=\frac{0.138-0.0056}{0.435-0}=0.304$$

操作气液比 $\frac{G}{L}=1.2\times\left(\frac{G}{L}\right)_{\min}=1.2\times 0.304=0.364$

过热蒸汽用量 $G=0.364L=0.364\times 0.0667=0.0243\ (\text{kmol/s})$

或 $G=0.0243\times 18=0.437\ (\text{kg/s})=1574\ (\text{kg/h})$

塔内返混的影响 在吸收塔内气、液两相可因种种原因造成少量流体自下游返回至上

游，这一现象称为返混。现以液相返混为例说明它对吸收塔高计算的影响。

假定从塔中部某处引部分吸收液返回塔的上部，见图 8-29(a)。对于设计型问题，液气比及两相进、出口浓度已由设计条件所确定，液体局部返混时的操作线由图 8-29(b) 的虚线移至实线。显然，局部推动力的下降使完成同一分离任务所需塔高增加。同样，气相返混也会造成类似结果。返混的量、返混的范围越大，推动力的降低也越严重。由于实际吸收塔中返混的量和范围与设备的结构有关，一般将它的影响放在传质单元高度中加以考虑。

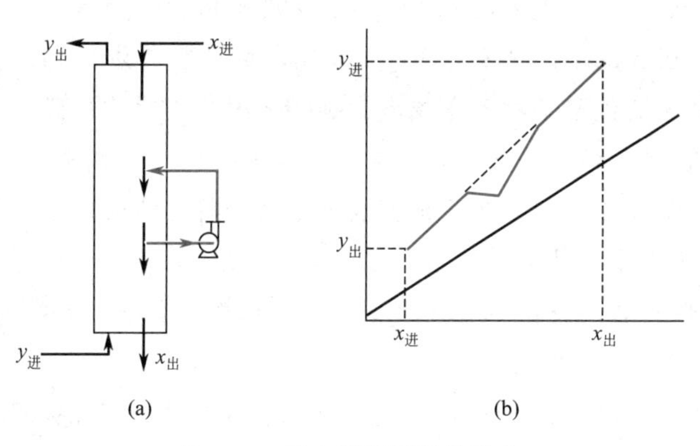

图 8-29 轴向返混降低推动力

吸收剂再循环 某些工业吸收过程将出塔液体的一部分返回塔顶与新鲜吸收剂相混，然后一并进入塔顶［见图 8-30(a)］，此种流程称为吸收剂再循环。

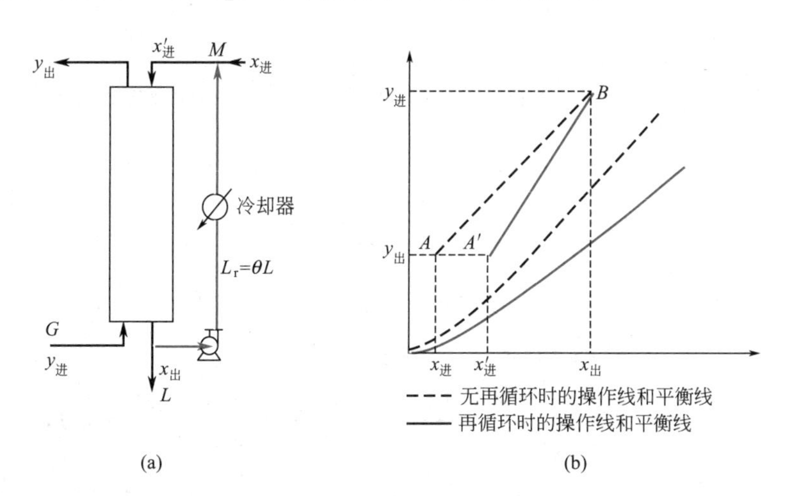

图 8-30 吸收剂再循环的操作线

设吸收剂再循环量 L_r 为新吸收剂量 L 的 θ 倍，对混合点 M 作物料衡算可算得入塔吸收剂浓度 $x'_进$ 为

$$x'_进=\frac{\theta x_出+x_进}{1+\theta} \tag{8-86}$$

显然，吸收剂再循环使液相入塔浓度 $x'_进$ 大于新鲜吸收剂浓度 $x_进$。若气体出口浓度 $y_出$ 要求不变，此时操作线在塔顶的位置将由 A 点移至 A'点［图 8-30(b)］，从而降低了吸收推动力。因此，在一般情况下，吸收剂再循环对吸收过程不利。

但是，在下列两种情况下采用吸收剂再循环将是有利的：

① 吸收过程有显著的热效应，大量吸收剂再循环可降低吸收剂出塔温度，平衡线向下

移动（图 8-30 中由虚线移至实线），全塔平均推动力反而有所提高。

② 吸收目的在于获得浓度 $x_{出}$ 较高的液相产物，按物料衡算所需的新鲜吸收剂量过少，以至不能保持塔内填料良好的润湿，此时采用吸收剂再循环，推动力的降低将可由容积传质系数 $K_y a$ 的增加所补偿。

【例 8-7】 吸收剂再循环

在绝压为 0.2MPa 的填料吸收塔中进行逆流吸收操作。已知入口气体的摩尔流量为 100kmol/h，浓度为 $y_{进}=0.08$，要求吸收塔的回收率为 95%。进入系统的纯溶剂的摩尔流率为 100kmol/h，物质的量浓度为 $x_{进}=0.01$，操作条件下的气液相平衡关系为 $y=0.1x$。试求：(1) 气相总传质单元数 N_{OG}；(2) 若系统回收率不变，将上述吸收过程按塔底溶液部分循环设计如图 8-31 所示，循环溶液量 $L_R=40$kmol/h，且进入系统的新鲜吸收剂量不变，试计算有循环时气相总传质单元数，并与无循环时相比，哪一个大？为什么？

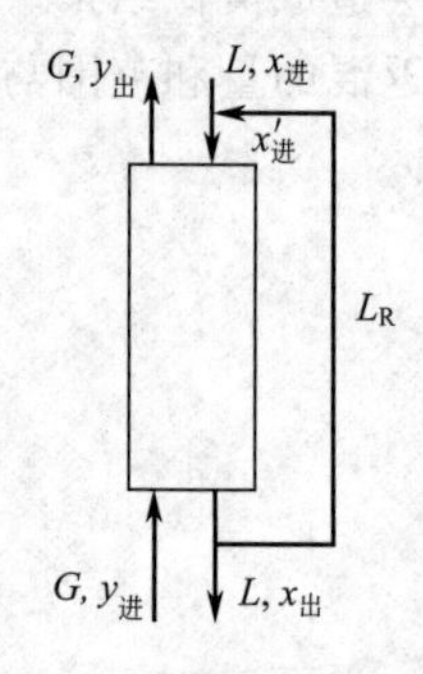

图 8-31 例 8-7 附图

解： (1) 题中给出的是纯溶剂的流量 L_S，必须换算后才能应用。吸收溶液流量

$$L=L_S/(1-x_{进})=100/(1-0.01)=101.01\text{kmol/h}$$

$$\frac{1}{A}=\frac{mG}{L}=\frac{0.1\times100}{101.01}=0.099$$

$$y_{出}=y_{进}(1-\eta)=0.08\times(1-95\%)=0.004$$

$$N_{OG}=\frac{1}{1-\dfrac{1}{A}}\ln\left[\left(1-\frac{1}{A}\right)\frac{y_{进}-mx_{进}}{y_{出}-mx_{进}}+\frac{1}{A}\right]=\frac{1}{1-0.099}\ln\left[(1-0.099)\frac{0.08-0.1\times0.01}{0.004-0.1\times0.01}+0.099\right]=3.23$$

出塔液相组成

$$x_{出}=\frac{y_{进}-y_{出}}{L/G}+x_{进}=\frac{0.08-0.004}{101.01/100}+0.01=0.0852$$

(2) 采用溶液循环流程设计时，设实际入塔的吸收剂组成为 $x'_{进}$，则

$$(L+L_R)x'_{进}=Lx_{进}+L_R x_{出}$$

$$x'_{进}=\frac{Lx_{进}+L_R x_{出}}{L+L_R}=\frac{101.01\times0.01+40\times0.0852}{101.01+40}=0.031$$

① 平均推动力法　用此方法必须已知 4 个浓度，本题中 $y_{进}$、$y_{出}$、$x'_{进}$ 均已确定，只有液相的出塔浓度 $x'_{出}$ 未知。由全塔物料衡算可知 $G(y_{进}-y_{出})=L(x'_{出}-x_{进})$，由于入塔的气液流量不变，则有 $x'_{出}=x_{出}$。这样气液两相的 4 个浓度都已得到。

$$\Delta y_1=y_{进}-mx_{出}=0.08-0.1\times0.0852=0.0714$$

$$\Delta y_2=y_{出}-mx'_{进}=0.004-0.1\times0.031=0.0009$$

$$\Delta y_m=\frac{\Delta y_1-\Delta y_2}{\ln\dfrac{\Delta y_1}{\Delta y_2}}=\frac{0.0714-0.0009}{\ln\dfrac{0.0714}{0.0009}}=0.0161$$

$$N_{OG}=\frac{y_{进}-y_{出}}{\Delta y_m}=\frac{0.08-0.004}{0.0161}=4.71$$

② 吸收因数法

$$\frac{1}{A'}=\frac{mG}{L+L_R}=\frac{0.1\times100}{101.01+40}=0.071$$

$$N'_{OG}=\frac{1}{1-\frac{1}{A'}}\ln\left[\left(1-\frac{1}{A'}\right)\frac{y_{进}-mx'_{进}}{y_{出}-mx'_{进}}+\frac{1}{A'}\right]$$

$$=\frac{1}{1-0.071}\ln\left[(1-0.071)\frac{0.08-0.1\times0.031}{0.004-0.1\times0.031}+0.071\right]$$

$$=4.71$$

可见，$N'_{OG}>N_{OG}$。

这是因为有循环时操作线更加靠近平衡线，使传质推动力变小，故 N_{OG} 变大。操作线如图 8-32 所示。

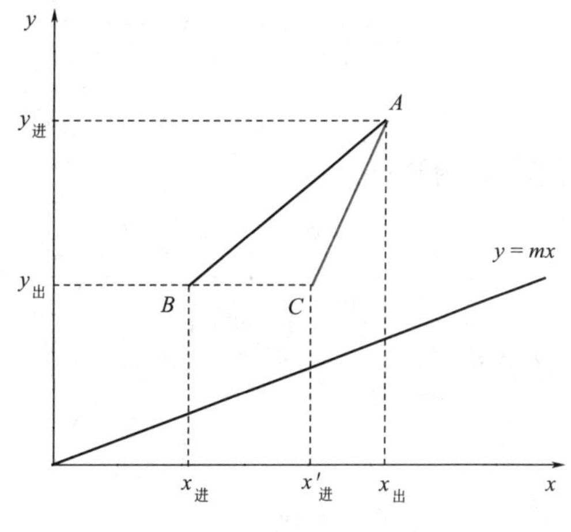

图 8-32　例 8-7 操作线

8.5.4　吸收塔的操作型计算

操作型计算的命题　在实际生产中，吸收塔的操作型计算问题是经常碰到的。常见的吸收塔操作型问题有两种类型，它们的命题方式如下。

第一类命题

给定条件：吸收塔的高度及其他有关尺寸，气液两相的流量、进口浓度，相平衡关系及流动方式，两相总传质系数 K_ya 或 K_xa。

计算目的：气液两相的出口浓度。

第二类命题

给定条件：吸收塔高度及其他有关尺寸，气体的流量及进、出口浓度，吸收液的进口浓度，气液两相的平衡关系及流动方式，两相总传质系数 K_ya 或 K_xa。

计算目的：吸收剂的用量及其出口浓度。

操作型问题的计算方法　操作型计算问题通常可联立式(8-57)、相平衡式或式(8-3)、式(8-69) 或式(8-72) 求解。对于第一类命题，可通过简单的数学处理将吸收过程基本方程式线性化，然后采用消元法求出气液两相的出口浓度。对于第二类命题，因无法将吸收过程基本方程式线性化，试差计算仍不可避免。

当平衡线为一通过原点的直线时，采用吸收因数法求解操作型问题更为方便。但是，对于第二类命题，即使采用吸收因数法，试差计算同样是不可避免的。

【例 8-8】 气体处理量的变化对吸收操作的影响

101.3kPa、293K 下用清水在吸收塔中逆流吸收 SO_2-空气混合物中的 SO_2，当操作液气比为 32 时，SO_2 回收率可达 95%。已知物系在低浓度下的平衡关系为 $y=27.6x$，操作范围内总传质系数 K_ya 与气体流率基本无关。现气体流率增加 20%，而液量及气液进口浓度不变。试求：(1) SO_2 的回收率有何变化？(2) 单位时间内被吸收的 SO_2 量增加多少？(3) 吸收塔的平均推动力有何变化？

解：(1) 原工况：由回收率定义可求出气体出口浓度

$$y_{出}=(1-\eta)y_{进}=(1-0.95)y_{进}=0.05y_{进}$$

由物料衡算式可计算液体出口浓度

$$y_{进}-y_{出}=y_{进}-0.05y_{进}=\frac{L}{G}(x_{出}-x_{进})$$

$$x_{出}=\frac{1-0.05}{32}y_{进}=0.0297y_{进}$$

吸收塔的平均推动力

$$\Delta y_m=\frac{(y_{进}-mx_{出})-(y_{出}-mx_{进})}{\ln\frac{y_{进}-mx_{出}}{y_{出}-mx_{进}}}=\frac{(y_{进}-27.6\times0.0297y_{进})-0.05y_{进}}{\ln\frac{y_{进}-27.6\times0.0297y_{进}}{0.05y_{进}}}=0.101y_{进}$$

传质单元数

$$N_{OG}=\frac{y_{进}-y_{出}}{\Delta y_m}=\frac{(1-0.05)y_{进}}{0.101y_{进}}=9.37$$

新工况：传质单元高度

$$H'_{OG}=\frac{G'}{K'_ya}=\frac{G'}{G}\times\frac{G}{K_ya}=\frac{G'}{G}H_{OG}=1.2H_{OG}$$

传质单元数

$$N'_{OG}=\frac{H}{H'_{OG}}=\frac{H_{OG}N_{OG}}{H'_{OG}}=\frac{9.37}{1.2}=7.80$$

$$\frac{mG'}{L}=\frac{27.6\times1.2}{32}=1.035$$

$$N'_{OG}=\frac{1}{1-\frac{mG'}{L}}\ln\left[\left(1-\frac{mG'}{L}\right)\frac{y_{进}-mx_{进}}{y'_{出}-mx_{进}}+\frac{mG'}{L}\right]$$

$$7.8=\frac{1}{1-1.035}\ln\left[(1-1.035)\frac{y_{进}}{y'_{出}}+1.035\right]$$

得 $y'_{出}=0.128y_{进}$。新工况的 SO_2 回收率

$$\eta'=\frac{y_{进}-y'_{出}}{y_{进}}=\frac{y_{进}-0.128y_{进}}{y_{进}}=0.872$$

(2) 在单位时间内新、旧工况所回收的 SO_2 量之比为

$$\frac{G'(y_{进}-y'_{出})}{G(y_{进}-y_{出})}=\frac{1.2(y_{进}-0.128y_{进})}{y_{进}-0.05y_{进}}=1.10$$

(3) 新工况下的平均推动力　由物料衡算式

$$y_{进}-y'_{出}=\frac{L}{G'}(x'_{出}-x_{进})$$

$$x'_{出}=\frac{1.2}{32}(y_{进}-y'_{出})=0.0327y_{进}$$

$$\Delta y'_m=\frac{(y_{进}-mx'_{出})-(y'_{出}-mx_{进})}{\ln\frac{y_{进}-mx'_{出}}{y'_{出}-mx_{进}}}=\frac{y_{进}-27.6\times0.0327y_{进}-0.128y_{进}}{\ln\frac{1-27.6\times0.0327}{0.128}}=0.111y_{进}$$

$$\frac{\Delta y'_m}{\Delta y_m}=\frac{0.111}{0.101}=1.10$$

本例中，SO_2 回收量的增加是由传质推动力的增大而引起的。

吸收塔的操作和调节 吸收塔的气体入口条件是由前一工序决定的，不能随意改变。因此，吸收塔在操作时的调节手段只能是改变吸收剂的入口条件。吸收剂的入口条件包括流率 L、温度 t、浓度 $x_{进}$ 三大要素。

增大吸收剂用量，操作线斜率增大，出口气体浓度下降。

降低吸收剂温度，相平衡常数减小，平衡线下移，平均推动力增大。

降低吸收剂入口浓度，液相入口处推动力增大，全塔平均推动力亦随之增大。

总之，适当调节上述三个变量均可强化传质过程，提高吸收效果。当吸收和再生操作联合进行时，吸收剂的进口条件将受再生操作的制约。如果再生不良，吸收剂进塔浓度将上升；如果再生后的吸收剂冷却不足，吸收剂温度将升高。再生操作中可能出现的这些情况，都会给吸收操作带来不良影响。

增大吸收剂流量固然能增强吸收能力，但应同时考虑再生设备的能力。如果吸收剂循环量加大使解吸操作恶化，则吸收塔的液相进口浓度将上升，甚至得不偿失，这是调节中必须注意的问题。

另外，采用增大吸收剂循环量的方法调节气体出口浓度 $y_{出}$ 是有一定限度的。设有一足够高的吸收塔（为便于说明问题，设 $H=\infty$），操作时必在塔底或塔顶达到平衡（图 8-33）。当气液两相在塔底达到平衡时 $\left(\frac{L}{G}<m\right)$，增大吸收剂用量可有效地降低 $y_{出}$；当气液两相在塔顶达到平衡时 $\left(\frac{L}{G}>m\right)$，增大吸收剂用量则不能有效地降低 $y_{出}$。此时，只有降低吸收剂入口浓度或入口温度才能使 $y_{出}$ 下降。

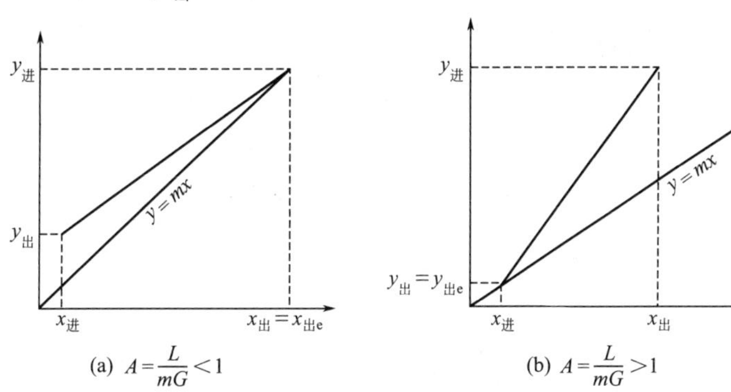

图 8-33 吸收操作的调节

【例 8-9】 吸收剂所需用量的计算

在例 8-7 所述的吸收操作中，气体的流率、两相的入口浓度、吸收塔的操作压强与操作温度皆维持不变，吸收过程为液相阻力控制，$K_y a \propto L^{0.7}$。现欲将 SO_2 的回收率由原来的 95% 提高至 98%，试用吸收因数法计算吸收剂的用量应增加至原用量的多少倍？

解：原工况：$x_{进}=0$

$$N_{OG}=\frac{1}{1-\frac{mG}{L}}\ln\left[\left(1-\frac{mG}{L}\right)\frac{1}{1-\eta}+\frac{mG}{L}\right]$$

$$\frac{mG}{L}=\frac{27.6}{32}=0.863$$

$$N_{OG}=\frac{1}{1-0.863}\ln\left[(1-0.863)\times\frac{1}{1-0.95}+0.863\right]=9.37$$

新工况：因吸收过程为液相阻力控制，液体流率增加，H_{OG}减小

$$H'_{OG}=\frac{G}{K_y a'}=\frac{G}{K_y a(L'/L)^{0.7}}=\left(\frac{L}{L'}\right)^{0.7}H_{OG}$$

因塔高不变，故 $N'_{OG}=(L'/L)^{0.7}N_{OG}=9.37(L'/L)^{0.7}$。

$$\frac{mG}{L'}=\frac{mG}{L}\times\frac{L}{L'}=0.863\frac{L}{L'}$$

$$N'_{OG}=\frac{1}{1-\frac{mG}{L'}}\ln\left[\left(1-\frac{mG}{L'}\right)\frac{1}{1-\eta'}+\frac{mG}{L'}\right]$$

$$9.37\left(\frac{L'}{L}\right)^{0.7}=\frac{1}{1-\frac{0.863}{L'/L}}\ln\left[\left(1-\frac{0.863}{L'/L}\right)\frac{1}{1-0.98}+\frac{0.863}{L'/L}\right]$$

由上式试差求得
$$\frac{L'}{L}=1.15$$

【例 8-10】 吸收剂浓度变化的影响

某逆流吸收塔，用纯溶剂吸收混合气体中可溶组分。气体入塔浓度 $y_{进}=0.01$（摩尔分数），回收率 $\eta=0.9$。平衡关系为 $y=2x$，且知 $L/G=1.2(L/G)_{min}$，$H_{OG}=0.9m$。试求：(1) 所需塔的填料层高度；(2) 若该塔操作时，改用再生溶剂，入塔 $x'_{进}=0.0005$，其他入塔条件不变，则回收率又为多少？(3) 在 y-x 图上定性画出原工况及新工况（解吸不良）下的操作线与平衡线示意图。

解：(1) 属低浓度气体吸收

$$y_{出}=y_{进}(1-\eta)=0.01\times(1-90\%)=0.001$$

$$\left(\frac{L}{G}\right)_{min}=\frac{y_{进}-y_{出}}{\frac{y_{进}}{m}-x_{进}}=\frac{0.01-0.001}{\frac{0.01}{2}}=1.8$$

$$\frac{L}{G}=1.2\left(\frac{L}{G}\right)_{min}=1.2\times1.8=2.16$$

解吸因数
$$\frac{1}{A}=\frac{m}{L/G}=\frac{2}{2.16}=0.926$$

$$N_{OG}=\frac{1}{1-\frac{1}{A}}\ln\left[\left(1-\frac{1}{A}\right)\frac{y_{进}-mx_{进}}{y_{出}-mx_{进}}+\frac{1}{A}\right] \quad ①$$

$$N_{OG}=\frac{1}{1-0.926}\ln\left[(1-0.926)\frac{0.01}{0.001}+0.926\right]=6.90$$

$$H=H_{OG}N_{OG}=0.9\times6.90=6.21m$$

(2) $x_{进}$增大为 $x'_{进}=0.0005$ 后，解吸因数 $1/A$ 不变，H_{OG}不变，所以 N_{OG}不变。根据式①可得$\frac{y_{进}-mx_{进}}{y_{出}-mx_{进}}$不变，即

$$\frac{y_{进}-mx_{进}}{y_{出}-mx_{进}}=\frac{y_{进}-mx'_{进}}{y'_{出}-mx'_{进}} \quad ②$$

$$\frac{0.01-0}{0.001-0}=\frac{0.01-2\times0.0005}{y'_{出}-2\times0.0005}$$

解得　$y'_{出}=0.00190$

回收率　$\eta'=1-\frac{y'_{出}}{y_{进}}$

$$=1-\frac{0.00190}{0.01}=81.0\%$$

(3) 参见图 8-34，AB 段为原操作线，改用再生溶剂后操作线变为 CD 段，推动力减小。

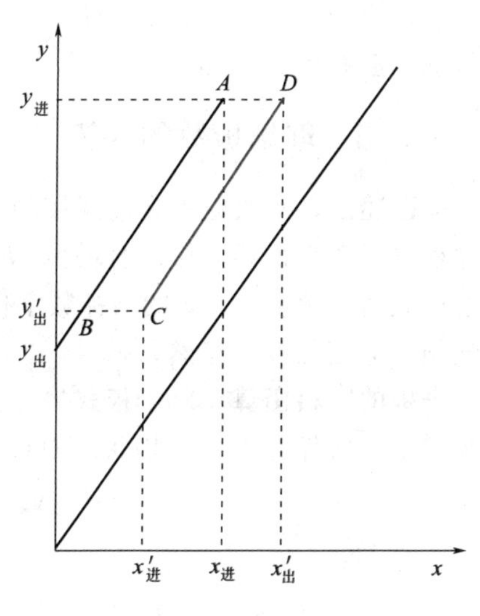

图 8-34　例 8-10 操作线

综合型计算　在实际工作中，简单的吸收问题可分为设计型计算和操作型计算，复杂点的吸收问题不局限于此。综合型计算问题的命题不再具有固定模式，需要具体情况具体分析，综合应用所学知识寻找解决途径。比如，原有吸收塔的扩容改造、需要增加处理能力、设备需要部分更新等。

【例 8-11】 旧塔扩容改造

某逆流操作填料吸收塔的有效高度为 4m，混合气中含丙酮体积分数为 0.06，塔顶出口气体含丙酮体积分数为 0.003。入塔吸收剂为清水，出塔液体中丙酮含量为 0.018（摩尔分数）。操作温度、操作压强下物系的相平衡关系为 $y=2x$。试求：(1) 原操作条件下的 H_{OG} 为多少米？(2) 现因生产厂需要扩容改造，处理量增加 50%，填料层高度应增加多少米？已知该塔传质系数 $K_y a \propto G^{0.4} L^{0.3}$。

解：(1) $x_{进}=0$，$m=2$，由操作数据可得

$$\frac{G}{L}=\frac{x_{出}-x_{进}}{y_{进}-y_{出}}=\frac{0.018-0}{0.06-0.003}=0.316$$

$$\frac{mG}{L}=2\times 0.316=0.632$$

$$N_{OG}=\frac{1}{1-\frac{mG}{L}}\ln\left[\left(1-\frac{mG}{L}\right)\frac{y_{进}-mx_{进}}{y_{出}-mx_{进}}+\frac{mG}{L}\right]$$

$$=\frac{1}{1-0.632}\ln\left[(1-0.632)\times\frac{0.06}{0.003}+0.632\right]=5.64$$

$$H_{OG}=\frac{H}{N_{OG}}=\frac{4}{5.64}=0.709\ (\text{m})$$

(2) 当气体处理量增加 50% 时，溶剂用量也增加 50%，这样，气液两相的出塔浓度应保持原工艺要求。这时，mG/L、N_{OG} 没有变化，$K_y a$、H_{OG} 发生相应的变化。

$$\frac{H'_{OG}}{H_{OG}}=\frac{G'}{G}\times\frac{K_y a}{K_y a'}=\frac{1.5}{1.5^{0.4}1.5^{0.3}}=1.5^{0.3}=1.13$$

$$\frac{H'}{H}=\frac{H'_{OG}N'_{OG}}{H_{OG}N_{OG}}=1.13$$

$$H'=4\times 1.13=4.52\ (\text{m})$$

$$\Delta H = H' - H = 4.52 - 4 = 0.52\ (\mathrm{m})$$

增加填料层高度 0.52m。

8.5.5 理论板数的计算

前已述及，吸收也可在级式接触设备［图 8-2(a)］中进行，下面对逆流操作的板式塔吸收过程进行数学描述。假定全塔由 N 块理论板组成，自塔顶向下数对塔板用数字编号，为了便于表达，浓度 y、x 的下标数字代表离开板的编号，如 y_1、x_1 分别表示离开第 1 块板的气相、液相浓度。显然，$y_{出} = y_1$，$x_{出} = x_N$。

塔板的物料衡算 对于板式塔，先以单块塔板为考察单元，图 8-35 所示为吸收塔内自塔顶向下数的任意第 n 块塔板。对该塔板进行物料衡算可得

$$G(y_{n+1} - y_n) = L(x_n - x_{n-1}) \tag{8-87}$$

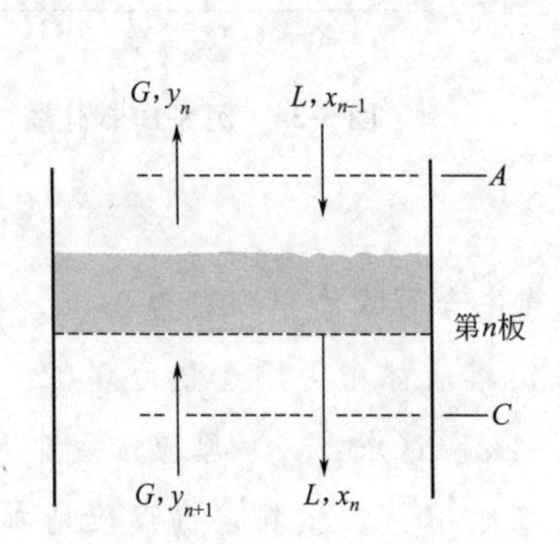

图 8-35 塔板的物料衡算

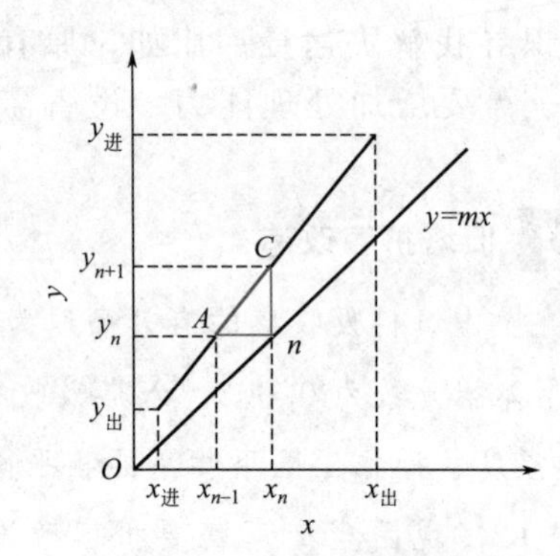

图 8-36 理论板的浓度变化

对从塔顶至 n 板的塔段作物料衡算，可得

$$G(y_{n+1} - y_{出}) = L(x_n - x_{进}) \tag{8-88}$$

或

$$y_{n+1} = \frac{L}{G}(x_n - x_{进}) + y_{出} \tag{8-89}$$

这就是吸收塔的操作线，与式(8-66) 是一致的，如图 8-36 所示。

理论板和板效率 对塔板上的传质过程进行具体的数学描述是复杂的，为了简化起见，引入理论板的概念。离开该板的汽液两相达到相平衡的塔板称为理论板。这样，表达塔板上传质过程的特征方程式可简化为相平衡方程

$$y_n = mx_n \tag{8-90}$$

当然，实际塔板不同于理论板。为表达实际塔板与理论板的差异，还须引入板效率的概念。气相默弗里板效率定义如下

$$E_{\mathrm{mV}} = \frac{y_n - y_{n+1}}{y_n^* - y_{n+1}} \tag{8-91}$$

式中，y_n^* 为与离开第 n 板液相组成 x_n 成平衡的汽相组成，即 $y_n^* = mx_n$，而 y_n 不等于 mx_n。上式分母表示气相经过一块理论板后组成的浓度变化，分子则为实际的浓度变化。

用理论板概念，可将板式塔吸收问题分解为两部分，然后分步解决。对于具体的分离任务，所需理论板数只决定于分离要求、物系的相平衡及两相的流量比，而与两相的接触情况及塔板结构型式等因素无关。板效率则与两相的接触情况及塔板结构型式有关，而与分离任

务难易无关。关于板效率将在第10章气液传质设备中讨论。

理论板的浓度变化 若将图8-35中的塔板看作理论板，考察气体经过该板之后所发生的浓度变化。该板之上塔截面A的两相浓度y_n、x_{n-1}应服从操作线方程，在图8-36中可用操作线上的A点表示。离开该板的y_n、x_n应达到相平衡，可用相平衡线上的n点表示。该板之下塔截面C的两相浓度y_{n+1}、x_n可用操作线上的C点表示。三角形AnC表达了该理论板的工作状态。边nC表示气相经过该理论板后浓度的变化，边An表示液相经过该理论板后浓度的变化。

理论板数的计算 如图8-37(b)所示，全塔由N块理论板组成。在图8-37(c)中，从塔顶（A点）开始在平衡线与操作线之间作梯级三角形，直至塔底（H点）。N个梯级三角形代表了N块理论板。下面来解析求解理论板数N。

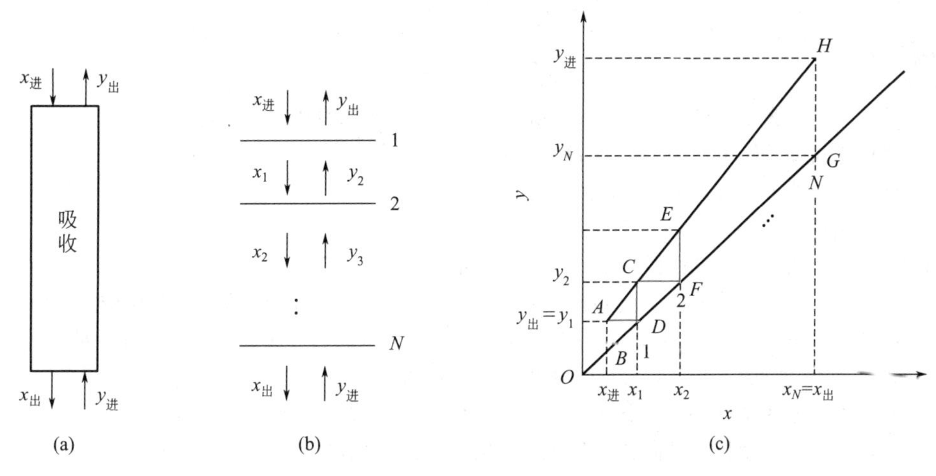

图8-37 吸收过程的理论板数计算

$\triangle ACD$与$\triangle CEF$为相似三角形。线段CD与线段AD之比等于L/G，即操作线的斜率；线段AB与线段AD之比等于m，即平衡线的斜率。相似三角形的相似比就是线段CD与线段AB之比，等于$L/(mG)=A$。这样，线段HG与线段AB之比等于A^N，即

$$y_{进}-mx_{出}=(y_{出}-mx_{进})A^N \tag{8-92}$$

整理上式，可得所需理论板数

$$N=\frac{1}{\ln\left(\frac{L}{mG}\right)}\ln\left(\frac{y_{进}-mx_{出}}{y_{出}-mx_{进}}\right) \tag{8-93}$$

有时为了使用方便，可以结合全塔物料衡算式(8-57)消去$x_{出}$。

【例8-12】 吸收塔理论板数的计算

在一逆流操作的吸收塔中，用清水吸收氨-空气混合气中的氨。混合气入塔含氨摩尔分数为0.04，出塔含氨摩尔分数为0.002。吸收操作条件下氨水系统的相平衡方程为$y=1.04x$。实际液气比为最小液气比的1.2倍，则所需吸收塔的理论板数为多少？

解： 最小液气比

$$\left(\frac{L}{G}\right)_{\min}=\frac{y_{进}-y_{出}}{x_{出}-x_{进}}=\frac{0.04-0.002}{\frac{0.04}{1.04}-0}=0.988$$

实际液气比

$$\frac{L}{G}=1.2\left(\frac{L}{G}\right)_{\min}=1.2\times0.988=1.19$$

液相出口浓度

$$x_{出}=\frac{G}{L}(y_{进}-y_{出})+x_{进}=\frac{0.04-0.002}{1.19}=0.0321$$

、
$$A=\frac{L}{mG}=\frac{1.19}{1.04}=1.1442$$

则理论板数为

$$N=\frac{1}{\ln\left(\frac{L}{mG}\right)}\ln\left(\frac{y_{进}-mx_{出}}{y_{出}-mx_{进}}\right)=8.88$$

思考题

8-12 低浓度气体吸收有哪些特点？数学描述中为什么没有总物料的衡算式？

8-13 吸收塔高度计算中，将 N_{OG} 与 H_{OG} 分开，有什么优点？

8-14 建立操作线方程的依据是什么？

8-15 什么是返混？

8-16 何谓最小液气比？操作型计算中有无此类问题？

8-17 $x_{进\max}$ 与 $(L/G)_{\min}$ 是如何受到技术上的限制的？技术上的限制主要是指哪两个制约条件？

8-18 有哪几种 N_{OG} 的计算方法？用对数平均推动力法和吸收因数法求 N_{OG} 的条件各是什么？

8-19 H_{OG} 的物理含义是什么？常用吸收设备的 H_{OG} 约为多少？

8-20 吸收剂的进塔条件有哪三个要素？操作中调节这三要素，分别对吸收结果有何影响？

8-21 吸收过程的数学描述与传热过程的数学描述有什么类似与区别？

8.6 高浓度气体吸收和化学吸收

8.6.1 高浓度气体吸收

高浓度气体吸收的特点 当混合气的入塔浓度较高，被吸溶质量较多时，8.5 节中的简化条件不再成立。高浓度气体吸收的特点如下。

(1) *G*、*L* 沿塔高变化 高浓度气体吸收时，气体流率 G、液体流率 L 沿塔高将有明显变化。但惰性气体流率 G_B［kmol/(s·m²)］沿塔高不变；若溶剂挥发性较小，纯溶剂流率 L_S［kmol/(s·m²)］也沿塔高不变（图 8-38）。

此时，全塔物料衡算式为

$$G_B\left(\frac{y_{进}}{1-y_{进}}-\frac{y_{出}}{1-y_{出}}\right)=L_S\left(\frac{x_{出}}{1-x_{出}}-\frac{x_{进}}{1-x_{进}}\right)\tag{8-94}$$

对塔段［图 8-38(a)］作物料衡算可得高浓度气体吸收过程的操作线

$$G_B\left(\frac{y}{1-y}-\frac{y_{出}}{1-y_{出}}\right)=L_S\left(\frac{x}{1-x}-\frac{x_{进}}{1-x_{进}}\right)\tag{8-95}$$

式(8-95) 即为高浓度气体吸收过程的操作线。显然，在 y-x 坐标图上，此操作线为一曲线。如图 8-38(b) 中的 AB 所示。图中曲线 AC 为最小液气比 $\left(\frac{L_S}{G_B}\right)_{\min}$ 时的操作线。此

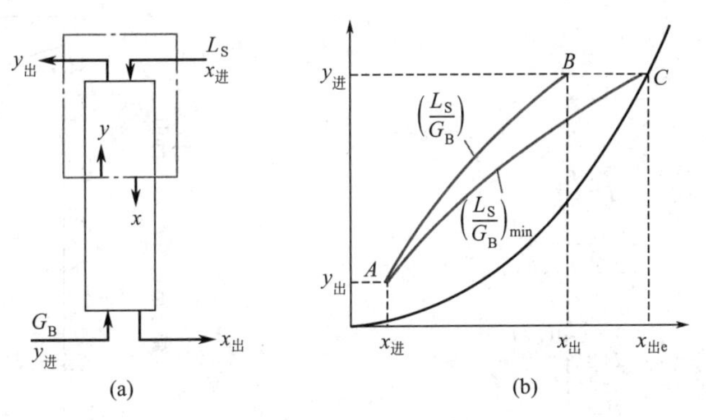

图 8-38 高浓度气体吸收操作线

时，$x_{出}=x_{出e}$，将其代入式(8-95) 可求出$\left(\frac{L_S}{G_B}\right)_{min}$的数值。实际液气比可取为$\left(\frac{L_S}{G_B}\right)_{min}$的某一倍数。

(2) 吸收过程为非等温 因被吸收的溶质量较多，溶解热将使两相温度升高，对相平衡不利，原则上应作热量衡算以确定流体温度沿塔高的分布。当溶解热较大时，应当计入此项影响。

(3) 传质分系数与浓度有关 按有效膜理论，气相传质分系数 k_y 可表示为

$$k_y=\frac{D_g p}{RT\delta_g}\times\frac{1}{(1-y)_m}=k'_y\frac{1}{(1-y)_m}$$

式中，k'_y为等分子反向扩散时的传质分系数，其值与 y 无关。低浓度气体吸收实验所得的传质分系数即为 k'_y，当用于高浓度吸收时，应考虑漂流因子 $1/(1-y)_m$ 的影响。而气相传质分系数 k_y 与 y 有关，同样，液相传质分系数 k_x 也与 x 有关。大多场合下，高浓度气体吸收时溶液浓度并不一定很高，k_x 可近似看成与 x 无关。此外，k_y、k_x 均受流速（包括气、液流率 G、L）的影响，因而在全塔不再为一常数。

数学描述 以上特点使高浓度气体吸收过程的计算较低浓度气体吸收复杂。高浓度气体吸收的数学描述原则上应以微元塔高为控制体，列出物料衡算、热量衡算和传质速率方程。

(1) 物料衡算 取图 8-39 中微元塔高 dh 为控制体，对可溶组分作物料衡算可得

$$d(Gy)=N_A a\,dh=d(Lx) \tag{8-96}$$

(2) 热量衡算 因溶解热的释出，液相温度会升高。假定溶剂汽化量很小，汽化带走的热量可忽略；气体比热容很小，气体温度升高带走的热量可忽略；过程是绝热的。可溶组分的微分溶解热 ϕ 是指每 1kmol 溶质溶解于浓度为 x 的大量溶液中所产生的热量，其值与溶液的浓度 x 有关。图 8-40 所示为氨在水中的微分溶解热 ϕ 与溶液浓度 x 的关系。

根据上述假定，释出的溶解热全部用于液体温度升高。对微元塔高作热量衡算（图 8-39）可得

$$c_{mL}dt=\phi dx \tag{8-97}$$

式中，c_{mL}为溶液的平均摩尔比热容。因气相所带热量不计，可忽略两相间的传热速率方程式。平衡线的斜率 m 沿塔高变化。

(3) 传质速率方程 相际传质速率方程多用传质分系数表示，即

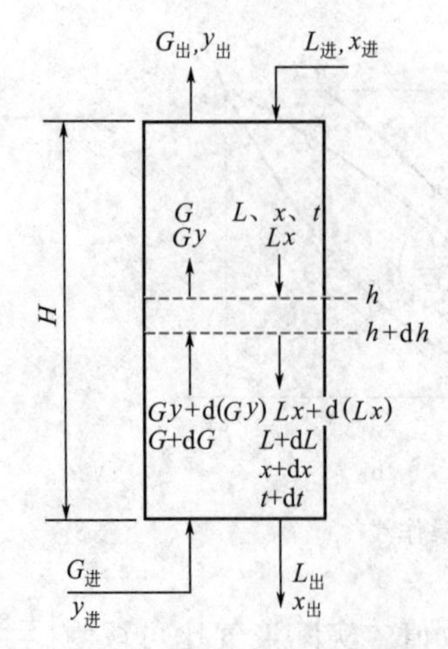

图 8-39　流经微元塔段两相流率、浓度、温度的变化

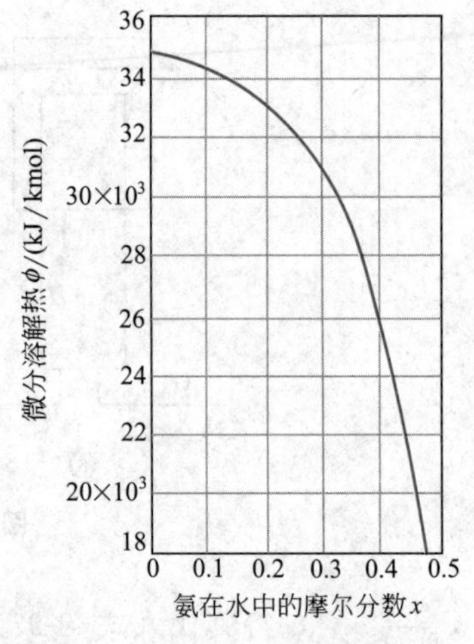

图 8-40　氨在水中的微分溶解热

$$N_A=k_y(y-y_i)=k'_y\frac{1}{(1-y)_m}(y-y_i) \tag{8-98}$$

和

$$N_A=k'_x(x_i-x) \tag{8-99}$$

将式(8-98) 代入式(8-96) 可得

$$dh=\frac{d(Gy)}{k_y a(y-y_i)}=\frac{(1-y)_m d(Gy)}{k'_y a(y-y_i)} \tag{8-100}$$

界面浓度可通过试差联立求解以下两式得出：

相平衡方程

$$y_i=f(x_i) \tag{8-101}$$

传质速率式

$$\frac{k'_y a}{(1-y)_m}(y-y_i)=k_x a(x_i-x) \tag{8-102}$$

过程的计算　先利用已知的相平衡关系，根据物料衡算式(8-96)、热量衡算式(8-97) 求取塔内的实际气液相平衡曲线，即绝热吸收平衡曲线。用差分代替微分，将吸收塔中液相浓度 x 的变化范围分成若干段（如 N 段），每段的浓度 x 变化为 Δx [见图 8-41(a)]。根据式(8-97)，任意塔段 n 的热量衡算式可近似写成

$$t_n=t_{n-1}+\frac{\phi}{c_{mL}}\Delta x \tag{8-103}$$

式中，t_n、t_{n-1} 分别为离开和进入该段的液相温度；ϕ 可取 $x_{n-1}\sim x_n$ 之间的平均值。

因 x_0、t_0 为已知，用式(8-103) 可逐段算出不同节点处的液相温度，确定塔中的液相浓度 x 与温度 t 的对应关系。根据每组 x、t 值，从手册中查出平衡的气相浓度 y，即可确定塔内实际气液相平衡关系。若已知不同温度下的溶解度曲线，从各液相浓度 x 引垂线与对应温度的溶解度曲线相交，纵坐标即是平衡浓度 y，连接这些点可得绝热吸收平衡曲线 [图 8-41(b)]。

然后可逐段计算，确定塔高。对于设计型问题，气体进口流率及进、出口浓度是给定的，液体进口流率和浓度是选定的。计算时可按气体浓度变化范围分成若干等分，由式(8-96) 和式(8-100) 可得 [参见图 8-41(a)]

$$(Gy)_n-(Gy)_{n-1}=(Lx)_n-(Lx)_{n-1} \tag{8-104}$$

$$\Delta h_n=\frac{(1-y)_m}{k'_y a(y-y_i)_n}[(Gy)_n-(Gy)_{n-1}] \tag{8-105}$$

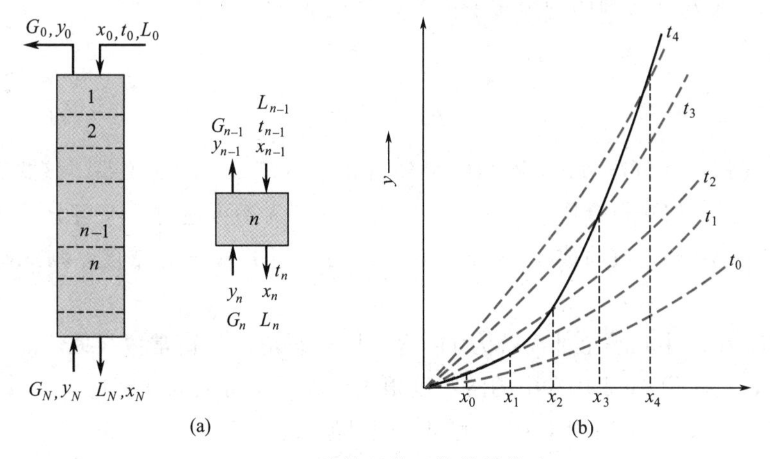

图 8-41 绝热吸收平衡线的作法

因塔顶两相的流率和浓度皆为已知，可从塔顶向下依次计算各段塔高，全塔高度即为各段塔高之和。对于操作型问题，可先设气相出口浓度，再按上述方法算，核对塔高，试差求解。

8.6.2 化学吸收

化学吸收的优点 化学吸收是在吸收剂中加入活性物质 B，使其与溶质 A 发生化学反应。工业吸收操作多数是化学吸收，这是因为：

① 化学反应提高了吸收的选择性；

② 加快吸收速率，从而减小设备容积；

③ 反应增加了溶质在液相的溶解度，减少吸收剂用量；

④ 反应降低了溶质在气相中的平衡分压，可较彻底地除去气相中很少量的有害气体。例如，为清洗混合气体中的 HCl，可先用水进行吸收，以除去气体中大部分 HCl。然后用碱液作为吸收剂清除混合气中残留的少量低浓度的 HCl 气体。

化学反应对相平衡的影响 化学吸收中，液相中的组分 A 包括两部分：溶解状态（即未反应掉）的 A 和反应产物中包含的 A。组分的气相分压 p_A 仅与液相中处于溶解状态的 A 之间建立物理相平衡。溶解态的 A 只是液相中总 A 浓度的一部分，因此，对同一气相分压 p_A 而言，化学反应的存在，增大了液相中溶质 A 的溶解度。

溶解态 A 的浓度 c_A 与液相 A 的总浓度 c 之间的关系取决于液相中反应的平衡常数。以如下的可逆反应为例

$$\mathrm{A}+\mathrm{B} \rightleftharpoons \mathrm{P}$$

反应的平衡常数为

$$K_e=\frac{c_P}{c_A c_B} \tag{8-106}$$

式中，c_B、c_P 分别为液相中物质 B、P 的摩尔浓度。显然，$c=c_A+c_P$。将 $c_P=c-c_A$ 代入上式可得

$$c_A=\frac{c}{1+K_e c_B} \tag{8-107}$$

当可溶组分 A 与纯溶剂的物理相平衡关系服从亨利定律时

$$p_A = Hc_A$$

或

$$p_A = \frac{H}{1+K_e c_B}c \tag{8-108}$$

此式表示气相平衡分压 p_A 与液相中组分 A 的总浓度 c 之间的关系。该式表明，反应平衡常数 K_e 越大，气相平衡分压 p_A 越低。当化学反应为不可逆时，A 组分的气相平衡分压为零。此时将式(8-108) 改写成 $y=mx$ 的话，x 为液相中 A 的总浓度，则此时的相平衡常数 $m=0$。

例如，HCl 在水中几乎全部离解为 H^+ 及 Cl^-，反应的平衡常数很大，液面上方的 HCl 平衡分压很低，或者说 HCl 在水中的溶解度很大，相平衡常数 m 很小。

又如，用水吸收 Cl_2，在液相中发生如下的可逆反应

$$Cl_2 + H_2O \rightleftharpoons HOCl + H^+ + Cl^-$$

此时液相存在三种形态的氯：溶解态的氯、次氯酸、氯离子。水中氯分子总浓度 c 为

$$c = c_{Cl_2} + \frac{1}{2}c_{HOCl} + \frac{1}{2}c_{Cl^-}$$

上述反应的平衡常数为

$$K_e = \frac{c_{HOCl}c_{Cl^-}c_{H^+}}{c_{Cl_2}}$$

因 $c_{HOCl}=c_{H^+}=c_{Cl^-}$，则

$$K_e = \frac{c^3_{HOCl}}{c_{Cl_2}} \tag{8-109}$$

总氯浓度为

$$c = c_{Cl_2} + c_{HOCl} = c_{Cl_2} + (K_e c_{Cl_2})^{1/3} \tag{8-110}$$

设水中溶解态氯与气相氯气分压之间的物理相平衡关系为

$$p = Hc_{Cl_2} \tag{8-111}$$

将其代入式(8-110) 得

$$c = \frac{p}{H} + \left(\frac{p}{H}K_e\right)^{1/3} \tag{8-112}$$

等式右方第二项为氯气在水中因发生反应而使溶解度增加的部分。上式已得到实验证实，水中氯的总浓度 c 与气相平衡分压 p 之间的关系如图 8-42 所示。

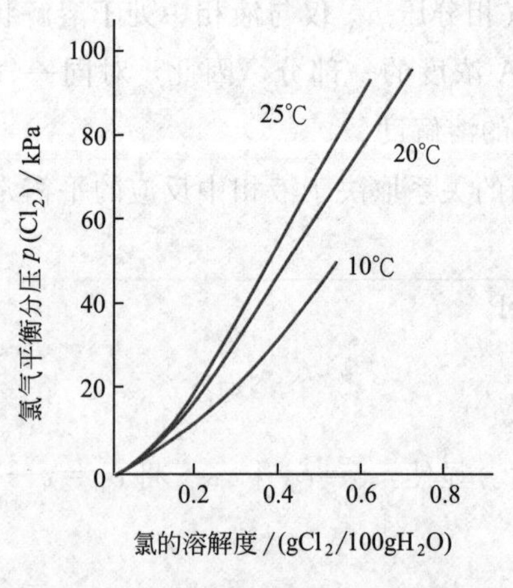

图 8-42 氯气与水的相平衡曲线

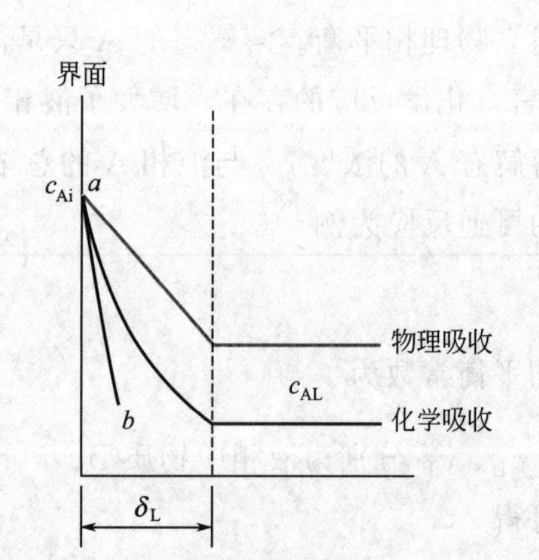

图 8-43 物理吸收与化学吸收的浓度分布

反应加快吸收速率 化学吸收时气相中组分 A 向气液界面传递、在界面上溶解（此与物理吸收相同），进而向液相主体传递的同时与组分 B 发生反应。图 8-43 所示为按有效膜理论表示相同界面浓度 c_{Ai} 条件下物理吸收与化学吸收两种情况 A 组分在液相中的浓度分布示意图。该图表明：

① 反应使液相主体中溶解态 A 组分浓度 c_{AL} 大为降低，使传质推动力（$c_{Ai}-c_{AL}$）或（$y-y_e$）增大。对慢反应，c_{AL} 降低的程度与液相体积大小有关。多数工业吸收因液相体积较大，c_{AL} 趋于零。吸收过程为容积过程。

② 当反应较快时，溶质 A 在液膜内已部分反应消耗掉。A 组分的浓度 c_A 在液膜中的分布不再为一直线。

化学吸收速率即 A 进入液相的速率 R_A [单位为 $kmol/(m^2 \cdot s)$] 为

$$R_A=-D_A\frac{dc_A}{dz}\bigg|_{z=0} \tag{8-113}$$

图 8-43 也表示了不同情况下液面处斜率 $(dc_A/dz)_{z=0}$ 的相对大小。

当反应速率更快时，反应在液膜厚度 δ_L 内完成，甚至在厚度小于 δ_L 的液膜内完成。此时 A 的扩散距离变小，吸收速率增加。此时，吸收过程与界面面积大小有关，为表面过程。

增强因子 研究表明，化学吸收速率 R_A 并非与（$c_{Ai}-c_{AL}$）成正比，即并非以（$c_{Ai}-c_{AL}$）为推动力，故难以定义化学吸收的液相传质分系数。因此，定义增强因子 β，表示化学吸收速率与 $c_{AL}=0$ 条件下物理吸收速率之比，即

$$\beta=\frac{\text{化学吸收速率}}{c_{AL}=0\text{ 时的物理吸收速率}}=\frac{R_A}{k_L(c_{Ai}-0)} \tag{8-114}$$

换言之，βk_L 为 $c_{AL}=0$ 条件下化学吸收的液相传质分系数。

塔高的计算方法 可联立以下两式消去界面浓度。

速率方程 $$R_Aa=\beta k_xax_i=k_ya(y-y_i) \tag{8-115}$$

相平衡方程 $$y_i=f(x_i) \tag{8-116}$$

若相平衡方程服从亨利定律 $y_i=mx_i$，则由上两式可得

$$R_Aa=K_yay \tag{8-117}$$

式中化学吸收的总传质系数 K_y 为

$$K_y=\frac{1}{\dfrac{1}{k_y}+\dfrac{m}{\beta k_x}} \tag{8-118}$$

不同物系的总体积传质系数 K_ya 值由实验决定，从而可由式(8-117) 求得化学吸收速率 R_A。按式(8-96)，以化学吸收速率 R_A 代替物理吸收速率 N_A，可得

$$h=\int_{y_2}^{y_1}\frac{d(Gy)}{R_Aa} \tag{8-119}$$

由此可按不同条件计算塔高。

思考题

8-22 高浓度气体吸收的主要特点有哪些？

8-23 化学吸收与物理吸收的本质区别是什么？化学吸收有何特点？

8-24 化学吸收过程中，何时成为容积过程？何时成为表面过程？

习　题

气液相平衡

8-1　20℃、101.3kPa 下，氨在水中的溶解度为 2.5g(NH_3)/100g(H_2O)，若氨水的气液平衡关系服从亨利定律，E=76.99kPa。氨水的密度可近似取 1000kg/m^3。试求：（1）溶液上方氨气的平衡分压；（2）亨利系数 H 和相平衡常数 m。　[答：(1) 1.986kPa；(2) 1.38kN·m/kmol，0.760]

8-2　在总压 p=500kN/m^2、温度 t=27℃下使含 CO_2 3.0%（体积分数）的气体与含 CO_2 370g/m^3 的水相接触。在操作条件下，亨利系数 $E=1.73\times10^5$kN/m^2，水溶液的密度可取 1000kg/m^3，CO_2 的相对分子质量为 44。试判断是发生吸收还是解吸？并计算以 CO_2 的分压差表示的总传质推动力。

[答：解吸；11.18kPa]

8-3　20℃的水与 N_2 气逆流接触以脱除水中溶解的 O_2 气。塔底入口的 N_2 气中含氧 0.1%（体积分数），设气液两相在塔底达到平衡，平衡关系服从亨利定律。求下列两种情况下水离开塔底时的最低含氧量。以 mg/m^3 水表示。(1) 操作压强为 101.3kPa（绝压）；(2) 操作压强为 40kPa（绝压）。

[答：(1) 44.16mg/m^3 水；(2) 17.51mg/m^3 水]

8-4　气液逆流接触的吸收塔，在总压为 101.3kPa 下用水吸收 Cl_2 气，进入塔底的气体混合物中含氯 1%（体积分数），塔底出口的水中含氯浓度为 $x=0.8\times10^{-5}$（摩尔分数）。试求两种不同温度下塔底的吸收推动力，分别以 (x_e-x) 及 ($y-y_e$) 表示。(1) 塔底温度为 20℃；(2) 塔底温度为 40℃。

[答：(1) 1.09×10^{-5}，5.76×10^{-3}；(2) 4.7×10^{-6}，3.68×10^{-3}]

8-5　某逆流吸收塔塔底排出液中含溶质 $x=2\times10^{-4}$（摩尔分数），进口气体中含溶质 2.5%（体积分数），操作压强为 101kPa。气液相平衡关系为 $y=50x$。现将操作压强由 101kPa 增至 202kPa，问塔底推动力 ($y-y_e$) 及 (x_e-x) 各增加至原有的多少倍。　[答：1.33，2.67]

扩散与相际传质速率

8-6　柏油马路上积水 2mm，水温 20℃。水面上方有一层厚 0.2mm 的静止空气层，水通过此气层扩散进入大气。大气中的水汽分压为 1.33kPa。问多长时间后路面上的积水可被吹干。　[答：0.58h]

8-7　某水杯中初始水面离杯上缘 1cm，水温 30℃，水汽借扩散进入大气（见附图）。杯上缘处的空气中水汽分压可设为零，总压 101.3kPa。求水面下降 4cm 需要多少天？　[答：16.7 天]

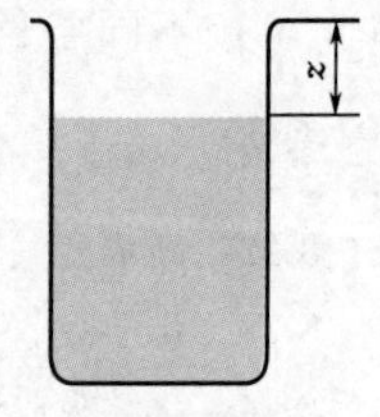

习题 8-7 附图

8-8 在总压 101.3kPa、温度 20℃的条件下，填料塔内用清水吸收空气中的甲醇蒸气。若测得塔内某一截面处的液相组成为 2.0kmol/m³，气相甲醇分压为 4.0kPa，气相传质分系数 $k_y=1.560\times10^{-3}$ kmol/(m² · s)，液相传质分系数 $k_L=2.10\times10^{-5}$ m/s。操作条件下平衡关系符合亨利定律，相平衡关系为 $p_e=0.50c$，式中气相分压 p_e的单位是 kPa，平衡溶解度单位是 kmol/m³。试求该截面处：(1) 总传质系数 K_y；(2) 液相阻力占总传质阻力的百分数；(3) 吸收速率。

[答：(1) 1.141×10^{-3} kmol/(m² · s)；(2) 26.8%；(3) 3.38×10^{-5} kmol/(m² · s)]

8-9 在设计某降膜吸收器时，规定塔底气相中含溶质 $y=0.05$，液相中含溶质的浓度 $x=0.01$（均为摩尔分数）。两相的传质分系数分别为 $k_x=8\times10^{-4}$ kmol/(m² · s)，$k_y=5\times10^{-4}$ kmol/(m² · s)。操作压强为 101.3kPa 时相平衡关系为 $y=2x$。试求：(1) 该处的传质速率 N_A [kmol/(m² · s)]；(2) 如果总压改为 162kPa，塔径及气、液两相的摩尔流率均不变，不计压强变化对流体黏度的影响，此时的传质速率有何变化？讨论总压对 k_y、K_y 及 $(y-y_e)$ 的影响。

[答：(1) 6.66×10^{-6} kmol/(m² · s)；
(2) 1.05×10^{-5} kmol/(m² · s)，k_y 不变，K_y 增大，$(y-y_e)$ 增大，总压影响略]

吸收过程数学描述

8-10 对低浓度气体吸收或解吸，由 $\dfrac{1}{K_y}=\dfrac{1}{k_y}+\dfrac{m}{k_x}$ 出发，试证：$N_{OL}=\dfrac{1}{A}N_{OG}$。 [答：略]

8-11 低浓度气体逆流吸收，试证：$N_{OG}=\dfrac{1}{1-\dfrac{mG}{L}}\ln\dfrac{\Delta y_{进}}{\Delta y_{出}}$。式中，$\Delta y_{进}=y_{进}-y_{进e}$ 为塔底的吸收推动力；$\Delta y_{出}=y_{出}-y_{出e}$ 为塔顶的吸收推动力。 [答：略]

8-12 附图为两种双塔吸收流程，试在 y-x 图上定性画出每种吸收流程中 A、B 两塔的操作线和平衡线，并标出两塔对应的进、出口浓度。 [答：略]

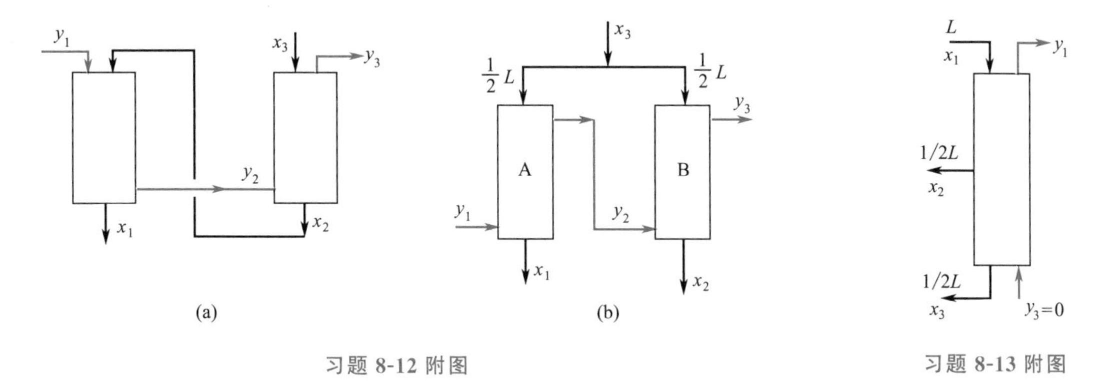

习题 8-12 附图　　　　习题 8-13 附图

8-13 浓度较高的溶液进入附图所示解吸塔塔顶，塔底吹气解吸，塔中部某处抽出一半液体，另一半液体由塔底排出，试在 y-x 图上画出平衡线与操作线，并标出各股流体的浓度坐标。 [答：略]

吸收过程的设计型计算

8-14 流率 0.014kmol/(m² · s) 的空气混合气中含氨 2%（体积分数），拟用逆流吸收以回收其中 95% 的氨。塔顶淋入浓度为 0.0004（摩尔分数）的稀氨水溶液，设计采用的液气比为最小液气比的 1.5 倍，操作范围内物系服从亨利定律 $y=1.2x$，所用填料的总传质系数 $K_ya=0.052$ kmol/(m³ · s)。试求：(1) 液体在塔底的浓度 $x_{出}$；(2) 全塔的平均推动力 Δy_m；(3) 所需塔高。

[答：(1) 0.0113；(2) 2.35×10^{-3}；(3) 2.18m]

8-15 用纯溶剂对低浓度混合气体作逆流吸收以回收其中的可溶组分，可溶组分的回收率为 η，采用的液气比是最小液气比的 β 倍。物系平衡关系服从亨利定律。

(1) 试以 η、β 两个参数列出计算 N_{OG} 的表达式；(2) 若 β 取 1.3，传质单元高度 $H_{OG}=0.8$m，试分别计算回收率 $\eta=90\%$ 和 $\eta=99\%$ 时所需的塔高；(3) 试计算两种回收率下的吸收剂用量。

[答：(1) $N_{OG}=\dfrac{1}{1-\dfrac{1}{\beta\eta}}\ln\left[\left(1-\dfrac{1}{\beta\eta}\right)\dfrac{1}{1-\eta}+\dfrac{1}{\beta\eta}\right]$；(2) 4.61m，11.3m；(3) $L'/L=1.1$]

8-16 用逆流操作的填料塔从一混合气体中吸收所含的苯。已知入塔混合气体含苯 5%（体积分数），其余为惰性气体，回收率为 95%。进塔混合气流量为 42.4kmol/h。吸收剂为不含苯的煤油，煤油的耗用量为最小用量的 1.5 倍。该塔塔径为 0.6m，操作条件下的气液相平衡关系为 $y=0.14x$，气相总容积传质系数 $K_ya=125\text{kmol/(m}^3\cdot\text{h)}$，煤油平均摩尔质量为 170kg/kmol。试求：(1) 煤油的耗用量为多少 (kg/h)？(2) 煤油的出塔浓度为多少？(3) 填料层高度为多少米？(4) 吸收塔每小时回收多少千克苯？(5) 欲提高回收率可采取什么措施？

[答：(1) 1348kg/h；(2) 0.2381；(3) 7.44m；(4) 157.09；(5) 略]

8-17 含 H_2S 2.5×10^{-5}（摩尔分数，下同）的水与空气逆流接触以使水中的 H_2S 脱除，操作在 101.3kPa、25℃下进行，物系的平衡关系为 $y=545x$，水的流率为 $5000\text{kg/(m}^2\cdot\text{h)}$。试求：(1) 为使水中的 H_2S 降至 $x=0.1\times10^{-5}$ 所需的最少空气用量；(2) 当空气用量为 $G=0.40\text{kmol/(h}\cdot\text{m}^2)$，设计时塔高不受限制，可以规定离开解吸塔的水中含 H_2S 最低浓度是多少？示意画出该种情况下的解吸操作线。 [答：(1) $0.489\text{kmol/(m}^2\cdot\text{h)}$；(2) 5.43×10^{-6}，解析操作线略]

8-18 某填料吸收塔用过热水蒸气吹出洗油中的苯，入塔液体中苯的摩尔分数为 0.05，要求解吸率 97%，该物系相平衡关系为 $y=2.8x$，采用的过热蒸汽用量为最小气体用量的 1.3 倍，该填料的传质单元高度 $H_{OG}=0.3$m，试求该塔的填料层高度。 [答：2.35m]

8-19 用纯水吸收空气-氨混合气体中的氨，入塔气氨含量为 0.05（摩尔分数），要求氨回收率不低于 95%，塔底得到的氨水含量不低于 0.05。已知在操作条件下气液相平衡关系 $y=0.95x$。试计算：(1) 采用逆流操作，气体流率取 $0.02\text{kmol/(m}^2\cdot\text{s)}$，体积传质系数 $K_ya=0.02\text{kmol/(m}^3\cdot\text{s)}$，所需塔高为多少？(2) 采用部分吸收剂再循环流程，新鲜吸收剂与循环量之比 $L/L_R=20$，气体流速不变，K_ya 也假定不变，所需塔高为多少？ [答：(1) 19m；(2) 49.3m]

吸收过程的操作型计算

8-20 某吸收塔用 25mm×25mm 的瓷环作填料，充填高度 5m，塔径 1m，用清水逆流吸收每小时 2250m^3 的混合气。混合气中含有丙酮 5%（体积分数），塔顶逸出废气含丙酮降为 0.26%（体积分数），塔底液体中每 1kg 水带有 60g 丙酮。操作在 101.3kPa、25℃下进行，物系的相平衡关系为 $y=2x$。试求：(1) 该塔的传质单元高度 H_{OG} 及容积传质系数 K_ya；(2) 每小时回收的丙酮量 (kg/h)。

[答：(1) 0.695m，$0.0467\text{kmol/(m}^3\cdot\text{s)}$；(2) 253kg/h]

8-21 某填料吸收塔高 2.7m，在常压下用清水逆流吸收混合气中的氨。混合气入塔的摩尔流率为 $0.03\text{kmol/(m}^2\cdot\text{s)}$。清水的喷淋密度 $0.018\text{kmol/(m}^2\cdot\text{s)}$。进口气体中含氨 2%（体积分数），已知气相总传质系数 $K_ya=0.1\text{kmol/(m}^3\cdot\text{s)}$，操作条件下亨利系数为 60kPa。试求排出气体中氨的浓度。

[答：0.002]

***8-22** 某填料吸收塔用含溶质 $x_{进}=0.0002$ 的溶剂逆流吸收混合气中的可溶组分，采用液气比是 3，气体入口浓度 $y_{进}=0.01$，回收率可达 $\eta=0.90$。今因解吸不良使吸收剂入口浓度 $x_{进}$ 升至 0.00035。试求：(1) 可溶组分的回收率下降至多少？(2) 液相出塔浓度升高至多少？已知物系的相平衡关系为 $y=2x$。

[答：(1) 0.87；(2) 0.00325]

***8-23** 在 15℃、101.3kPa 下用大量的硫酸逆流吸收空气中的水汽。入塔空气中含水汽 0.0145（摩尔分数，下同），硫酸进出塔的浓度均为 80%，硫酸溶液上方的水汽平衡浓度为 $y_e=1.05\times10^{-4}$，且已知该塔的容积传质系数 $K_ya\propto G^{0.8}$。空气经塔后被干燥至含水汽 0.000322。现将空气流率增加一倍，则出塔空气中的含水量为多少？ [答：$y'_{出}=0.000478$]

吸收剂入口温度对吸收过程的影响

8-24 在填料塔内，用纯水逆流吸收含有 SO_2 的混合气体。可溶组分 SO_2 的初始浓度为 0.01，液气比为 10，操作压强为 3.039×10^5Pa(绝压)。冬季，水温为 10℃，亨利系数 $E=2.453$MPa，气体的残余浓度可达到 0.001（摩尔分数）；夏季，水温升至 30℃，亨利系数 $E'=4.852$MPa。若此吸收过程可视为液相阻力控制，试求夏季气体的残余浓度。 [答：0.0043]

8-25 逆流操作的吸收塔，填料层高度为 3m。用清水吸收空气-A 混合气中的 A 组分。混合气体的流率为 20kmol/(m^2·h)，其中含 A 6%（体积分数），吸收率为 98%，清水流率为 40kmol/(m^2·h)。操作条件下的平衡关系为 $y=0.8x$。试估算在塔径、吸收率及其他操作条件均不变时，操作压力增加一倍，完成相同分离任务所需的填料层高度将变为多少?（忽略压力变化对 K_ya 的影响）。 [答：2.4m]

理论板数计算

***8-26** 当采用理论板概念计算低浓度气体吸收过程时，若物系相平衡服从 $y=mx$，试推导证明所需理论板数为

$$N=\frac{1-\frac{mG}{L}}{\ln\left(\frac{L}{mG}\right)}N_{OG}$$

[答：略]

8-27 欲用填料塔以清水逆流吸收混合气体中有害组分 A。已知入塔气中 A 组分 $y_{进}=0.05$（摩尔分数，下同)，要求回收率为 90%。相平衡关系 $y=2x$，$H_{OG}=0.8$m。采用液气比为最小液气比的 1.5 倍。试求：(1) 出塔液体浓度；(2) 填料层高度；(3) 现改用板式塔，需要多少块理论板?

[答：(1) 0.0167；(2) 3.72m；(3) 4.02]

综合型计算

8-28 在逆流填料塔中，入塔混合气含氨 0.02（摩尔分数)，流率为 100kmol/(m^2·h)。用含氨 0.0002（摩尔分数，下同）的稀氨水吸收，要求氨回收率 98%。相平衡关系 $y=1.2x$，设计液气比为最小液气比的 1.5 倍。填料的传质单元高度 $H_{OG}=0.5$m，试求：(1) 所需填料层高度为多少米?(2) 该塔在应用时，另有一股含氨 0.001 的稀氨水、流率为 40kmol/(m^2·h) 的吸收剂也要加入该塔中部某处，并要求加料处无返混，塔顶吸收剂用量减少 40kmol/(m^2·h)。要求氨回收率仍为 98%，其他条件不变。填料层应增加几米?该股吸收剂应在距塔顶往下几米处加入?

[答：(1) 5.67m；(2) 1.4m；2.45m]

符号说明

符号	意义	计量单位
A	吸收因数 $A=\frac{L}{mG}$	
a	单位设备体积的吸收表面积	m^2/m^3
c	溶质的摩尔浓度	$kmol/m^3$
c_{mL}	溶液的平均比热容	kJ/(kmol·K)
c_M	混合液总的摩尔浓度	$kmol/m^3$
D	扩散系数	m^2/s
E	亨利系数	kPa
G	气体流率	kmol/(m^2·s)
H	亨利常数	kPa·m^3/kmol
H	填料塔的充填高度	m
H_{OG}	传质单元高度	m
J	扩散速率	kmol/(m^2·s)
K_x	以 Δx 为推动力的总传质系数	kmol/(m^2·s)
K_y	以 Δy 为推动力的总传质系数	kmol/(m^2·s)
k_g	以 Δp 为推动力的气相传质分系数	kmol/(m^2·s·kPa)
k_L	以 Δc 为推动力的液相传质分系数	m/s
L	液体流率	kmol/(m^2·s)
m	相平衡常数	
N	传质速率	kmol/(m^2·s)
N_{OG}	以 Δy 为推动力的传质单元数	
N_{OL}	以 Δx 为推动力的传质单元数	
p	溶质在气相中的分压	kPa
R	通用气体常数	kN·m/(kmol·K)
R_A	化学吸收速率	kmol/(m^2·s)

符号	意义	计量单位	符号	意义	计量单位
T	热力学温度	K	ϕ	微分溶解热	kJ/kmol
u	流体速度	m/s	通用性上、下标		
x	溶质在溶液中的摩尔分数		A	可溶组分	
y	溶质在混合气中的摩尔分数		B	组分 B	
Δy_m	对数平均推动力		e	平衡	
β	增强因子		g，G	气相	
δ	膜厚度	m	i	界面	
η	回收率		l，L	液相	
μ	流体黏度	kg/(m·s)	m	平均	
ρ	流体密度	kg/m^3	s	溶剂	
τ	时间	s			

第9章 液体精馏

9.1 蒸馏概述

化工生产常遇到液体混合物的分离，以达到提纯或回收有用组分的目的。互溶液体混合物的分离有多种方法，蒸馏及精馏是其中最常用的。

蒸馏分离的依据　在一定的温度下，液体均具有挥发而成为蒸汽的能力，但各种液体的挥发性不同。若 A 组分的挥发性大于 B 组分的，则液体混合物部分汽化所生成的汽相组成与液相组成将有差别，即

$$y_A/y_B>x_A/x_B \tag{9-1}$$

式中，y_A、y_B 为汽相中 A、B 两组分的摩尔分数；x_A、x_B 为液相中 A、B 两组分的摩尔分数。

这样，可将液体混合物加热沸腾使之部分汽化，所得的汽相不仅满足式(9-1)，且必有 $y_A>x_A$，此即为蒸馏操作。可见，蒸馏操作是利用混合液中各组分挥发性的差异来达到分离目的的。通常，混合物中的易挥发组分称为轻组分（如 A），难挥发组分则称为重组分（如 B）。

工业蒸馏过程　最简单的蒸馏过程是平衡蒸馏和简单蒸馏。

平衡蒸馏又称闪蒸，是连续定态过程，流程如图 9-1 所示。原料连续地进入换热器，被加热至一定温度，然后经节流阀减压至预定压强。因压强突然降低，过热液体发生自蒸发，液体部分汽化。汽、液两相在分离器中分开，汽相为顶部产物，其中轻组分较为富集；液相为底部产物，其中重组分获得了增浓。

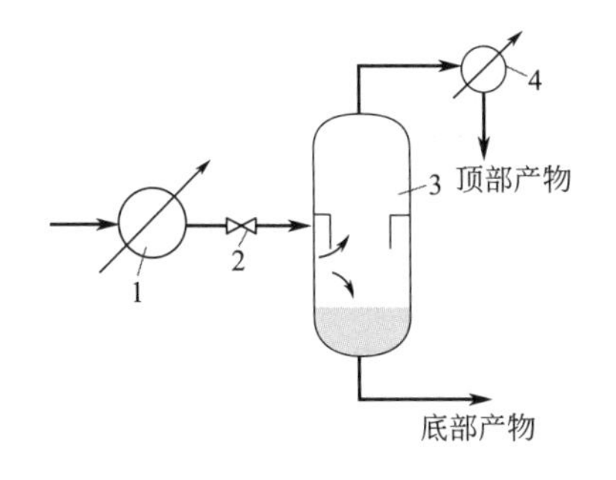

图 9-1　平衡蒸馏
1—加热炉；2—节流阀；
3—分离器；4—冷凝器

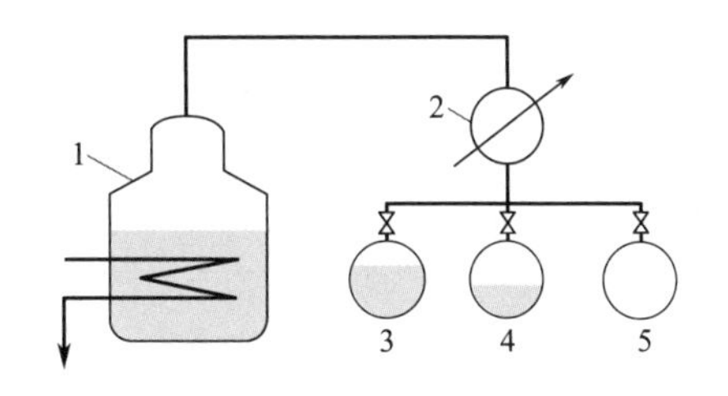

图 9-2　简单蒸馏
1—蒸馏釜；2—冷凝器；
3,4,5—产品受槽

动画

简单蒸馏为间歇操作过程。如图 9-2 所示，将一批料液加入蒸馏釜中，在恒压下加热至沸腾，使液体不断汽化。持续产生的蒸汽经冷凝后作为顶部产物，其中轻组分相对地富集。

在蒸馏过程中，釜内液体的轻组分浓度不断下降，蒸汽中的轻组分的浓度也相应地随之降低。因此，通常是分罐收集顶部产物，最终将釜液一次排出。

由于混合液中轻、重组分都具有一定的挥发性，上述两个过程只能达到一定程度的提浓而不可能满足高纯度分离的要求。如何根据组分挥发性的差异开发一个过程，以实现高纯度的分离是蒸馏方法能否广泛应用的核心问题。精馏过程是实现高纯度分离的方法，本章在简单介绍平衡蒸馏与简单蒸馏之后，将着重讨论混合液的精馏过程。

蒸馏/精馏操作的费用和操作压强 蒸馏操作借汽化、冷凝达到提浓的目的。加热汽化需要耗热，汽相冷凝则需要提供冷却量。因此，加热和冷却费用是蒸馏过程的主要操作费用。以最少的加热量和冷却量获得最大程度的提纯是蒸馏和精馏过程研究的重要任务。

此外，对于同样的加热量和冷却量，所需费用还与加热温度和冷却温度有关。汽相冷凝温度如低于常温，不能用冷却水，而须使用其他冷冻剂，费用将增加。加热温度超出一般水蒸气加热的范围，就要用高温载热体加热，加热费用也将增加。

蒸馏过程中的液体沸腾温度和蒸汽冷凝温度均与操作压强有关，所以应适当选择操作压强。加压蒸馏可使冷凝温度提高以避免使用冷冻剂；减压蒸馏则可使沸点降低以避免使用高温载热体。另外，当组分在高温下容易发生分解聚合等变质现象时，须采用减压蒸馏以降低温度；相反，若混合物在通常条件下为气体，则首先须加压与冷冻使其液化后才能进行精馏，如空气的精馏分离。

思考题

9-1 蒸馏的目的是什么？蒸馏操作的基本依据是什么？

9-2 蒸馏的主要操作费用花费在何处？

9.2 双组分溶液的汽液平衡

9.2.1 理想物系的汽液平衡

在蒸馏或精馏设备中，汽液两相共存，首先要讨论汽液两相平衡组成之间的关系。

汽液两相平衡共存时的自由度 根据相律，平衡物系的自由度 F 为

$$F=N-\Phi+2 \tag{9-2}$$

现组分数 $N=2$，相数 $\Phi=2$，故平衡物系的自由度为 2。

平衡物系涉及的参数为温度、压强与汽、液两相的组成。汽液两相组成常以摩尔分数表示。对双组分物系，一相中某一组分的摩尔分数确定后另一组分的摩尔分数也随之而定，液相或汽相组成均可用单参数表示。这样，温度、压强和液相组成（或汽相组成）三者之中任意规定两个，则物系的状态就唯一确定了，余下的参数已不能任意选择。

压强一旦确定，物系只剩下一个自由度。当指定了液相组成，则两相平衡共存时的温度及汽相组成就随之确定。换言之，在恒压下的双组分平衡物系中必存在着：

① 液相（或汽相）组成与温度间的一一对应关系；

② 汽、液组成之间的一一对应关系。

这是必须确立的重要观点。据此分析可以断定：随着简单蒸馏过程的进行，因液体中轻组分含量逐渐下降和重组分含量逐渐上升，釜内温度必随之升高，釜温将随组成的变化而变化。反之，只要釜液组成尚未发生明显变化，增、减加热速率只能增、减汽化速率而不能明显改变液相温度。同样，随着简单蒸馏过程的进行，汽相组成也随液相组成的变化而变化，

汽相中的轻组分浓度将逐渐下降，冷凝温度则逐渐上升。

研究汽液平衡的工程目的是对上述两个对应关系进行定量的描述。

双组分理想物系的液相组成——温度（泡点）关系式 理想物系包括两个含义：

① 液相为理想溶液，服从拉乌尔（Raoult）定律；

② 汽相为理想气体，服从理想气体定律或道尔顿分压定律。

根据拉乌尔定律，液相上方的平衡蒸气压为

$$p_A = p_A^\circ x_A \tag{9-3}$$

$$p_B = p_B^\circ x_B \tag{9-4}$$

式中，p_A、p_B 为液相上方 A、B 两组分的蒸气压；x_A、x_B 为液相中 A、B 两组分的摩尔分数；p_A°、p_B° 为在溶液温度（t）下纯组分 A、B 的饱和蒸气压，是温度的函数，即 $p_A^\circ = f_A(t)$，$p_B^\circ = f_B(t)$。

混合液的沸腾条件是各组分的蒸气压之和等于外压，即

$$p_A + p_B = p \tag{9-5}$$

$$p_A^\circ x_A + p_B^\circ (1 - x_A) = p \tag{9-6}$$

于是

$$x_A = \frac{p - p_B^\circ}{p_A^\circ - p_B^\circ} = \frac{p - f_B(t)}{f_A(t) - f_B(t)} \tag{9-7}$$

已知 A、B 两纯组分的饱和蒸气压 p_A°、p_B°与温度的关系，则式(9-7) 给出了液相组成与温度（泡点）之间的定量关系。已知泡点，可直接计算液相组成；反之，已知液相组成也可算出泡点，但一般需经试差，这是由于 $f_A(t)$ 和 $f_B(t)$ 为非线性函数的缘故。

纯组分的饱和蒸气压 p°与温度 t 的关系通常可表示成如下的经验式

$$\lg p^\circ = A - \frac{B}{t + C} \tag{9-8}$$

称为安托因（Antoine）方程。A、B、C 为该组分的安托因常数，常用液体的 A、B、C 值可由手册查得（见参考文献 [10]）。

汽液两相平衡组成间的关系式 由道尔顿分压定律和拉乌尔定律可得

$$y_A = \frac{p_A}{p} = \frac{p_A^\circ x_A}{p} \tag{9-9}$$

定义相平衡常数 $K = y_A / x_A$，可将上式写成

$$y_A = K x_A \tag{9-10}$$

式中

$$K = \frac{p_A^\circ}{p} \tag{9-11}$$

由式(9-11) 可见，相平衡常数 K 实际并非常数。当总压不变时，K 随 p_A°而变，因而也随温度而变。混合液组成的变化，必引起泡点的变化，故相平衡常数 K 不可能保持定值。总之，平衡常数 K 是温度和总压的函数。

汽相组成与温度（露点）的关系式 联立式(9-9) 和式(9-7) 即可得到汽相组成与温度（露点）的关系为

$$y_A = \frac{p_A^\circ}{p} \times \frac{p - p_B^\circ}{p_A^\circ - p_B^\circ} = \frac{f_A(t)}{p} \times \frac{p - f_B(t)}{f_A(t) - f_B(t)} \tag{9-12}$$

【例 9-1】 理想物系泡点及平衡组成的计算

某蒸馏釜的操作压强为 101.3kPa，其中溶液含苯 0.30（摩尔分数，下同），甲苯 0.70，求此溶液的泡点及平衡的汽相组成。

苯-甲苯溶液可作为理想溶液，纯组分的蒸气压为：

苯
$$\lg p_A^\circ = 6.031 - \frac{1211}{t+220.8}$$

甲苯
$$\lg p_B^\circ = 6.080 - \frac{1345}{t+219.5}$$

式中，p°的单位为 kPa；温度 t 的单位为℃。

解：已知 $x_A = 0.30$，$p = 101.3\text{kPa}$，由式(9-7) 可得

$$x_A = \frac{p - p_B^\circ}{p_A^\circ - p_B^\circ} \quad 或 \quad 0.30 = \frac{101.3 - p_B^\circ}{p_A^\circ - p_B^\circ}$$

假设一个泡点 t，用题给的安托因方程算出 p_A°、p_B°，代入上式作检验。设 $t = 98.4$℃

$$\lg p_A^\circ = 6.031 - \frac{1211}{98.4+220.8} = 2.237, \quad p_A^\circ = 172.7\text{kPa}$$

$$\lg p_B^\circ = 6.080 - \frac{1345}{98.4+219.5} = 1.849, \quad p_B^\circ = 70.69\text{kPa}$$

$$\frac{p - p_B^\circ}{p_A^\circ - p_B^\circ} = \frac{101.3 - 70.69}{172.7 - 70.69} = 0.30 = x_A$$

假设正确，即溶液的泡点为 98.4℃。按式(9-9) 可求得平衡汽相组成为

$$y_A = \frac{p_A}{p} = \frac{p_A^\circ x_A}{p} = \frac{172.7 \times 0.30}{101.3} = 0.512$$

t-$x(y)$ 图和 y-x 图 在总压 p 恒定的条件下，汽（液）相组成与温度的关系可表示成图 9-3 所示的曲线。该图的横坐标为液相（或汽相）的浓度，皆以轻组分的摩尔分数 x（或 y）表示（以下所述均同）。

图 9-3 中曲线$\overline{AEBC}$称为泡点线。组成为 x 的液体在给定总压下升温至 B 点达到该溶液的泡点，产生第一个气泡的组成为 y_1。曲线$\overline{ADFC}$称为露点线。组成为 x 的汽相冷却至 D 点达到该混合汽的露点，凝结出第一个液滴的组成为 x_1。当某混合物的温度与总组成位于 G 点时，物系必分成平衡的汽液两相，液相组成在 E 点，汽相组成在 F 点。

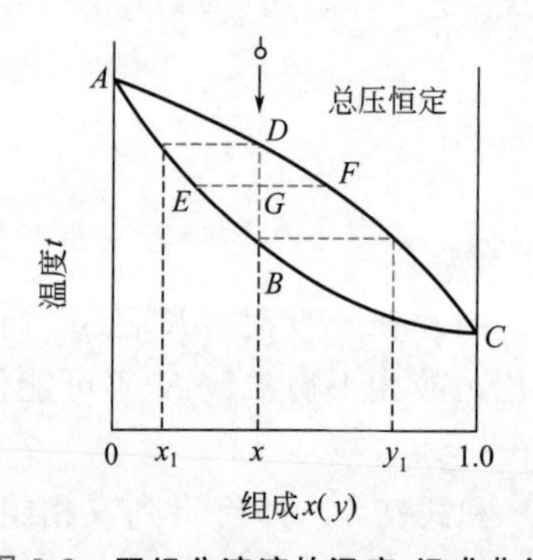

图 9-3 双组分溶液的温度-组成曲线

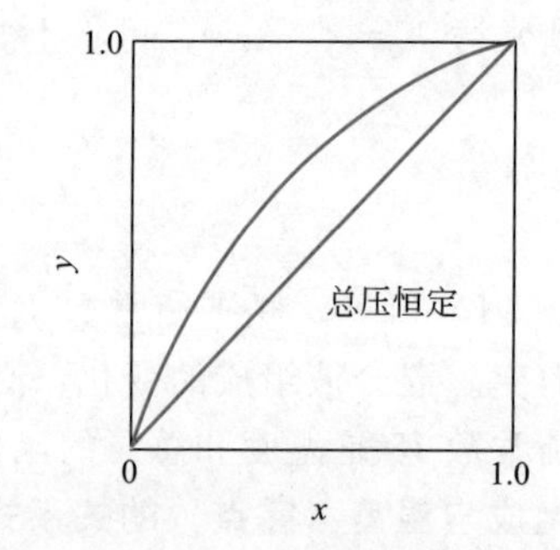

图 9-4 相平衡曲线

图 9-4 表示在恒定总压、不同温度下互成平衡的汽液两相组成 y 与 x 的关系。对于理想物系，汽相组成 y 恒大于液相组成 x，故相平衡曲线必位于对角线的上方。显然，y-x 曲线上各点所对应的温度是不同的。

y-x 的近似表达式与相对挥发度 α 纯组分的饱和蒸气压只反映了纯液体挥发性的大小。在溶液中各组分的挥发性因受其他组分的影响而与纯组分不同，故不能用各组分的饱和蒸气

压表示。溶液中各组分的挥发性应使用各组分的平衡蒸气分压与其液相摩尔分数的比值来表示。

$$\nu_A=\frac{p_A}{x_A},\quad \nu_B=\frac{p_B}{x_B} \tag{9-13}$$

式中，ν_A、ν_B 称为溶液中 A、B 两组分的挥发度。

混合液中两组分挥发度之比称为相对挥发度 α

$$\alpha=\frac{\nu_A}{\nu_B}=\frac{p_A/x_A}{p_B/x_B} \tag{9-14}$$

若汽相服从道尔顿分压定律，$p=Py$，上式可写成

$$\alpha=\frac{y_A/y_B}{x_A/x_B} \tag{9-15}$$

式(9-15) 表示汽相中两组分的浓度比是平衡液相中两组分浓度比的 α 倍。

对双组分物系，$y_B=1-y_A$，$x_B=1-x_A$，代入式(9-15) 并略去下标 A 可得

$$y=\frac{\alpha x}{1+(\alpha-1)x} \tag{9-16}$$

此式表示互成平衡的汽液两相组成间的关系，称为相平衡方程。如能得知相对挥发度 α 的数值，由上式可算得汽液两相平衡浓度（y-x）的对应关系。

对理想溶液，用拉乌尔定律代入式(9-14) 可得

$$\alpha=\frac{p_A^\circ}{p_B^\circ} \tag{9-17}$$

式(9-17) 表示，理想溶液的相对挥发度仅依赖于各纯组分的性质。纯组分的饱和蒸气压 p_A°、p_B°均为温度的函数，且随温度的升高而增大，所以，α 原则上随温度而变化。但 p_A°/p_B° 与温度的关系较 p_A°、p_B°与温度的关系小得多，因而可在操作的温度范围内取某一平均的相对挥发度 α_m 并将其视为常数而与组成 x 无关，这样可使相平衡方程式(9-16) 的应用更为方便。

为获得理想物系的相平衡数据，平均相对挥发度的取法视具体情况有多种。如果在两纯组分的沸点下（或操作温度的上、下限）物系的相对挥发度 α_1 与 α_2 差别不大，则可取

$$\alpha_m=\frac{1}{2}(\alpha_1+\alpha_2) \tag{9-18}$$

相对挥发度为常数时，溶液的相平衡曲线如图 9-5 所示。相对挥发度等于 1 时的相平衡曲线即为对角线$y=x$。α 值愈大，同一液相组成 x 对应的 y 值愈大，可获得的提浓程度愈大。因此，α 的大小可作为用蒸馏方法分离该物系的难易程度的标志。

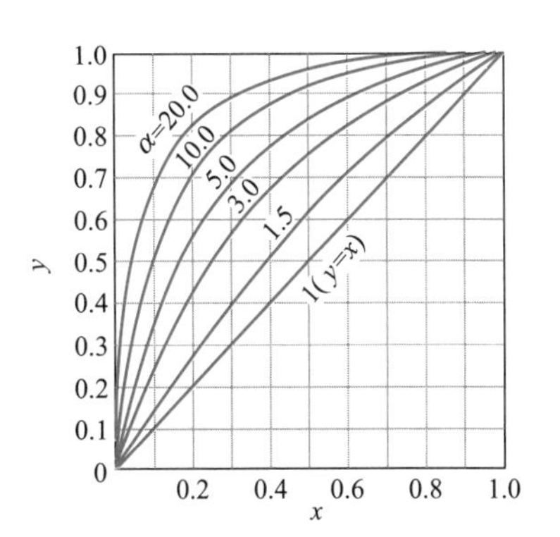

图 9-5 相对挥发度 α 为定值的相平衡曲线（恒压）

9.2.2 非理想物系的汽液平衡

实际生产所遇到的大多数物系为非理想物系。对非理想物系，当汽液两相达到相平衡时，任一组分 i 在汽相中的逸度 $py_i\phi_i$ 与液相中的逸度 $f_i^L x_i\gamma_i$ 必然相等，即

$$py_i\phi_i=f_i^L x_i\gamma_i \tag{9-19}$$

$$f_i^{\mathrm{L}}=p_i^{\circ}\phi_i^{\circ}\exp\left[V_i^{\mathrm{L}}\frac{p-p_i^{\circ}}{RT}\right] \tag{9-20}$$

式中，ϕ_i 为汽相 i 组分的逸度系数；γ_i 为液相 i 组分的活度系数；f_i^{L} 为纯液体 i 在系统温度 T、压力 p 下的逸度；p_i° 为温度 T 下组分 i 的饱和蒸气压；ϕ_i° 为该蒸汽的逸度系数；V_i^{L} 为纯液体 i 的摩尔体积；exp [ ] 项为坡印廷（Poynting）因子。

非理想物系可分为：①液相属非理想溶液；②气相属非理想气体。当操作压强不是太高时，气相偏离理想气体的程度较小。下面主要讨论液相属非理想溶液的情况。

非理想溶液 溶液的非理想性来源于异种分子间的作用力不同于同种分子间的作用力。其表现是溶液中各组分的平衡蒸气压偏离拉乌尔定律。此偏差可正可负，分别称为正偏差溶液或负偏差溶液。实际溶液以正偏差居多。

非理想溶液与理想溶液的蒸气压比较如图 9-6 所示。从图中可见，组分在高浓度范围内其蒸气压与理想溶液接近，服从拉乌尔定律；在低浓度范围内，组分的蒸气压大致与浓度成正比，为亨利定律所描述的区域。可见，服从亨利定律只说明平衡蒸气压与浓度成正比，并不说明溶液的理想性。服从拉乌尔定律才表明溶液的理想性。

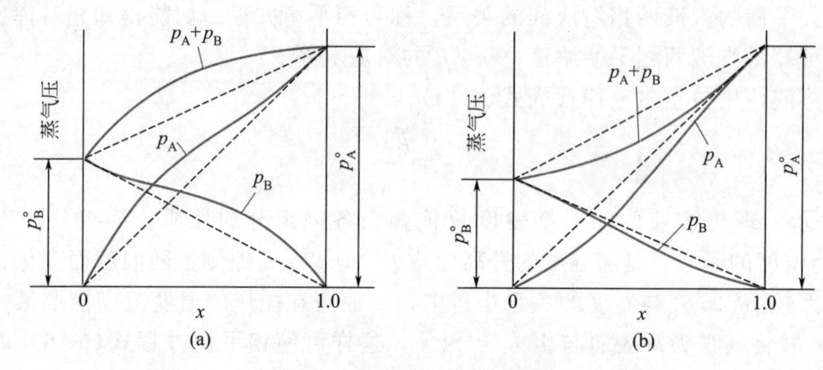

图 9-6 恒定温度下非理想溶液与理想溶液的蒸气压

在系统压力不很高时，坡印廷因子接近于 1，汽相逸度系数也接近于 1。这时，$f_i^{\mathrm{L}}=p_i^{\circ}$。当汽相仍服从道尔顿分压定律时，物系的汽液平衡关系为

$$p_{\mathrm{A}}=p_{\mathrm{A}}^{\circ}x_{\mathrm{A}}\gamma_{\mathrm{A}} \tag{9-21}$$

$$p_{\mathrm{B}}=p_{\mathrm{B}}^{\circ}x_{\mathrm{B}}\gamma_{\mathrm{B}} \tag{9-22}$$

或

$$y_{\mathrm{A}}=\frac{p_{\mathrm{A}}^{\circ}x_{\mathrm{A}}\gamma_{\mathrm{A}}}{p} \tag{9-23}$$

若溶液和理想溶液比较具有较大的正偏差，使溶液在某一组成时其两组分的蒸气压之和出现最大值。这种组成的溶液的泡点比两纯组分的沸点都低，为具有最低恒沸点的溶液。图 9-7为 101.3kPa 下苯-乙醇溶液的 t-x 图及相平衡曲线，含苯 55.2%（摩尔分数）的溶液具有最低恒沸点，其值为 68.3℃。

与此相反，氯仿-丙酮溶液为负偏差较大的溶液，在含氯仿 65.0%（摩尔分数）时形成最高沸点的恒沸物，其恒沸点为 64.5℃。图 9-8 所示为这一物系的 t-x 图及相平衡曲线。

在恒沸条件下汽、液两相的组成相同，因此不能用一般的蒸馏方法将恒沸物中的两个组分加以分离。

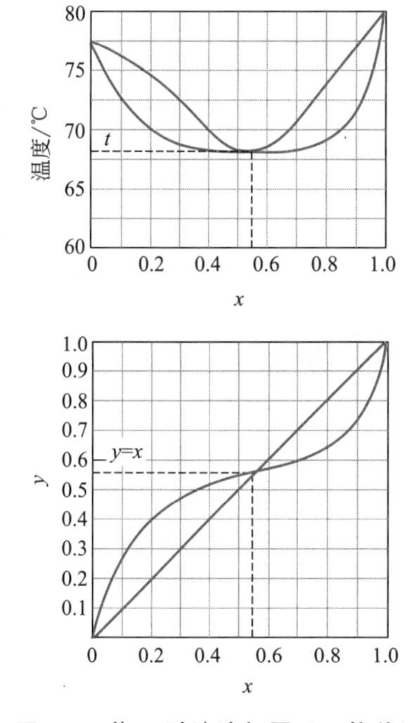

图 9-7 苯-乙醇溶液相图（正偏差）

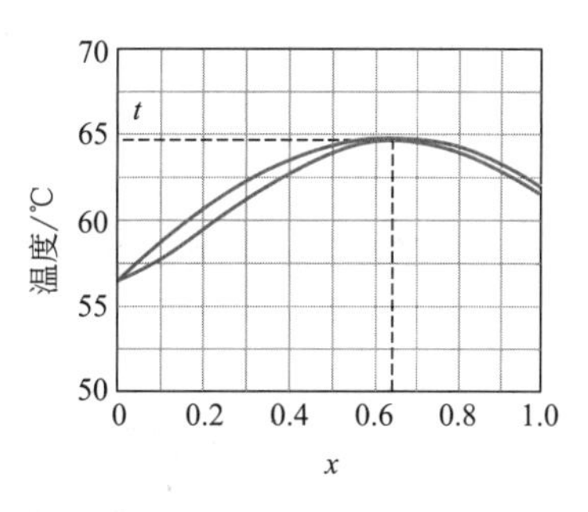

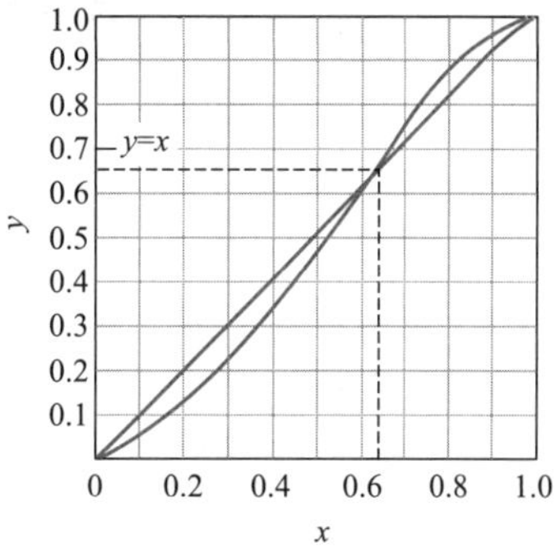

图 9-8 氯仿-丙酮溶液相图（负偏差）

图 9-9、图 9-10 所示分别为乙醇-水及氨-水溶液的相平衡曲线。从相对挥发度的定义来看，此两物系的相对挥发度 α 值随组成变化很大。

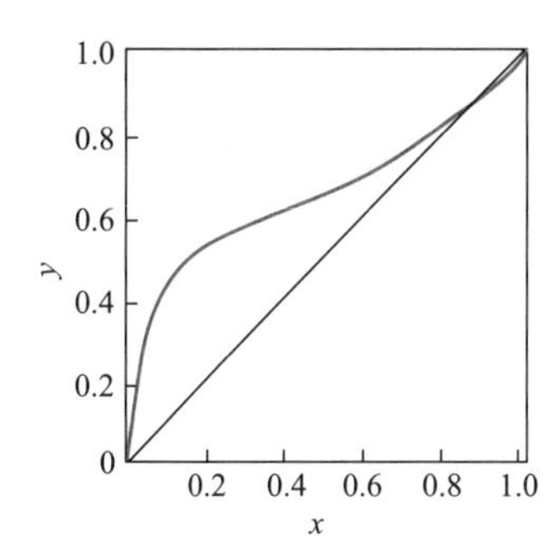

图 9-9 乙醇-水溶液的相平衡曲线（0.1MPa）

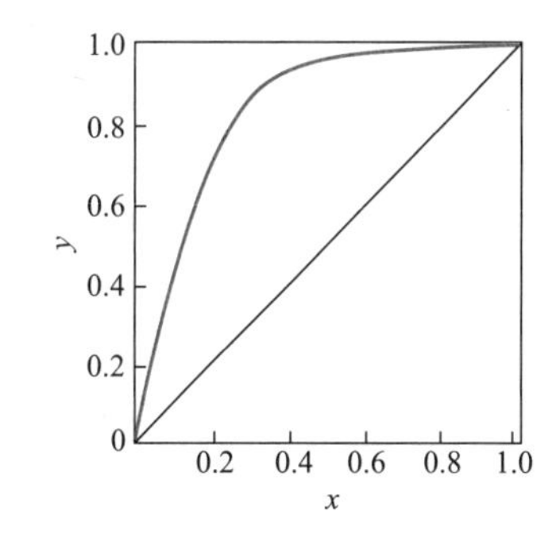

图 9-10 氨-水溶液的相平衡曲线（2MPa）

式(9-21)、式(9-22) 中组分的活度系数 γ_A、γ_B并非定值而与组成有关，一般可由实测数据或活度系数关联式获得。对于双组分物系较常用的关联式有范拉（Van Laar）方程、马古斯（Margules）方程。对 A、B 分子体积大小相差较大的物系可用范拉方程，即

$$\ln\gamma_A = A_{12}\left(\frac{A_{21}x_B}{A_{12}x_A + A_{21}x_B}\right)^2, \quad \ln\gamma_B = A_{21}\left(\frac{A_{12}x_A}{A_{12}x_A + A_{21}x_B}\right)^2 \tag{9-24}$$

对 A、B 分子体积大小相差较小的物系可用马古斯方程，即

$$\ln\gamma_A = [A_{12} + 2(A_{21} - A_{12})x_A]x_B^2, \quad \ln\gamma_B = [A_{21} + 2(A_{12} - A_{21})x_B]x_A^2 \tag{9-25}$$

式(9-24) 或式(9-25) 中的 A_{12}和 A_{21}为一对模型参数，可由实验数据回归算得或查有关手册（见参考文献 [3]）。

【例 9-2】 由实验数据确定马古斯方程参数

甲醇（A）与水（B）混合物在 101.3kPa 总压下的汽液平衡数据见表 9-1 前四列。且知甲醇的饱和蒸气压可按 $p_A^\circ=\exp[16.5723-3626.55/(T-34.29)]$ 计，水的饱和蒸气压可按 $p_B^\circ=\exp[16.2884-3816.44/(T-46.13)]$ 计，式中 p° 单位为 kPa；温度 T 单位为 K。试确定该物系的马古斯方程参数。

表 9-1 例 9-2 附表

t /℃	x_A（摩尔分数）	y_A（摩尔分数）	x_B（摩尔分数）	$\ln\gamma_A/x_B^2$	$\ln\gamma_B/x_A^2$
96.4	0.02	0.134	0.98	0.7966	
93.5	0.04	0.230	0.96	0.7666	
91.2	0.06	0.304	0.94	0.7425	
89.3	0.08	0.365	0.92	0.7264	
87.7	0.10	0.418	0.90	0.7178	
84.4	0.15	0.517	0.85	0.6947	
81.7	0.20	0.579	0.80	0.6593	
78.0	0.30	0.665	0.70		
75.3	0.40	0.729	0.60		0.9922
73.1	0.50	0.779	0.50		0.9186
71.2	0.60	0.825	0.40		0.8345
69.3	0.70	0.870	0.30		0.7611
67.5	0.80	0.915	0.20		0.6753
66.0	0.90	0.958	0.10		0.6009
65.0	0.95	0.979	0.05		0.5887

解：由式(9-23) 可得活度系数计算式为

$$\gamma_A=\frac{py_A}{p_A^\circ x_A} \quad ①$$

同理

$$\gamma_B=\frac{py_B}{p_B^\circ x_B}=\frac{p(1-y_A)}{p_B^\circ x_B} \quad ②$$

将马古斯方程线性化，即由式(9-25) 可得

$$\frac{\ln\gamma_A}{x_B^2}=A_{12}+2(A_{21}-A_{12})x_A \quad ③$$

$$\frac{\ln\gamma_B}{x_A^2}=A_{21}+2(A_{12}-A_{21})x_B \quad ④$$

以 $\ln\gamma_A/x_B^2$ 对 x_A 作图由截距可得 A_{12}，以 $\ln\gamma_B/x_A^2$ 对 x_B 作图由截距可得 A_{21}。以第一组数据为例，将 $T=96.4+273.15=369.55$（K）代入安托因方程可得 $p_A^\circ=\exp[16.5723-3626.55/(T-34.29)]=\exp[16.5723-3626.55/(369.55-34.29)]=315.8$（kPa）

则

$$\gamma_A=\frac{py_A}{p_A^\circ x_A}=\frac{101.3\times0.134}{315.8\times0.02}=2.149$$

$$\frac{\ln\gamma_A}{x_B^2}=\frac{\ln 2.149}{0.98^2}=0.7966$$

其他数据计算结果见附表第5、第6列。由 $\ln\gamma_A/x_B^2$ 对 x_A 作图可得截距 $A_{12}=0.794$，由 $\ln\gamma_B/x_A^2$ 对 x_B 作图可得截距 $A_{21}=0.534$（见图9-11）。

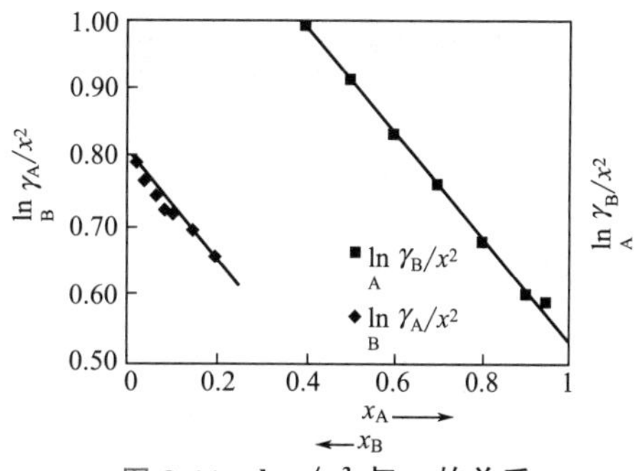

图 9-11 $\ln\gamma/x^2$ 与 x 的关系

非理想气体 当蒸馏过程在高压、低温下进行时，物系的汽相与理想气体相比有较大的差异，应对气相的非理想性进行修正，此处从略。

总压对相平衡的影响 上述相平衡曲线 y-x（包括理想系及非理想系）均以恒定总压为条件。同一物系，混合物的温度愈高，各组分间挥发度的差异愈小。因此，蒸馏操作的压强增高，泡露点也随之升高，相对挥发度减小，分离变困难。

图9-12表示了总压对相平衡曲线的影响。当总压低于两纯组分的临界压强时，蒸馏可在全浓度范围（$x=0\sim1.0$）内操作。当压强高于轻组分的临界压强时，汽、液两相共存区缩小，蒸馏分离只能在一定浓度范围内进行，即不能得到轻组分的高纯度产物。

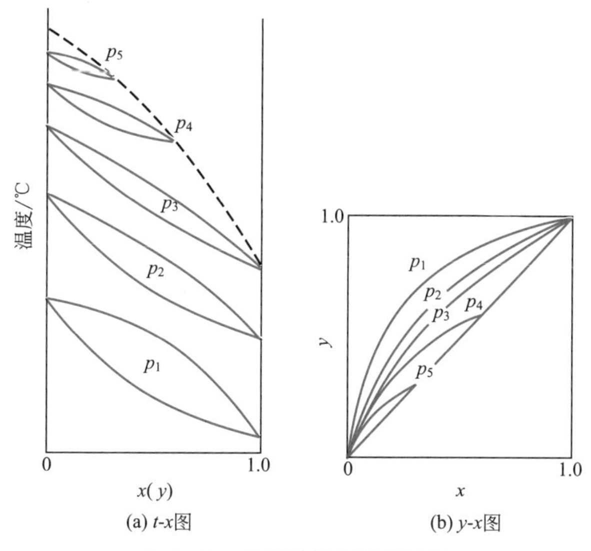

图 9-12 总压对相平衡的影响

实际所用的各种溶液的汽液平衡数据一般均由实验测得，大量物系的实验数据已列入专门书籍和手册以供查阅或检索（见参考文献[11、12]）。

思考题

9-3 双组分汽液两相平衡共存时自由度为多少？

9-4 何谓泡点、露点？对于一定的组成和压力，两者大小关系如何？

9-5 非理想物系何时出现最低恒沸点，何时出现最高恒沸点？

9-6 常用的活度系数关联式有哪几个？

9-7 总压对相对挥发度有何影响？

9-8 为什么 $\alpha=1$ 时不能用普通精馏的方法分离混合物？

9.3 平衡蒸馏与简单蒸馏

9.3.1 平衡蒸馏

过程的数学描述 蒸馏过程的数学描述是物料衡算式、热量衡算式和反映过程特征的方程，具体如下。

(1) 物料衡算 对连续定态过程作物料衡算可得（见图 9-13）

总物料衡算 $$F=D+W \tag{9-26}$$

轻组分的物料衡算 $$Fx_F=Dy+Wx \tag{9-27}$$

式中，F、x_F 为加料流率（kmol/s）及料液组成（摩尔分数）；D、y 为汽相产物流率（kmol/s）及组成（摩尔分数）；W、x 为液相产物流率（kmol/s）及组成（摩尔分数）。

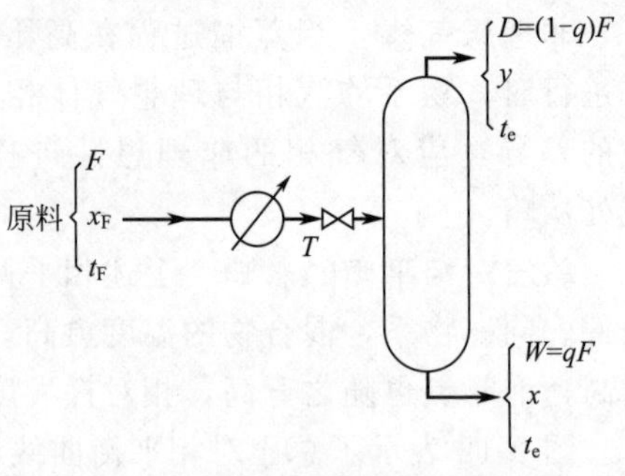

图 9-13 平衡蒸馏的物料与热量衡算

两式联立可得

$$\frac{D}{F}=\frac{x_F-x}{y-x}$$

设液相产物量 W 占总加料量 F 的分率为 $q(=W/F)$，汽化率为 $D/F(=1-q)$，代入上式整理可得

$$y=\frac{q}{q-1}x-\frac{x_F}{q-1} \tag{9-28}$$

显然，将组成为 x_F 的料液分为两部分时都须满足此物料衡算式。

以上计算中各股物料流率的单位也可用 kg/s，但各组成均须相应用质量分数表示。

(2) 热量衡算 图 9-13 所示的加热器的热流量 Q 为

$$Q=Fc_{pm}(T-t_F) \tag{9-29}$$

式中，t_F、T 分别为料液温度与加热后的液体温度；K。

节流减压后，物料放出显热即供自身的部分汽化，故

$$Fc_{pm}(T-t_e)=(1-q)Fr$$

式中，t_e 为闪蒸后汽、液两相的平衡温度，K；c_{pm} 为混合液的平均摩尔比热容，kJ/(kmol·K)；r 为平均摩尔汽化热，kJ/kmol。

由上式可求得料液加热温度为

$$T=t_e+(1-q)\frac{r}{c_{pm}} \tag{9-30}$$

(3) 过程特征方程式 平衡蒸馏中可设汽、液两相处于平衡状态，即两相温度相同，且 y 与 x 应满足相平衡方程式。若为理想溶液应满足

$$y=\frac{\alpha x}{1+(\alpha-1)x} \tag{9-16}$$

平衡温度 t_e 与组成 x 应满足泡点方程，即

$$t_e=\Phi(x) \tag{9-31}$$

相平衡方程、泡点方程皆为平衡蒸馏过程特征的方程式。

平衡蒸馏过程的计算 当汽化率（$1-q$）给定时，联立求解方程式(9-28)、式(9-16)

可得汽、液相组成 y、x。再由方程式(9-31)可求出平衡温度 t_e。根据平衡温度 t_e，可由热量衡算式(9-30)解出加热温度 T，然后代入式(9-29)计算所需热流量。

9.3.2 简单蒸馏

简单蒸馏过程的数学描述 简单蒸馏是个非定态过程，而平衡蒸馏为定态过程。因此，对简单蒸馏必须选取一个时间微元 $d\tau$，对该时间微元的始末作物料衡算。

取 W 为某瞬时釜中的液体量，它随时而变，由初态 W_1 变至终态 W_2；x 为某瞬时釜中液体的浓度，它由初态 x_1 降至终态 x_2；y 为某一瞬时由釜中蒸出的汽相浓度，它也随时间而变。若 $d\tau$ 时间内蒸出物料量为 dW，釜内液体组成相应地由 x 降为 $x-dx$，对该时间微元作轻组分的物料衡算可得

$$Wx=y\,dW+(W-dW)(x-dx)$$

略去二阶无穷小量，上式整理为

$$\frac{dW}{W}=\frac{dx}{y-x}$$

上式积分得

$$\ln\frac{W_1}{W_2}=\int_{x_2}^{x_1}\frac{dx}{y-x} \tag{9-32}$$

简单蒸馏过程的特征是任一瞬时的汽、液相组成 y 与 x 互成平衡，故描述此过程的特征方程式仍为相平衡方程式。

简单蒸馏的过程计算 若为理想溶液，将平衡式 $y=\dfrac{\alpha x}{1+(\alpha-1)x}$ 代入式(9-32)，积分结果为

$$\ln\frac{W_1}{W_2}=\frac{1}{\alpha-1}\left(\ln\frac{x_1}{x_2}+\alpha\ln\frac{1-x_2}{1-x_1}\right) \tag{9-33}$$

原料量 W_1 及原料组成 x_1 一般已知，当给定 x_2 即可由上式求出残液量 W_2。由于釜液组成 x 随时变化，每一瞬时的汽相组成 y 也相应变化。若将全过程的汽相产物冷凝后汇集一起，则馏出液的平均组成 $\overline{y}$ 及数量可对全过程的始末作物料衡算而求出。全过程轻组分的物料衡算式为

$$\overline{y}(W_1-W_2)=W_1x_1-W_2x_2$$

故

$$\overline{y}=x_1+\frac{W_2}{W_1-W_2}(x_1-x_2) \tag{9-34}$$

【例 9-3】 平衡蒸馏与简单蒸馏的比较

将含苯 60%、甲苯 40%（摩尔分数）的溶液加热汽化，汽化率为 1/3。已知物系的相对挥发度为 2.47，试计算：(1) 作平衡蒸馏时，汽相与液相产物的组成；(2) 作简单蒸馏时，汽相产物的平均组成及残液组成。

解：(1) 平衡蒸馏

$$q=\frac{2}{3}$$

物料衡算式 $$y=\frac{q}{q-1}x-\frac{x_F}{q-1}=\frac{2/3}{2/3-1}x-\frac{0.6}{2/3-1}=-2x+1.80$$

相平衡方程 $$y=\frac{\alpha x}{1+(\alpha-1)x}=\frac{2.47x}{1+1.47x}$$

两式联立求得 $y=0.737$，$x=0.532$。

(2) 简单蒸馏

$$\ln\frac{W_1}{W_2}=\frac{1}{\alpha-1}\left(\ln\frac{x_1}{x_2}+\alpha\ln\frac{1-x_2}{1-x_1}\right),\quad \frac{W_1}{W_2}=\frac{1}{2/3}=1.5$$

$$\ln 1.5=\frac{1}{1.47}\left(\ln\frac{0.6}{x_2}+2.47\ln\frac{1-x_2}{1-0.6}\right)$$

解得

$$x_2=0.520$$

由式(9-34) 可得

$$\overline{y}=x_1+\frac{W_2}{W_1-W_2}(x_1-x_2)=0.6+\frac{2/3}{1-2/3}(0.6-0.520)=0.760$$

从本例可以看出，同一物系在汽化率相同的条件下，简单蒸馏的分离程度大于平衡蒸馏的。

思考题

9-9 平衡蒸馏与简单蒸馏有何不同?

9.4 精馏

9.4.1 精馏过程

精馏原理 简单蒸馏及平衡蒸馏只能达到组分的部分增浓。如何利用两组分挥发度的差异实现连续的高纯度分离，是以下将要讨论的基本内容。

图 9-14 所示为定态连续精馏塔过程。料液自塔的中部某适当位置连续地加入塔内，塔顶设有冷凝器将塔顶蒸汽冷凝为液体。冷凝液的一部分回入塔顶，称为回流液，其余作为塔顶产品（馏出液）排出。在塔内上半部（加料位置以上）上升蒸汽和回流液体之间进行着逆流接触和物质传递。塔底部装有再沸器（蒸馏釜）以加热液体产生蒸汽，蒸汽沿塔上升，与下降的液体逆流接触并进行传质，塔底排出部分液体作为塔底产品。

动画

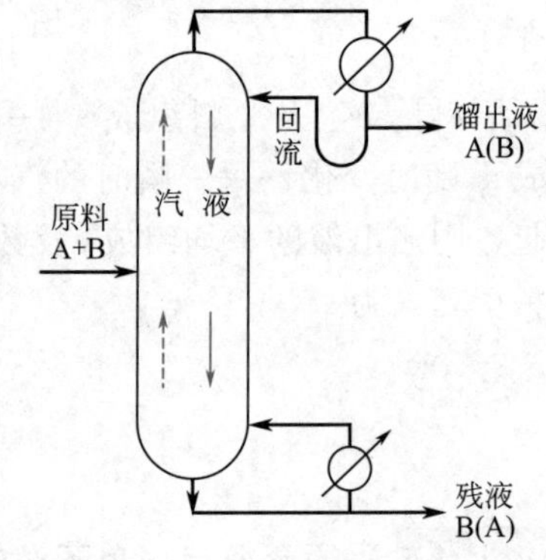

图 9-14 连续精馏过程

在塔的加料位置以上，上升蒸汽中所含的重组分向液相传递，而回流液中的轻组分向汽相传递。如此传质的结果，使上升蒸汽中轻组分的浓度逐渐升高。只要有足够的相际接触表面和足够的液体回流量，到达塔顶的蒸汽将成为高纯度的轻组分。塔的上半部完成了上升蒸汽的精制（相当于重组分的吸收），称为精馏段。

在塔的加料位置以下，下降液体（包括回流液和加料中的液体）中的轻组分向汽相传递，上升蒸汽中的重组分向液相传递。这样，只要两相接触面和上升蒸汽量足够，到达塔底的液体中轻组分浓度可降至很低，从而获得高纯度的重组分。塔的下半部完成了下降液体中重组分的提浓（相当于轻组分的解吸），称为提馏段。

一个完整的精馏塔应包括精馏段和提馏段，在这样的塔内可将一个双组分混合物连续地、高纯度地分离为轻、重两组分。

由此可见，精馏与蒸馏的区别就在于“回流”，包括塔顶的液相回流与塔釜的汽相回流。回流是构成汽、液两相接触传质的必要条件，没有汽液两相的接触就无法进行传质。另一方面，组分挥发度的差异造成了有利的相平衡条件（$y>x$）。这使上升蒸汽在与自身冷凝回流液之间的接触过程中，重组分向液相传递，轻组分向汽相传递。相平衡条件 $y>x$ 使必需的回流液的数量小于塔顶冷凝液量的总量，即只需部分回流而无需全部回流。唯其如此，才有可能从塔顶抽出部分凝液作为产品。因此，精馏过程的基础仍然是组分挥发度的差异。

全塔物料衡算　连续精馏过程的塔顶和塔底产物的流率和组成与加料的流率和组成有关。无论塔内汽液两相的接触情况如何，这些流率与组成之间的关系均受全塔物料衡算的约束。

若采用图 9-15 所示的命名，其中流率均以 kmol/s 表示，浓度均以轻组分的摩尔分数表示，对定态的连续过程作总物料衡算可得

$$F=D+W \tag{9-35}$$

作轻组分物料衡算可得

$$Fx_F=Dx_D+Wx_W \tag{9-36}$$

由以上两式可求出

$$\frac{D}{F}=\frac{x_F-x_W}{x_D-x_W} \tag{9-37}$$

$$\frac{W}{F}=1-\frac{D}{F} \tag{9-38}$$

式中，D/F 和 W/F 分别为馏出液和釜液的采出率。

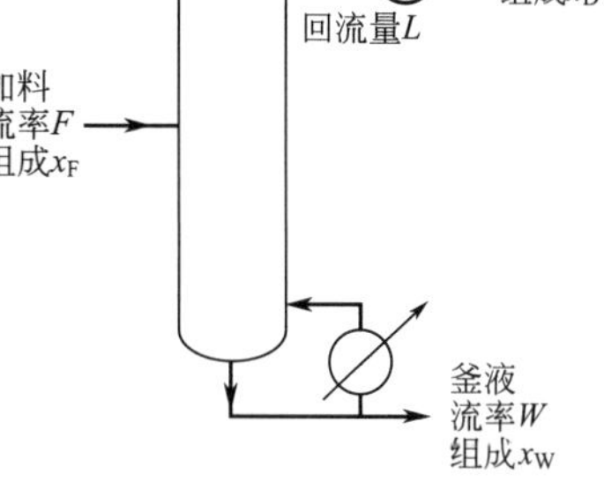

图 9-15　全塔物料衡算

通常，进料组成 x_F 是给定的。因受式(9-37)、式(9-38)的约束，则：

① 当塔顶、塔底产品组成 x_D、x_W 即产品质量已规定，产品的采出率 D/F 和 W/F 亦随之确定而不能再自由选择；

② 当规定塔顶产品的产率 D/F 和质量 x_D，则塔底产品的产率 W/F 和质量 x_W 亦随之确定而不能自由选择（当然也可以规定塔底产品的产率和质量）。

回流比和能耗　设置精馏段的目的是除去蒸汽中的重组分。由第 8 章可知，回流液量与上升蒸汽量的相对比值大，有利于提高塔顶产品的纯度。回流量的相对大小通常以回流比即塔顶回流量 L 与塔顶产品量 D 之比表示。

$$R=L/D \tag{9-39}$$

在塔的处理量 F 已定的条件下，若规定了塔顶及塔底产品的组成，根据全塔物料衡算，塔顶和塔底产品的量也已确定。因此增加回流比并不意味着产品流率 D 的减少而意味着上升蒸汽量的增加。增大回流比的措施是增大塔底的加热速率和塔顶的冷凝量。增大回流比的代价是能耗的增加。

提馏段的目的是液体中轻组分的解吸，提馏段内的上升蒸汽量与下降液量的比值越大，越有利于塔底产品的提纯。加大回流比本来就是靠增大塔底加热速率达到的，因此加大回流比既增加精馏段的液、汽比，也增加了提馏段的汽、液比，对提高两组分的分离程度都起积极作用。

9.4.2　精馏过程数学描述的基本方法

逆流多级的传质操作　精馏设备可以是微分接触式或分级接触式，本章将以分级接触式为主进行讨论。

板式精馏塔如图 9-16 所示。汽相借压差穿过塔板上的小孔与板上液体接触，两相进行传热、传质。汽相离开液层后升入上一块塔板，液相则自上而下逐板下降。两相经多级逆流传质后，汽相中的轻组分浓度逐板升高，液相在下降过程中其轻组分浓度逐板降低。整个精馏塔由若干块塔板组成，每块塔板为一个汽液接触单元。

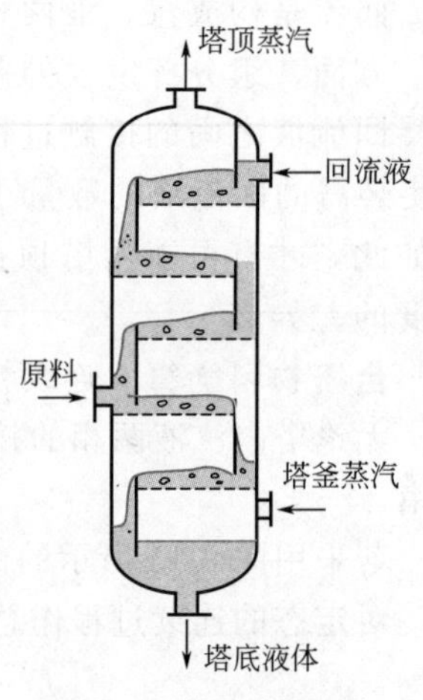

图 9-16　板式精馏塔

过程描述的基本方法　描述精馏过程的基本方法仍然是物料衡算、热量衡算及过程特征方程。描述分级式接触的精馏过程，应以单块塔板作为考察单元，对每一块板（级）列出物料衡算式、热量衡算式及过程特征方程式，然后求解由多块塔板构成的数学方程。这是描述各种级式接触过程的基本方法。以下分别讨论每块塔板上过程的数学描述，并引进某些简化假定，其中有的是数学描述本身的需要，有的只是使尔后的求解更为简便。

9.4.3　塔板上过程的数学描述

单块塔板的物料衡算　图 9-17 所示为精馏塔内自塔顶算起的任意第 n 块塔板（非加料板），进、出该塔板的汽液两相流量（kmol/s）及组成（摩尔分数）。

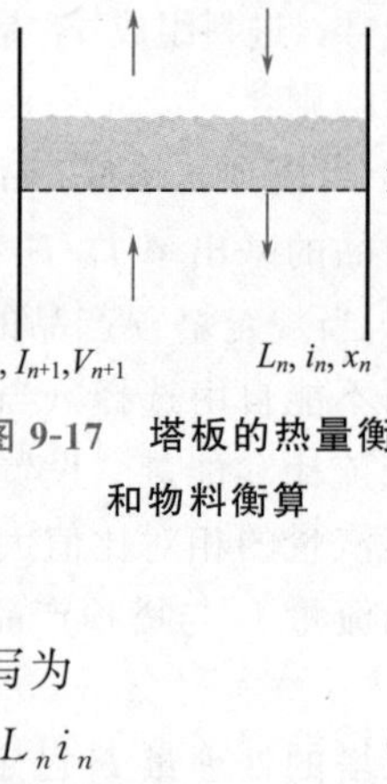

对第 n 块塔板作物料衡算可得：

总物料衡算式

$$V_{n+1}+L_{n-1}=V_n+L_n \tag{9-40}$$

轻组分衡算式

$$V_{n+1}y_{n+1}+L_{n-1}x_{n-1}=V_n y_n+L_n x_n \tag{9-41}$$

图 9-17　塔板的热量衡算和物料衡算

单块塔板的热量衡算及恒摩尔流假定　进出任意第 n 块塔板的饱和蒸汽焓 I 及饱和液体的焓 i（kJ/kmol）如图 9-17 所示。若不计热损失，对第 n 块塔板作热量衡算可得

$$V_{n+1}I_{n+1}+L_{n-1}i_{n-1}=V_n I_n+L_n i_n \tag{9-42}$$

因饱和蒸汽的焓 I 为泡点液体的焓 i 与汽化热 r 之和，上式可写为

$$V_{n+1}(r_{n+1}+i_{n+1})+L_{n-1}i_{n-1}=V_n(r_n+i_n)+L_n i_n \tag{9-43}$$

若忽略组成与温度所引起的饱和液体焓 i 及汽化热 r 的差别，即假设

$$i_{n+1}=i_{n-1}=i_n=i$$

$$r_{n+1}=r_n=r$$

则热量衡算式可简化为

$$(V_{n+1}-V_n)r=(L_n+V_n-L_{n-1}-V_{n+1})i \tag{9-44}$$

将总物料衡算式(9-40) 代入式(9-44)，可得

$$V_{n+1}=V_n \tag{9-45}$$

由式(9-40) 求得

$$L_n=L_{n-1} \tag{9-46}$$

这样的简化获得了一个重要结果：在精馏塔内没有加料和出料的任一塔段中，各板上升的蒸汽摩尔量均相等，各板下降的液体摩尔量也均相等。从分子扩散的角度分析，精馏过程是等分子反向扩散的过程，有一个 A 分子从液相传质至汽相，就有一个 B 分子从汽相传质

至液相。无论精馏段还是提馏段，都是B组分吸收、A组分解吸同时进行的过程。这样，汽、液流量可以省去下标，用V、L表示精馏段内各板上升的蒸汽流量和下降的液体流量，用$\overline{V}$、$\overline{L}$表示提馏段内各板的蒸汽流量和液体流量。由于加料的缘故，两段之间的流量不一定相等。

关于热量衡算的上述简化适用于被分离组分沸点相差较小，各组分摩尔汽化热相近的情况。一般说来，在热量衡算式中由于不计液体焓差而引起的显热项误差与潜热项比较是次要的，故这一简化的主要条件是两组分的摩尔汽化热相等。上述简化称为恒摩尔流假定。

理论板和板效率 为了简化对塔板上汽液两相间传热、传质过程的数学描述，采用理论板的概念，离开的汽液两相达到相平衡的塔板称为理论板。这里当然包括了传热平衡和传质平衡。这样，表达塔板上传递过程的特征方程式可简化为：

泡点方程 $$t_n=\Phi(x_n) \tag{9-47}$$

相平衡方程 $$y_n=f(x_n) \tag{9-48}$$

为表达实际塔板与理论板的差异，采用板效率的概念。汽相默弗里板效率定义如下：

$$E_{mV}=\frac{y_n-y_{n+1}}{y_n^*-y_{n+1}} \tag{9-49}$$

式中，y_n^*为与离开第n板液相组成x_n成平衡的汽相组成。上式分母表示汽相经过一块理论板后组成的增浓程度，分子则为实际的增浓程度。

使用理论板的概念，可将复杂的精馏问题分解为两个部分，然后分步解决。对于具体的分离任务，所需理论板的数目只决定于物系的相平衡及两相的流量比，而与物系的其他性质、两相的接触情况以及塔板的结构型式等复杂因素无关。这样在解决具体精馏问题时，便可以在塔板结构型式尚未确定之前方便地求出所需理论板数，事先了解分离任务的难易程度。然后，根据分离任务的难易，选择适当的塔型和操作条件，并根据具体塔型和操作条件确定塔板效率及所需实际塔板数。

本章只限于讨论理论板的计算，即把整个精馏塔看作是由许多理论板所构成，有关板效率的讨论则列入气液传质设备的章节内。

综上所述，通过理论板概念及恒摩尔流的假定使塔板过程的物料、热量衡算及传递速率式最终简化为：

物料衡算式 $$Vy_{n+1}+Lx_{n-1}=Vy_n+Lx_n \tag{9-50}$$

相平衡方程 $$y_n=f(x_n) \tag{9-48}$$

此方程组对精馏段、提馏段每一块塔板均适用，但对有物料加入或引出的塔板不适用。

加料板过程分析 加料板因有物料自塔外加入，其物料衡算式和热量衡算式与普通板不同。可采用上述方法，导出加料板相应的方程式。

(1) 加料的热状态 组成一定的原料液可在常温下加入塔内，也可预热至一定温度，甚至在部分或全部汽化的状态下进入塔内。原料入塔的温度或状态称为加料的热状态。加料的热状态不同，精馏段与提馏段两相流量的差别也不同。

(2) 理论加料板 无论进入加料板各物流的组成、热状态及接触方式如何，离开加料板的汽液两相温度相等，组成达到相平衡。

设第m块板为加料板，进出该板各股物流的流量、组成、焓如图9-18所示，对加料板可得到与式(9-50)、式(9-48)相对应的关系式：

物料衡算式

$$Fx_F+\overline{V}y_{m+1}+Lx_{m-1}=Vy_m+\overline{L}x_m \quad (9\text{-}51)$$

相平衡方程 $y_m=f(x_m)$ (9-52)

(3) 精馏段与提馏段两相流量的关系 为找出精馏段流量 V、L 与提馏段流量 $\overline{V}$、$\overline{L}$ 之间的关系，可对图 9-18 所示的加料板作物料衡算和热量衡算如下

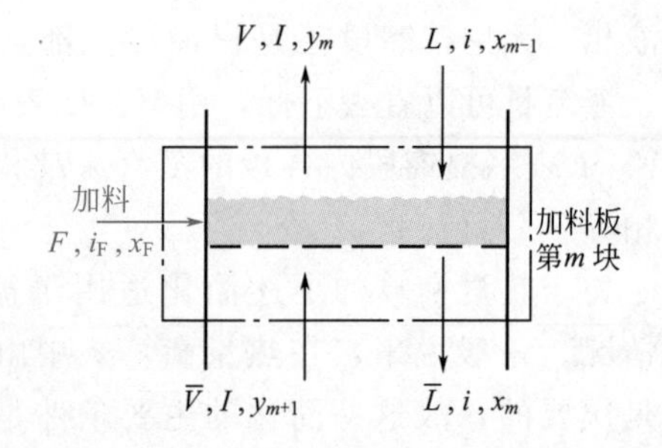

图 9-18 加料板的物料衡算、热量衡算

$$F+L+\overline{V}=\overline{L}+V \quad (9\text{-}53)$$

$$Fi_F+Li+\overline{V}I=\overline{L}i+VI \quad (9\text{-}54)$$

式中，F、i_F 分别为加料流量与每 1kmol 原料所具有的焓。联立式(9-53)、式(9-54) 可得

$$\frac{\overline{L}-L}{F}=\frac{I-i_F}{I-i} \quad (9\text{-}55)$$

若定义

$$q=\frac{I-i_F}{I-i}=\frac{\text{原料变成饱和蒸汽所需的热(kJ/kmol)}}{\text{原料的汽化热 } r\text{(kJ/kmol)}} \quad (9\text{-}56)$$

则由式(9-55)、式(9-53) 可得

$$\overline{L}=L+qF \quad (9\text{-}57)$$

$$V=\overline{V}+(1-q)F \quad (9\text{-}58)$$

式中，q 称为加料热状态参数，其数值大小等于每加入 1kmol 的原料使提馏段液体所增加的量 (kmol)。

因此，从 q 值的大小可以看出加料的状态及温度的高低：

$q=0$，为饱和蒸汽加料；

$0<q<1$，为汽液混合物加料；此时的 q 值等于液体量占总量的摩尔分数；

$q=1$，为泡点加料；

$q>1$，冷液加料，此时进料液体的温度低于泡点，入塔后由提馏段上升蒸汽部分冷凝所放出的相变热将其加热至泡点，因此 q 值大于 1，此时的 q 值为

$$q=1+\frac{c_{pL}(t_S-t_F)}{r} \quad (9\text{-}59)$$

式中，c_{pL}为进料液的平均比热容；r 为进料的摩尔汽化热；t_S 为进料液的泡点；t_F 为进料温度。

$q<0$，为过热蒸汽加料，入塔后将放出显热成为饱和蒸汽，使加料板上的液体部分汽化，因此 q 值小于零，此时的 q 值为

$$q=-\frac{c_{pV}(T_F-T_S)}{r} \quad (9\text{-}60)$$

式中，c_{pV}为进料汽的平均比热容；T_S 为进料汽的露点；T_F 为进料温度。

塔内汽液摩尔流量 若精馏塔顶的冷凝器将来自塔顶的蒸汽全部冷凝，这种冷凝器称为全凝器，凝液在泡点温度下部分地回流入塔（泡点回流）。根据恒摩尔流假定，回流液流量 L 即为精馏段逐板下降的液体流量。由此可得塔内各段汽液两相的摩尔流量为

精馏段

$$\begin{cases}L=RD\\V=L+D=(R+1)D\end{cases} \quad (9\text{-}61)$$

提馏段
$$\begin{cases}\overline{L}=L+qF\\ \overline{V}=V-(1-q)F\end{cases}\tag{9-62}$$

塔顶蒸汽全部冷凝为泡点液体时，冷凝器的热负荷为

$$Q_C=Vr_c\tag{9-63}$$

塔釜热负荷为

$$Q_B=\overline{V}r_b\tag{9-64}$$

式中，r_c 为组成为 x_D 的混合液的平均汽化热；r_b 为组成为 x_W 的混合液的平均汽化热。

【例 9-4】 精馏塔内的汽液摩尔流量

如图 9-19 所示，用一常压连续精馏塔分离苯-甲苯混合液。原料液中含苯 0.30（摩尔分数，下同），于 40℃加入塔中。塔顶设全凝器，泡点回流，所用回流比为 2。塔顶馏出液含苯 0.98，釜液含苯 0.02。试以 1kmol/s 加料为基准计算塔内汽、液两相的流量。

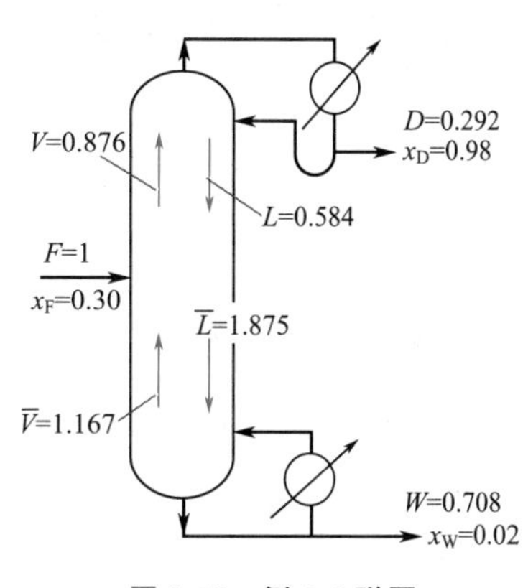

图 9-19 例 9-4 附图

解：已知 $x_F=0.30$，$x_D=0.98$，$x_W=0.02$，$F=1$kmol/s。由全塔物料衡算得

$$\frac{D}{F}=\frac{x_F-x_W}{x_D-x_W}=\frac{0.30-0.02}{0.98-0.02}=0.292$$

$$D=0.292\text{kmol/s}$$

$$W=F-D=0.708\text{kmol/s}$$

精馏段液相流量 $L=RD=2\times0.292=0.584$ (kmol/s)

精馏段汽相流量 $V=(R+1)D=3\times0.292=0.876$ (kmol/s)

由例 9-1 可知，组成 $x_F=0.3$ 的苯-甲苯溶液泡点为 98.4℃。在平均温度 $(98.4+40)/2=69.2$℃下，查得苯与甲苯的有关物性为

苯的比热容 $c_{pA}=148\text{kJ/(kmol}\cdot\text{℃)}$

苯的汽化热 $r_A=31380\text{kJ/kmol}$

甲苯的比热容 $c_{pB}=174\text{kJ/(kmol}\cdot\text{℃)}$

甲苯的汽化热 $r_B=34220\text{kJ/kmol}$

比较苯与甲苯的摩尔汽化热可知，系统基本满足恒摩尔流的假定。加料液的平均比热容

$$c_{pm}=c_{pA}x_A+c_{pB}x_B=148\times0.3+174\times0.7=166.2\ [\text{kJ/(kmol}\cdot\text{℃)}]$$

平均汽化热

$$r=r_Ax_A+r_Bx_B=31380\times0.3+34220\times0.7=33368\ (\text{kJ/kmol})$$

$$q=1+\frac{c_{pm}}{r}(T-t)=1+\frac{166.2}{33368}\times(98.4-40)=1.291$$

提馏段液相流量 $\overline{L}=L+qF=0.584+1.291\times1=1.875$ (kmol/s)

提馏段汽相流量 $\overline{V}=\overline{L}-W=1.875-0.708=1.167$ (kmol/s)

塔釜和冷凝器的物料衡算　如图 9-20 所示，釜内液体在精馏塔釜内部分汽化，离开塔釜的汽液两相组成 y_N 与 x_W 可认为达到平衡，故蒸馏釜可视作一块理论板。对蒸馏釜作物料衡算（参见图 9-20）可得

$$\overline{L}x_{N-1}=\overline{V}y_N+Wx_W \tag{9-65}$$

冷凝器如图 9-21 所示，回流液体组成为 x_0，冷凝器的物料衡算式为

$$Vy_1-Lx_0=Dx_D \tag{9-66}$$

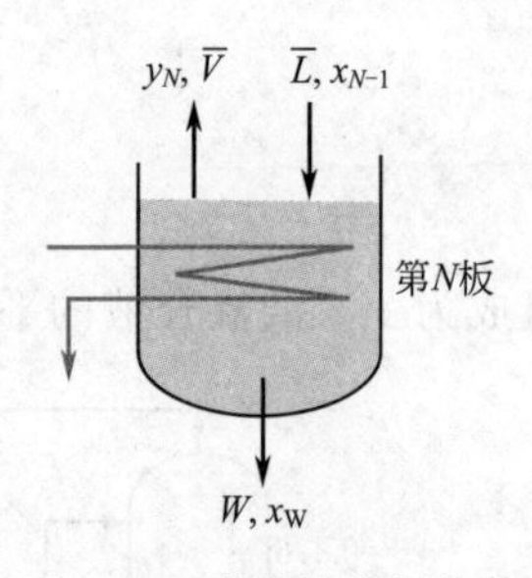

图 9-20 塔釜的物料衡算

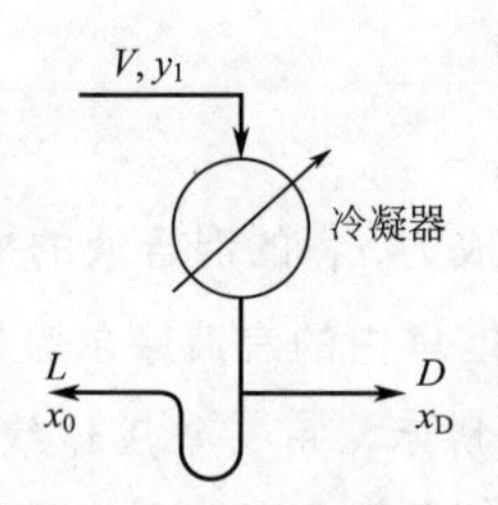

图 9-21 冷凝器的物料衡算

若冷凝器为全凝器，则 $y_1=x_0=x_D$。

9.4.4 塔段的数学描述

精馏段操作方程 任一塔截面的上升蒸汽组成 y_{n+1} 与下降液体组成 x_n 的关系可通过从塔顶（包括全凝器）至精馏段第 n 块板下方的塔段为控制体作物料衡算获得，如图 9-22 所示，可得

$$Vy_{n+1}=Lx_n+Dx_D \tag{9-67}$$

各项除以 V 可得

$$y_{n+1}=\frac{L}{V}x_n+\frac{D}{V}x_D \tag{9-68}$$

设塔顶为泡点回流，$L=RD$，$V=(R+1)D$，上式成为

$$y_{n+1}=\frac{R}{R+1}x_n+\frac{x_D}{R+1} \tag{9-69}$$

式(9-69) 表明精馏段任一塔截面（板间）处，上升蒸汽组成 y_{n+1} 与下降液体组成 x_n 两者关系受该物料衡算式的约束，称为精馏段操作方程。

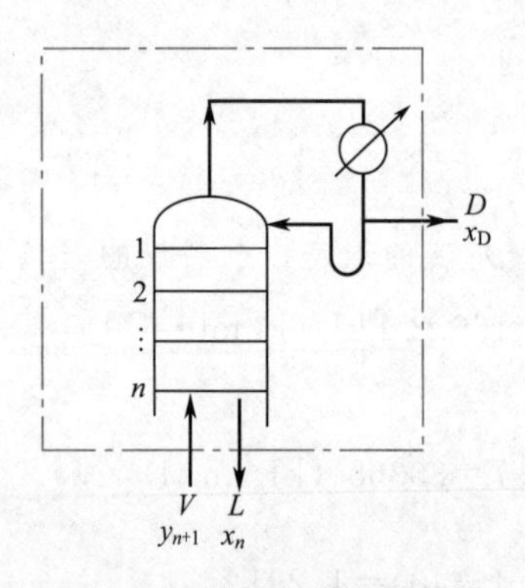

图 9-22 精馏段的物料衡算

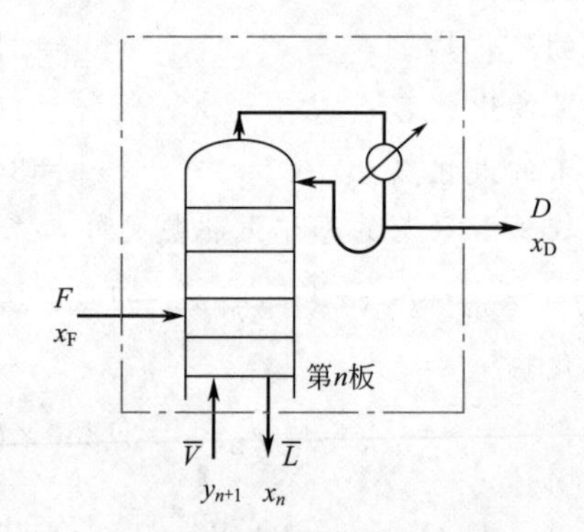

图 9-23 提馏段的物料衡算

提馏段操作方程 同样，若取塔顶至提馏段某一块板（自塔顶算起第 n 板）下方的塔段为控制体直接作物料衡算（参见图 9-23)，可得

$$\overline{V}y_{n+1}-\overline{L}x_n=Dx_D-Fx_F \tag{9-70}$$

或

$$y_{n+1}=\frac{\overline{L}}{\overline{V}}x_n+\frac{Dx_D-Fx_F}{\overline{V}} \tag{9-71}$$

将式$\overline{L}=RD+qF$，$\overline{V}=(R+1)D-(1-q)F$ 代入上式，则

$$y_{n+1}=\frac{RD+qF}{(R+1)D-(1-q)F}x_n+\frac{Dx_D-Fx_F}{(R+1)D-(1-q)F} \tag{9-72}$$

因 $Dx_D-Fx_F=-Wx_W=-(F-D)x_W$，上式可写成

$$y_{n+1}=\frac{RD+qF}{(R+1)D-(1-q)F}x_n-\frac{F-D}{(R+1)D-(1-q)F}x_W \tag{9-73}$$

以上两式称为提馏段操作方程，提馏段任意塔截面（板间）上的汽、液两相组成 y_{n+1} 与 x_n，皆受此物料衡算式的约束。

操作线 将操作方程在 y-x 图中表达，即为操作线。如图 9-24 所示，精馏段操作线的端点坐标为 $y=x_D$、$x=x_D$（位于对角线 a 点），斜率为 L/V 或 $R/(R+1)$，截距为 $x_D/(R+1)$。提馏段操作线的端点坐标为 $y=x_W$、$x=x_W$（位于对角线 c 点），斜率为$\overline{L}/\overline{V}$。

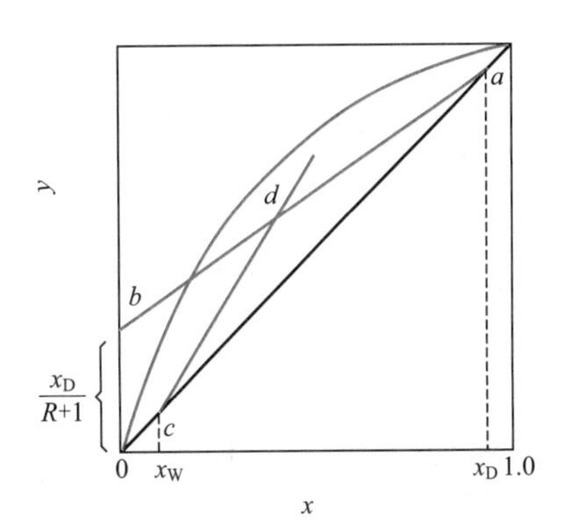

图 9-24 精馏段和提馏段操作线

两操作线的交点可由操作方程式(9-69)、式(9-73)联立求得，令此交点坐标为（y_q、x_q），则有

$$y_q=\frac{Rx_F+qx_D}{R+q} \tag{9-74}$$

$$x_q=\frac{(R+1)x_F+(q-1)x_D}{R+q} \tag{9-75}$$

理论板的增浓度 如 9.4.3 所述，离开理论板的汽相组成 y_n 和液相组成 x_n 必满足相平衡方程。这样，在 y-x 图上表征某一块理论板的点必定在平衡线上，如图 9-25 中的 B 点。

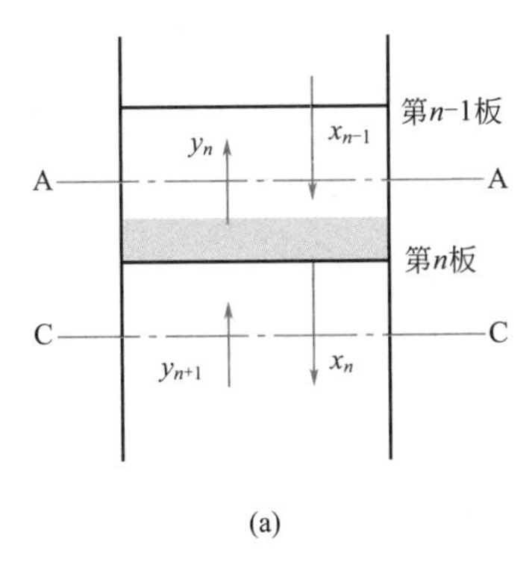

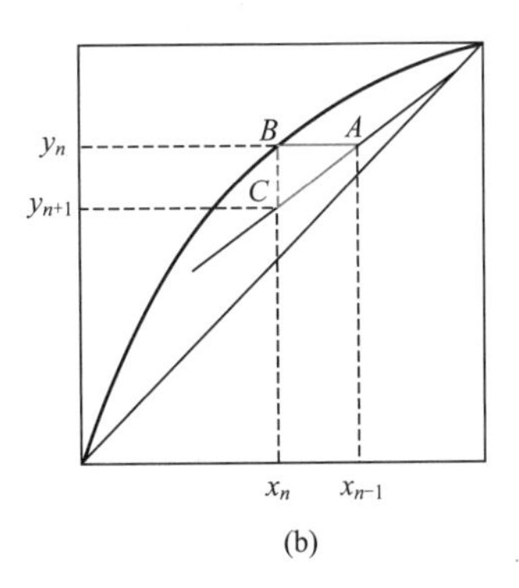

图 9-25 塔板组成的表示

塔截面上的两相浓度必须服从操作线方程。这样，在 y-x 图上表征某一截面的点必落在操作线上，如表征截面 A—A 的点 A 与表征截面 C—C 的点 C。三角形 ABC 表达了某一理论板的工作状态。边长 AB 表示液体经过该理论板的增浓程度，边长 BC 表示汽相经该理论板后的增浓程度。

思考题

9-10 为什么说回流液的逐板下降和蒸汽逐板上升是实现精馏的必要条件？

9-11 什么是理论板？默弗里板效率有什么含义？

9-12 恒摩尔流假设指什么？其成立的主要条件是什么？

9-13 q 值的含义是什么？根据 q 的取值范围，有哪几种加料热状态？

9-14 建立操作线的依据是什么？操作线为直线的条件是什么？

9.5 双组分精馏的设计型计算

9.5.1 理论板数的计算

精馏设计型计算的命题 根据规定的分离要求，选择精馏的操作条件，计算所需的理论板数。

规定的分离要求是对塔顶、塔底产品的质量和数量（产率）提出一定的要求。工业上有时规定分离过程中某个产物（如轻组分）的回收率 η。轻组分的 η 定义为

$$\eta=\frac{Dx_{\mathrm{D}}}{Fx_{\mathrm{F}}} \tag{9-76}$$

如 9.4.1 所述，由于全塔物料衡算的约束，规定分离要求时只能指定两个（独立的）条件，如指定塔顶产品的数量 D 与质量 x_{D}，则塔底产品的数量 W 与质量 x_{W} 受全塔物料衡算约束，不能再任意指定。

待选择的精馏条件除操作压强外，还有回流比 R 和进料的热状态 q。这三个参数选定后，相平衡关系和操作方程也随之确定，然后，可用相平衡方程和操作方程计算所需的理论板数。

逐板计算法 图 9-26 所示为一连续精馏塔，塔顶设全凝器，泡点回流。最直接的设计型计算方法是逐板计算法，通常从塔顶开始进行计算。

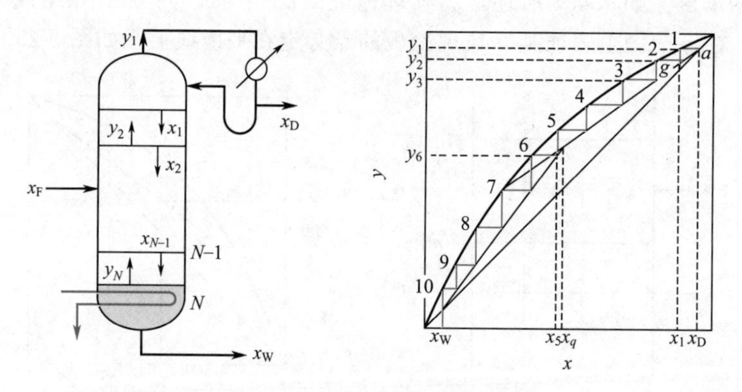

图 9-26 逐板计算法示意图

自第一块板上升的蒸汽组成应等于塔顶产品的组成，即 $y_1=x_{\mathrm{D}}$。

自第一块板下降的液体组成 x_1 与 y_1 成相平衡，可由相平衡方程以 y_1 计算 x_1。

自第二块板上升的蒸汽组成 y_2 与 x_1 满足操作方程，可由操作方程以 x_1 计算 y_2。

如此交替使用相平衡方程和精馏段操作方程进行逐板向下计算，当算至某块板（第 m 块）的 x_m 刚小于 x_q 时，第 m 块即为加料板。然后，交替使用相平衡方程和提馏段操作方程继续逐板向下计算，当计算至离开某块板（第 N 块）的 x_N 刚小于 x_{W} 时，第 N 块即为塔釜，从而得出所需理论板数 N。

图解法 上述计算过程可在 y-x 图上用图解法进行，且更为简捷明了。为此可在 y-x 图上作出相平衡曲线和两条操作线（参见图 9-26）。

图解可自对角线上的 a 点 $(x_D, y_1 = x_D)$ 开始。自 a 点作水平线使之与平衡线相交，由交点 1 的坐标 (x_1, y_1) 可得知 x_1。

自点 1 作垂直线与精馏段操作线相交，交点 g 的坐标 (x_1, y_2)。

如此交替地在平衡线与操作线之间作水平线和垂直线，相当于交替地使用相平衡方程和操作线方程。直至 $x_m \leqslant x_q$，换用提馏段操作线，继续作图。直至 $x_N \leqslant x_W$ 为止，图中阶梯数即为所需理论板数。

最优加料位置的确定 自上而下逐板计算中有一个加料板位置的确定问题。在计算中，跨过加料板由精馏段进入提馏段的表现是以提馏段操作方程代替精馏段操作方程，在图解法中表现为改换操作线。问题是如何选择加料板位置可使所需的总理论板数最少。

图 9-26 上加料板位置选择为第 5 块，当用 x_5 求 y_6 时改用提馏段操作线。

如果第 5 块板上不加料，如图 9-27(a) 所示，则仍由精馏段操作线求取 y_6。不难看出，其汽相提浓程度（线段$\overline{ba}$）小于该板加料时的提浓程度（线段$\overline{ca}$）。由此可知，加料过晚是不利的。

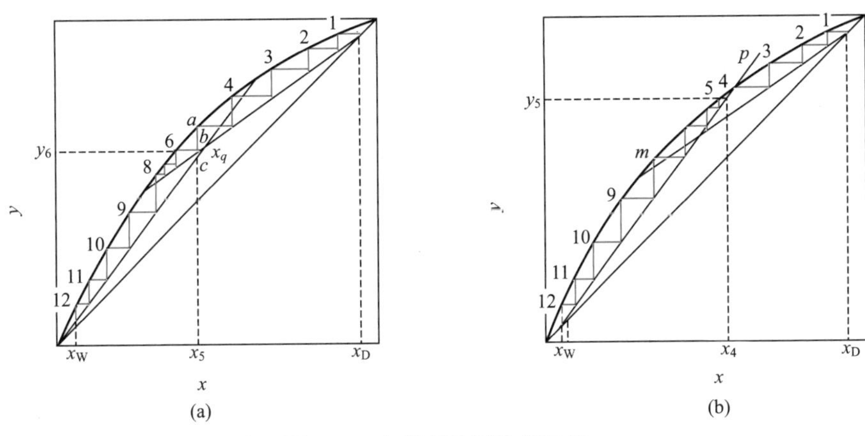

图 9-27 加料板位置选择不当

反之，当加料板选在第 4 块，即由 x_4 求 y_5 时改用提馏段操作线，同样可以看出第 4、第 5、第 6 块板的提浓程度有所减少，说明加料过早也不利。

由此可见，最优加料板位置是该板的液相组成 x 等于或略低于 x_q（操作线交点的横坐标），此处即为第 5 块。

加料位置的选择本质上是个优化的问题。但当超出某个范围时，则不再是优化问题，此时将不可能达到规定的设计要求。例如，若加料位置选在第 3 块，参见图 9-27(b)，则由 x_3 用提馏段操作线求取 y_4 时，组成在平衡线的上方，这显然是不可能的。换言之，若加料板位置在第 3 块板，则塔顶产品纯度不可能达到指定的要求。

类似的问题也可发生在提馏段，当提馏段板数过少时，即使精馏段板数很多也不能使塔底产品达到指定的纯度要求。

由此可知，设计时加料板位置的可变范围在图 9-27(b) 所示的 p、m 两点之间。

操作线的实际作法 在用图解法计算理论板数时，可从图 9-28 的 a 点 (x_D, x_D) 出发，以 $\dfrac{x_D}{R+1}$ 为截距作出精馏段操作线；从 c 点 (x_W, x_W) 出发，以 $\dfrac{\overline{L}}{\overline{V}}$ 为斜率作出提馏段操作

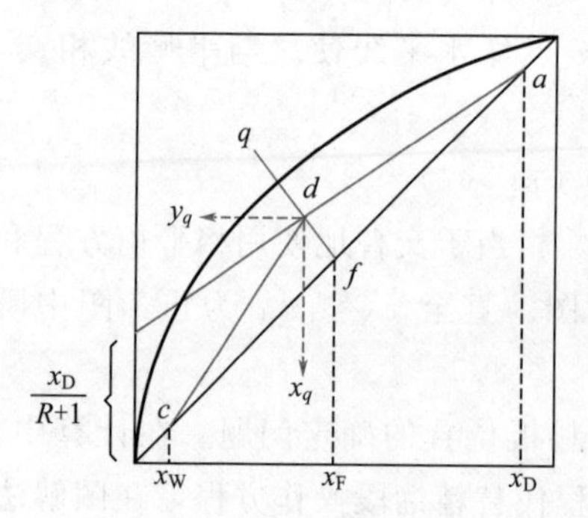

图 9-28　操作线的实际作法

线。在回流比 R 规定后，提馏段操作线的斜率与加料热状态（q 值）有关。为简便起见，常在精馏段操作线上找出两操作线的交点 d（y_q，x_q），然后联结 $\overline{cd}$ 即得提馏段操作线。

交点 d 的坐标已由式(9-74)、式(9-75) 给出，从该两式中消去参数 x_D 即得

$$y_q=\frac{q}{q-1}x_q-\frac{x_F}{q-1} \tag{9-77}$$

此式为交点 d 的轨迹方程，称为 q 线方程。在 y-x 图上 q 线是通过点 f（$x=x_F$，$y=x_F$）的一条直线，斜率为$\frac{q}{q-1}$。因此，可从对角线上的 f 点出发，以$\frac{q}{q-1}$为斜率作出 q 线，找出该线与精馏段操作线的交点 d，连接 $\overline{dc}$ 即为提馏段操作线。

【例 9-5】　逐板计算法求理论板数

在常压下将例 9-4 中的含苯摩尔分数 0.30 的苯-甲苯混合液连续精馏，要求馏出液中含苯 0.98，釜液中含苯 0.02。操作时所用回流比为 2，加料热状态 $q=1.291$，泡点回流，塔顶为全凝器，求所需理论板数。

常压下苯-甲苯混合物可视为理想物系，相对挥发度为 2.47。

解：相平衡方程

$$y_n=\frac{\alpha x_n}{1+(\alpha-1)x_n}$$

或

$$x_n=\frac{y_n}{\alpha-(\alpha-1)y_n}=\frac{y_n}{2.47-1.47y_n} \quad ①$$

精馏段操作线

$$y_{n+1}=\frac{R}{R+1}x_n+\frac{x_D}{R+1}=\frac{2}{2+1}x_n+\frac{0.98}{2+1}=0.6667x_n+0.3267 \quad ②$$

$q=1.291$，则提馏段操作线

$$y_{n+1}=\frac{RD+qF}{(R+1)D-(1-q)F}x_n-\frac{W}{(R+1)D-(1-q)F}x_W$$

$$=\frac{2\times0.292+1.291}{3\times0.292+0.291}x_n-\frac{0.708\times0.02}{3\times0.292+0.291}=1.607x_n-0.01213 \quad ③$$

$$x_q=\frac{(R+1)x_F+(q-1)x_D}{R+q}=\frac{3\times0.3+0.291\times0.98}{2+1.291}=0.360$$

第一块塔板上升的气相组成

$$y_1=x_D=0.98$$

从第一块板下降的液体组成由式①求取

$$x_1=\frac{y_1}{2.47-1.47y_1}=\frac{0.98}{2.47-1.47\times0.98}=0.9520$$

由第二板上升的汽相组成用式(b) 求取

$$y_2=0.6667x_1+0.3267=0.6667\times0.952+0.3267=0.9613$$

第二板下降的液体组成

$$x_2=\frac{0.9613}{2.47-1.47\times0.9613}=0.9097$$

如此反复计算

$y_3=0.9331$，$x_3=0.8496$；$y_4=0.8930$，$x_4=0.7717$；$y_5=0.8411$，$x_5=0.6819$；

$y_6=0.7813$，$x_6=0.5912$；$y_7=0.7208$，$x_7=0.5110$；$y_8=0.6673$，$x_8=0.4482$；

$y_9=0.6255$，$x_9=0.4034$；$y_{10}=0.5956$，$x_{10}=0.3735$；$y_{11}=0.5757$，$x_{11}=0.3545<0.36$

因 $x_{11}<x_q$，第 12 块板上升的汽相组成由提馏段操作方程③计算

$$y_{12}=1.607x_{11}-0.01213=1.607\times0.3545-0.01213=0.5578$$

第 12 板下降的液体组成

$$x_{12}=\frac{0.5578}{2.47-1.47\times0.5578}=0.3380$$

$y_{13}=0.5312$，$x_{13}=0.3145$；$y_{14}=0.4934$，$x_{14}=0.2828$；$y_{15}=0.4425$，$x_{15}=0.2432$；

$y_{16}=0.3787$，$x_{16}=0.1979$；$y_{17}=0.3060$，$x_{17}=0.1515$；$y_{18}=0.2314$，$x_{18}=0.1086$；

$y_{19}=0.1625$，$x_{19}=0.0728$；$y_{20}=0.1049$，$x_{20}=0.0453$；$y_{21}=0.0607$，$x_{21}=0.0255$；

$y_{22}=0.0288$，$x_{22}=0.0119<x_W=0.02$

所需总理论板数为 22 块，第 11 块加料，精馏段需 10 块板。

【例 9-6】 用一常压连续精馏塔分离乙醇-水混合物，加料热状态 $q=1.103$。料液含乙醇 0.40（摩尔分数）。塔顶设全凝器，泡点回流，回流比为 3。塔顶馏出液含乙醇 0.78，釜液含乙醇 0.02。进料 $F=1\text{kmol/s}$。用作图法求精馏塔的理论板数，已知乙醇-水的汽液平衡数据如表 9-2 所示。

表 9-2　乙醇-水的汽液平衡数据

x(摩尔分数)/%	y(摩尔分数)/%	t/℃	x(摩尔分数)/%	y(摩尔分数)/%	t/℃
0.0	0.0	100.0	60.0	69.8	79.1
5.0	31.0	90.6	70.0	75.5	78.7
10.0	43.0	86.4	80.0	82.0	78.4
20.0	52.5	83.2	89.4	89.4	78.15
30.0	57.5	81.7	95.0	94.2	78.3
40.0	61.4	80.7	100.0	100.0	78.3
50.0	65.7	79.9			

解： 已知 $x_F=0.40$，$x_D=0.78$，$x_W=0.02$；回流比 $R=3$，$q=1.103$。按题给的平衡数据可作出平衡曲线如图 9-29 所示。在对角线上找到 a 点，该点横坐标为 $x_D=0.78$。由精馏段操作线截距 $\frac{x_D}{R+1}=\frac{0.78}{3+1}=0.195$，找出 b 点，连接 ab 即为精馏段操作线。以对角线上 f 点（$x_F=0.40$）为起点，作斜率为 $\frac{q}{q-1}=\frac{1.103}{1.103-1}=10.74$ 的 q 线，q 线与精馏段操作线的交点为 d。由 $x_W=0.02$ 在对角线上确定点 c，连接 c、d 两点可得提馏段操作线。从 a 点起在平衡线与操作线之间作梯级，求出总理论板数为 7 块，第 5 块板为加料板。

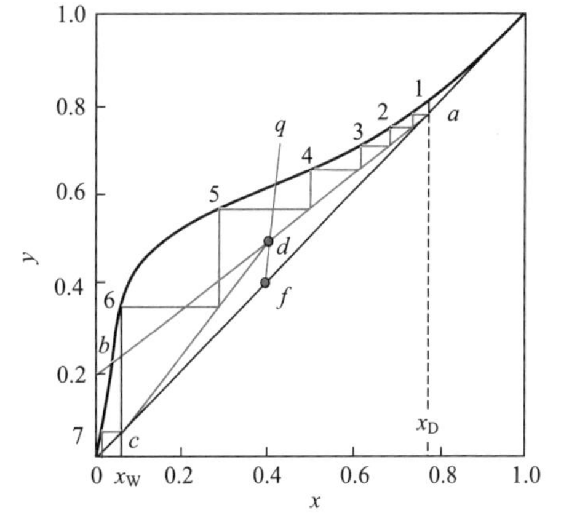

图 9-29　例 9-6 附图

9.5.2 回流比的选择

增大回流比，既加大了精馏段的液汽比 L/V，也加大了提馏段的汽液比$\overline{V}/\overline{L}$，两者均有利于精馏过程中的传质。若设计时采用的回流比较大，则在 y-x 图上两条操作线均移向对角线，达到指定的分离要求所需的理论板数较少。但是，增大回流比是以增加能耗为代价的。因此，回流比的选择是一个经济问题，即应在操作费用（能耗）和设备费用（板数及塔釜传热面、冷凝器传热面等）之间作出权衡。

回流比可以在零至无穷大之间变化，前者对应于无回流，后者对应于全回流，但实际上对指定的分离要求（设计型问题），回流比不能小于某一下限，否则即使有无穷多个理论板也达不到设计要求。回流比的这一下限称为最小回流比，这是技术上对回流比选择的限制。

全回流与最少理论板数 全回流时精馏塔不加料也不出料，自然也无精馏段与提馏段之分。在 y-x 图上，精馏段与提馏段操作线都与对角线重合。从塔段物料衡算或操作线都可看出全回流的特点是：任一塔截面上，上升蒸汽的组成与下降液体的组成相等 $y_n=x_{n-1}$，为达到指定的分离程度（x_D、x_W）所需的理论板数最少［参见图 9-30(a)］。

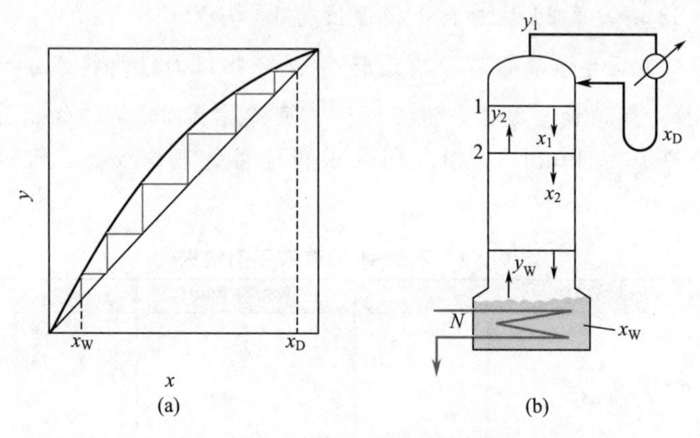

图 9-30 全回流时的理论板数

全回流时的理论板数可按前述逐板计算法或图解法求出；当物系为理想溶液时，用下述的解析计算更为方便。

由图 9-30(b) 可见，塔顶蒸汽中轻、重两组分浓度之比为$\left(\dfrac{y_A}{y_B}\right)_1=\left(\dfrac{x_A}{x_B}\right)_D$。根据相对挥发度的定义式(9-14)，可由$\left(\dfrac{y_A}{y_B}\right)_1$求出第一块板下降的液体中轻、重两组分之比$\left(\dfrac{x_A}{x_B}\right)_1$，即

$$\left(\frac{x_A}{x_B}\right)_1=\frac{1}{\alpha_1}\left(\frac{y_A}{y_B}\right)_1=\frac{1}{\alpha_1}\left(\frac{x_A}{x_B}\right)_D$$

式中，α_1 为第一块板上液体的相对挥发度。

全回流时
$$\left(\frac{y_A}{y_B}\right)_2=\left(\frac{x_A}{x_B}\right)_1=\frac{1}{\alpha_1}\left(\frac{x_A}{x_B}\right)_D$$

再次应用相对挥发度定义可得离开第二板液体组成为

$$\left(\frac{x_A}{x_B}\right)_2=\frac{1}{\alpha_2}\left(\frac{y_A}{y_B}\right)_2=\frac{1}{\alpha_1\alpha_2}\left(\frac{x_A}{x_B}\right)_D$$

如此类推，可得第 N 块板（塔釜）的液体组成为

$$\left(\frac{x_A}{x_B}\right)_N=\frac{1}{\alpha_1\alpha_2\cdots\alpha_N}\left(\frac{x_A}{x_B}\right)_D \tag{9-78}$$

当此液体组成已达指定的釜液组成$\left(\frac{x_A}{x_B}\right)_W$时，此时的塔板数 N 即为全回流时所需的最少理论板数，记为 N_{min}。若取平均相对挥发度 $\alpha=\sqrt[N]{\alpha_1\alpha_2\cdots\alpha_N}$ 代替各板上的相对挥发度，则式(9-78）可写成

$$N_{min}=\frac{\lg\left[\left(\frac{x_A}{x_B}\right)_D\Big/\left(\frac{x_A}{x_B}\right)_W\right]}{\lg\alpha} \tag{9-79}$$

此式称为芬斯克（Fenske）方程。当塔顶、塔底相对挥发度相差不太大时，式中 α 可近似取塔顶和塔底相对挥发度的几何均值，即

$$\alpha=\sqrt{\alpha_{顶}\alpha_{底}} \tag{9-80}$$

式(9-79）在推导过程中并未对溶液的组分数加以限制，故该式亦适用于多组分精馏计算。对双组分溶液，$x_B=1-x_A$，则

$$N_{min}=\frac{\lg\left[\left(\frac{x_D}{1-x_D}\right)\left(\frac{1-x_W}{x_W}\right)\right]}{\lg\alpha} \tag{9-81}$$

此式简略地表明在全回流条件下分离程度（上式分子对数内的数群）与总理论板数（N_{min}中包括了塔釜）之间的关系。

全回流是操作回流比的极限，它只是在设备开工、调试及实验研究时采用。

最小回流比 R_{min} 设计条件下，若选用较小的回流比，两操作线向平衡线移动，达到指定分离程度（x_D、x_W）所需的理论板数增多。当回流比减至某一数值时，两操作线的交点 e 落在平衡线上，由图 9-31 可见，此时即使理论板数无穷多，板上液体组成也不能跨越 e 点，此即为指定分离程度时的最小回流比。

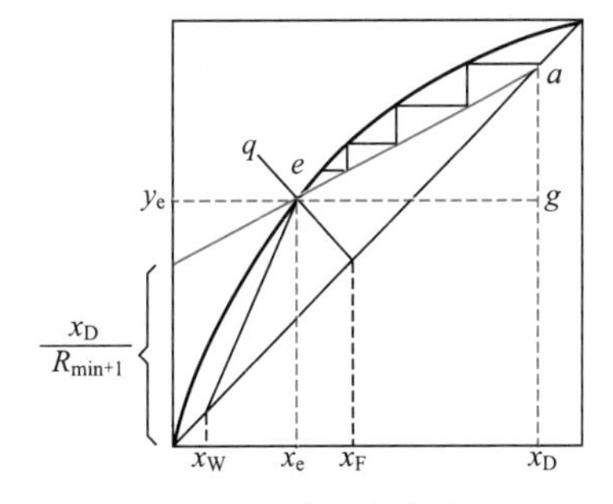

图 9-31 最小回流比

设交点 e 的坐标为（x_e,y_e），则最小回流比可按 ae 线的斜率求出

$$\frac{R_{min}}{R_{min}+1}=\frac{x_D-y_e}{x_D-x_e} \tag{9-82}$$

最小回流比 R_{min}之值还与平衡线的形状有关，在图 9-32(a）中，当回流比减小至某一数值时，精馏段操作线首先与平衡线相切于 e 点。此时即使有无穷多塔板，组成也不能跨越切点 e，故该回流比即为最小回流比 R_{min}，其计算式与式(9-82）同。

图 9-32(b）中回流比减小到某一数值时，提馏段操作线与平衡线相切于点 e。此时可首先解出两操作线的交点 d 的坐标（x_q,y_q），以代替（x_e,y_e），同样可用式(9-82）求出 R_{min}。

上述三种情况下，点 e 称为夹点。当回流比为最小时，用逐板计算法自上而下计算各板组成，将出现一恒浓区，即当组成趋近于上述切点或交点 e 时，两板之间的浓度差极小，$x_{n+1}\approx x_n$，每一块板的提浓作用极微。

最小回流比一方面与物系的相平衡性质有关；另一方面也与规定的塔顶、塔底浓度有关。对于指定物系，最小回流比只取决于混合物的分离要求，故最小回流比是设计型计算中

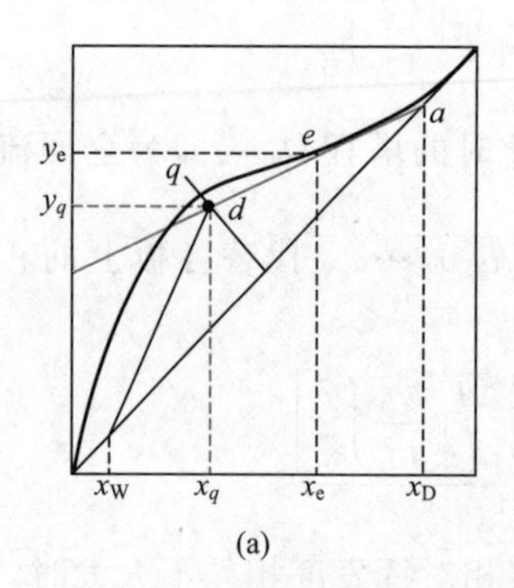

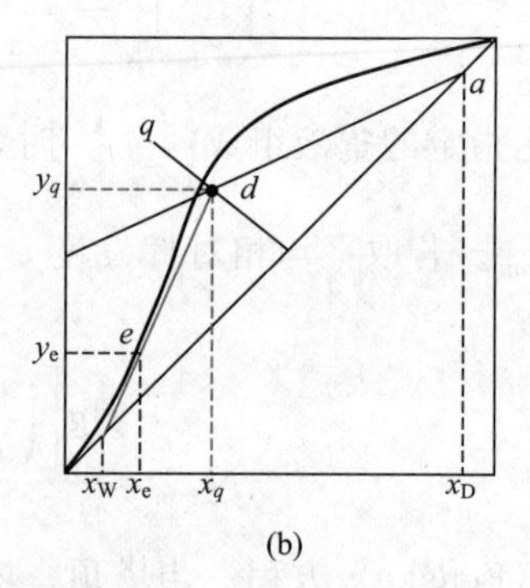

图 9-32　不同平衡线形状的最小回流比

特有的问题。

最适宜回流比的选取　最小回流比对应于无穷多塔板数，此时的设备费用无疑过大而不经济。增加回流比起初可显著降低所需塔板数（图 9-33），设备费用的明显下降能补偿能耗（操作费）的增加。再增大回流比，所需理论板数下降缓慢，此时塔板费用的减少将不足以补偿能耗的增长。此外，回流比的增加也将增大塔顶冷凝器和塔底再沸器的传热面积，设备费用反随回流比增加而有所上升。

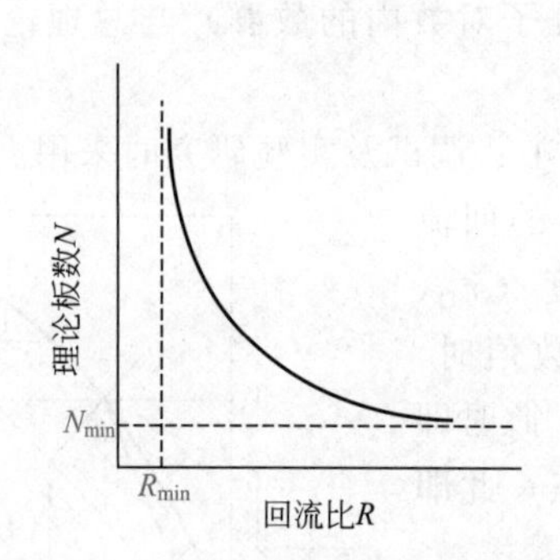

图 9-33　回流比与理论板数的关系

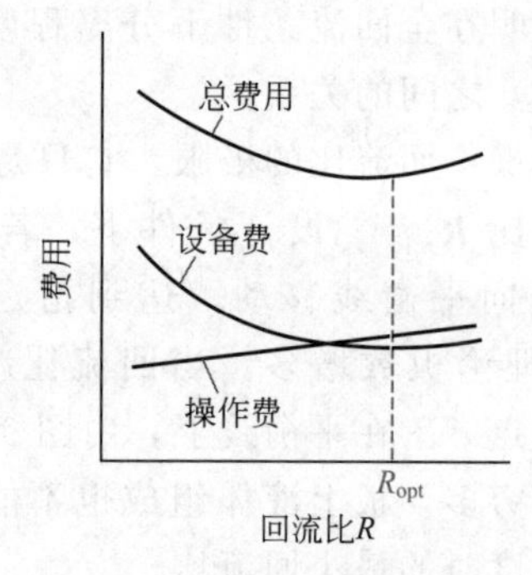

图 9-34　最适宜回流比的选择

回流比与费用的关系如图 9-34 所示，显然存在着一个总费用的最低点，与此对应的即为最适宜的回流比 R_{opt}。一般最适宜回流比的数值范围是

$$R_{opt}=(1.2\sim2)R_{min} \tag{9-83}$$

理论板数的捷算法　为对指定的分离任务所需的理论板数作出大致的估计，或简略地找出塔板数与回流比之关系，以供经济分析的需要，可用如下的经验方法求取理论板数。

先按设计条件求出最小回流比 R_{min} 及最少理论板数 N_{min}，然后用某种经验关联求出指定回流比下的理论板数。常用的是吉利兰（Gilliland）图，如图 9-35 所示。图中曲线在 $\left(\dfrac{R-R_{min}}{R+1}\right)<0.17$ 范围内可用下式代替

$$\lg\frac{N-N_{min}}{N+1}=-0.9\left(\frac{R-R_{min}}{R+1}\right)-0.17 \tag{9-84}$$

式(9-84) 与图中的板数 N 与 N_{min} 均指全塔（包括塔釜）的理论板数。这一经验式（图）对甲醇-水一类非理想溶液也可适用。

【例 9-7】 捷算法求理论板数

试由捷算法求取例 9-5 所示的苯-甲苯溶液精馏过程所需要理论板数 N。已知：$x_F=0.30$，$x_D=0.98$，$x_W=0.02$，$R=2$；$q=1.291$，$\alpha=2.47$。

解： 将 q 线方程与相平衡方程联立求解 y_e、x_e

$$y_e=\frac{\alpha x_e}{1+(\alpha-1)x_e}=\frac{2.47x_e}{1+1.47x_e}$$

$$y_e=\frac{q}{q-1}x_e-\frac{x_F}{q-1}=\frac{1.291}{0.291}x_e-\frac{0.3}{0.291}=4.436x_e-1.031$$

得 $y_e=0.5862$，$x_e=0.3645$。最小回流比

$$R_{min}=\frac{x_D-y_e}{y_e-x_e}=\frac{0.98-0.5862}{0.5862-0.3645}=1.776$$

全回流下的最少理论板数

$$N_{min}=\frac{\lg\left[\left(\frac{x_D}{1-x_D}\right)\left(\frac{1-x_W}{x_W}\right)\right]}{\lg\alpha}=\frac{\lg\left[\frac{0.98}{1-0.98}\times\frac{1-0.02}{0.02}\right]}{\lg 2.47}=8.61$$

$$\frac{R-R_{min}}{R+1}=\frac{2-1.776}{2+1}=0.0747$$

查吉利兰图可得

$$\frac{N-N_{min}}{N+1}=0.55$$

解出 $N=21$ 块

与例 9-5 所得结果 22 块相近。

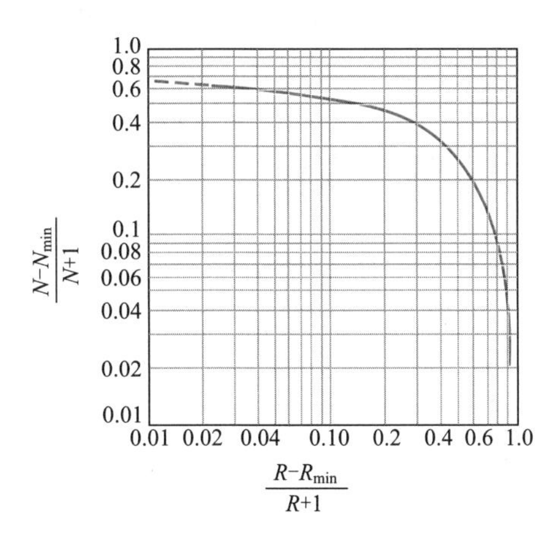

图 9-35 吉利兰关联图

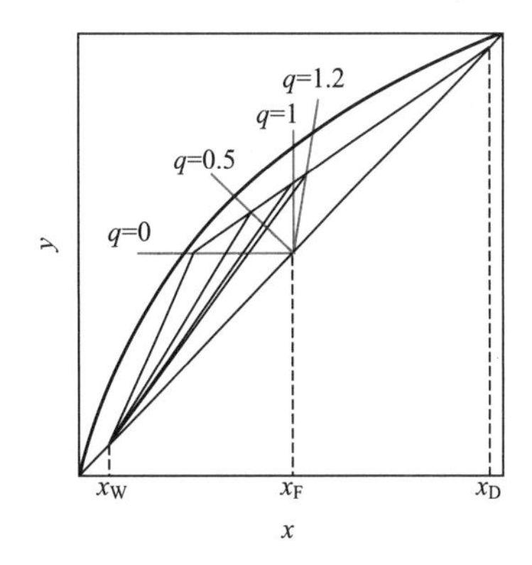

图 9-36 回流比确定后 q 值对提馏段操作线的影响

9.5.3 加料热状态的选择

加料热状态用 q 值表示，q 值是加料中饱和液体所占的分率。若原料经预热或部分汽化，则 q 值较小。在给定的回流比 R 下，q 值的变化不影响精馏段操作线的位置，但明显改变了提馏段操作线的位置。

图 9-36 表示不同 q 值时的 q 线及相应的提馏段操作线的位置。以该图为例，用图解法

求得所需的理论板数如表 9-3 所示（图解过程从略）。可见，q 值愈小，即进料前经预热或部分汽化，所需理论板数反而愈多。

表 9-3　不同 q 值所需的理论板数

q 值	1.2(冷加料)	1.0(沸点加料)	0.5(汽液混合加料)	0(饱和蒸汽加料)
理论板数	10	11	12	16

为理解这一点，应明确比较的基准。由全塔热量衡算可知，塔底加热量、进料带入热量与塔顶冷凝量三者之间有一定关系。以上对不同 q 值进料所作的比较是以固定回流比 R 即以固定的塔顶冷凝量为基准的。这样，为保持塔顶冷凝量不变，进料带热愈多，塔底供热则愈少，塔釜上升的蒸汽量亦愈少；提馏段的操作线斜率增大，其位置向平衡线移近，所需理论板数增多。

若塔釜加热量不变，进料带热增多，则塔顶冷凝量增大，回流比相应增大，所需的塔板数将减少。但须注意，这是以增加热耗为代价的。

一般而言，在热耗不变的情况下，热量应尽可能在塔底输入，使所产生的汽相回流能在全塔中发挥作用；而冷凝量应尽可能施加于塔顶，使所产生的液体回流能经过全塔而发挥最大的效能。

工业上有时采用热态甚至汽态进料，其目的不是为了减少塔板数，而是为了减少塔釜的加热量。尤当塔釜温度过高、物料易产生聚合或结焦时，这样做更为有利。

【例 9-8】 常压下，将乙醇-水混合物（其恒沸物含乙醇的摩尔分数为 0.894）用精馏塔分离。加料 $F=100\text{kmol/h}$，$x_F=0.3$（乙醇摩尔分数，下同），进料状态为气液混合物状态，其中气相含乙醇 $y=0.48$，液相含乙醇 $x=0.12$。要求 $x_D=0.75$，$x_W=0.1$。塔釜间接用蒸汽加热，塔顶采用全凝器，泡点回流，设回流比 $R=1.6R_{min}$，夹紧点不是平衡线与操作线的切点。系统符合恒摩尔流假定。

试求：(1) 最小回流比；(2) 提馏段操作线方程；(3) 若 F、x_F、q、D、R 不变，理论板数不受限制，且假定平衡线与操作线不相切，则馏出液可能达到的最大浓度为多少？釜液可能达到的最低浓度为多少？

解： (1) 设进料中乙醇在液相、气相物质的量分别为 n_1、n_2。根据已知条件，有

$$\frac{n_1+n_2}{\dfrac{n_1}{0.12}+\dfrac{n_2}{0.48}}=0.3$$

解得 $n_1=n_2/4$。

进料的热状态为
$$q=\frac{n_1/0.12}{n_1/0.12+n_2/0.48}=0.5$$

q 线方程
$$y=\frac{q}{q-1}x-\frac{x_F}{q-1}=-x+0.6$$

由进料时乙醇气相和液相的摩尔分数分别为 $(x=0.12, y=0.48)$，此点即为 q 线与相平衡线的交点，即挟点坐标 $(x_e=0.12, y_e=0.48)$。求得最小回流比

$$R_{min}=\frac{x_D-y_e}{y_e-x_e}=0.75$$

(2) 回流比 $R=1.6R_{min}=1.2$，由全塔物流衡算得

$$\begin{cases} Fx_F = Dx_D + Wx_W \\ F = W + D \end{cases}$$

解得 $D=30.77\text{kmol/h}$，$W=69.23\text{kmol/h}$。

提馏段操作线方程为

$$y=\frac{\overline{L}}{\overline{V}}x-\frac{Wx_W}{\overline{V}}=\frac{RD+qF}{(R+1)D-(1-q)F}x-\frac{Wx_W}{(R+1)D-(1-q)F}=4.91x-0.39$$

（3）要求精馏塔 R 不变，当理论板数不受限制时，即精馏塔回流比 R 作为最小回流比操作

$$R'_{\min}=\frac{x'_D-y_e}{y_e-x_e}=1.2,\quad x'_D=0.912$$

因恒沸物含乙醇摩尔分数为 $0.894<0.912$，所以馏出液可能达到的最大浓度 0.894，此时塔釜的最低浓度为

$$x'_W=\frac{Fx_F-Dx_D}{W}=0.036$$

本例中，当理论板数不受限制时，塔顶出塔液体的最大浓度受恒沸组成的制约。

9.5.4 双组分精馏过程的其他类型

直接蒸汽加热　当待分离物系为某种轻组分与水的混合物时，往往可将加热蒸汽直接通入塔釜以汽化釜液，这样可省去一个再沸器。

为便于计算，通常设通入的加热蒸汽为饱和蒸汽。按恒摩尔流假定，塔釜蒸发量$\overline{V}$与加入蒸汽量 S 相等。

若塔内各有关物流以图 9-37(a) 所示的符号表示，对精馏段作物料衡算，所得操作线方程与间接蒸汽加热时完全相同。提馏段物料衡算式为

$$\overline{L}+S=\overline{V}+W \tag{9-85}$$

及

$$\overline{V}y_{n+1}+Wx_W=\overline{L}x_n \tag{9-86}$$

由此得提馏操作方程为

$$y_{n+1}=\frac{\overline{L}}{\overline{V}}x_n-\frac{W}{\overline{V}}x_W \tag{9-87}$$

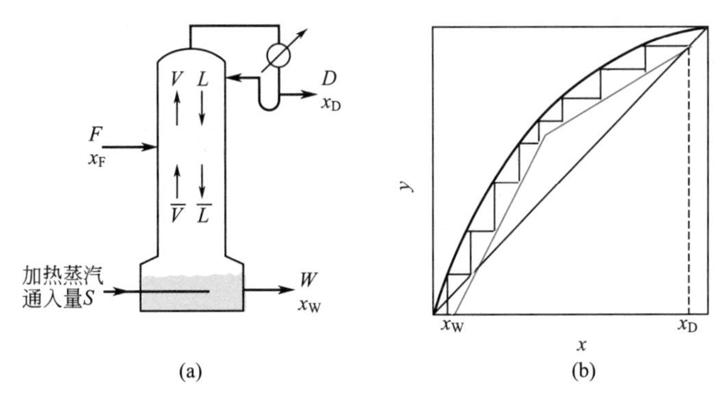

图 9-37　直接蒸汽加热

此式与间接蒸汽加热时相同。由恒摩尔流假定，直接蒸汽加热时$\overline{V}=S$，$\overline{L}=W$；于是，上式可写为

$$y_{n+1}=\frac{W}{S}x_n-\frac{W}{S}x_W \tag{9-88}$$

此提馏段操作线在 y-x 图上通过 $x=x_W$、$y=0$ 的点，如图 9-37(b) 所示。

比较直接蒸汽加热与间接蒸汽加热可知，在设计时 x_F、x_D 及釜液排放浓度 x_W 相同的情况下，因加热蒸汽的凝液排出时也带走少量轻组分，将使轻组分的回收率降低。因此，为了减少塔底轻组分的损失，加热蒸汽在进塔釜前应尽可能除去其中所夹带的水。

反之，由于直接蒸汽的通入使釜液排放量 W 增加，为保持两种加热情况下的轻组分回收率不变，釜液组成 x_W 比间接加热时为低。这样，使用直接蒸汽加热所需要的理论板数将稍有增加。

直接蒸汽加热时，一定的塔顶冷凝量对应于一定的直接蒸汽用量 S。换言之，当加料热状态与塔顶产物 D 一定的条件下，加热蒸汽量取决于回流比。

多股加料　两股成分相同但浓度不同的料液可在同一塔内进行分离，两股料液应分别在适当的位置加入塔内，如图 9-38(a) 所示。

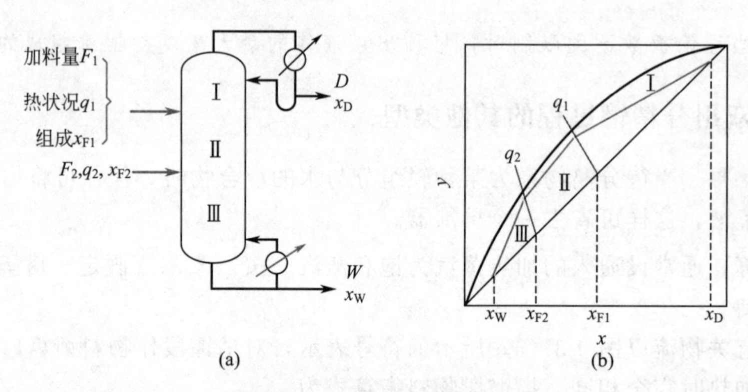

图 9-38　两股加料时的操作线

此时的精馏塔可分成三段，每段均可按图中所示的符号用物料衡算推出其操作线方程。无论加料热状态如何，塔中第Ⅱ段操作线斜率必较第Ⅰ段大，第Ⅲ段操作线斜率较第Ⅱ段为大。各股加料的 q 线方程仍与单股加料时相同，图 9-38(b) 表示三段操作线的相对位置。

减少回流比时，三段操作线均向平衡线靠拢，所需的理论板数将增加。当回流比减小到某一限度即最小回流比时，夹点可能在Ⅰ-Ⅱ两操作线的交点，也可能出现在Ⅱ-Ⅲ两操作线的交点。对非理想性很强的物系，夹点也可能出现在某个中间位置。

当然也可将两股浓度不同的物料预先混合，然后加入塔中某适当位置进行精馏分离，但这样做是不利的。须知混合与分离是两个相反的过程，在分离过程中任何混合现象，必意味着能耗的增加。

侧线出料　若要获得组成不同的两种或多种产品时，可在塔内相应组成的塔板上安装侧线抽出产品。侧线抽出的产品可为塔板上的泡点液体或板上的饱和蒸汽。

侧线出料时的三条操作线方程可用图 9-39(a) 所示的符号，用物料衡算方法导出。若侧线产物为组成 x_θ 的泡点液体，各段操作线相对位置示于图 9-39(b)。当侧线产物为组成 y_θ 的蒸汽，其操作线示于图 9-39(c)。但无论何种情况，第Ⅱ段操作线斜率必小于第Ⅰ段。在最小回流比时，恒浓区一般出现在 q 线与平衡线的交点处。

回收塔　只有提馏段而没有精馏段的塔称为回收塔。当精馏的目的仅为回收稀溶液中的轻组分而对馏出液浓度要求不高，或物系在低浓度下的相对挥发度较大，不用精馏段亦可达

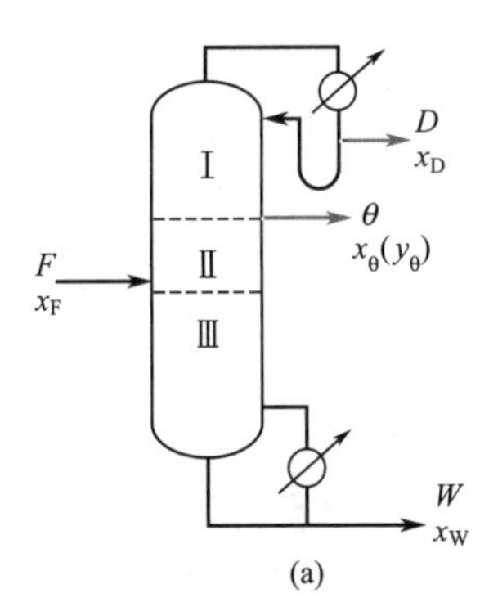

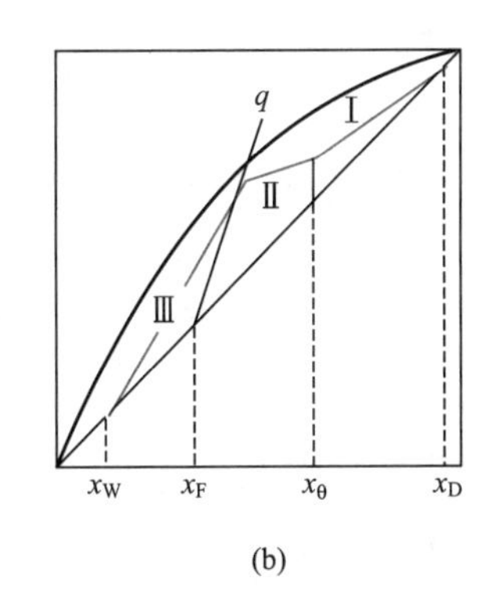

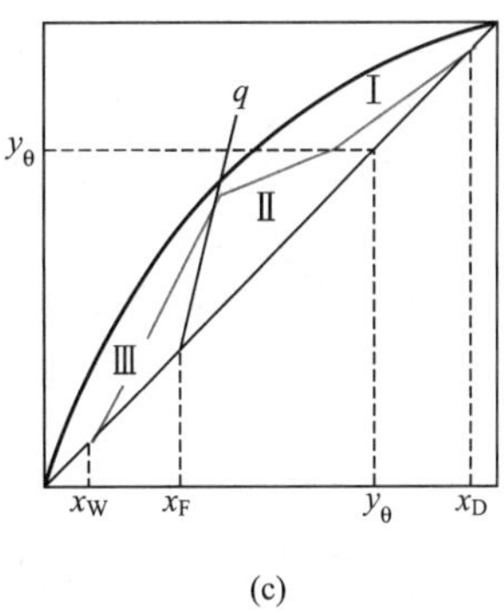

图 9-39 侧线出料时的操作线

到要求的馏出液浓度时，可用回收塔进行精馏操作。从稀氨水中回收氨即为一例。

当料液预热至泡点加入［参见图 9-40(a)］，塔顶蒸汽冷凝后全部作产品，塔釜用间接加热，此为回收塔中最简单的情况。

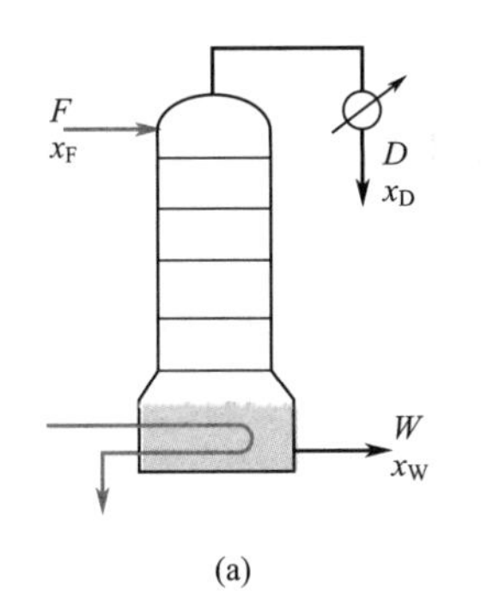

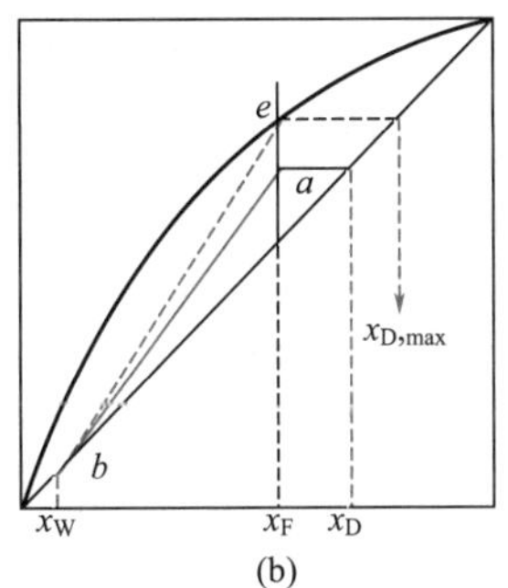

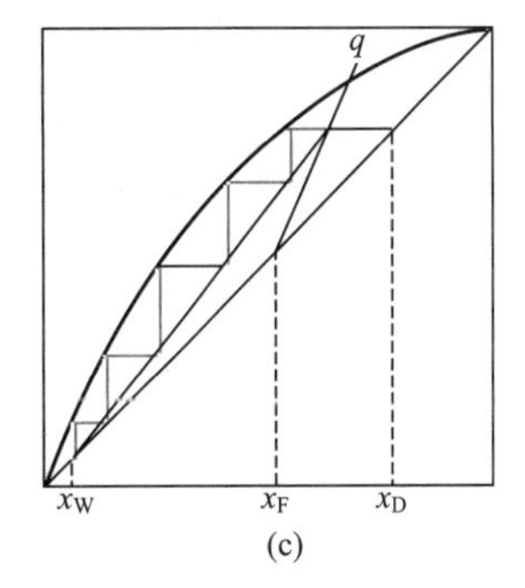

图 9-40 无回流的回收塔操作线

在设计计算时，已知原料组成 x_F，规定釜液组成 x_W 及回收率，则塔顶产品的组成 x_D 及采出率 D/F 可由全塔物料衡算确定，与一般的完全精馏塔相同。

此时的操作方程也与完全精馏塔的提馏段操作方程相同

$$y_{n+1}=\frac{\overline{L}}{\overline{V}}x_n-\frac{W}{\overline{V}}x_W$$

当为泡点加料$\overline{L}=F$，$\overline{V}=D$，上式成为

$$y_{n+1}=\frac{F}{D}x_n-\frac{W}{D}x_W \tag{9-89}$$

此操作线上端通过图 9-40(b) 中的 a 点（$x=x_F$，$y=x_D$），下端通过 b 点（$x=x_W$，$y=x_W$），斜率为 F/D。

欲提高馏出液组成，必须减少蒸发量，即减小汽液比，增大操作线斜率 F/D，所需的理论板数将增加。当操作线上端移至 e 点，与 x_F 成平衡的汽相组成为可能获得的最大馏出液浓度。

当冷液进料时，可与完全的精馏塔一样先作出 q 线，q 线与 $y=x_D$ 的交点为操作线上端，如图 9-40(c) 所示。

【例 9-9】 回收塔的计算

如图 9-41 所示精馏塔有一块实际板和一只蒸馏釜（可视为一块理论板）。原料预热到泡点，由塔顶连续加入，$F=100\text{kmol/h}$，$x_F=0.20$（摩尔分数，下同），泡点回流，回流比

$R=2$，物系的相对挥发度 $\alpha=2.5$。测得塔顶出料量 $D=57.2\text{kmol/h}$，且 $x_D=0.28$。

试求：(1) 塔底出料量 W 及浓度 x_W；(2) 该塔板的默弗里板效率 E_{mV} 和 E_{mL}。

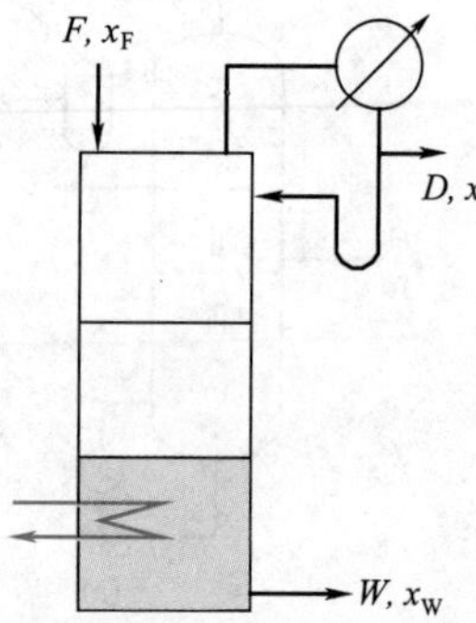

图 9-41　例 9-9 附图

解：(1) 依据物料衡算 $F=D+W$ 可得 $W=F-D=100-57.2=42.8\text{kmol/h}$，依据轻组分物料衡算有 $Fx_F=Dx_D+Wx_W$ 可得 $Wx_W=Fx_F-Dx_D=3.984$，因此 $x_W=\dfrac{3.984}{42.8}=0.09308$

(2) 塔釜相当于一块理论板，故

$$y_2=\frac{\alpha x_W}{1+(\alpha-1)x_W}=\frac{2.5\times0.09308}{1+1.5\times0.09308}=0.2042$$

由图 9-41 可知，该精馏塔只有提馏段，且 $\overline{L}=RD+qF=2D+F$，$\overline{V}=(R+1)D-(1-q)F=3D$。

对第一块板作物料衡算　　$Fx_F+\overline{V}y_2=\overline{L}x_1+Dx_D$

$$\overline{V}=(R+1)D-(1-q)F=3D=171.6\text{kmol/h}$$

$$\overline{L}=RD+qF=2D+F=214.4\text{kmol/h}$$

代入物料衡算方程计算得到 $x_1=0.182$。

塔釜相当于一块理论板，$y_2=\dfrac{\alpha x_W}{1+(\alpha-1)x_W}=0.2042$，$y_1=x_D=0.28$，则

$$x_1^*=\frac{y_1}{\alpha-(\alpha-1)y_1}=0.1346$$

与 x_1 成平衡的汽相组成为 $y_1^*=\dfrac{\alpha x_1}{1+(\alpha-1)x_1}=0.3574$，故

$$E_{mV}=\frac{y_1-y_2}{y_1^*-y_2}=\frac{0.28-0.2042}{0.3574-0.2042}=0.495$$

$$E_{mL}=\frac{x_D-x_1}{x_D-x_1^*}=\frac{0.28-0.182}{0.28-0.1346}=0.674$$

本题是没有精馏段只有提馏段且有回流的回收塔，属于精馏操作型命题，进入实际板的液相是进料液和回流液的混合物。因为蒸馏釜可视为一块理论板，所以离开塔釜的气相组成 $y_2=y_2^*$，并与离开塔釜的液相组成 $(x_2=x_W)$ 达到相平衡。

9.5.5 平衡线为直线时理论板数的解析计算

双组分溶液在很低的浓度范围内，汽液平衡关系近似为一直线，即

$$y=Kx \tag{9-90}$$

式中，平衡常数 K 为一常数。

根据恒摩尔流假定，操作线方程式

$$y=\frac{L}{V}x+\left(y_{N+1}-\frac{L}{V}x_N\right) \tag{9-91}$$

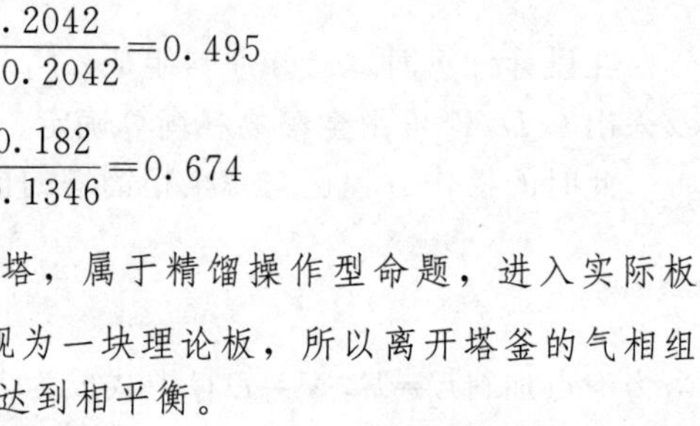

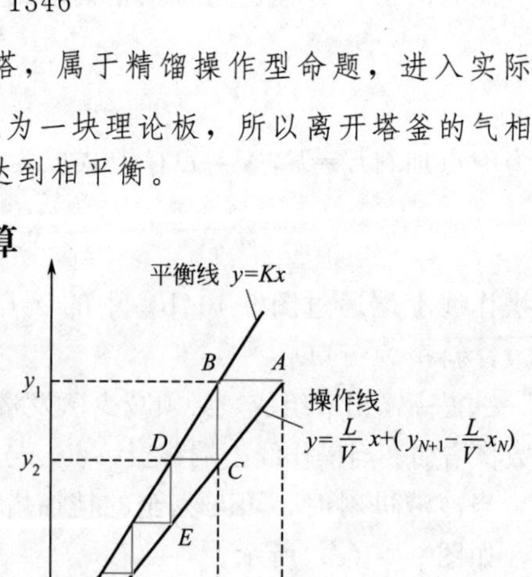

图 9-42　平衡线为直线时的理论板数

也是直线。交替使用以上两式进行逐板计算，可在指定的浓度范围 $(x_0\sim x_N)$ 内解出所需要的

理论板数（参见图 9-42）。与 8.5.5 的方法类似，$\triangle ABC$ 与$\triangle CDE$ 为相似三角形。线段 BC 与线段 AB 之比等于 L/V，即操作线的斜率；线段 BC 与线段 CD 之比等于 K，即平衡线的斜率。相似三角形的相似比就是线段 CD 与线段 AB 之比，等于 $L/(KV)=A$。这样，线段 FH 与线段 AB 之比等于 A^N，即

$$x_N - y_{N+1}/K = (x_0 - x_1)A^N \tag{9-92}$$

整理上式，可得所需理论板数

$$N=\frac{1}{\ln\left(\frac{L}{KV}\right)}\ln\left(\frac{x_N - y_{N+1}/K}{x_0 - y_1/K}\right)=\frac{1}{\ln\left(\frac{L}{KV}\right)}\ln\left(\frac{Kx_N - y_{N+1}}{Kx_0 - y_1}\right) \tag{9-93}$$

式(9-93) 与式(8-93) 是一致的。它主要用于高纯度分离过程所需理论板数的计算。有时为了使用方便，可以结合全塔物料衡算式

$$y_1 = \frac{L}{V}x_0 + (y_{N+1} - \frac{L}{V}x_N) \tag{9-94}$$

消去式(9-93) 中的一个浓度，如 y_1。

思考题

9-15　用芬斯克方程所求出的 N 是什么条件下的理论板数？

9-16　何谓最小回流比？夹点恒浓区的特征是什么？

9-17　最适宜回流比的选取须考虑哪些因素？

9.6 双组分精馏的操作型计算

9.6.1 精馏过程的操作型计算

操作型计算的命题　计算任务是在设备（精馏段板数及全塔理论板数）已确定的条件下，由指定的操作条件预计精馏操作的结果。

计算所用的方程与设计时相同，此时的已知量为：全塔总板数 N 及加料板位置（第 m 块板）；相平衡曲线或相对挥发度；原料组成 x_F 与热状态 q；回流比 R；并规定塔顶馏出液的采出率 D/F。待求的未知量为精馏操作的最终结果——产品组成 x_D、x_W 以及全塔各板的组成分布。

操作型计算的特点有：①由于众多变量之间的非线性关系，使操作型计算一般须通过试差（迭代），即先假设一个塔顶（或塔底）组成，再用物料衡算及逐板计算至塔底（或塔顶）契合的方法来解决；②加料板位置（或其他操作条件）一般不满足最优化条件。

下面以两种情况为例，讨论此类问题的计算方法。

回流比增加对精馏结果的影响　设某塔的精馏段有（$m-1$）块理论板，提馏段为（$N-m+1$）块板，在回流比 R'操作时获得塔顶组成 x'_D与釜液组成 x'_W［参见图 9-43(a)］。

现将回流比加大至 R，精馏段液汽比增加，操作线斜率变大；提馏段汽液比加大，操作线斜率变小。当操作达到稳定时馏出液组成 x_D 必有所提高，釜液组成 x_W 必将降低，如图 9-43(b)所示。

定量计算的方法是：先设定某一 x_W 值，可按物料衡算式求出

$$x_D = \frac{x_F - x_W(1-D/F)}{D/F} \tag{9-95}$$

然后，自组成为 x_D 起交替使用精馏段操作方程

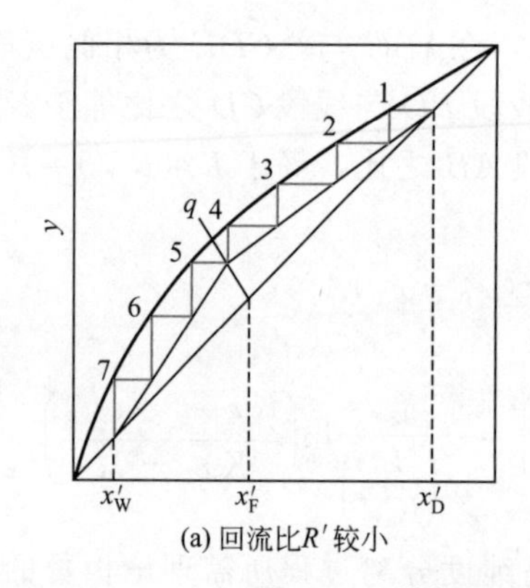

(a) 回流比R'较小

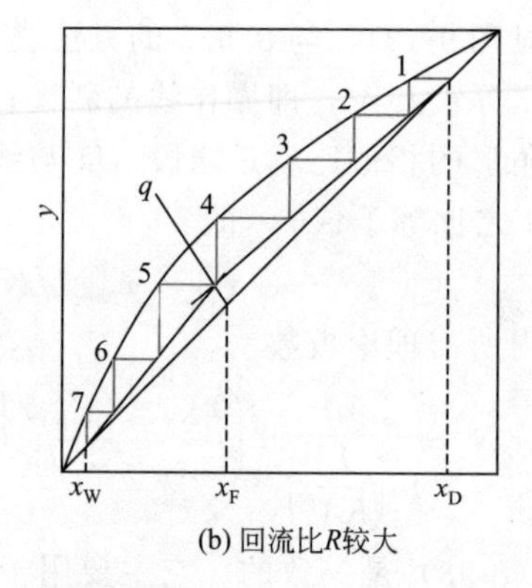

(b) 回流比R较大

图 9-43　增加回流比对精馏结果的影响

$$y_{n+1}=\frac{R}{R+1}x_n+\frac{x_D}{R+1}$$

及相平衡方程

$$x_n=\frac{y_n}{\alpha-(\alpha-1)y_n}$$

进行 m 次逐板计算，算出离开第 $1\sim m$ 板的汽、液两相组成。直至算出离开加料板液体的组成（x_m）。跨过加料板以后，须改用提馏段操作方程

$$y_{n+1}=\frac{R+qF/D}{(R+1)-(1-q)F/D}x_n-\frac{F/D-1}{(R+1)-(1-q)F/D}x_W$$

及相平衡方程再进行 $N-m$ 次逐板计算，算出最后一块理论板的液体组成 x_N。将此 x_N 值与所假设的 x_W 值比较，两者接近则计算有效，否则重新试差。

产品浓度的限制　塔顶、塔底产品的浓度受到两方面的制约，即塔的分离能力和物料衡算。必须注意，在采出率 D/F 规定的条件下，增加回流比 R 以提高 x_D 的方法并非总是有效：

① x_D 的提高受精馏塔分离能力的限制。对一定板数，即使回流比增至无穷大（全回流）时，x_D 也有确定的最高极限值；在实际操作的回流比下不可能超过此极限值。

② x_D 的提高受全塔物料衡算的限制。加大回流比可提高 x_D，但其极限值为 $x_D=Fx_F/D$。对一定塔板数，即使回流比很大，x_D 也只能趋近于此极限值。若 $x_D=Fx_F/D$ 的数值大于 1，则只能取 x_D 的极限值为 1。

此外，加大操作回流比意味着加大蒸发量与冷凝量，这些量还受到塔釜及冷凝器的传热面的限制。

因此，为提高产品纯度，在操作中必须选用适宜的采出率。当 $D/F>x_F$ 时，塔底产品 x_W 容易达到高纯度；当 $D/F<x_F$ 时，塔顶产品 x_D 容易达到高纯度。

【例 9-10】 改变回流比求全塔组成分布

某精馏塔具有 22 块理论板，加料位置在第 11 块塔板，用以分离原料组成为 30%（摩尔分数）的苯-甲苯混合液，物系相对挥发度为 2.47。已知在 $R=2$，$q=1.291$ 时 $x_D=0.98$，$x_W=0.02$。今改用回流比 2.5，塔顶采出率 D/F 及物料热状态均不变，求塔顶、塔底产品组成有何变化？

解： 原工况（$R=2$）时

$$\frac{D}{F}=\frac{x_F-x_W}{x_D-x_W}=\frac{0.30-0.02}{0.98-0.02}=0.292$$

新工况（$R=2.5$）时，假定初值 $x_W=0.0128$，由物料衡算式得

$$x_D=\frac{x_F-x_W(1-D/F)}{D/F}=\frac{0.30-0.0128\times(1-0.292)}{0.292}=0.996$$

精馏段操作方程为

$$y_{n+1}=\frac{R}{R+1}x_n+\frac{x_D}{R+1}=0.7143x_n+0.2846$$

提馏段操作方程为

$$y_{n+1}=\frac{RD+qF}{(R+1)D-(1-q)F}x_n-\frac{Wx_W}{(R+1)D-(1-q)F}=1.5392x_n-0.006902$$

相平衡方程为

$$x_n=\frac{y_n}{2.47-1.47y_n}$$

由 $y_1=x_D=0.996$ 开始，将 y_1 代入相平衡方程，求出 $x_1=0.9910$，用精馏段操作线方程求出 $y_2=0.9925$；将 y_2 代入相平衡方程，求出 $x_2=0.9817$，用精馏段操作线方程求出 $y_3=0.9859$；如此反复计算，用精馏段操作方程共 11 次，求出 $y_1\sim y_{11}$，用相平衡方程 11 次，求出 $x_1\sim x_{11}$。然后用提馏段操作方程和相平衡方程各 11 次，得全塔汽、液组成。$x_{22}=0.0128$ 与假设初值 $x_W=0.0128$ 相符，计算有效。显然，回流比 R 增加，x_D 升高而 x_W 降低，塔顶与塔底产品的纯度皆提高了。

进料组成变动的影响 一个操作中的精馏塔，若进料组成 x_F 下降至 x'_F，则在同一回流比 R 及塔板数下塔顶馏出液组成 x_D 将下降至 x'_D，塔釜组成也将由 x_W 降至 x'_W。进料组成变动后的精馏结果 x'_D、x'_W 可用前述试差方法确定。

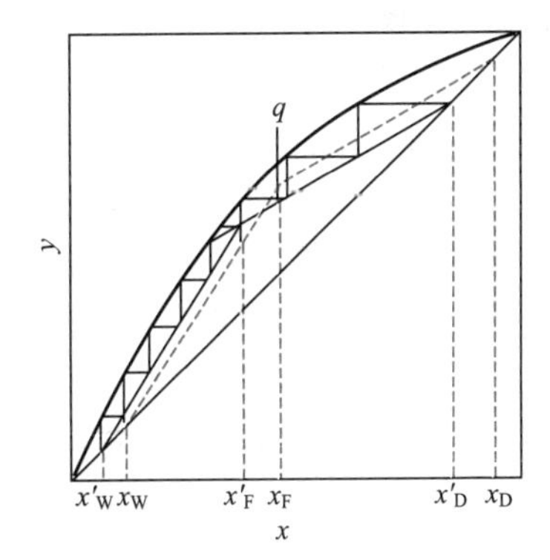

图 9-44 进料组成下降对精馏结果的影响

图 9-44 表示进料组成变动后操作线位置的改变。此时欲要维持原馏出液组成 x_D 不变，一般可加大回流或减少采出率 D/F。

必须指出，以上两种情况的操作型计算中，加料板位置都不一定是最优的。图 9-44 说明了这一问题。

9.6.2 精馏塔的温度分布和灵敏板

精馏塔的温度分布 溶液的泡点与总压及组成有关。精馏塔内各块塔板上物料的组成及总压并不相同，因而从塔顶至塔底形成某种温度分布。

在加压或常压精馏中，各板的总压差别不大，形成全塔温度分布的主要原因是各板组成不同。图 9-45(a) 表示各板组成与温度的对应关系，由此可求出各板的温度并将它标绘在图 9-45(b) 中，即得全塔温度分布曲线。

减压精馏中，蒸汽每经过一块塔板有一定压降，如果塔板数较多，塔顶与塔底压强的差别与塔顶绝对压强相比，其数值相当可观，总压降可能是塔顶压强的几倍。因此，各板组成与总压的差别都是影响全塔温度分布的重要原因，且后一因素的影响往往更大。

灵敏板 若正常操作的精馏塔受到某外界因素的干扰（如回流比、进料组成发生波动等），全塔各板的组成将发生变动，全塔的温度分布也将发生相应变化。因此，可用测量温度的方法预示塔顶馏出液组成和塔釜液组成的变化。

在高纯度分离时，在塔顶（或塔底）相当高的一个塔段中温度变化极小，典型的温度分

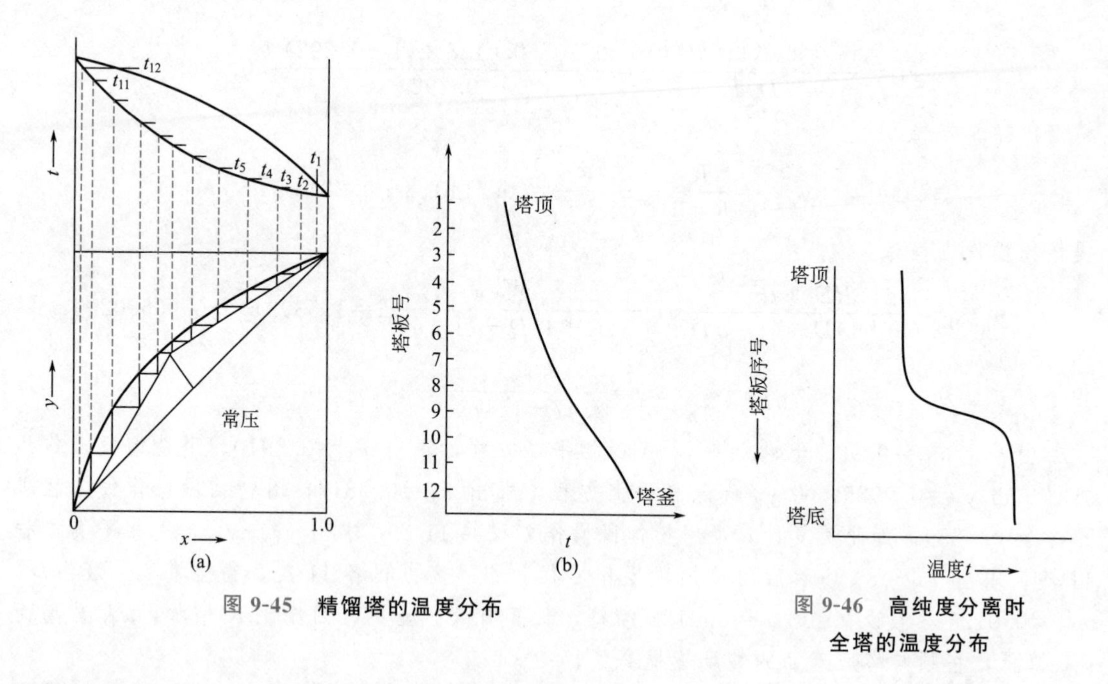

图 9-45　精馏塔的温度分布

图 9-46　高纯度分离时全塔的温度分布

布曲线如图 9-46 所示。这样，当塔顶温度有了可觉察的变化，馏出液组成的波动早已超出允许的范围。以乙苯-苯乙烯在 8kPa 下减压精馏为例，当塔顶馏出液中含乙苯由 99.9%降至 90%时，泡点变化仅为 0.7℃。可见高纯度分离时一般不能用测量塔顶温度的方法来控制馏出液的质量。

考察操作条件变动前后的温度分布的变化，可发现在精馏段或提馏段的某些塔板上，温度变化较为显著。或者说，这些塔板的温度对外界干扰因素的反映较灵敏，这些塔板称为灵敏板。将感温元件安置在灵敏板上可以较早觉察精馏操作所受的干扰；灵敏板较靠近加料板，但又须与加料板有一定间隔，以使灵敏板温度不受进料温度波动干扰。可在塔顶馏出液组成尚未产生变化之前先感受到操作参数的变动并及时采取调节手段，以稳定馏出液的组成。

【例 9-11】 灵敏板位置的确定

已知操作压强为 101.3kPa，试根据例 9-5 及例 9-10 所得到的两种不同回流比时各板上的组成分布，确定此精馏过程灵敏板的位置。

例 9-11 附表　两种回流比下全塔的组分分布和温度分布

序号	$R=2$		$R=2.5$		温度变化
	液相组成 x	泡点 t/℃	x	t/℃	Δt/℃
1	0.95201	81.016	0.99098	80.221	−0.794
4	0.77169	84.981	0.93937	81.277	−3.703
7	0.51102	91.745	0.74888	85.520	−6.226
10	0.37352	95.948	0.45557	93.380	−2.568
13	0.3145	97.918	0.33978	97.060	−0.857
16	0.19794	102.15	0.20192	102.00	−0.153
19	0.07282	107.29	0.06883	107.46	0.1755
22	0.01187	110.05	0.01278	110.01	−0.043

解：将例 9-5 及例 9-10 所算出的各板液体组成列于附表的第 2 和第 4 列（为篇幅所限，只列部分）。

苯-甲苯溶液可看作理想溶液，故可按式(9-7)

$$x_A=\frac{p-p_B^\circ}{p_A^\circ-p_B^\circ}$$

由各板上的液相组成求取对应的泡点。因常压操作，各板总压均取 $p=101.3\text{kPa}$。纯苯和甲苯的饱和蒸气压（kPa）可分别用以下两式计算：

苯 $$\lg p_A^\circ=6.031-\frac{1211}{t+220.8}$$

甲苯 $$\lg p_B^\circ=6.080-\frac{1345}{t+219.5}$$

用试差法由已知组成 x 求取各板液体的泡点（℃），计算方法见例 9-1。对两种回流比，分别求出各板温度列于附表的第 3、第 5 列，温度分布曲线如图 9-47 所示。由第 6 列的温度变化不难看出，灵敏板位于第 7 板上下。

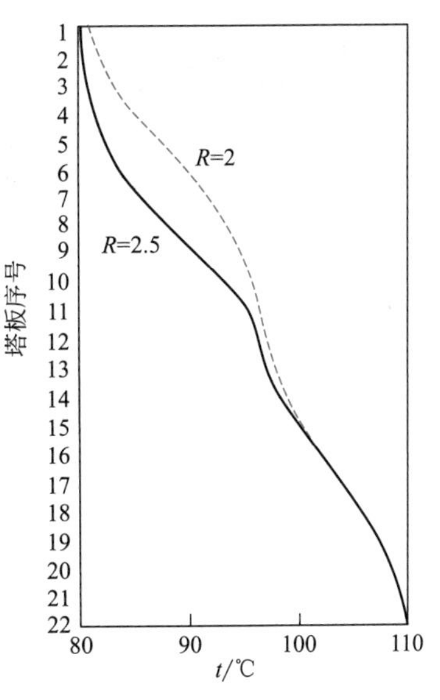

图 9-47 两种回流比时的温度分布

综合型计算 在实际工作中，一般的精馏问题可分为设计型计算和操作型计算，复杂点的精馏问题不局限于此。综合型计算问题没有固定模式，需按具体情况综合应用所学知识寻找解决途径。比如，原有精馏塔的扩容，增加处理能力，设备需要部分改造，等等。

【例 9-12】 精馏塔增加产能

某厂用一常压精馏塔分离苯-甲苯混合液，原工况为 $F=500\text{kmol/h}$，$x_F=0.5$，$q=1$，$D/F=0.5$，$\alpha=2.47$，$R=3.137$。全塔理论板数（含釜）$N=16$，进料板位置 $m=7$。操作结果为 $x_D=0.99$，$x_W=0.01$。

现为了增加处理量 20%，用适当增加塔高（增加理论板数）、减少回流比，而不增加汽液负荷（不改塔径）的方法来实现，进料板位置可适当调整。为保证产品质量仍达到原要求，试求：需增加多少块理论板？回流比应为多少？

解：先计算原工况下的汽液负荷，数据见附表第 2 行。在保持原采出率的条件下，减小回流比至 2.072，并逐板计算，得 $N=18$，$m=9$ 时，$x_D=0.99$，$x_W=0.01$，达到原要求。新工况的汽液负荷见附表第 3 行。

例 9-12 附表

项目	$F/(\text{kmol/h})$	N	m	R	$L/(\text{kmol/h})$	$V/(\text{kmol/h})$	$\overline{L}/(\text{kmol/h})$	$\overline{V}/(\text{kmol/h})$
原工况	500	16	7	3.137	784.3	1034	1284	1034
新工况	600	18	9	2.0715	621.5	922	1222	921

结果表明，只需要增加 2 块理论板就可以达到要求。新工况的汽液负荷没有超过原工况的，所以不需要改塔径，而且还有一定的余量。

思考题

9-18 精馏过程能否在填料塔内进行？

9-19 何谓灵敏板？

9.7 间歇精馏

9.7.1 间歇精馏过程的特点

若混合液的分离要求较高而料液品种或组成经常变化，采用间歇精馏的操作方式比较灵活机动。

间歇精馏装置与连续精馏装置大致相同。间歇精馏时，料液批量投入精馏釜，加热逐步汽化，待釜液组成降至规定值后将其一次排出。间歇精馏过程具有如下特点。

① 间歇精馏为非定态过程。在精馏过程中，釜液组成随时间不断降低。若在操作时保持回流比不变，则馏出液组成将随之下降；反之，为使馏出液组成保持不变，则在精馏过程中应不断加大回流比。为达到预定的分离要求，实际操作可以灵活多样。例如，在操作初期可逐步加大回流比以维持馏出液组成大致恒定；但回流比过大，在经济上并不合理。故在操作后期可保持回流比不变，若所得的馏出液不符合要求，可将此部分产物并入下一批原料再次精馏。

此外，由于过程的非定态性，塔身积存的液体量（持液量）的多少将对精馏过程及产品的数量有影响。为尽量减少持液量，间歇精馏往往采用填料塔。

② 通常，间歇精馏时全塔均为精馏段，没有提馏段。因此，获得同样的塔顶、塔底组成的产品，间歇精馏的能耗大于连续精馏。

间歇精馏的设计计算方法，首先是选择基准状态（一般为操作的始态或终态）作设计计算，求出塔板数。然后按给定的塔板数，用操作型的计算方法，求取精馏中途其他状态下的回流比或产品组成。

为简化起见，在以下计算中均不计塔板上液体的持液量对过程的影响，即取持液量为零。

9.7.2 保持馏出液组成恒定的间歇精馏

设计计算的命题为：已知投料量 F 及料液组成 x_F，保持指定的馏出液组成 x_D 不变，操作至规定的釜液组成 x_W 或回收率 η，选择回流比的变化范围，求理论板数。

确定理论板数 间歇精馏塔在操作过程中的塔板数为定值。x_D 不变但 x_W 不断下降，即分离要求逐渐提高。因此，所设计的精馏塔应能满足过程的最大分离要求，设计应以操作终了时的釜液组成 x_W 为计算基准。

间歇精馏的操作线如图 9-48 所示。操作终了时，从釜液组成 x_W 至塔顶组成 x_D 之间有一最小回流比，在此回流比下需要的理论板数为无穷多。由图 9-48(b) 可知，通常情况下此最小回流比 R_{min} 为

$$R_{min}=\frac{x_D-y_W}{y_W-x_W} \tag{9-96}$$

为使塔板数保持在合理范围内，操作终了的回流比 $R_终$ 应为大于上式 R_{min} 的某一倍数。此最终回流比的选择由经济因素决定。

$R_终$ 选定后，即可从图 9-48(c) 中 a 点开始，以 $\frac{x_D}{R_终+1}$ 为截距作出操作终了的操作线并求出理论板数。在操作初期可采用较小的回流比，此时的操作线如图 9-48(c) 中虚线所示。

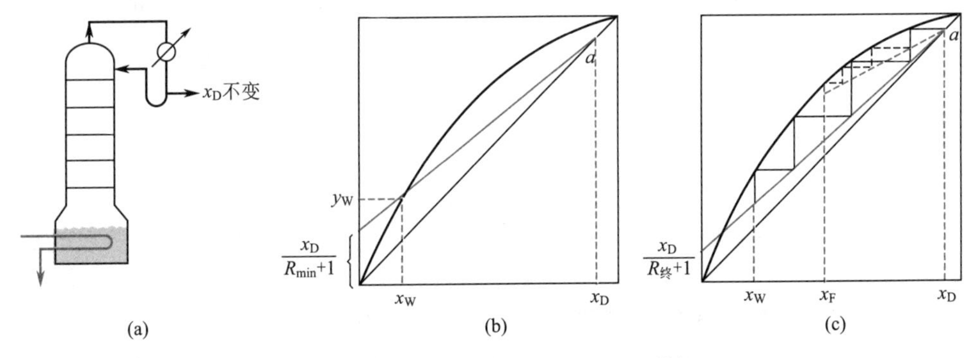

图 9-48 馏出液组成不变时的间歇精馏

每批料液的操作时间 记每批料液的投料量为 F (kmol)；馏出液量为 D (kmol)，其值随精馏时间而变；釜液组成为 x（摩尔分数），其值在操作中由 x_F 降为 x_W；蒸馏釜的汽化能力为 V (kmol/s)，在操作中可保持为某一常数。

在 $d\tau$ 时间内的汽化量为 $Vd\tau$，此汽化量应等于塔顶的蒸汽量 $(R+1)dD$

$$Vd\tau=(R+1)dD \tag{9-97}$$

任一瞬时 τ 之前已馏出的液体量 D 由物料衡算式(9-37) 确定，即

$$D=F\left(\frac{x_F-x}{x_D-x}\right),\qquad dD=F\frac{x_F-x_D}{(x_D-x)^2}dx$$

将上式代入式(9-97)

$$Vd\tau=(R+1)F\frac{x_F-x_D}{(x_D-x)^2}dx$$

积分得

$$\tau=\frac{F}{V}(x_D-x_F)\int_{x_W}^{x_F}\frac{R+1}{(x_D-x)^2}dx \tag{9-98}$$

在操作过程中因塔板数不变，每一釜液组成必对应一回流比，用数值积分可从上式求出每批料液的精馏时间。

【例 9-13】 馏出液组成不变的间歇精馏计算

含正庚烷 0.40 的正庚烷-正辛烷混合液，在 101.3kPa 下作间歇精馏，要求塔顶馏出液组成为 0.90，在精馏过程中维持不变，釜液终了组成为 0.10（均为正庚烷的摩尔分数，下同）。在 101.3kPa 下正庚烷-正辛烷溶液可视为理想溶液，平均相对挥发度为 2.16。操作终了时的回流比取该时最小回流比的 1.32 倍。已知投料量为 15kmol，塔釜的汽化速率为 0.003kmol/s，求精馏时间及塔釜总汽化量。

解：(1) 理论板数计算

操作终了时的残液浓度 $x_W=0.10$

$$y_W=\frac{\alpha x_W}{1+(\alpha-1)x_W}=\frac{2.16\times0.1}{1+1.16\times0.1}=0.194$$

按式(9-96) 计算操作终了时的最小回流比 R_{min}

$$R_{min}=\frac{x_D-y_W}{y_W-x_W}=\frac{0.90-0.194}{0.194-0.10}=7.55$$

操作终了时的回流比为

$$R=1.32\times R_{min}=10$$

用逐板计算法求取理论板数。计算自塔顶 $x_D=0.90$ 开始，交替使用操作线方程

$$y=\frac{R}{R+1}x+\frac{x_D}{R+1}=\frac{10}{10+1}x+\frac{0.90}{10+1}=0.909x+0.0818 \quad ①$$

及相平衡方程

$$x=\frac{y}{\alpha-(\alpha-1)y}=\frac{y}{2.16-1.16y} \quad ②$$

依次计算，结果列于附表（1），需要 8 块理论板。

（2）精馏时间 τ

在保持馏出液组成不变的间歇精馏过程中，每一瞬时的釜液组成必对应于一定的回流比。故可设一瞬时的回流比 R，由 $x_D=0.90$ 开始交替使用上述方程式①及方程式②各8次，便可得到该瞬时的釜液组成 x。这样，假设一系列回流比可求出对应的釜液组成列于附表（2）。

例 9-13 附表（1） 操作终态时（$R=10$，$x=0.10$）理论板数计算

汽相组成 y	液相组成 x
$y_1=0.90$	$x_1=0.806$
$y_2=0.815$	$x_2=0.671$
$y_3=0.692$	$x_3=0.509$
$y_4=0.545$	$x_4=0.357$
$y_5=0.406$	$x_5=0.241$
$y_6=0.300$	$x_6=0.166$
$y_7=0.233$	$x_7=0.123$
$y_8=0.194$	$x_8=0.100$

例 9-13 附表（2） $x_D=0.90$ 条件下回流比与釜液组成的关系

回流比 R	釜液组成 x	$\frac{R+1}{(x_D-x)^2}$
1.79	0.400	11.18
2.16	0.350	10.43
2.64	0.300	10.10
3.30	0.250	10.19
4.30	0.200	10.84
6.10	0.150	12.62
10.0	0.100	17.19

该表同时列出$\frac{R+1}{(x_D-x)^2}$，数值积分得

$$\int_{x_W}^{x_F}\frac{R+1}{(x_D-x)^2}dx=3.39$$

精馏时间

$$\tau=\frac{F}{V}(x_D-x_F)\int_{x_W}^{x_F}\frac{R+1}{(x_D-x)^2}dx=\frac{15}{0.003}\times(0.90-0.40)\times3.39=8470\ (s)$$

或

$$\tau=2.35h$$

塔釜汽化量

$$G_1=\tau V=8470\times0.003=25.4\ (kmol)$$

9.7.3 保持回流比恒定的间歇精馏

因塔板数和回流比都不变，在精馏过程中塔釜组成 x 与馏出液组成 x_D 同时降低。因此，只有让操作初期的馏出液组成适当提高，才能使馏出液的平均浓度满足较高的产品质量要求。

设计计算的命题为：已知料液量 F 及组成 x_F，最终的釜液组成 x_W，馏出液的平均组成$\overline{x}_D$。选择适宜的回流比求理论板数。

计算可以操作初态为基准，假设一最初的馏出液浓度 $x_{D始}$，根据设定的 $x_{D始}$ 与釜液组成 x_F 求出所需的最小回流比［参见图 9-49(a)］

$$R_{\min}=\frac{x_{D始}-y_F}{y_F-x_F} \tag{9-99}$$

然后，选择适宜的回流比 R，计算理论板数 N。

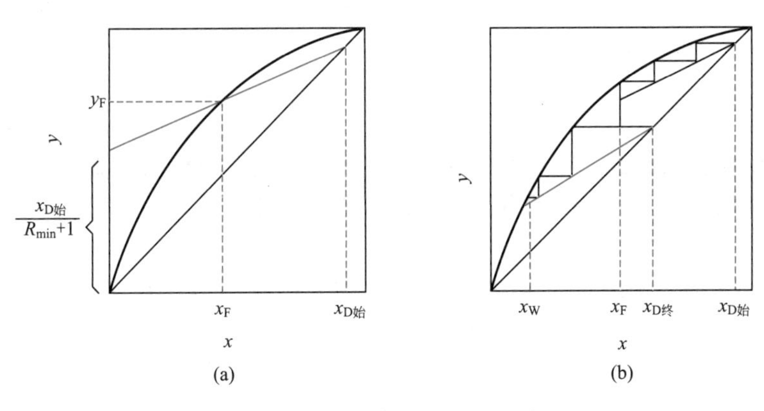

图 9-49 回流比不变的间歇精馏

$x_{D始}$ 的验算 设定的 $x_{D始}$ 是否合适，应以全精馏过程所得的馏出液平均组成 $\overline{x}_D$ 满足分离要求为准。设 W 为瞬时的釜液量，操作时由投料量 F 降为残液量 W；x 为瞬时的釜液组成，由 x_F 降为 x_W。与简单蒸馏相同，对某一瞬间 $d\tau$ 作物料衡算，蒸馏釜中轻组分的减少量应等于塔顶蒸汽所含的轻组分量，这一衡算结果与式(9-32) 相同。此时，式中的汽相组成 y 即为瞬时的馏出液组成 x_D，故有

$$\ln\frac{F}{W}=\int_{x_W}^{x_F}\frac{dx}{x_D-x} \tag{9-100}$$

从图 9-49(b) 可知，因板数及回流比 R 为定值，任一精馏瞬间的釜液组成 x 必与一馏出液组成 x_D 相对应，可通过数值积分由上式算出残液量 W。馏出液平均组成 $\overline{x}_D$ 由全过程物料衡算确定，即

$$\overline{x}_D=\frac{Fx_F-Wx_W}{D} \tag{9-101}$$

若此 $\overline{x}_D$ 等于或稍大于规定值，则上述计算有效。

处理一批料液塔釜的总蒸发量为

$$G=(R+1)D \tag{9-102}$$

由此可计算加热蒸汽的消耗量。

思考题

9-20 间歇精馏与连续精馏相比有何特点？适用于什么场合？

9.8 恒沸精馏与萃取精馏

常压下乙醇-水为具有恒沸物的双组分物系，其恒沸组成为含乙醇 89.4%（摩尔分数），它是稀乙醇溶液用普通精馏所能达到的最高浓度。为将恒沸物中的两个组分分离，可采用特殊精馏的方法。此外，当物系的相对挥发度过低，采用一般精馏方法需要的理论板太多，回流比太大，使设备费和操作费两个方面都不够经济，此时也有必要采用特殊精馏。常用的特

殊精馏方法是恒沸精馏和萃取精馏，两种方法都是在被分离溶液中加入第三组分，以改变原溶液中各组分间的相对挥发度而实现分离。如果加入的第三组分能和原溶液中的一种组分形成最低恒沸物，以新的恒沸物形式从塔顶蒸出，称为恒沸精馏。如果加入的第三组分和原溶液中的组分不形成恒沸物而仅改变各组分间的相对挥发度，第三组分随高沸点液体从塔底排出，则称为萃取精馏。

9.8.1 恒沸精馏

双组分非均相恒沸精馏 某些双组分溶液的恒沸物是非均相的，即该溶液分成两个具有一定互溶度的液层，此类混合物的分离不必加入第三组分，而只要用两个塔联合操作，便可获得两个纯组分。

现以糠醛-水分离为例说明此种精馏过程。物系的相平衡曲线如图 9-50(a) 所示。在 101.3kPa 下恒沸组成为 9.19%（均为糠醛的摩尔分数），恒沸点为 97.9℃。现将含糠醛 0.71%的原料液加入精馏塔Ⅰ的中部，塔釜用水蒸气直接加热，该塔釜液的排出组成为 0.009%，几乎为纯水。塔顶汽相组成接近恒沸组成，经冷凝后分层，上层为水相，组成约 2.0%，作为Ⅰ塔的回流。下层为醛相，组成约为 70.1%，可加入塔Ⅱ的顶部进一步提纯。Ⅱ塔釜液组成可提高至含糠醛 99%以上作为产品排出，塔顶汽相组成接近为恒沸物，经冷凝后一并进入分层器。

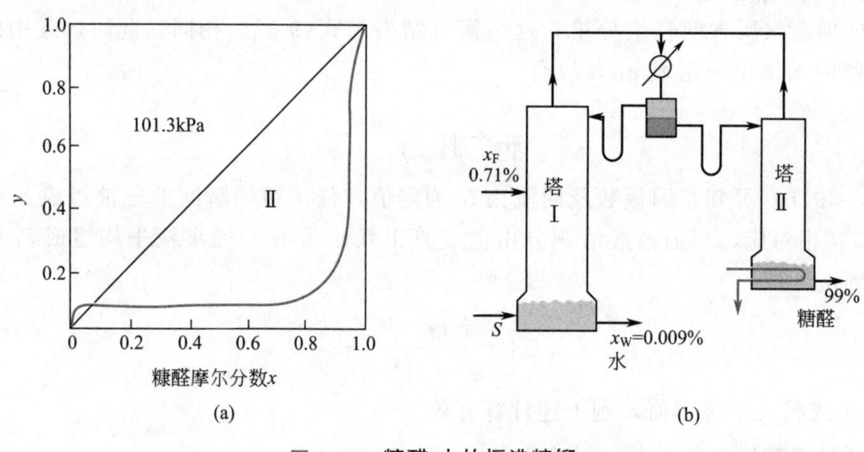

图 9-50 糠醛-水的恒沸精馏

此类精馏问题的计算方法与普通精馏相同，两个塔的操作范围分别在恒沸组成的两边，且在极低浓度下平衡线可作直线处理。

如果料液组成在两相区的范围，则可将原料加入塔顶倾析器分层，分层后分别进入两个塔的塔顶进行精馏。

三组分恒沸精馏 如果双组分溶液 A、B 的相对挥发度很小，或具有均相恒沸物，此时可加入某种恒沸剂 C（又称夹带剂）进行精馏。此夹带剂 C 与原溶液中的一个或两个组分形成新的恒沸物（AC 或 ABC），该恒沸物与纯组分 B（或 A）之间的沸点差较大，从而可较容易地通过精馏获得纯 B（或 A）。

以分离乙醇-水恒沸物为例，可用苯作恒沸剂，加入苯之后的溶液形成了苯-水-乙醇的三组分非均相恒沸物。此恒沸物的恒沸点为 64.9℃，其组成为：苯 0.539；乙醇 0.228；水 0.233。

恒沸精馏采用图 9-51 所示的流程，在恒沸精馏塔Ⅰ中部加入接近二元恒沸组成的乙醇-水溶液，塔顶加入苯。精馏时，沸点最低的三组分恒沸物由塔顶蒸出，经冷凝并冷却至较低的温度后在倾析器中分层。在 20℃时两层液体的组成分别是：上层苯相含苯 0.745、乙醇 0.217 及少量水；下层水相含苯 0.0428、乙醇 0.350，其余为水。

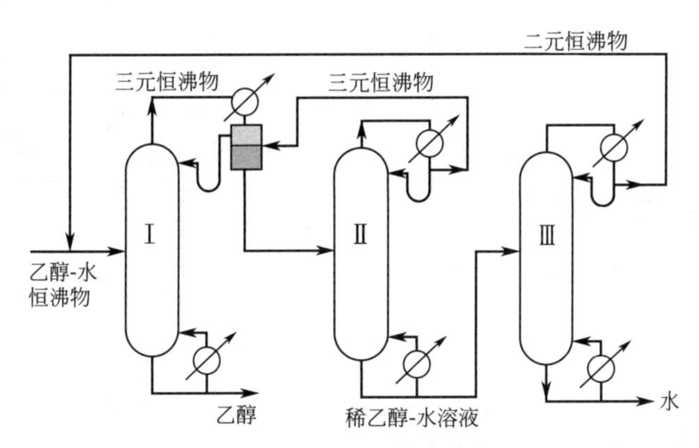

图 9-51 乙醇-水的恒沸精馏

其中苯相进Ⅰ塔作回流液，苯作为夹带剂循环使用。Ⅰ塔釜液为高纯度乙醇。倾析器中的水相进Ⅱ塔以回收其中的苯。Ⅱ塔塔顶所得的恒沸物并入分层器，塔底为稀乙醇-水溶液，可用普通精馏Ⅲ塔回收其中的乙醇，塔釜废水送废水处理系统。

恒沸精馏夹带剂的选择 选择适当的夹带剂是恒沸精馏成败的关键，对夹带剂的基本要求是：

① 夹带剂能与待分离组分之一（或两个）形成最低恒沸物，并且希望与料液中含量较少的组分形成恒沸物从塔顶蒸出，以减少操作的热能消耗。

② 新形成的恒沸物要便于分离，以回收其中的夹带剂，如上例中乙醇-水-苯三组分恒沸物是非均相的，用简单的分层方法即可回收绝大部分的苯。

③ 恒沸物中夹带剂的相对含量少，即每份夹带剂能带走较多的原组分，这样夹带剂用量少，操作较为经济。

9.8.2 萃取精馏

在原溶液中加入某种萃取剂以增加原溶液中两个组分间的相对挥发度，从而使原料的分离变得很容易。所加入的萃取剂为挥发性很小的溶剂或溶质。

萃取精馏的流程 今以异辛烷-甲苯的分离为例加以说明。在常压下甲苯的沸点为 110.8℃，异辛烷为 99.3℃。其相平衡曲线如图 9-52(a) 所示，两者的分离较为困难。今在溶液中加入苯酚（沸点 181℃）从而使原溶液中两个组分间的相对挥发度大为增加，图 9-52(a) 同时表明酚的加入量对相平衡的影响。

图 9-52(b) 所示为萃取精馏的流程。原料加入萃取精馏塔的中部，萃取剂酚在靠近塔顶处加入，以使塔内各板的液相中均保持一定比例的酚。沸点最低的异辛烷由塔顶蒸出，在酚加入口以上设置少数塔板以捕获汽相中少量的酚，以免从塔顶逸出，塔顶这些少数塔板为酚的吸收段。因萃取剂的挥发性一般很小，吸收段只需一、两块板即可。

精馏塔的釜液为甲苯与苯酚的混合液，可将它送入另一精馏塔以回收添加剂酚。

萃取精馏萃取剂的选择 萃取剂可以是溶剂、盐、碱等物质，如乙醇-水混合液的分离，

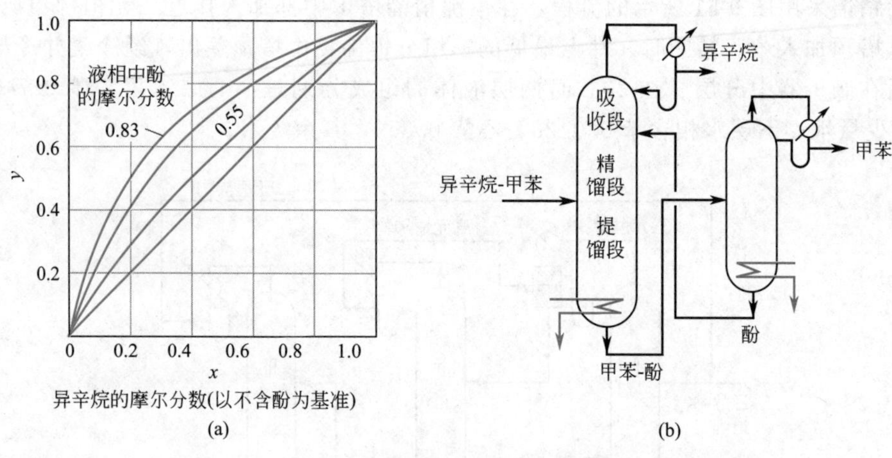

图 9-52 异辛烷-甲苯的萃取精馏

可用乙二醇作萃取剂；叔丁醇-水溶液的分离，可用醋酸钾作萃取剂；甲基肼-水溶液的分离可用氢氧化钠作萃取剂。作为萃取精馏萃取剂的主要条件是：

① 选择性要高，即加入少量溶剂后即能大幅度地增加溶液的相对挥发度。

② 挥发性要小，即具有比被分离组分高得多的沸点，且不与原溶液中各组分形成恒沸物，便于分离回收。

③ 萃取剂与原溶液的互溶度大，两者混合良好，以充分发挥每块板上液相中萃取剂的作用。

萃取精馏的操作特点 为增大被分离组分的相对挥发度，应使各板液相均保持足够的萃取剂浓度，当原料和萃取剂以一定比例加入塔内时，存在一个最合适的回流比。当回流过大时，非但不能提高馏出液组成，反而会降低塔内萃取剂的浓度而使分离变难。同样，当塔顶回流温度过低或萃取剂加入温度较低，都会引起塔内蒸汽部分冷凝而冲淡各板的萃取剂浓度。

在设计时，为使精馏段和提馏段的萃取剂浓度大致接近，萃取精馏的料液常以饱和蒸汽的热状态加入。若为泡点加料，精馏段与提馏段的萃取剂浓度不同，需采用不同的相平衡数据进行计算。

萃取精馏中的萃取剂加入量一般较多，沸点又高，精馏热能消耗中的相当部分用于提高萃取剂的温度。

萃取精馏与恒沸精馏的比较 加入某种萃取剂以增加被分离组分的相对挥发度，是这两种精馏方法的共同点，但其差别在于：

① 恒沸精馏添加剂须与被分离组分形成恒沸物，而萃取精馏添加剂须使原组分间的相对挥发度发生改变。

② 恒沸精馏的添加剂被汽化由塔顶蒸出，汽化热耗热较大，其经济性不及萃取精馏。

思考题

9-21 恒沸精馏与萃取精馏的主要异同点是什么？

9.9 热耦精馏与分壁式精馏

热耦精馏 对于 A、B、C 三元混合物的分离，可以用如图 9-53 所示的一个全塔和一个副塔代替两个完整的精馏塔，副塔避免了使用冷凝器和再沸器，实现了热量的耦合。当然，在塔设备的设计时，精度要求特别高，以保证全塔和副塔之间的气液分配保持合适的值。

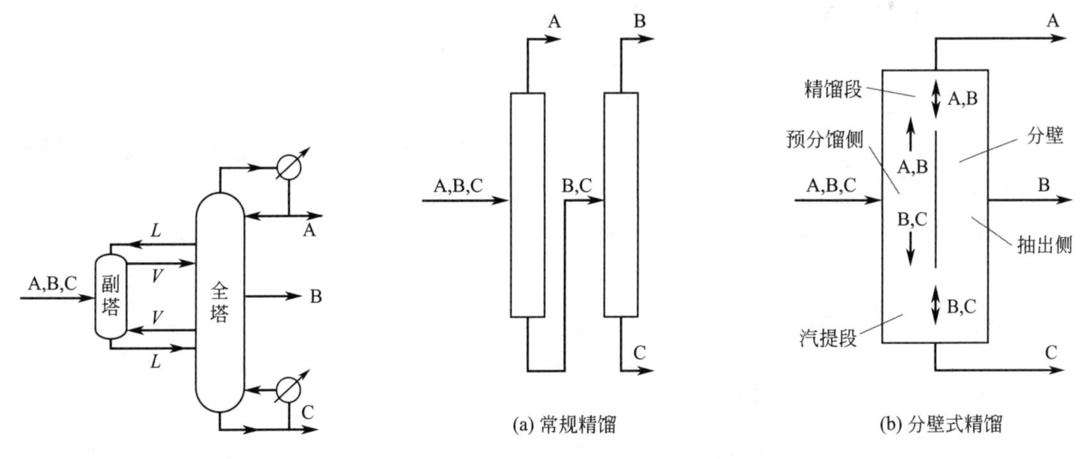

图 9-53 **热耦精馏**

图 9-54 **常规精馏与分壁式精馏流程**

分壁式精馏 热耦精馏再发展至将副塔和主塔制造在同一塔体内，就成了分壁式精馏塔。分壁式精馏塔顾名思义是用直立壁将塔器中间部分分开，如图 9-54 所示。在典型的操作中，三组分混合物进入精馏塔中间部分分壁的一侧，轻组分 A 和重组分 C 分别从塔顶和塔底被回收（与常规蒸馏一样），中间组分 B 通过位于进料口精馏塔背面一侧，从侧线被抽出。

分壁式精馏技术已成熟地应用于精细化学品生产、烷烃分离等领域。采用分壁式精馏塔可节能 20%～45%，投资可降低约 30%。当两座塔组合成一座塔时，因再沸器表面的热强度减小，故在热敏产品的精馏分离中，可获得较高的产率和较好的产品质量。

9.10 多组分精馏基础

工业常遇的精馏操作是多组分精馏。根据挥发度的差异，将各组分逐个分离。

9.10.1 多组分精馏流程方案的选择

双组分精馏塔通常只需一个塔，在塔顶得到轻组分，塔釜得到重组分。而对 n 个组分的混合液作精馏分离时，为获得 n 个高纯度的产品，需要（$n-1$）个塔。因为一个多组分精馏塔只能分离出一个高纯度的组分，最后一个塔才能分得两个高纯度产品。这样，多个塔就可以不同的方案加以组织。例如，对 A、B、C 3 个组分（其挥发度依次降低）的混合物分离，有两种流程可供选择，见图 9-55。相应地，4 组分混合物的高纯度分离，需 3 个塔，有 5 种流程；5 组分混合物的高纯度分离，需 4 个塔，有 14 种流程。

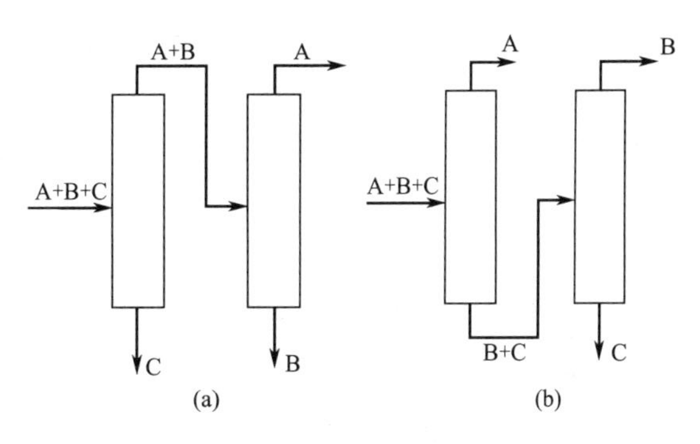

图 9-55 **三组分精馏流程**

流程的选择不仅要考虑经济上的优化，使设备费用与操作费用之和最少，同时还需兼顾所分离混合物的各组分性质（如热敏性，聚合结焦倾向等）以及对产品纯度的要求。通常可按如下规则制定流程的初选方案：

① 把进料组分首先按摩尔分数接近 0.5 对 0.5 进行分离；

② 当进料各组分摩尔分数相近且按挥发度排序两两间相对挥发度相近时，可按把组分逐一从塔顶取出排列流程；

③ 当进料各组分按挥发度排序两两间相对挥发度差别较大时，可按相对挥发度递减的方向排列流程；

④ 当进料各组分摩尔分数差别较大时，按摩尔分数递减的方向排列流程；

⑤ 产品纯度要求高的留在最后分离。

必须根据具体情况，对多方案作经济比较，决定合理的流程。

9.10.2 多组分的汽液平衡

多组分精馏大多涉及非理想物系，当系统压力不很高且汽相仍服从道尔顿分压定律时，同式(9-21) 类似可得

$$p_i = p y_i = p_i^{\circ} x_i \gamma_i \tag{9-103}$$

式中，γ_i 为液相 i 组分的活度系数；p_i° 为系统温度下纯组分 i 的饱和蒸气压。

平衡常数 由式(9-103) 可得 i 组分的相平衡常数则为

$$K_i = \frac{y_i}{x_i} = \frac{p_i^{\circ} \gamma_i}{p} \tag{9-104}$$

式中，各组分的活度系数 γ_i 由实验测得，其值与组成有关；也可按 Wilson 方程、NRTL 方程或 UNIQUAC 方程进行计算。对于烃类物系，工程上为方便使用，已将相平衡常数用列线图来表示，如图 9-56 所示。只要知道系统的温度和压强，就可以由图查得各组分的平衡常数 K 值。但由于此列线图仅考虑了 p、T 对 K 的影响，而忽略了组分之间的相互影响，故查得的 K 值仅为近似值。

相对挥发度 多组分物系也可用相对挥发度来表示汽液平衡关系，选定一组分的挥发度作为基准，将其他组分的挥发度与它比较。如选 j 组分为基准，则 i 组分的相对挥发度为

$$\alpha_{ij} = \frac{y_i / x_i}{y_j / x_j} = \frac{K_i}{K_j} \tag{9-105}$$

一般计算中，常取下面要提到的重关键组分为基准组分。

当活度系数已知或可计算时，由式(9-103) 和式(9-105) 可得相对挥发度为

$$\alpha_{ij} = \frac{p_i^{\circ} \gamma_i}{p_j^{\circ} \gamma_j} \tag{9-106}$$

泡点温度计算 处于汽液平衡的两相，若已知液相组成和总压，液体的泡点温度和汽相组成必已规定而不能任意取值。通常可按归一条件 $\sum y_i = 1$，用试差法求解。即先设泡点温度，再查取或算出各组分的 K_i 值，则汽相组成为 $y_i = K_i x_i$。当计算结果满足如下归一条件

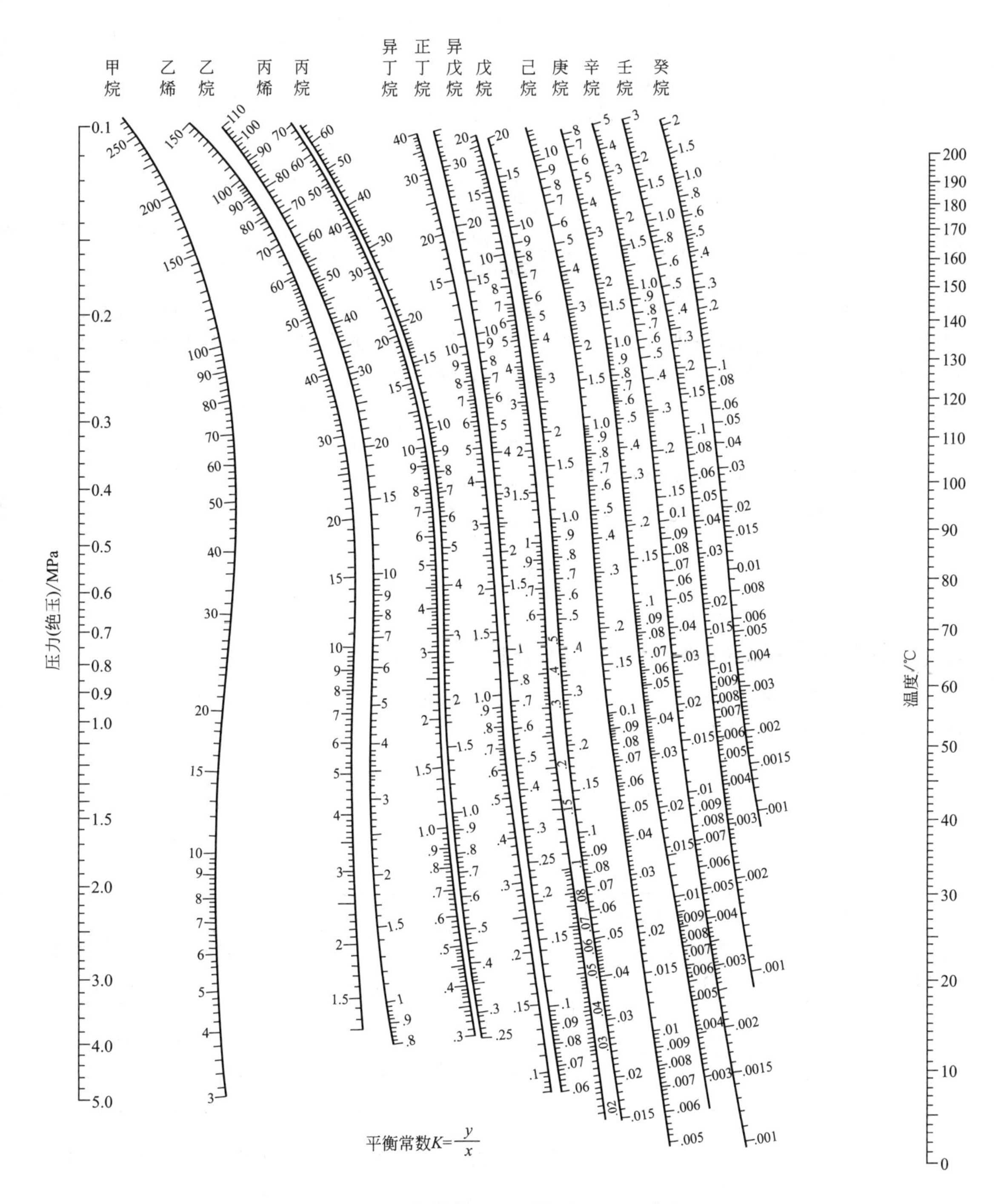

图 9-56 **烃类的 *p-T-K* 图（−5～200℃）**

$$\sum_{i=1}^{n} y_i = \sum_{i=1}^{n} K_i x_i = 1 \tag{9-107}$$

时，所设温度即为泡点温度，已算得的汽相平衡组成 y_i 得到确认。

在已知相对挥发度的情况下，也可由液相组成计算平衡的汽相组成。由式(9-105) 可知

$$y_i = \alpha_{ij}\left(\frac{y_j}{x_j}\right)x_i \tag{9-108}$$

由归一条件

$$\sum_{i=1}^{n} y_i = \frac{y_j}{x_j}\sum_{i=1}^{n}\alpha_{ij}x_i = 1 \tag{9-109}$$

可得

$$\frac{y_j}{x_j} = \frac{1}{\sum(\alpha_{ij}x_i)}$$

代入式(9-108) 得

$$y_i = \frac{\alpha_{ij}x_i}{\sum(\alpha_{ij}x_i)} \tag{9-110}$$

露点温度计算 当已知汽相组成和总压时，由归一条件$\sum x_i = 1$可以求得相平衡条件下的液相组成和温度，该温度即为露点温度。具体计算可先设露点温度，再由式(9-104) 算出各组分的 K_i 值，则液相组成为 $x_i = y_i/K_i$，当计算结果满足

$$\sum_{i=1}^{n} x_i = \sum_{i=1}^{n} y_i/K_i = 1 \tag{9-111}$$

时，所设露点温度正确，相应的液相平衡组成即可确认。

在已知相对挥发度的情况下，与式(9-110) 相类似，可导得

$$x_i = \frac{y_i/\alpha_{ij}}{\sum(y_i/\alpha_{ij})} \tag{9-112}$$

即可由相对挥发度 α_{ij} 算出液相组成。

【例 9-14】 多组分混合液泡点及平衡组成计算

已知混合液体组成为：丙烷（A）0.29（摩尔分数，下同），正丁烷（B）0.52，正戊烷（C）0.19，总压为 0.6MPa，试求泡点及汽相平衡组成。

解：先设泡点为 45℃，查图 9-56 得 K_i 值列于附表中，并算得$\sum K_i x_i = 1.117$，显然温度偏高。再设泡点为 40℃，相应得$\sum K_i x_i = 0.998$，基本符合归一条件，即泡点为 40℃，经圆整后的汽相平衡组成见附表最后一列。

例 9-14 附表

名称	x_i	45℃		40℃		y_i
		K_i	$K_i x_i$	K_i	$K_i x_i$	
丙烷(A)	0.29	2.3	0.667	2.1	0.609	0.61
正丁烷(B)	0.52	0.76	0.395	0.66	0.343	0.34
正戊烷(C)	0.19	0.29	0.055	0.24	0.046	0.05
Σ	1.00		1.117		0.998	1.00

多组分物系的平衡蒸馏（闪蒸） 当含 n 个组分的混合液经升温并节流减压后，液体将部分汽化，汽液两相处于相平衡状态，过程参数示于图 9-57。仿照双组分物系的平衡蒸馏，对过程作数学描述如下。

总物料衡算

$$F = D + W \tag{9-113}$$

任一组分 i 的物料衡算

$$Fx_{Fi} = Dy_i + Wx_i \quad (i=1\sim n-1) \tag{9-114}$$

取液相产物 W 占总加料量 F 的分率为 q，汽化率 $D/F=(1-q)$，上述物料衡算式可改写成

$$x_{Fi} = (1-q)y_i + qx_i \quad (i=1\sim n) \tag{9-115}$$

显然，将组分为 x_{Fi} 的料液分成 q 及 $1-q$ 两股物流时，两物料的组成 y_i、x_i 必满足物料衡

算式(9-115)。表示过程特征的相平衡方程为

$$y_i=K_i x_i \quad (i=1\sim n) \tag{9-116}$$

在指定进料组成 x_{Fi} 及汽化率（$1-q$）时，求解汽、液两相组成 y_i、x_i 的方法与双组分闪蒸完全相同，这里联立求解物料衡算式(9-115)和相平衡方程式(9-116)。为方便起见，将式(9-116) 代入式(9-115) 得

$$x_i=\frac{x_{Fi}}{K_i+q(1-K_i)} \quad (i=1\sim n) \tag{9-117}$$

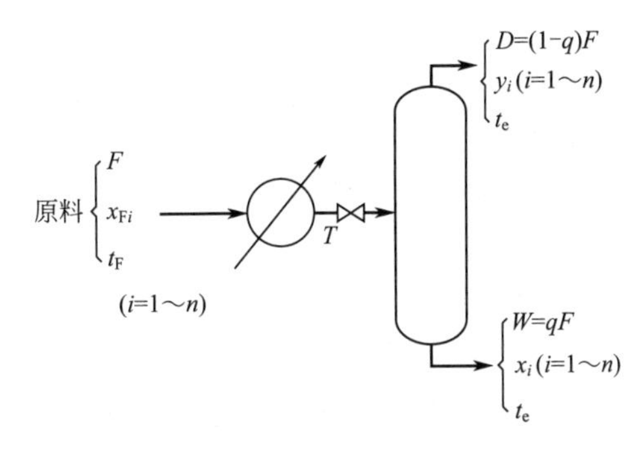

图 9-57　多组分物系的平衡蒸馏

计算时须先假设两相的平衡温度 t_e，查取 K_i，使求出的 x_i 满足归一条件（$\sum x_i=1$），然后用相平衡式(9-116) 求出 y_i。

闪蒸过程的热量衡算与 9.3.1 所述相同。

9.10.3　多组分精馏的关键组分和物料衡算

与双组分精馏相同，在计算理论板数时，必须先规定分离要求，即指定塔顶、塔底产品的组成。但在多组分精馏中，塔顶、塔底产品中的各组分浓度不能全部规定，而只能各自规定其中之一。因为在精馏塔分离能力一定的条件下，当塔顶与塔底产品中规定某一组分的含量达到要求时，其他组分的含量将在相同的分离条件下按其挥发度的大小而被相应地确定。

为简化塔顶、塔底产品组分浓度的估算，常使用关键组分的概念。所谓关键组分就是在进料中选取两个组分（大多情况下是挥发度相邻的两组分），它们对多组分的分离起着控制作用。挥发度大的关键组分称为轻关键组分（l），为达到分离要求，规定它在塔底产品中的组成不能大于某给定值。挥发度小的关键组分称为重关键组分（h），为达到分离要求，规定它在塔顶产品中的组成不能大于某给定值。以挥发度递减的 A、B、C、D 四组分的分离为例，如图 9-58(a) 所示的方案，要将 A、B 与 C、D 分开，由于 A 比 B 更易挥发，D 比 C 更难挥发，所以关键是将 B 与 C 分开。因此，此方案中 B 为轻关键组分，C 为重关键组分。必须指出，同样的进料，对不同的分离方案而言，关键组分是不同的。如在图 9-58(b) 所示方案中，A 为轻关键组分，B 为重关键组分。

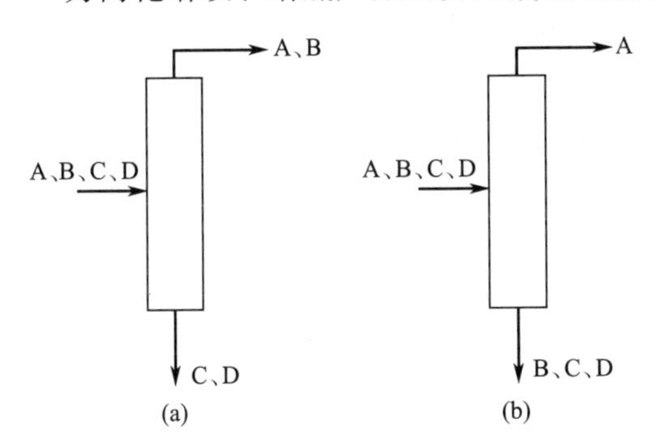

图 9-58　关键组分与分离方案的关系

全塔物料衡算　与双组分精馏类似，n 组分精馏的全塔物料衡算式有 n 个，即

总物料衡算
$$F=D+W \tag{9-118}$$

任一组分（i）的物料衡算
$$Fx_{Fi}=Dx_{Di}+Wx_{Wi} \quad (i=1\sim n-1) \tag{9-119}$$

以及归一方程 $\sum x_{Di}=1$，$\sum x_{Fi}=1$，$\sum x_{Wi}=1$。通常，进料组成 x_{Fi}（$i=1\sim n-1$）是给定的，则有：

① 当塔顶重关键组分浓度、塔底轻关键组分浓度已规定时，产品的采出率 D/F、W/F 及其他组分浓度亦随之确定而不能自由选择；

② 当规定塔顶产品的采出率 D/F 和塔顶重关键组分浓度时，则其他组分在塔顶、塔底产物中的浓度亦随之确定而不能自由选择（当然也可以规定塔底产品的采出率和轻关键组分

浓度)。

由于实际产品中各组分浓度的确定过程比较复杂,下面讨论两种极端情况下产品组分浓度的确定方法。

清晰分割法 当选取的关键组分按挥发度排序是两个相邻组分,而且两者挥发度差异较大,同时分离要求也较高,即塔顶重关键组分浓度和塔底轻关键组分浓度控制得都较低时,可以认为比轻关键组分还易挥发的组分(简称轻组分)全部从塔顶蒸出,在塔釜中含量极小,可以忽略;比重关键组分还难挥发的组分(简称重组分)全部从塔釜排出,在塔顶产品中含量极小,可以忽略。这样就可以由式(9-119)简明地确定塔顶、塔底产品中的各组分浓度。

【例 9-15】 清晰分割法确定产品中各组分的浓度

在一连续操作精馏中,每小时处理100kmol含乙烯(A)、乙烷(B)、丙烯(C)、丙烷(D)的混合液,进料组成为 $x_{FA}=0.21$,$x_{FB}=0.22$,$x_{FC}=0.34$,$x_{FD}=0.23$(均为摩尔分数)。相对挥发度为 $\alpha_{AC}=3.44$,$\alpha_{BC}=2.30$,$\alpha_{CC}=1.00$,$\alpha_{DC}=0.87$。现工艺要求塔顶产品中乙烷的回收率0.997,塔底产品中丙烯的回收率0.996。试确定塔顶、塔底产品的流量及各组分浓度。

解:根据分离要求,应取乙烷(B)为轻关键组分,丙烯(C)为重关键组分。由清晰分割法可得 $x_{WA}=0$,$x_{DD}=0$,按物料衡算则有

$$D=Dx_{DA}+Dx_{DB}+Dx_{DC}+Dx_{DD}$$

$$=100\times0.21+0.997\times100\times0.22+(1-0.996)\times100\times0.34+0$$

$$=43.07\ (\text{kmol/h})$$

$$W=F-D=100-43.07=56.93\ (\text{kmol/h})$$

$$x_{DA}=(Fx_{FA}-Wx_{WA})/D=100\times0.21/43.07=0.488$$

$$x_{DB}=Dx_{DB}/D=0.997\times100\times0.22/43.07=0.509$$

$$x_{DC}=Dx_{DC}/D=(1-0.996)\times100\times0.34/43.07=0.003$$

$$x_{WB}=(Fx_{FB}-Dx_{DB})/W=(1-0.997)\times100\times0.22/56.93=0.001$$

$$x_{WC}=Wx_{WC}/W=0.996\times100\times0.34/56.93=0.595$$

$$x_{WD}=Wx_{WD}/W=100\times0.23/56.93=0.404$$

全回流近似法 全回流近似法假定:实际部分回流时,各组分在塔顶、塔底产品中的浓度与全回流时的相同。全回流时产品中的各组分浓度关系可按芬斯克方程[式(9-79)]计算。对于任意组分 i 和重关键组分 h,则有

$$\lg\frac{x_{Di}}{x_{Wi}}=N_{\min}\lg\alpha_{ih}+\lg\frac{x_{Dh}}{x_{Wh}} \tag{9-120}$$

这时,也可写成

$$\lg\frac{x_{Di}}{x_{Wi}}=k\lg\alpha_{ih}+b' \tag{9-121}$$

或

$$\lg\frac{D_i}{W_i}=k\lg\alpha_{ih}+b \tag{9-122}$$

的直线形式,其中 D_i,W_i 分别表示组分 i 在塔顶与塔底产品中的流量,即 $D_i=Dx_{Di}$,$W_i=Wx_{Wi}$。具体计算产品浓度时,只要将两个组分(如轻关键组分 l、重关键组分 h)的数据代入直线方程,就可以确定斜率 k 和截距 b。根据 k 和 b 并结合物料衡算就可以求出产品中其他各组分的浓度。

【例 9-16】 全回流近似法确定产品中各组分的浓度

试按全回流近似法估算例 9-15 中的塔顶、塔底产品中各组分的浓度。

解：由题给条件已知

$$D_B=0.997Fx_{FB}=0.997\times100\times0.22=21.934\ (\text{kmol/h})$$
$$W_B=0.003Fx_{FB}=0.003\times100\times0.22=0.066\ (\text{kmol/h})$$
$$W_C=0.996Fx_{FC}=0.996\times100\times0.34=33.864\ (\text{kmol/h})$$
$$D_C=0.004Fx_{FC}=0.004\times100\times0.34=0.136\ (\text{kmol/h})$$

将 B、C 组分的数据代入式(9-122) 得

$$\lg\frac{21.934}{0.66}=k\lg2.3+b \qquad ①$$

$$\lg\frac{0.136}{33.864}=k\lg1.0+b \qquad ②$$

由式①、式②两式可求得 $k=13.595$，$b=-2.3962$。将式(9-122) 用于 A 组分可得

$$\lg\frac{D_A}{W_A}=k\lg\alpha_{AC}+b=13.595\lg3.44-2.3962=4.898$$

$$\frac{D_A}{W_A}=79125$$

联立物料衡算式

$$Fx_{FA}=D_A+W_A=100\times0.21=21\ (\text{kmol/h})$$

得 $D_A=20.9997\text{kmol/h}$，$W_A=2.65\times10^{-4}\text{kmol/h}$

同理，对于 D 组分可得

$$\lg\frac{D_D}{W_D}=k\lg\alpha_{DC}+b=13.595\lg0.87-2.3962=-3.218$$

$$\frac{D_D}{W_D}=6.05\times10^{-4}$$

$$Fx_{FD}=D_D+W_D=100\times0.23=23\ (\text{kmol/h})$$

解出 $D_D=0.0139\text{kmol/h}$，$W_D=22.986\text{kmol/h}$

由此可得

$$D=D_A+D_B+D_C+D_D=20.9997+21.934+0.136+0.0139=43.08\ (\text{kmol/h})$$
$$W=W_A+W_B+W_C+W_D=2.65\times10^{-4}+0.066+33.864+22.986=56.92\ (\text{kmol/h})$$
$$x_{DA}=D_A/D=20.9997/43.08=0.488$$

以及 $x_{DB}=0.509$，$x_{DC}=0.0032$，$x_{DD}=3.2\times10^{-4}$；$x_{WA}=4.7\times10^{-6}$，$x_{WB}=0.0012$，$x_{WC}=0.595$，$x_{WD}=0.404$。

9.10.4 多组分精馏理论板数的计算

严格计算多组分精馏的理论板数时必须对每一塔板列出各个组分的物料衡算、热量衡算、相平衡方程，且各组分在任一板上组成必须满足归一条件。这种方法称为 MESH 方程求解法。此法不仅方程数很多，解法也十分复杂。稍简化些的有基于恒摩尔流、由双组分精馏逐板计算法发展而来的 LM（Lewis-Matheson）逐板计算法。本节简述基于经验基础上的 FUG（Fenske -Underwood-Gilliland）捷算法。

最小回流比 同双组分精馏类似，当塔顶与塔底产品中关键组分的浓度或回收率指定

后，相应此分离要求有一个最小回流比。在最小回流比下，要达到分离要求，所需的理论板数为无穷多，并出现恒浓区。在双组分精馏中，如果物系 y-x 曲线形状正常，则最小回流比时的恒浓区出现在加料板附近。多组分精馏中，由于非关键组分的存在，恒浓区将出现在两处，一处在加料板以上称为上恒浓区，一处在加料板以下称为下恒浓区。以例 9-13 的 A、B、C、D 四组分分离为例，B 为轻关键组分，C 为重关键组分。重组分 D 不出现于塔顶馏出液中，轻组分 A 不出现于釜液中。在上恒浓区只含有塔顶馏出液中的各组分，D 组分浓度极小，为使 D 组分从进料浓度降低到上恒浓区的低浓度，需要一定的板数，因此上恒浓区离进料板有一定的距离。同样，下恒浓区只含有塔釜中的各组分，A 组分浓度极小，为使 A 组分从进料浓度降至下恒浓区的低浓度，也需一定的板数，因此下恒浓区离进料板也有一定距离。由于存在两个恒浓区，所以要精确计算最小回流比是非常繁复的，通常采用一些简化式进行计算，下面介绍常用的恩德伍德（Underwood）计算公式。恩德伍德公式由两个方程组成，即

$$\sum_{i=1}^{n}\frac{\alpha_{ij}x_{\mathrm{F}i}}{\alpha_{ij}-\theta}=1-q \tag{9-123}$$

$$R_{\min}=\sum_{i=1}^{n}\frac{\alpha_{ij}x_{\mathrm{D}i}}{\alpha_{ij}-\theta}-1 \tag{9-124}$$

式中，θ 为式(9-123) 的根，且仅取介于轻关键组分相对挥发度与重关键组分相对挥发度之间的 θ 值，即 $\alpha_{lj}>\theta>\alpha_{hj}$。将 θ 值代入式(9-124)，即可求取最小回流比 $R_{\min}$。若轻、重关键组分为挥发度排序相邻的两个组分，则 θ 值只有一个，$R_{\min}$ 也只有一个。若在轻、重关键组分之间还有 p 个其他组分，则 θ 值有 $p+1$ 个，$R_{\min}$ 也有 $p+1$ 个，设计时可取平均值作最小回流比。

恩德伍德公式是基于恒摩尔流假定和各组分相对挥发度 α_{ij} 为常数的条件下导出的，当相对挥发度变化不大时，α_{ij} 可取塔顶、塔底的几何平均值。

理论板数的捷算法　由于采用了轻、重关键组分，将多组分分离看作轻、重关键组分之间的分离，就可以将双组分精馏中的捷算法推广到多组分精馏，只是求最小回流比时须用多组分的方法计算，求最少理论板数可用轻、重关键组分的芬斯克方程，即

$$N_{\min}=\frac{\lg\left(\frac{x_{\mathrm{D}l}}{x_{\mathrm{D}h}}\times\frac{x_{\mathrm{W}h}}{x_{\mathrm{W}l}}\right)}{\lg\alpha_{lh}} \tag{9-125}$$

捷算法的具体步骤为：

① 根据工艺要求确定关键组分，计算塔顶、塔底产品中各组分的浓度和饱和温度；

② 求取全塔平均相对挥发度，用芬斯克方程计算最少理论板数；

③ 用恩德伍德公式计算最小回流比，并选定适宜的回流比；

④ 用吉利兰图求取理论板数；

⑤ 用芬斯克方程和吉利兰图计算精馏段理论板数，确定加料板位置。

由于捷算法将多组分精馏简化为轻、重关键组分的双组分精馏，而使计算大大简化了，但因忽略了其他组分对精馏的影响，而使计算结果带有近似性。捷算法一般适用于作初步计算，用以估计设备费用和操作费用，以及为精确计算方法提供初值。

【例 9-17】 捷算法计算理论板数

由例 9-15 给出的四组分连续精馏，进料为饱和液体，回流比取最小回流比的 1.8 倍，

试用捷算法求取该塔所需的理论板数及加料位置。各组分在塔顶、塔底产物中的组成已由例9-14算出，详见附表。

例 9-17 附表

名称	x_{Fi}	x_{Di}	x_{Wi}	α_{ij}
乙烯(A)	0.21	0.488	4.6×10^{-6}	3.44
乙烷(B)l	0.22	0.509	0.0012	2.30
丙烯(C)h	0.34	0.0032	0.595	1.00
丙烷(D)	0.23	3.2×10^{-4}	0.404	0.87

解：(1) 计算全塔理论板数

由式(9-125) 求得最少理论板数为

$$N_{\min}=\frac{\lg\left(\dfrac{x_{Dl}}{x_{Dh}}\times\dfrac{x_{Wh}}{x_{Wl}}\right)}{\lg\alpha_{lh}}=\frac{\lg\left(\dfrac{0.509}{0.0032}\times\dfrac{0.595}{0.0012}\right)}{\lg 2.3}=13.5$$

饱和液体加料 $q=1$，由式(9-123) 得

$$\sum_{i=1}^{n}\frac{\alpha_{ij}x_{Fi}}{\alpha_{ij}-\theta}=\frac{3.44\times0.21}{3.44-\theta}+\frac{2.3\times0.22}{2.3-\theta}+\frac{1\times0.34}{1-\theta}+\frac{0.87\times0.23}{0.87-\theta}=1-q=0$$

试差解得 $\theta=1.4975$，代入式(9-124)，得

$$R_{\min}=\sum_{i=1}^{n}\frac{\alpha_{ij}x_{Di}}{\alpha_{ij}-\theta}-1$$

$$=\frac{3.44\times0.488}{3.44-1.4975}+\frac{2.3\times0.509}{2.3-1.4975}+\frac{1\times0.0032}{1-1.4975}+\frac{0.87\times3.2\times10^{-4}}{0.87-1.4975}-1=1.32$$

回流比 $R=1.8\times1.32=2.37$，则

$$\frac{R-R_{\min}}{R+1}=\frac{2.37-1.32}{2.37+1}=0.312$$

查图 9-35 得 $\dfrac{N-N_{\min}}{N+1}=0.38$，算得 $N=22.4$，即该塔所需理论板数为 22.4 块。

(2) 计算加料位置

由式(9-125) 计算精馏段最少理论板数为

$$N_{\min 1}=\frac{\lg\left(\dfrac{x_{Dl}}{x_{Dh}}\times\dfrac{x_{Fh}}{x_{Fl}}\right)}{\lg\alpha_{lh}}=\frac{\lg\left(\dfrac{0.509}{0.0032}\times\dfrac{0.34}{0.22}\right)}{\lg 2.3}=6.6$$

因回流比和最小回流比未变，则由 $\dfrac{N_1-N_{\min 1}}{N_1+1}=0.38$ 算得 $N_1=11.3$，即加料位置在从塔顶往下数第 11.3 块理论板处。

思考题

9-22 如何选择多组分精馏的流程方案？

9-23 何谓轻关键组分、重关键组分？何谓轻组分、重组分？

9-24 清晰分割法、全回流近似法各有什么假定？

9-25 芬斯克-恩德伍德-吉利兰捷算法的主要步骤有哪些？

习　题

相平衡

9-1　总压为 101.3kPa 下，用苯、甲苯的安托因方程（见例 9-1），求：(1) 温度为 108℃及 81℃时，苯对甲苯的相对挥发度；(2) 用上述计算的相对挥发度的平均值 α_m，计算苯-甲苯的汽液平衡数据，并与书末附表所列的实验值作比较（列表）。

[答：(1) 2.370，2.596；(2) 2.483]

9-2　乙苯、苯乙烯混合物是理想物系，纯组分的蒸气压为：

$$\text{乙苯}\quad \lg p_A^\circ = 6.08240 - \frac{1424.225}{213.206+t},\qquad \text{苯乙烯}\quad \lg p_B^\circ = 6.08232 - \frac{1445.58}{209.43+t}$$

式中，p°的单位是 kPa；t 的单位为℃。

试求：(1) 塔顶总压为 8kPa 时，组成为 0.595（乙苯的摩尔分数）的蒸汽的温度；(2) 与上述汽相成平衡的液相组成。

[答：(1) 65.33℃；(2) 0.512]

9-3　苯-甲苯混合液（理想溶液）中，苯的质量分数 $w_A=0.3$。求体系总分压分别为 109.86kPa 和 5.332kPa 时的泡点温度和相对挥发度，并预测相应的气相组成。

已知苯和甲苯的蒸气压方程分别为：$\lg p_A^\circ = 6.031 - \dfrac{1211}{t+220.8}$，$\lg p_B^\circ = 6.080 - \dfrac{1345}{t+219.5}$。其中压强的单位为 kPa，温度的单位为℃。

[答：100℃，2.43，0.551；20℃，3.41，0.633]

9-4　总压为 303.9kPa（绝压）下，含丁烷 0.80、戊烷 0.20（摩尔分数）的混合蒸汽冷凝至 40℃，所得的液、汽两相成平衡。已知丁烷（A）和戊烷（B）的混合物是理想物系，40℃下纯组分的饱和蒸气压为：$p_A^\circ=373.3$kPa；$p_B^\circ=117.1$kPa。求液相和汽相数量（摩尔）之比。

[答：1.35]

9-5　某二元混合液 100kmol，其中含易挥发组分 0.40。在总压 101.3kPa 下作简单蒸馏。最终所得的液相产物中，易挥发物为 0.30（均为摩尔分数）。已知物系的相对挥发度为 $\alpha=3.0$。试求：(1) 所得汽相产物的数量和平均组成；(2) 如改为平衡蒸馏，所得汽相产物的数量和组成。

[答：(1) 31.3kmol，0.619；(2) 38.0kmol，0.563]

物料衡算、热量衡算及操作线方程

9-6　某混合液含易挥发组分 0.24，在泡点状态下连续送入精馏塔。塔顶馏出液组成为 0.95，釜液组成为 0.03（均为易挥发组分的摩尔分数）。设混合物在塔内满足恒摩尔流条件。试求：(1) 塔顶产品的采出率 D/F；(2) 采用回流比 $R=2$ 时，精馏段的液汽比 L/V 及提馏段的汽液比 $\overline{V}/\overline{L}$；(3) 采用 $R=4$ 时，求 L/V 及 $\overline{L}/\overline{V}$。

[答：(1) 0.228；(2) 0.667，0.470；(3) 0.8，0.595]

9-7　在常压操作的连续精馏塔中分离含苯 30%（摩尔分数）的苯、甲苯混合液，其流量为 10kmol/h，塔顶馏出液中含苯 95%，残液含苯 3%，回流比 $R=3$。试求：(1) 塔顶馏出液的流量；(2) 进料温度为 40℃时，塔釜的蒸发量；(3) 饱和蒸气进料时，塔釜的蒸发量。（相关数据见例 9-4）

[答：(1) 2.93kmol/h；(2) 14.5kmol/h；(3) 1.72kmol/h]

9-8 有如附图所示的精馏流程，以回收二元理想混合物中的易挥发组分A。塔Ⅰ和塔Ⅱ的回流比都是3，加料、回流均为饱和液体。已知：$x_F=0.6$，$x_D=0.9$，$x_B=0.3$，$x_T=0.5$（均为摩尔分数），$F=100$kmol/h。整个流程可使易挥发组分A的回收率达90%。试求：(1) 塔Ⅱ的塔釜蒸发量；(2) 写出塔Ⅰ中间段（F 和 T 之间）的操作线方程。

[答：(1) 120kmol/h；(2) $y=1.17x-0.025$]

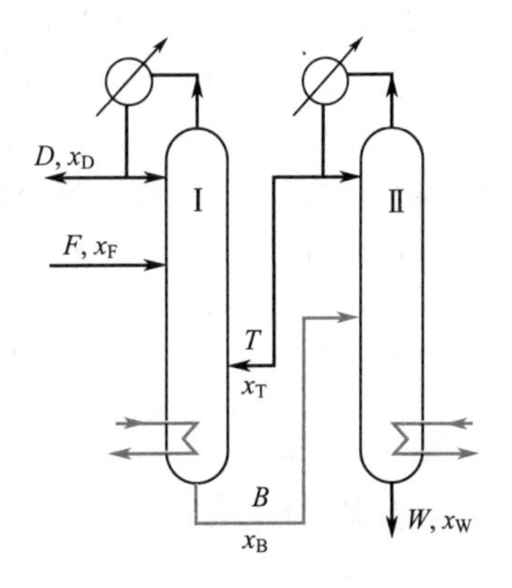

习题 9-8 附图

9-9 拟用一精馏塔分离某二元混合物A、B，该塔塔顶设一分凝器和一全凝器，分凝器中的液相作为塔顶回流，气相作为产品在全凝器中冷凝。已知进料处于泡点状态，进料量为200kmol/h，其中轻组分A的浓度为0.5（摩尔分数，下同），A、B间相对挥发度为2.5，操作回流比为2，现要求塔顶产品中A组分浓度为95%，塔底产品中B组分浓度为94%。试求：(1) 分凝器的热负荷为多少？(2) 再沸器的热负荷为多少？(3) 塔顶第一块理论塔板的气相组成是多少？(4) 若将塔板数不断增多，降低回流比且保持产品的组成和流率不变，则理论上再沸器的热负荷可降至多少？

（塔顶蒸汽的冷凝潜热为21700kJ/kmol；塔釜液体的汽化潜热为21800kJ/kmol）

[答：(1) 4.30×10^6kJ/h；(2) 6.47×10^6kJ/h；(3) 0.9058；(4) 4.52×10^6kJ/h]

精馏设计型计算

9-10 欲设计一连续精馏塔用以分离含苯与甲苯各50%（摩尔分数，下同）的料液，要求馏出液中含苯96%，残液中含苯不高于5%。泡点进料，间接蒸汽加热，泡点回流，选用的回流比是最小回流比的1.2倍，物系的相对挥发度为2.5。试用逐板计算法求取所需的理论板数及加料板位置。

[答：16，第8块]

***9-11** 如附图所示。某精馏塔顶采用的是冷回流（即回流液的温度低于泡点温度），其回流比为 $R'=L_0/D$（摩尔比，下同），而塔顶第一块板下方的回流比即为塔内实际回流比 R（内回流），$R=L/D$，试证明：(1) $R=R'\left[\dfrac{r+C_p(T_s-T)}{r}\right]$；(2) 冷回流时精馏段的操作线方程形式不变，即

$$y_{n+1}=\frac{R}{R+1}x_n+\frac{x_D}{R+1}$$

式中，r、c_p、T_s、T 分别为摩尔汽化热，摩尔比热容，回流液的泡点及回流液入塔温度。

[答：略]

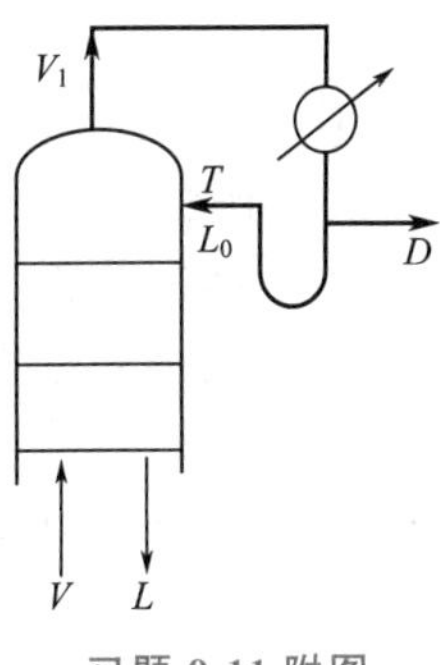

习题 9-11 附图

9-12 设计一连续精馏塔，在常压下分离甲醇-水溶液15kmol/h。原料含甲醇35%，塔顶产品含甲醇95%，釜液含甲醇4%（均为摩尔分数）。设计选用回流比为1.5，泡点加料。间接蒸汽加热。用作图法求所需的理论板数、塔釜蒸发量及甲醇回收率。设没有热损失，物系满足恒摩尔流假定。

[答：$m=5$，$N=7$，12.8kmol/h，92.5%]

9-13 习题9-12改用直接饱和蒸汽加热，(1) 保持上述 x_D、x_W、R 不变，求理论板数、蒸汽消耗量、甲醇的回收率；(2) 若保持 x_D、回收率及 R 不变，求蒸汽消耗量、塔釜残留液的浓度。

[答：(1) $N=7$，$m=5$，11.5kmol/h，0.832；(2) 12.775kmol/h，0.017]

9-14 欲设计一连续精馏塔用以分离环氧乙烷和环氧丙烷。已知：$x_D=0.98$，$x_f=0.60$，$x_W=0.05$（以上

均为以环氧乙烷表示的摩尔分数）。取回流比为最小回流比的 1.5 倍。常压下系统的相对挥发度为 2.47，间接蒸汽加热，泡点回流。试用简捷算法分别计算以下两种情况下所需要的理论板数：（1）饱和液体进料；（2）物料采用汽液混合状态进料，液汽比为 3∶1。 ［答：（1）15；（2）15］

***9-15** 附图所示为两股组成不同的原料液分别预热至泡点，从塔的不同部位连续加入精馏塔内。已知：$x_D=0.98$，$x_S=0.56$，$x_F=0.35$，$x_W=0.02$（以上均为以易挥发组分表示的摩尔分数）。系统的 $\alpha=2.4$，较浓的原料液加入量为 $0.2F$，试求：（1）塔顶易挥发组分回收率；（2）为达到上述分离要求所需的最小回流比。 ［答：（1）96.7%；（2）1.51］

9-16 含氨 5%（摩尔分数，下同），流率为 1kmol/h 的水溶液，预热至泡点后送入精馏塔顶以回收其中的氨。塔釜间接蒸汽加热，塔顶不回流。要求塔顶产品中含氨 18.2%，塔釜排出废液中含氨 0.664%。操作条件下，物系的相对挥发度为 6.3。试求：（1）所需的理论板数；（2）在设计条件下若板数不限，塔顶产物可能达到的最高浓度 $x_{D,\max}$。 ［答：（1）4；（2）0.249］

***9-17** 今用连续精馏塔同时取得两种产品，浓度高者取自塔顶 $x_D=0.9$（摩尔分数，下同），低者取自塔侧（液相抽出）$x_{D1}=0.7$（如附图所示）。已知：$x_F=0.4$，$x_W=0.1$，$q=1.05$，$R=2$，系统 $\alpha=2.4$，$D/D_1=2$（摩尔比）。试求所需的理论板数。 ［答：18］

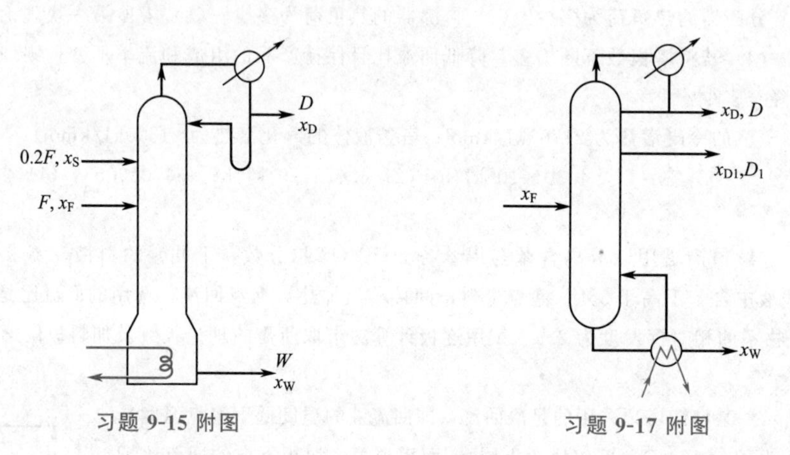

习题 9-15 附图　　　　习题 9-17 附图

操作型计算

9-18 一精馏塔有五块理论板（包括塔釜），含苯 50%（摩尔分数）的苯-甲苯混合液预热至泡点，连续加入塔的第三块板上。采用回流比 $R=3$，塔顶产品的采出率 $D/F=0.44$。物系的相对挥发度 $\alpha=2.47$。求操作可得的塔顶、塔底产品组成 x_D、x_W。（提示：可设 $x_W=0.194$ 作为试差初值。）

［答：0.889，0.194］

***9-19** 将习题 9-18 的加料口向上移动一块板，即第二块板上加料，求操作可得的 x_D、x_W，并与习题 9-18 结果作比较。（提示：可设 $x_W=0.207$ 作为试差初值。） ［答：0.873，0.207］

9-20 在连续精馏塔中分离苯-甲苯溶液。进料中含苯 50%（摩尔分数，下同），以饱和蒸汽状态加入精馏塔的中部，塔顶馏出液中含苯 90%，残液含苯 5%，物系的相对挥发度 $\alpha=3$，回流比 $R=3.2$。塔顶设有全凝器，泡点回流，塔釜间接蒸汽加热。试求：（1）提馏段操作线方程；（2）进入第一块理论板（由顶往下数）的汽相浓度；（3）若因故塔釜停止加热，欲维持 x_D 不变应如何操作？此时塔釜排液 x_W 是多少？ ［答：（1）$y=1.39x-0.019$；（2）0.786；（3）0.375］

9-21 在精馏塔内分离苯-甲苯的混合液，其进料组成为 0.5（苯的摩尔分数），泡点进料。回流比为 3，体系相对挥发度为 2.5。当所需理论板数为无穷多时，试求：（1）若采出率 $D/F=60\%$，塔顶馏出液浓度最高可达多少？（2）若采出率 $D/F=40\%$，其他条件相同时，塔釜采出液轻组分最低含量为多少？（3）若采出率 $D/F=50\%$，其他条件相同时，塔顶和塔底浓度各为多少？

［答：（1）0.83；（2）0.167；（3）1，0］

*9-22 某精馏塔共有3块理论板，原料中易挥发组分的摩尔分数为0.002，预热至饱和蒸汽连续送入精馏塔的塔釜。操作时的回流比为$R=4.0$，物系的平衡关系为$y=6.4x$。求塔顶、塔底产物中的易挥发组分含量。 [答：0.00869，0.000327]

*9-23 如附图所示的精馏塔具有一块实际板及一只蒸馏釜，原料预热至泡点，由塔顶连续加入，$x_F=0.20$（摩尔分数，下同），今测得塔顶产品能回收原料液中易挥发组分的80%，且$x_D=0.28$，系统的相对挥发度$\alpha=2.5$。试求残液组成x_W及该块塔板的板效率。设蒸馏釜可视为一个理论板。

[答：0.0935，66.4%]

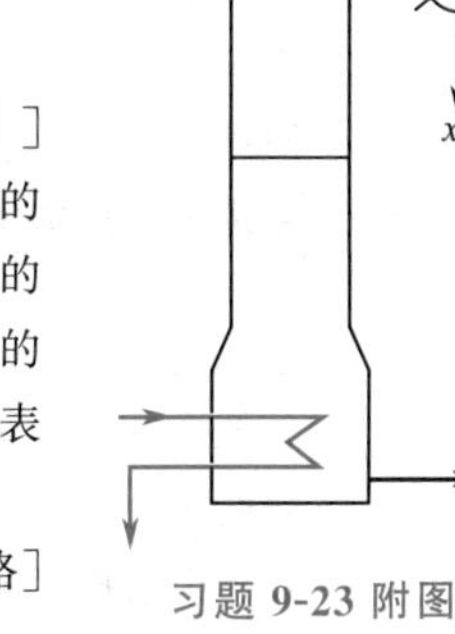

习题 9-23 附图

*9-24 某两组分混合液用精馏分离，其进料摩尔分数为0.5，泡点进料，系统的相对挥发度为2，塔顶出料量是进料量的60%（摩尔比）。如果所采用的精馏塔的理论板数为无穷多块，试计算：(1) $R=0.8$时，塔顶与塔底的组成各为多少？(2) $R=1.5$时，塔顶与塔底的组成各为多少？试绘出表示精馏段和提馏段操作线的示意图。

[答：(1) 0.8，0.05；(2) 0.833，0，图略]

间歇精馏

*9-25 拟将100kmol乙醇的水溶液于常压下进行间歇精馏。料液组成含乙醇0.4（摩尔分数，下同），当釜内残液中乙醇的含量降到0.04时停止操作。每批操作所花时间为6h，若保持馏出液的组成恒定为0.8，操作终了时回流比为最小回流比的2倍。试求：(1) 理论板数；(2) 蒸馏釜每小时汽化的蒸汽量（kmol/h）；(3) 操作终了时釜内残液量和馏出液量。

[答：(1) 7；(2) 20.3kmol/h；(3) 52.6kmol，47.4kmol]

多组分精馏

9-26 已知总压0.7MPa下的混合气体组成为：丙烷（A）0.490（摩尔分数，下同），正丁烷（B）0.343，正戊烷（C）0.167，试求露点及液相平衡组成。[答：60℃，$x_A=0.188$，$x_B=0.361$，$x_C=0.451$]

9-27 已知混合液体的组成为：乙烷（A）0.08（摩尔分数，下同），丙烷（B）0.22，正丁烷（C）0.53，正戊烷（D）0.17，试计算在1.36MPa总压下，汽化率为0.44时的汽液平衡组成。

[答：y(A～D)：0.141，0.306，0.465，0.085。x(A～D)：0.030，0.153，0.581，0.237]

9-28 用连续操作精馏分离某混合液，其组成为含苯（A）$x_{FA}=0.20$，甲苯（B）$x_{FB}=0.30$，二甲苯（C）$x_{FC}=0.35$，异丙基苯（D）$x_{FD}=0.15$（均为摩尔分数）。工艺要求甲苯在塔顶产品中的回收率为0.98，二甲苯在塔底产品中的回收率为0.99。操作条件下各组分的相对挥发度为$\alpha_{AC}=6.82$，$\alpha_{BC}=3.0$，$\alpha_{CC}=1.00$，$\alpha_{DC}=0.64$。试用全回流近似法求算塔顶、塔底产品的采出率及各组分浓度。

[答：0.4975，0.5025。x_D(A～D)：0.402，0.591，0.007，9.7×10^{-5}。x_W(A～D)：1.4×10^{-5}，0.012，0.690，0.298]

9-29 由习题9-28给出的四组分精馏，进料为饱和液体，回流比取最小回流比的1.8倍，试用捷算法求取该塔所需的理论板数及加料位置。 [答：14.1，7.9]

符号说明

符号	意义	计量单位	符号	意义	计量单位
A、B、C	安托因常数		G	间歇精馏时塔釜的总汽化量	kmol
c_p	定压比热容	kJ/(kmol·K)	i	泡点液体的热焓	kJ/kmol
D	塔顶产品流率	kmol/s	I	饱和蒸汽的热焓	kJ/kmol
E_{mV}	气相默弗里板效率		K	相平衡常数	
F	物系自由度		L	回流液流率	kmol/s
	加料流率	kmol/s	m	加料板位置（自塔顶往下数）	

符号	意义	计量单位	符号	意义	计量单位
N	理论板数（包括塔釜）		y	汽相中易挥发组分的摩尔分数	
p	总压	Pa	α	相对挥发度	
p°	纯组分的饱和蒸气压	Pa	ν	挥发度	
q	加料热状态		τ	间歇精馏的操作时间	s
	平衡蒸馏中液相产物占加料的分率		γ	活度系数	
Q	传热量	kJ/s	下标		
r	汽化热	kJ/kmol	A	易挥发组分	
R	回流比		B	难挥发组分	
S	直接蒸汽的加入流率	kmol/s	D	馏出液	
t、T	温度	K	e	平衡	
V	塔内的上升蒸汽流率	kmol/s	F	加料	
	间歇精馏时塔釜的汽化率	kmol/s	m	加料板；平均值	
W	间歇操作中塔釜存液量	kmol	n	塔板序号	
x	液相中易挥发组分的摩尔分数		W	釜液	

第10章 气液传质设备

作为分离过程，吸收和精馏的基本依据不同。吸收基于气体混合物中各组分在溶剂中溶解度的不同；而精馏则基于液体混合物中各组分挥发度的差异。但是，吸收和精馏同属于气（汽）液相传质过程，所用设备皆应提供充分的气液接触，因而具有共性。本章统一地介绍气液传质设备，所述内容对吸收和精馏同样适用。本章提到的“气”泛指气体和汽体。

气液传质设备种类很多，总体可分为两大类：逐级接触式和微分接触式。本章以板式塔作为逐级接触式的代表，以填料塔作为微分接触式的代表，分别予以介绍。

10.1 板式塔

10.1.1 概述

板式塔的设计意图　板式塔是一种应用很广的气液传质设备，它由一个通常呈圆柱形的壳体及其中按一定间距水平设置的若干块塔板所组成。如图 10-1 所示，板式塔正常工作时，液体在重力作用下自上而下通过各层塔板后由塔底排出；气体在压差推动下，经塔板上均布的开孔由下而上穿过各层塔板，由塔顶排出，在每块塔板上皆储有一定量的液体，气体穿过板上液层时，两相接触进行传质。

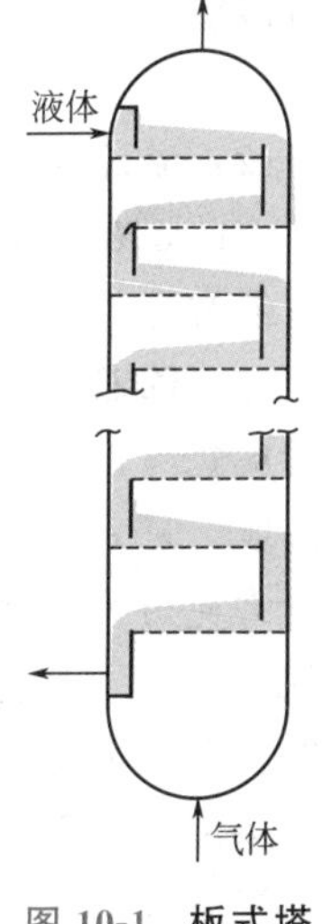

图 10-1　板式塔结构简图

动画

为实现气液两相之间的充分传质，板式塔应具有以下两方面的功能：

① 在每块塔板上气液两相须保持充分的接触，为相际传质过程提供足够大而且不断更新的相际接触表面，减小传质阻力；

② 在塔内应尽量使气液两相呈逆流流动，以提供最大的传质推动力。

当气液两相进、出塔设备的浓度一定时，两相逆流接触时的平均传质推动力最大。在板式塔内，各块塔板正是按两相逆流的原则组合起来的。

但在每块塔板上，由于气液两相的剧烈搅动，难以组织有效的逆流流动。为获得尽可能大的传质推动力，在塔板设计中常采用错流流动的方式，即液体横向流过塔板，而气体垂直穿过液层。

可见，除保证气液两相在塔板上有充分的接触之外，板式塔的设计意图是在塔内造成一个对传质过程最有利的理想流动条件，即在总体上使两相呈逆流流动，而在每一块塔板上两相呈均匀的错流接触。

筛孔塔板的构造　板式塔的主要构件是塔板。为实现上述设计意图，塔板必须具有相应的结构。各种塔板的结构大同小异，以图 10-2 所示的筛孔塔板为例，塔板的主要构造包括

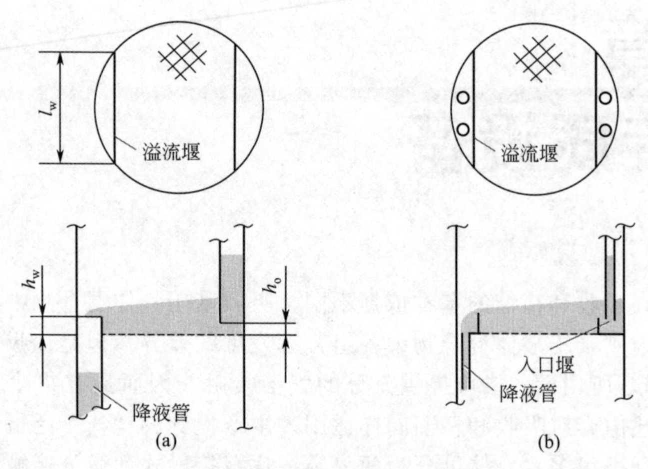

图 10-2　筛孔塔板的构造

筛孔、溢流堰、降液管。

(1) 筛孔——塔板上的气体通道　为保证气液两相在塔板上能够充分接触并在总体上实现两相逆流，塔板上均匀地开有一定数量的供气体自下而上流动的通道。气体通道的形式很多，对塔板性能的影响极大，各种塔板的主要区别就在于气体通道的形式不同。

筛孔塔板的气体通道最为简单，它是在塔板上均匀地冲出或钻出许多圆形小孔供气流穿过。这些圆形小孔称为筛孔。上升的气体经筛孔分散后穿过板上液层，造成两相间的密切接触与传质。筛孔的直径通常是 3～8mm，但直径为 12～25mm 的大孔径筛板也应用得相当普遍。

(2) 溢流堰　为保证气液两相在塔板上有足够的接触表面，塔板上必须储有一定量的液体。为此，在塔板的出口端设有溢流堰。塔板上的液层高度或滞液量在很大程度上由堰高决定。最常见的溢流堰，其上缘是平直的。溢流堰的高度以 h_w 表示，长度以 l_w 表示。

(3) 降液管　作为液体自上层塔板流至下层塔板的通道，每块塔板通常附有一个降液管。板式塔在正常工作时，液体从上层塔板的降液管流出，横向流过开有筛孔的塔板，翻越溢流堰，进入该板的降液管，流向下层塔板。

为充分利用塔板面积，降液管一般为弓形［图 10-2(a)］，偶尔也有圆形降液管的［图 10-2(b)］。为使液体在板上流动更均匀，当采用圆形溢流管时，仍需设置平直溢流堰。同理，在圆形降液管的出口附近也应设置堰板，称为入口堰。

降液管的下端须保证液封，使液体能从降液管底部流出而气体不能窜入降液管。为此，降液管下缘的缝隙（降液管底隙）h_o 必须小于堰高 h_w。

通常一块塔板只有一个降液管，称为单流型塔板。当塔径或液体流量很大时，降液管的数目可不止一个。

10.1.2　筛板上的气液接触状态

气体通过筛孔的速度不同时，两相在塔板上的接触状态亦不同。如图 10-3 所示，气液两相在塔板上的接触情况可大致分为三种状态。

鼓泡接触状态　当孔速很低时，通过筛孔的气流断裂成气泡在板上液层中浮升，板上两相呈鼓泡接触状态。此时，塔板上存在着大量的清液，气泡不密集，板上液层表面十分清

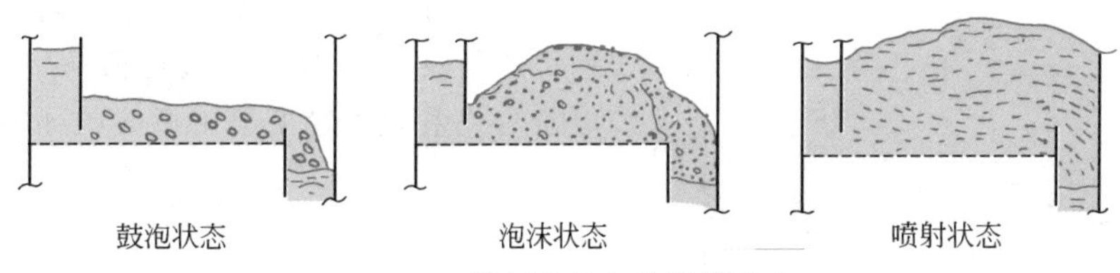

图 10-3 塔板上的气液接触状态

晰。由于气泡不密集，在液层内部气泡之间很少相互合并，只有在液层表面附近气泡才相互合并成较大气泡并随之破裂。

在鼓泡接触状态，两相接触面积为气泡表面。由于气泡不密集，比表面积小，气泡表面的湍动程度亦低，传质阻力较大。

泡沫接触状态 随着孔速的增加，气泡数量急剧增加，气泡表面连成一片并且不断发生合并与破裂。此时，板上液体大部分是以液膜的形式存在于气泡之间，仅在靠近塔板表面处才能看到少许清液。这种接触状况称为泡沫接触状态。和鼓泡接触状态不同，泡沫接触状态下的两相传质表面不是为数不多的气泡表面，而是面积很大的液膜。这种液膜不同于因表面活性剂的存在而形成的稳定泡沫，它高度湍动且不断合并和破裂，为两相传质创造良好的流体力学条件。

在泡沫接触状态，液体仍为连续相，而气体仍为分散相。

喷射接触状态 若孔速继续增加，动能很大的气体从筛孔以射流形式穿过液层，将板上的液体破碎成许多大小不等的液滴而抛于塔板上方空间。被喷射出去的液滴落下以后，在塔板上汇聚成很薄的液层并再次被破碎成液滴抛出。这种气液两相接触状态称为喷射接触状态。在喷射状态下，两相传质面积是液滴的外表面。液滴的多次形成与合并使传质表面不断更新，也为两相传质创造了良好的流体力学条件。

在喷射接触状态，液体为分散相而气体为连续相，这是喷射状态与泡沫状态的根本区别。由泡沫状态转为喷射状态的临界点称为转相点。转相点气速与筛孔直径、塔板开孔率以及板上滞液量等许多因素有关。实验发现，筛孔直径和开孔率越大，转相点气速越低。

在工业上实际应用的筛板塔中，两相接触不是泡沫状态就是喷射状态，很少有采用鼓泡接触状态的。工业上经常采用的这两种接触状态，其特征分别是不断更新的液膜表面和不断更新的液滴表面。

10.1.3 气体通过筛板的阻力损失

板压降 气体通过筛孔及板上液层时必有阻力，由此造成塔板上、下空间对应位置上的压强差称为板压降 Δp。在塔板流体力学计算中，习惯上将气、液流动造成的压降或阻力损失用塔内液体的液柱高度表示。这里，板压降记为 h_f，即

$$\Delta p=\rho_L g h_f \tag{10-1}$$

式中，ρ_L 为塔内液体的密度，kg/m^3。

板压降由以下两部分组成：①气体通过干板的阻力损失，即干板压降 h_d；②气体穿过板上液层的阻力损失 h_L。

$$h_f=h_d+h_L \tag{10-2}$$

板压降 h_f 可由图 10-4 左侧所示的压差计测出，图中指示液为塔内液体。

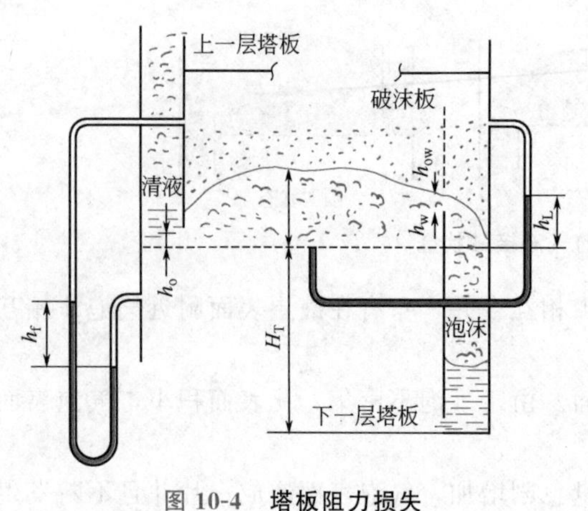

图 10-4　塔板阻力损失

干板压降　气体通过干板与通过孔板的流动情况极为相似。干板压降 h_d 与孔速 u_0 之间的关系为［参见第1章式(1-110)］，

$$u_0=C_0\sqrt{\frac{2gR(\rho_L-\rho_V)}{\rho_V}} \tag{10-3}$$

式中，ρ_V 为气体密度。读数差 R 即为 h_d。且 $\rho_V \ll \rho_L$，式(10-3) 中 $\rho_L-\rho_V \approx \rho_L$，则有

$$h_d=\frac{1}{2g}\times\frac{\rho_V}{\rho_L}\left(\frac{u_0}{C_0}\right)^2 \tag{10-4}$$

式中，C_0 为孔流系数，由实验测出，在有实际工业意义的气速下，气体通过筛孔的流动是高度湍流的，C_0 为与孔速无关的常数。因此，干板阻力与孔速 u_0 的平方成正比。

液层阻力　气体通过液层的阻力损失 h_L 是由以下三个方面组成的：①克服板上泡沫层的静压；②形成气液界面的能量消耗；③通过液层的摩擦阻力损失。其中克服板上泡沫层静压所造成的阻力损失占主要部分，其余两部分所占比例很小。

板上的泡沫层既含液又含气。气体的密度远小于液体密度，可忽略泡沫层中所含气体造成的静压。这样，对于一定的泡沫层，相应地有一个清液层。泡沫层的含气率愈高，相应的清液层高度愈小。克服泡沫层静压的阻力损失若以液柱表示，其值约等于该清液层的高度如图 10-4 右侧的压差计所示，压差计指示液为塔内液体。

由于溢流堰的存在，气速增大时，泡沫层高度不会有很大的变化；然而泡沫层的含气率却随之增大，相应的清液层高度减小。因此，气速增大时，气体通过泡沫层的阻力损失反而有所降低。

当然，总阻力损失还是随气速增大而增加，因为干板阻力是随气速的平方增加的。

不同气速下，干板阻力损失与液层阻力损失所占的比例不同。低气速时，液层阻力占主要地位；高气速时，干板阻力所占比例相对增大。

10.1.4　筛板塔内气液两相的非理想流动

如前所述，板式塔的设计意图是使气液两相在塔板上充分接触，以获得大的传质面积和传质系数；在总体上使两相保持逆流流动，而在塔板上使两相呈均匀的错流接触，以获得最大的传质推动力。但气液两相在塔内的实际流动与希望的理想流动有许多偏离。这些非理想流动都偏离了逆流原则，导致平均传质推动力下降，对传质不利。

归纳起来，板式塔内各种不利于传质的流动现象有两类：一类是空间上的反向流动；另一类是空间上的不均匀流动。下面以筛板塔为例，对这些不利的流动现象加以说明，所述内容对其他板式塔亦同样适用。

空间上的反向流动　空间上的反向流动是指与主体流动方向相反的液体或汽体的流动。空间反向流动主要有两种。

(1) 液沫夹带　气流穿过板上液层时，无论是喷射还是泡沫状态操作都会产生大量的尺寸不同的液滴。在喷射型操作中，液体是被气流直接分散成液滴的；而在泡沫型操作中，液滴是因泡沫层表面的气泡破裂而产生的。这些液滴的一部分会被上升的气流裹挟至上层塔板，这种现象称为液沫夹带。显然，液沫夹带是一种与主流方向相反的液体流动，属返混现

动画

象，是对传质不利的因素。

导致液沫夹带的因素有两个。

由第 5 章式(5-20) 可知，液滴在塔板上方空间的沉降速度

$$u_t = 1.74\sqrt{\frac{d_p(\rho_L - \rho_V)g}{\rho_V}} \tag{10-5}$$

对于沉降速度小于板间气流速度的小液滴，无论板间距多大，都将被气流带至上层塔板，造成液沫夹带。由此而产生的夹带液量与板间距无关。

对于沉降速度大于气流速度的大液滴，单靠气流是不会被夹带上去的。但是，由于气流冲击或气泡破裂而弹溅出来的液滴都具有一定的初速度，并有向上分量。在此速度分量的作用下，有些较大液滴也会到达上层塔板。这些液滴尺寸较大，造成的夹带液量远超过小液滴，成为液沫夹带的主体。对同样的初速度，板间距越小，初速度所起的作用越大。因此，液沫夹带与板间距有关。板间距越小，夹带量越大。

可见，液沫夹带有两种不同的机理，小液滴是因气流的夹带，大液滴是因液滴形成时的弹溅作用。

液沫夹带量通常有三种表达方式：

① 以 1kg 干气体所夹带的液体量 e_V 表示，kg 液体/kg 干气；

② 以每层塔板在单位时间内被气体夹带的液体量 e' 表示，kg 液体/s 或 kmol 液体/s；

③ 以被夹带的液体流量占流经塔板总液体流量的分率 ψ 表示。

三者之间有如下关系

$$\psi = \frac{e'}{L + e'} = \frac{e_V}{\frac{L}{V} + e_V} \tag{10-6}$$

式中，L、V 分别为液体和干气体的质量流率或摩尔流率，kg/s 或 kmol/s。

(2) 气泡夹带　在塔板上与气体充分接触后的液体，翻越溢流堰流入降液管时必含有大量气泡，同时，液体落入降液管时又卷入一些气体产生新的泡沫。因此，降液管内液体含有很多气泡。若液体在降液管内的停留时间太短，所含气泡来不及解脱，将被卷入下层塔板。这种现象称为气泡夹带。气泡夹带是与主流方向相反的气体流动，也是一种有害因素。

与液沫夹带相比，气泡夹带所产生的气体夹带量与气体总流量相比很小，给传质带来的危害不大。气泡夹带的主要危害，在于它降低了降液管内的泡沫层平均密度，使降液管的通过能力减小，严重时会形成液泛破坏塔的正常操作（见下节）。

为避免严重的气泡夹带，通常在靠近溢流堰的狭长区域上不开孔，使液体在进入降液管前有一定时间脱除所含气体，减少进入降液管的气体量。这一不开孔的狭长区域称为出口安定区。

另外，为避免严重的气泡夹带，液体在降液管内应有足够的停留时间。液体在降液管内的平均停留时间为

$$\tau = \frac{A_f H_d}{L} \tag{10-7}$$

式中，A_f 为降液管截面积，m^2；H_d 为降液管内当量清液高度，m；L 为液体流量，m^3/s。保证一定的停留时间，避免严重的气泡夹带是决定降液管面积或溢流堰长度的主要依据。

空间上的不均匀流动　空间上的不均匀流动指的是气体或液体流速的不均匀分布。与空间上的反向流动一样，这种不均匀流动也使平均传质推动力减小。

（1）气体沿塔板的不均匀流动 从降液管流出的液体横跨塔板流动须克服阻力，板上液面将出现坡度。塔板进、出口侧的清液高度差称为液面落差，以 Δ 表示。液体流量越大，行程越长，液面落差 Δ 越大。

板式塔的理想流动希望塔板各点气体流速相等，如图 10-5(a) 所示。但是，因液面落差 Δ 的存在，在塔板入口处，液层阻力大，气速或气体流量比平均值小；而在塔板出口处，液层阻力小，气速或气体流量比平均值大，导致气流的不均匀分布［见图 10-5(b)］。在液体入口部位，气量小，气体的增浓度增大而有所得；而在液体出口部位，气量大，其增浓度降低而有所失。但是，所得必不足以补偿其所失，故不均匀的气流分布对传质是个有害因素。

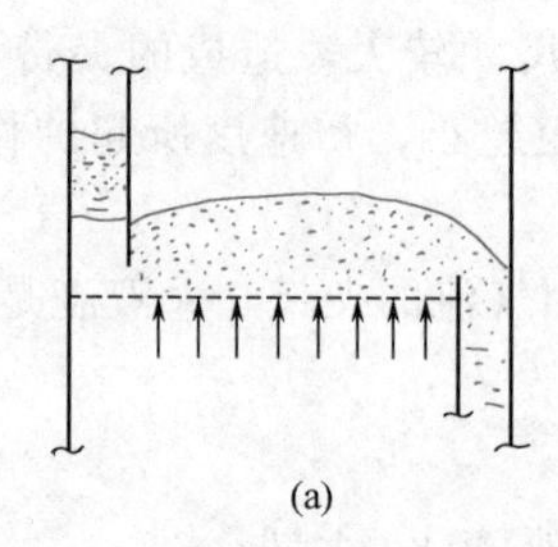
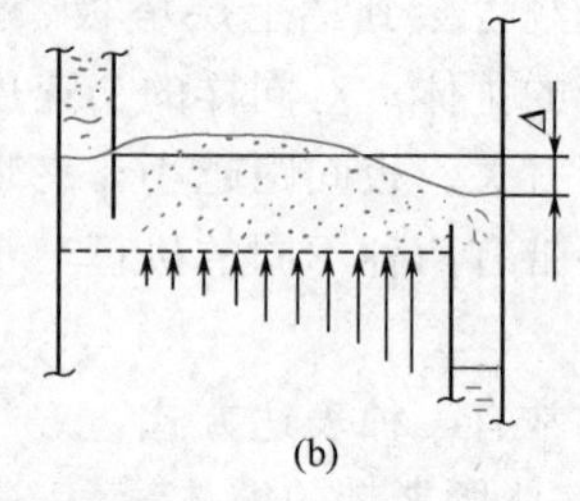

图 10-5 气体沿塔板的分布

（2）液体沿塔板的不均匀流动 塔截面通常是圆形的，液体自一端流向另一端有多种途径。在塔板中央，液体行程较短而平直，阻力小，流速大。在塔板边缘部分，行程长而弯曲，又受到塔壁的牵制，阻力大而流速小。因此，液流量在各条路径中的分配是不均匀的。图 10-6 所示为液体在筛板上停留时间的分布曲线，曲线上的数字表示液体在塔板上停留时间的相对大小。这种不均匀性的严重发展会在塔板上造成一些液体流动不畅的滞留区。

与气体分布不均匀相仿，液流不均匀性所造成的总结果使塔板的传质速率降低，属不利因素。

液流分布的不均匀性与液体流量有关，低流量时该问题尤为突出。当液体流量很低时，堰上液高 h_{ow} 很小，因溢流堰安装的水平度有一定误差，可能只在一端有液体溢流，而另一端堰高于液面，在塔板上造成很大的死区。为避免液体沿塔板流动严重不均，当 $h_{ow}<6\text{mm}$ 时，宜采用齿形堰或折流型塔板（图 10-7）。

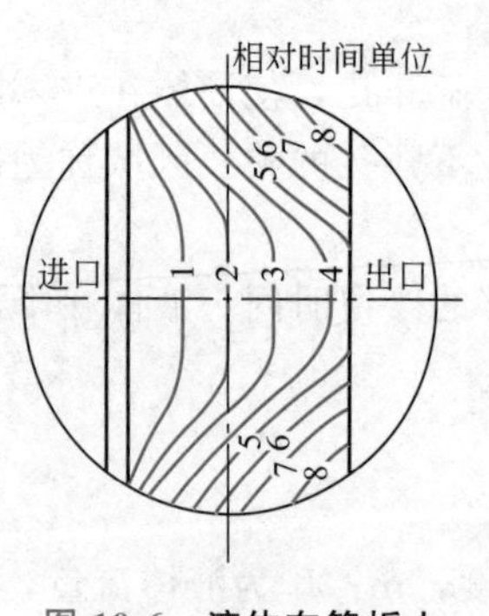

图 10-6 液体在筛板上停留时间的分布曲线

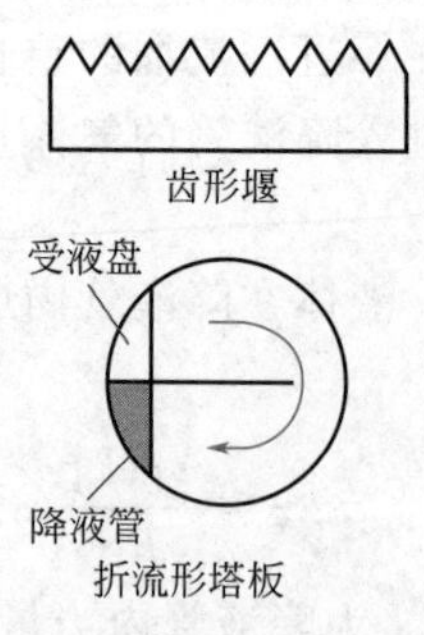

图 10-7 改善液流分布的装置

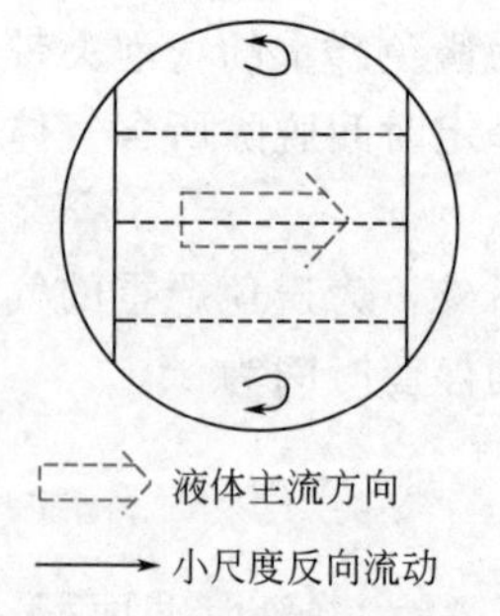

图 10-8 液体在塔板上的反向流动

除上述不均匀性外，由于气体的搅动，液体在塔板上必存在各种小尺度的反向流动，而

在塔板边缘处还可能产生较大尺度的环流（图 10-8）。这些反向流动，同样属于返混，使传质效果降低。

10.1.5 板式塔的不正常操作现象

上面介绍的气液两相在筛板塔内的非理想流动，虽然对传质不利，但基本上仍能保持塔的正常操作。如果板式塔设计不良或操作不当，塔内将会产生一些使塔根本无法运行的不正常现象。下面仍以筛板塔为例，对这些现象加以说明。

夹带液泛　从图 10-9 可以看出，当净液体流量为 L 时，液沫夹带使塔板上和降液管内的实际液体流量增加为 $L+e'$。若保持净液体流量 L 不变，增大气速，夹带量 e'增大，进入塔板的实际液体流量 $L+e'$亦增大。

随着横向流过塔板的液量增加，板上的液层厚度必相应增加。液层厚度的增加，相当于板间距减小，在同样气速下，夹带量 e'将进一步增加。这样，在塔板上可能产生恶性循环。

当液层厚度较低时，液层厚度的增加对液沫夹带量的影响不大，恶性循环不会发生，塔设备可正常地定态操作。

对一定的液体流量，气速越大，e'越大，液层越厚，液层厚度的增加对夹带量 e'的影响越显著。当气速增至某一定数值时，塔板上必将出现恶性循环，板上液层不断地增厚而不能达到平衡。最终，液体将充满全塔，并随气体从塔顶溢出，这种现象称为夹带液泛。

塔板上开始出现恶性循环的气速称为液泛气速。显然，液泛气速与液体流量有关，液体流量越大，液泛气速越低。

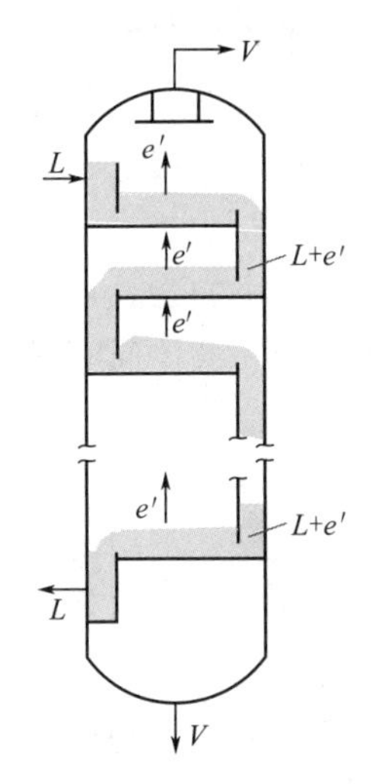

图 10-9　塔板上的实际液体流量

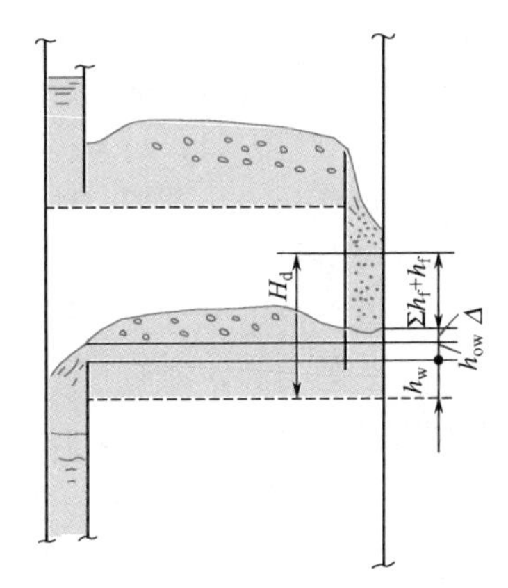

图 10-10　降液管的清液高度

溢流液泛　因降液管通过能力的限制而引起的液泛称为溢流液泛。

降液管是沟通相邻两塔板间的液体通道，其两端的压差即为板压降，液体借重力自低压空间流至高压空间。塔板正常工作时，降液管的液面必高于塔板入口处的液面，其差值为板压降 h_f 与液体经过降液管的阻力损失 $\sum h_f$ 之和（图 10-10）。

动画

塔板入口处的液层高度由三部分组成：①堰高 h_w；②堰上液高 h_{ow}，即溢流堰上方液层表面与堰板上缘的垂直距离；③液面落差 Δ。

显然，降液管内的清液高度为

$$H_d=h_w+h_{ow}+\Delta+\sum h_f+h_f \tag{10-8}$$

若维持气速不变增加液体流量 L，则液面落差 Δ、堰上液高 h_{ow}、板压降 h_f 和 $\sum h_f$ 都将增大，故降液管液面必升高。可见，当气速不变时，降液管内的液面高度 H_d 与液体流量 L 有一一对应关系，塔板有自动平衡的能力。

但是，当降液管液面升至上层塔板的溢流堰上缘时，再增大液体流量 L，降液管上方的液面将与塔板上的液面同时升高。此时，降液管进口断面位能的增加刚好被板压降的增加所抵消，而降液管内的液体流量不能再增加。因此，当降液管液面升至堰板上缘时，降液管内的液体流量为其极限通过能力。若液体流量 L 超过此极限值，塔板失去自衡能力，板上开始积液，最终使全塔充满液体，引起溢流液泛。

实际上，降液管内的液体并非清液，其上部是含气泡沫层。降液管内泡沫层高度 H_{fd} 与清液高度 H_d 的关系为

$$H_{fd}=\frac{\rho_L H_d}{\rho_f}=\frac{H_d}{\phi} \tag{10-9}$$

式中，ρ_f 为降液管内泡沫层的平均密度；$\phi=\frac{\rho_f}{\rho_L}$ 为降液管内液体的相对泡沫密度。当 H_{fd} 达到上层塔板的溢流堰上缘时，塔板便有可能失去自衡能力而产生溢流液泛。

板压降太大通常是使降液管内液面太高的主要原因，因此，板压降很大的塔板都是比较容易发生溢流液泛的。由此可知，气速过大同样会造成溢流液泛。

液泛现象，无论是夹带液泛还是溢流液泛皆导致塔内积液。因此，在操作时，气体流量不变而板压降持续增长，将预示液泛的发生。

漏液 筛板塔的设计意图是使液体沿塔板流动，在板上与垂直向上的气体进行错流接触后由降液管流下。但是，当气速较小时，部分液体会从筛孔直接落下。这种现象称为漏液。

漏液现象对于筛板塔操作是一个重要的问题，严重的漏液将使筛板上不能积液而无法操作。漏液现象曾经是筛板塔不能推广应用的主要障碍。

漏液现象的单孔实验表明，对于普通筛孔及界面张力不是很小的物系，只要筛孔中有气体通过，液体就不可能从筛孔落下，即同一个筛孔不可能有气体和液体同时通过。因此，要避免漏液，气体必须分布均匀使每一个筛孔都有气体通过。

气体是否均布与流动阻力有关。气流穿过塔板的阻力由两部分组成，干板阻力和液层阻力。干板在结构上是均匀的，因而可促进气流的均布。相反，液层是不均匀的，液面落差尤其是液层的起伏波动，造成液层厚度的不均匀性，从而引起气流的不均匀分布。

显然，若总阻力以干板阻力为主，则总阻力结构的不均匀性相对减小，气流分布较均匀。反之，若总阻力以液层阻力为主，则总阻力结构的不均匀性严重，气流分布就很不均匀。

液层的波动起伏，可用图 10-11 示意。显然，由于液层的波动，气液在各筛孔中的分布将不均匀，波峰下面的筛孔通气量小，而波谷下面的筛孔通气量大。但是，只要干板阻力足

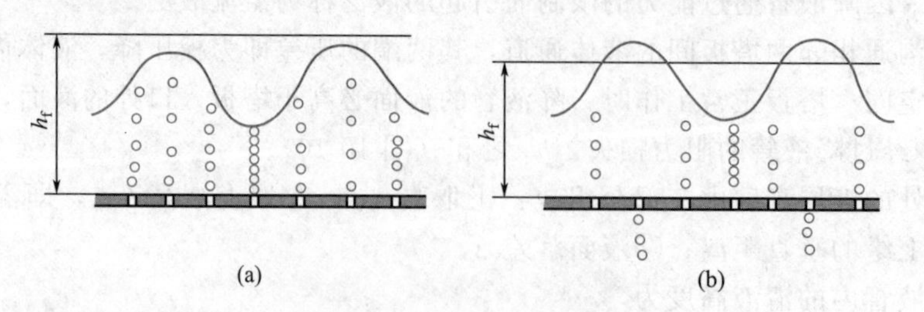

图 10-11 塔板上的液层波动

够大，使总阻力即板压降 h_f 高于波峰处当量清液层高度［图 10-11(a)］，则各筛孔都有气体通过，塔板不会漏液。反之，如果干板阻力较小，总阻力 h_f 低于波峰处当量清液层高度［图 10-11(b)］，则波峰下的小孔将停止通气而漏液。

液层波动是随机的，由此而引起的漏液也是随机的，时而一部分筛孔漏液，时而另一部分筛孔漏液。这种漏液称为随机性漏液。干板阻力越大，随机性漏液越少甚至完全消失。反之，液层阻力越大即板上液层越厚，其不均匀性越大，随机性漏液越严重。

和液层波动不同，液面落差总是使塔板入口侧的液层厚于塔板出口侧。当干板阻力很小时，液面落差会使气流偏向出口侧，而塔板入口侧的筛孔将无气体通过而持续漏液。这种漏液称为倾向性漏液。

为避免倾向性漏液和气体分布不均，一般应使液面落差不超过干板阻力的一半，即

$$\Delta < \frac{h_d}{2} \tag{10-10}$$

此外，为减少倾向性漏液，在塔板入口处，通常留出一条狭窄的区域不开孔，称为入口安定区。

当塔径或液体流量很大时，为减少液面落差，须采用双流型、多流型或阶梯流型塔板（图 10-12）。

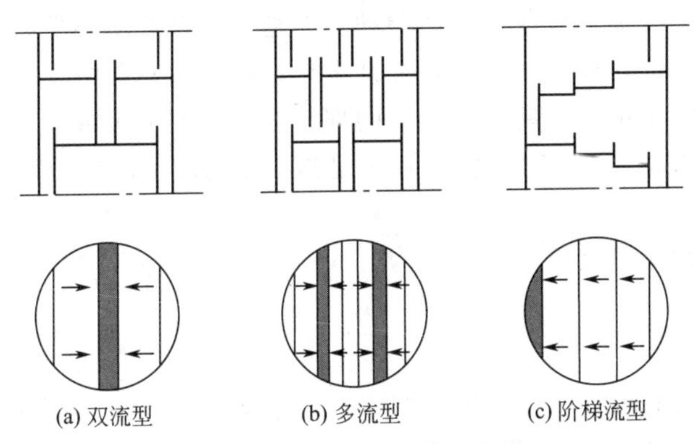

图 10-12　塔板上的液流安排

除结构因素外，气速是决定塔板是否漏液的主要因素。干板阻力随气速增大而急剧增加，液层阻力则与气速关系较小。低气速时，干板阻力往往很小，总阻力以液层阻力为主，塔板将出现漏液。高气速时，干板阻力迅速上升而成为主要阻力，漏液被制止。

因此，当气速由高逐渐降低至某值时，将发生明显漏液，该气速称为漏液点气速。若气速继续降低，严重的漏液会使塔板不能积液而破坏正常操作。

10.1.6　板效率的各种表示方法及其应用

对于板式塔这种分级接触式设备，通常用板效率来概括上述各种因素对板上两相传质的影响。有关传质效率的定义有以下四种。

点效率　点效率的定义（参见图 10-13）如下

$$E_{OG} = \frac{y - y_{n+1}}{y^* - y_{n+1}} \tag{10-11}$$

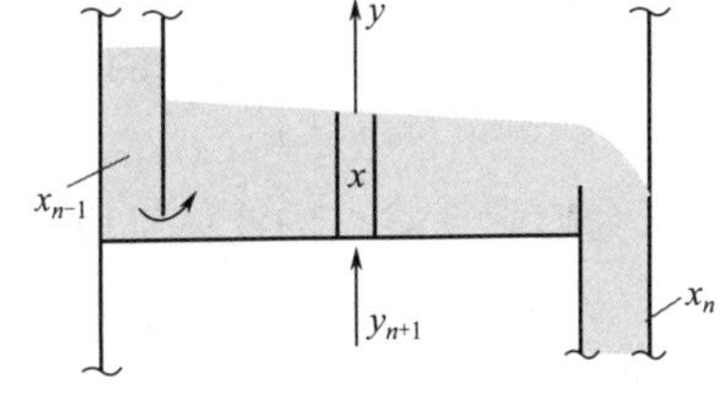

图 10-13　点效率模型

式中，E_{OG} 为以气相表示的点效率；y_{n+1} 为进入第 n 块塔板的气相组成，以摩尔分数表示；y 为离开塔板上某点的气相组成，以摩尔分数表示；y^* 为与被考察点液相

组成 x 成平衡的气相组成，以摩尔分数表示。

显然，$y^{*}-y_{n+1}$ 为气相通过塔板某点的最大提浓度，$y-y_{n+1}$ 为气体通过该点所达到的实际提浓度。点效率为两者的比值，其极限值为1。

在点效率的定义中，实际上已经认为板上液层在垂直方向混合均匀，每一点只有一个均匀的组成 x。由于板上液层较薄且有气体的强烈搅拌，上述假定一般说来是符合实际情况的。

离开板上液层的气体组成 y，是组成为 y_{n+1} 的气体与组成为 x 的液体在液层中接触传质的结果。点效率与塔板上各点的两相传质速率有关。设塔板上泡沫层高度为 H_{f}，气体的摩尔流速为 G，气相体积传质系数为 $K_{\mathrm{y}}a$，则塔板上某点的传质速率方程为

$$G\mathrm{d}y=K_{\mathrm{y}}a(y^{*}-y)\mathrm{d}H_{\mathrm{f}}$$

将上式沿泡沫层高度积分

$$\frac{K_{\mathrm{y}}aH_{\mathrm{f}}}{G}=\int_{y_{n+1}}^{y}\frac{\mathrm{d}y}{y^{*}-y}=-\ln\frac{y^{*}-y}{y^{*}-y_{n+1}}=N_{\mathrm{OG}}$$

或

$$E_{\mathrm{OG}}=1-\mathrm{e}^{-N_{\mathrm{OG}}}=1-\mathrm{e}^{-\frac{K_{\mathrm{y}}aH_{\mathrm{f}}}{G}} \tag{10-12}$$

由式(10-12) 可以看出，当气体流量 G 一定时，点效率的数值是由两相接触状况决定的，塔板上液层越厚，气泡越分散，表面湍动程度越高，点效率亦越高。

由第9章精馏塔板数计算方法可知，在计算理论板数时，曾引入了理论板的概念，即认为离开同一理论板的两相组成达到相平衡。同理，为计算实际板数，应知道离开同一实际板的两相平均组成之间的关系。点效率不能满足这一要求，因而定义板效率，即默弗里板效率。

默弗里板效率　默弗里板效率的定义为

$$E_{\mathrm{mV}}=\frac{\overline{y}_{n}-\overline{y}_{n+1}}{y_{n}^{*}-\overline{y}_{n+1}} \tag{10-13}$$

式中，E_{mV} 为以气相组成表示的默弗里板效率；$\overline{y}_{n}$、$\overline{y}_{n+1}$ 为分别为离开第 n 和第 $n+1$ 块塔板的气相平均组成，以摩尔分数表示；y_{n}^{*} 为与离开第 n 块塔板的液体平均组成 $\overline{x}_{n}$ 成平衡的气相组成，以摩尔分数表示。

显然，默弗里板效率表示了离开同一塔板两相的平均组成之间的关系，可适应实际塔板数计算的需要。

同样，默弗里板效率也可用液相组成表示为

$$E_{\mathrm{mL}}=\frac{\overline{x}_{n-1}-\overline{x}_{n}}{\overline{x}_{n-1}-x_{n}^{*}} \tag{10-14}$$

式中，E_{mL} 为以液相组成表示的默弗里板效率；$\overline{x}_{n-1}$、$\overline{x}_{n}$ 为分别为离开第 $n-1$ 和第 n 块塔板的液相平均组成，以摩尔分数表示；x_{n}^{*} 为与离开第 n 块塔板的气相平均组成 $\overline{y}_{n}$ 成平衡的液相组成，以摩尔分数表示。

默弗里板效率与点效率的主要区别是：

① 默弗里板效率中的 y_{n}^{*} 系离开塔板的液体平均组成 $\overline{x}_{n}$ 的平衡气相组成，而点效率中的 y^{*} 为塔板上某点的液体组成 x 的平衡气相组成；

② 点效率中的 y 为离开塔板某点的气相组成，而默弗里板效率中的 $\overline{y}_{n}$ 系塔板各点离开液层的气体的平均组成。

显而易见，默弗里板效率的数值不仅与点效率即两相接触状况有关，而且下述两种流动

因素也对其有着重要的影响。

(1) 塔板上液体的返混 液体在塔板上的主流方向是自液体入口端横向流往液体出口端。实际流动中，液体存在一定的返混。只有当返混极为严重时，板上液体才能混合均匀。在实际塔板特别是大型塔板上，液体行程长，返混不足以造成均匀混合，板上液体在其主流方向上会形成一定的浓度梯度，入口端的液体组成 x_n' 将大于出口端的液体组成 x_n（图 10-14）。

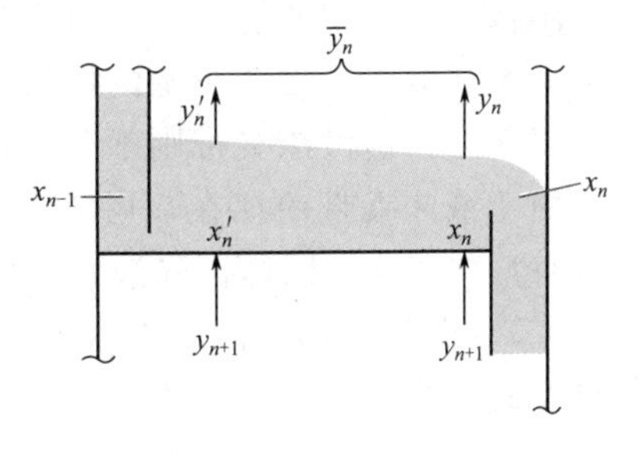

图 10-14 液体返混对 E_{mV} 的影响

假设板上各处的点效率相同，液体入口端的气相组成 y_n' 将大于出口端气相组成 y_n，从而使离开塔板的气相平均组成 $\overline{y}_n$ 增大。有趣的是，如果塔板各处的点效率很高，平均气相组成 $\overline{y}_n$ 可能大于平衡组成 y_n^*，即默弗里板效率可以大于 1。也就是说，实际塔板原则上可以优于理论塔板，其原因在于理论塔板的定义是以液体完全返混为基础的。当然，由于点效率通常远小于 1，大多实际塔板的默弗里板效率的数值是小于 1 的。

可见，返混是对传质不利的因素，返混程度越大，默弗里板效率越低。

(2) 塔板上两相的不均匀流动 流动不均匀性是工业装置中经常出现而设计者必须处理的问题。在小型装置中容易做到均匀，而在大型装置中总难免出现不均匀性。首先必须明确的是，不均匀性究竟是一个有害还是有利的因素。

任何一个参数（如速度、温度等）在装置内出现不均匀性究竟有利还是有害，决定于该参数与目标之间的关系。若追求的目标为最大值，且参数与目标之间的关系曲线呈凸形［图 10-15(a)］，则不均匀性必属有害因素，若参数与目标之间的关系曲线呈凹形［图 10-15(b)］，则不均匀性反而有利。

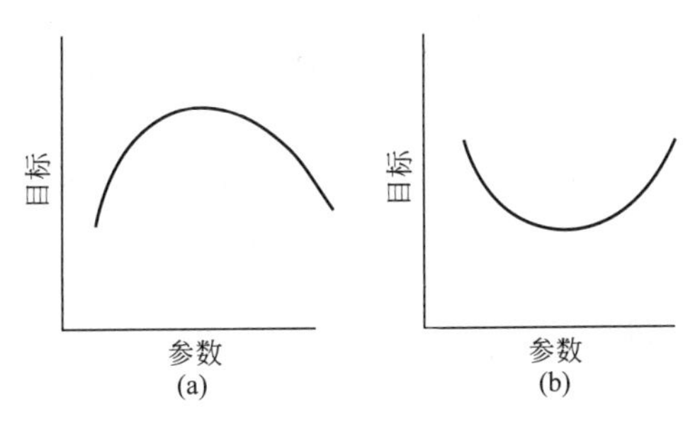

图 10-15 目标与参数的关系

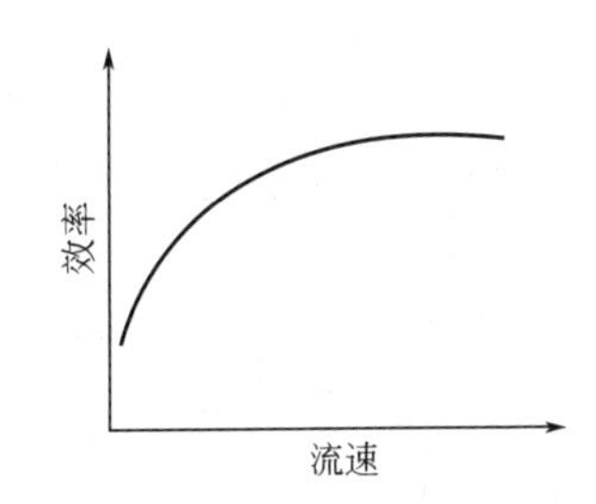

图 10-16 效率与流速关系曲线

在塔板上气体和液体的流速与效率的关系有两种可能性，一种是存在一个最优速度，过高或过低都使效率降低，其关系如图 10-15(a) 所示；另一种是速度越高越好，其关系有渐进性质，如图 10-16 所示。无论哪种可能性，关系曲线都是凸形的。因此，在塔板上气液两相的不均匀分布，一般说来是有害的因素，应尽量避免。严重的气液不均匀性会形成死区，其危害性是显而易见的。

综上所述，减小返混程度，增加气液流动的均匀性都能提高默弗里板效率。

值得注意的是，在塔设备放大时，塔径增大，液体行程增加而其返混程度相对减小，可使默弗里板效率有所提高。但是，在大塔中液面落差增大，气流不均匀性增加，板上液体滞留区增大，液流不均匀性增加，故亦可使默弗里板效率降低。两种因素同时存在，看哪种因素占优势。

湿板效率 默弗里板效率尚未考虑塔板间的非理想流动，即液沫夹带和漏液。设计正确的塔板在正常操作时漏液量很少，一般可以忽略，但液沫夹带则不容忽视，必须加以考虑。

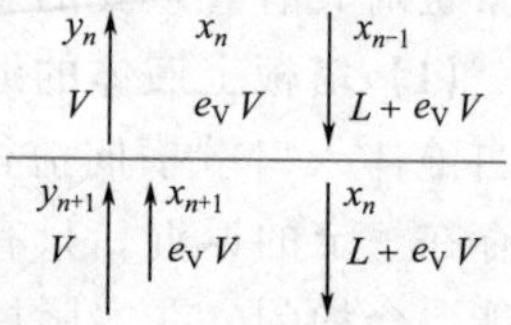

由于液沫夹带的存在，塔内实际上升的物流不单是气流 V，还带有液体 $e_V V$；同样，降液管内的实际液体流量不再是 L 而是 $L+e_V V$（图 10-17）。液沫夹带改变了塔内的物料衡算关系，使得操作线方程（以精馏段为例）变为

图 10-17 液沫夹带对离开塔板物流的影响

$$Vy_{n+1}+e_V Vx_{n+1}-(L+e_V V)x_n=Dx_D \tag{10-15}$$

或

$$y_{n+1}-e_V(x_n-x_{n+1})=\frac{L}{V}x_n+\frac{D}{V}x_D \tag{10-16}$$

显然，液沫夹带实际影响了操作线的位置，但在工程处理时，将方程式(10-16) 左端定义为表观气相组成 Y_{n+1}，即

$$Y_{n+1}=y_{n+1}-e_V(x_n-x_{n+1}) \tag{10-17}$$

将上式代入式(10-16) 中，可得到表观操作线方程式

$$Y_{n+1}=\frac{L}{V}x_n+\frac{D}{V}x_D \tag{10-18}$$

此表观操作线与原操作线相同，但根据表观操作线求实际塔板数时不能用默弗里板效率，而必须使用如下定义的湿板效率

$$E_a=\frac{Y_n-Y_{n+1}}{y^*-Y_{n+1}} \tag{10-19}$$

式中，y^* 仍是与离开第 n 块板的液相平均组成 x_n 成平衡的气相组成。

湿板效率在形式上和默弗里板效率没有区别，但它包含了液沫夹带的影响，实际意义不同。应用默弗里板效率时，必须作出真实的操作线［式(10-16)］，而应用湿板效率时只需作出与无液沫夹带时相同的表观操作线［式(10-18)］。

湿板效率的实际测定 板效率是一个与诸多因素有关的复杂问题。目前，确定板效率的最可靠的方法是实验测定。

气体的取样分析是比较困难的，一方面需要取得平均样品；另一方面必须严格去除其中夹带的液体。在全回流下进行板效率测定，不仅可以避免气相的分析，而且可以直接测到湿板效率。

由表观操作方程式(10-18) 可知，在全回流下，$Y_{n+1}=x_n$，$Y_n=x_{n-1}$。这样，只需在相邻两板的降液管中取液体样品进行分析，即可测得湿板效率 E_a。

必须指出，回流比或液气比对塔板效率是有影响的，将全回流下测定的湿板效率用于部分回流可能产生一定误差。

全塔效率 对于一个特定的物系和特定的塔板结构，在塔的上部和下部塔板效率并不相同，这是因为：

① 塔的上部和下部气液两相的组成、温度不同，因而物性也随之改变；

② 因塔板有阻力，致使塔的上部和下部操作压强不同，真空操作时两者相差很大，在同样的气体质量流量下，塔的上部操作压强小，雾沫夹带严重，板效率将下降。

若板效率沿塔高变化很大，原则上必须获得不同组成下的板效率方能进行实际板数的计算。

另一种更为综合的方法是直接定义全塔效率

$$E_T = \frac{N_T}{N} \tag{10-20}$$

式中，N_T 为完成一定分离任务所需的理论板数；N 为完成一定分离任务所需的实际板数。

若全塔效率 E_T 为已知，并已算出所需理论板数，即可由上式直接求得所需的实际板数。

全塔效率是板式塔分离性能的综合度量，它不但与影响点效率、板效率的各种因素有关，而且把板效率随组成等的变化亦包括在内。这些因素与 E_T 的关系难以定量，因此，全塔效率的可靠数据只能通过实验测定获得。

必须指出，全塔效率是以所需理论板数为基准定义的，板效率是以单板理论增浓度为基准定义的，两者基准不同。因此，即使塔内各板效率相等，全塔效率在数值上也不等于板效率。

全塔效率的数据关联 不少研究者对全塔效率的实测数据进行了关联，下面介绍的两个关联方法获得较为广泛的应用。

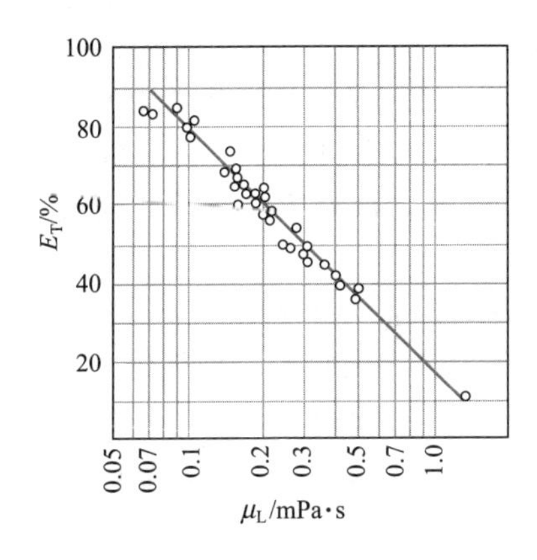

图 10-18 精馏塔全塔效率关联图 1

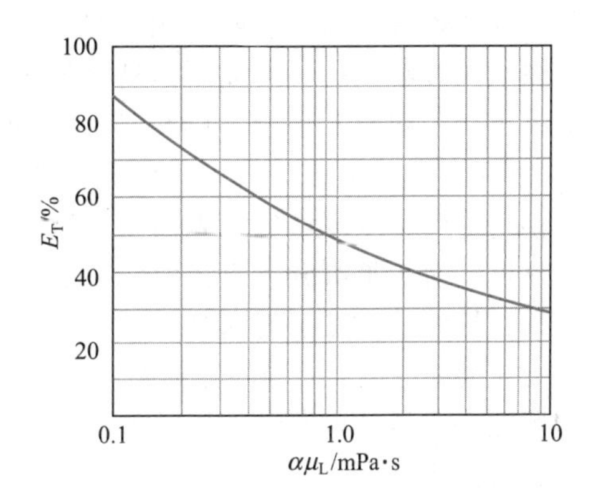

图 10-19 精馏塔全塔效率关联图 2

① Drickamer 和 Bradford 根据 54 个泡罩精馏塔的实测数据，将全塔效率 E_T 关联成液体黏度 μ_L 的函数（图 10-18）。图中横坐标 μ_L 是根据加料组成和状态计算的液体平均黏度，即

$$\mu_L = \sum_{i=1}^{n} x_i \mu_i \tag{10-21}$$

式中，x_i、μ_i 分别为原料中各组分的摩尔分数和黏度（mPa·s）。

全塔效率的影响因素虽然很多，但对于大多数碳氢化合物系统，图 10-18 可给出相当满意的结果。这说明物系的性质特别是液体黏度对板效率的影响是重要的。必须指出，对于非碳氢化合物系，图 10-18 给出的结果是不可靠的。

② O'Connell 对上述关联进行了修正，将全塔效率关联成 $\alpha\mu_L$ 的函数（图 10-19）。图中 μ_L 是根据加料组成计算的液体平均黏度，α 为轻重关键组分的相对挥

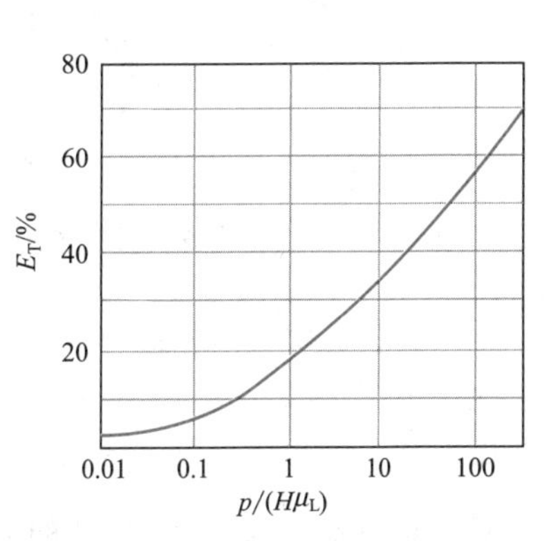

图 10-20 吸收塔全塔效率关联图

发度。μ_L 和 α 的估算都是以塔顶和塔底的算术平均温度为准。由于考虑了相对挥发度的影响，此关联结果可应用于某些相对挥发度很高的非碳氢化合物系统。

O'Connell 对吸收过程的全塔效率的数据也作了关联，如图 10-20 所示。在横坐标 $p/(H\mu_L)$ 中，H 为溶质的亨利系数，kN·m/kmol；p 为操作压强，kPa；μ_L 为塔顶和塔底平均组成和平均温度下的液体黏度，mPa·s。

10.1.7 提高塔板效率的措施

为提高塔板效率，设计者应当根据物系的性质选择合理的结构参数和操作参数，促进相际传质，减少非理想流动。

结构参数 影响塔板效率的结构参数很多，塔径、板间距、堰高、堰长以及降液管尺寸等对板效率皆有影响，须按某些经验规则恰当地选择。此外，有以下两点值得特别指出。

(1) 合理选择塔板的开孔率和孔径 造成适应于物系性质的气液接触状态。

前已说明，有两种可操作的板上气液接触状态——泡沫状态和喷射状态。不同的孔速对应不同的气液接触状态，不同性质的物系适宜于不同的接触状态。

实践表明，轻组分表面张力小于重组分的物系宜采用泡沫接触状态，轻组分表面张力大于重组分的物系宜采用喷射接触状态。这一点可解释如下：

在泡沫接触状态，板上液体呈液膜状态而介于气泡之间，液膜是否稳定左右着实际相界面的大小。若液膜不稳定，则易被撕裂而发生气泡的合并，相界面将减少。设有液膜如图 10-21 所示，其表面张力为 σ。若液膜的某一局部发生质量传递，该处膜厚减薄，轻组分浓度减小，重组分浓度增加，表面张力发生变化。

显然，对于重组分表面张力较小的物系，局部传质处的表面张力 σ' 将小于 σ，液体被拉向四周，导致液膜破裂气泡合并。反之，对于重组分表面张力较大的物系，局部传质处的表面张力 σ' 将大于 σ，周围的液体被拉向该处，使液膜恢复，液膜比较稳定。

因此，重组分表面张力较大的物系，宜采用泡沫接触状态。若以 x 表示重组分的浓度，这种物系的 $\frac{d\sigma}{dx}>0$，故称为正系统。

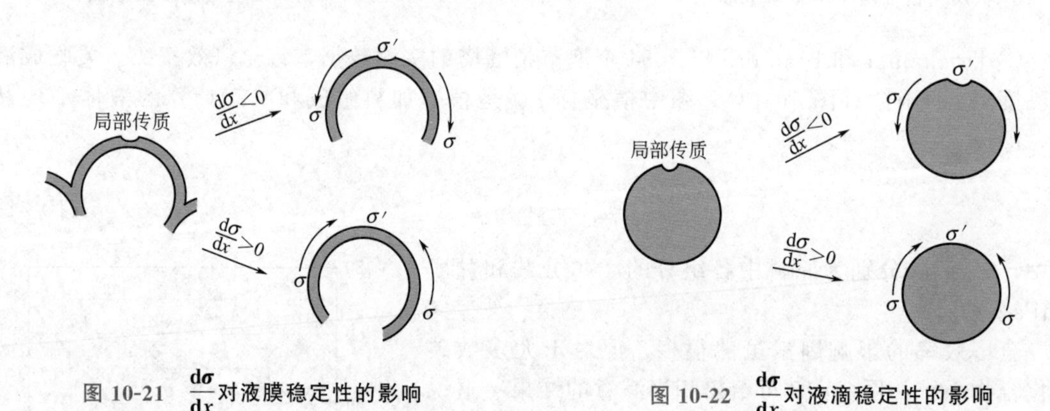

图 10-21 $\frac{d\sigma}{dx}$ 对液膜稳定性的影响

图 10-22 $\frac{d\sigma}{dx}$ 对液滴稳定性的影响

在喷射状态中，液相被分散成液滴而形成界面，液滴的稳定性越差，越容易分裂，相界面越大。如图 10-22 所示，由于局部质量传递，液滴表面的某个局部将出现缺口，此处重组分浓度增加，表面张力发生变化。

对于正系统 $\frac{d\sigma}{dx}>0$，缺口处的表面张力 σ' 大于 σ，缺口得以弥合，液滴稳定不易分裂。

对于负系统$\frac{d\sigma}{dx}<0$，缺口处的表面张力σ'小于σ，缺口将自动扩展加深，导致液滴分裂。因此，负系统宜采用喷射接触状态。

(2) 设置倾斜的进气装置 使全部或部分气流斜向进入液层。

在塔板上适当地设置倾斜进气装置，使全部或部分气体沿倾斜于液体流动的方向进入液层，具有以下优点：

① 斜向进气时，气体将给液体以部分动量，推动液体向前流动，而不必依靠液面落差。适当地分配斜向进入的气量，即可维持一定的液层厚度，又可消除液面落差，促成气流的均布。

② 适当地安排斜向进气装置，即在塔板边缘处适当增加斜向进气装置的数量，可使液体流动均匀。

③ 斜向进气时造成的液滴具有倾斜的初速度，其垂直分量较小，因而液沫夹带量将有所下降。

总之，适当采用斜向进气装置，可减少气液两相在塔板上的非理想流动，提高塔板效率。实现斜向进气的塔结构有多种形式。例如，舌形塔板（图 10-29）、浮舌塔板（图 10-30）、斜孔塔板（图 10-31）、网孔塔板（图 10-32）等使全部气体斜向进入液层；而林德筛板（图 10-35）则使部分气体斜向进入液层。

操作参数和塔板的负荷性能图 对一定物系和一定的塔结构，必相应有一个适宜的气液流量范围。

气体流量过小，将产生严重的漏液而使板效率急剧下降。气体流量过大，或因严重的液沫夹带而使板效率明显降低，或因液泛而无法正常工作。在一定的气体流量下，板效率与气体流量的关系大致如图 10-23 所示，图中V_1为操作气量的下限，V_2为操作气量的上限。

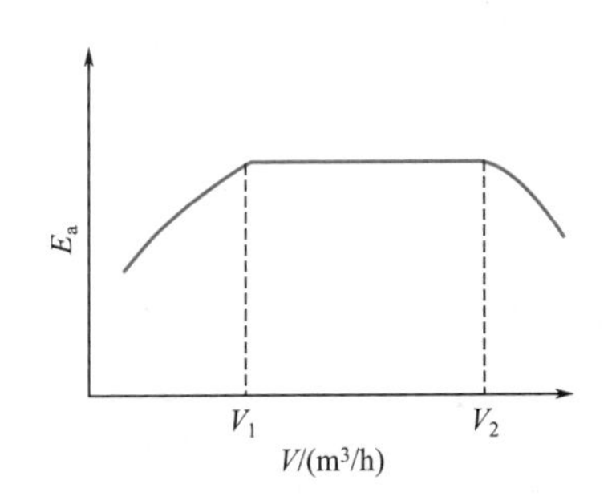

图 10-23 湿板效率与气体流量关系示意图

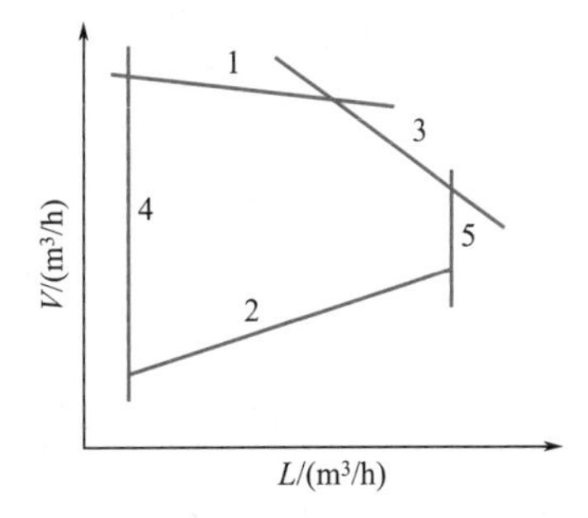

图 10-24 筛板塔的负荷性能图

液体流量的变化也有类似的结果。液体量过小，板上液流严重不均而板效率急剧下降，液体流量过大，则板效率将因液面落差过大而下降，甚至出现液泛而无法操作。因此，在一定的气量下，同样存在着液体流量的下限和上限。

图 10-24 所示为筛板塔的负荷性能图，它表示了气液两相的可操作范围，图中V、L分别为该板的气、液负荷，m^3/h。

图中线 1 为过量液沫夹带线。该线通常是以液沫夹带量$e_V=0.1$kg 液体/kg 干空气为依据确定的。气液负荷点位于线 1 上方，表示液沫夹带量过大，已不宜采用。

图中线 2 为漏液线。气液负荷点位于线 2 下方，表明漏液已足以使板效率大幅度下降。漏液线是由不同液体流量下的漏液点组成，其位置可根据漏液点气速确定。

图中线 3 为溢流液泛线。气液负荷点位于线 3 的右上方，塔内将出现溢流液泛。此线的位置可根据溢流液泛的产生条件确定。

图中线 4 为液量下限线。液量小于该下限，板上液体流动严重不均而导致板效率急剧下降。此线为一垂直线，对于平顶直堰，其位置可根据 $h_{ow}=6\text{mm}$ 确定。

图中线 5 为液量上限线。液量超过此上限，液体在降液管内的停留时间过短，液流中的气泡夹带现象大量发生，以致出现溢流液泛。通常规定液体在降液管内的实际平均停留时间［由式(10-7) 计算］不小于 3～5s（易发泡物系可取其中较大数值）。因此，液体流量的上限可由下式计算

$$\frac{H_T A_f}{L_{max}} \geqslant 3 \sim 5\text{s} \tag{10-22}$$

式中，L_{max} 为液体流量上限，m^3/s；H_T 为板间距，m；A_f 为降液管截面积，m^2。

上述各线所包围的区域为塔板正常操作范围。在此范围内，气液两相流量的变化对板效率影响不大。塔板的设计点和操作点都必须位于上述范围，方能获得合理的板效率。

若塔是在一定液气比 L/V 下操作的，塔内两相流量关系为通过原点、斜率为 V/L 的直线。此直线与负荷性能图的两个交点分别表示塔的上、下操作极限。上、下操作极限的气体流量之比称为塔板的操作弹性。图 10-25 中 a、b、c 三条直线表示不同液气比下的两相流量关系。由图 10-25 可以看出，在低液气比（线 a）下，塔的生产能力是由过量液沫夹带控制的；在高液气比（线 b）下，塔的生产能力是由溢流液泛控制的；当液气比很大（线 c）时，塔的生产能力则是由气泡夹带控制的。了解塔板负荷性能图，对于塔板的操作和改造是非常必要的。

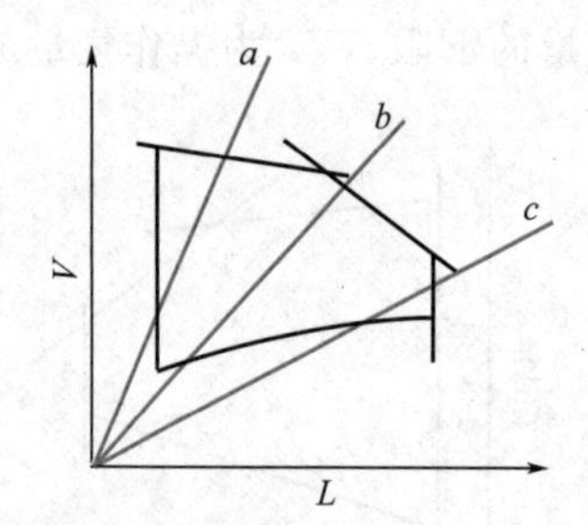

图 10-25　不同液气比下塔板的极限负荷

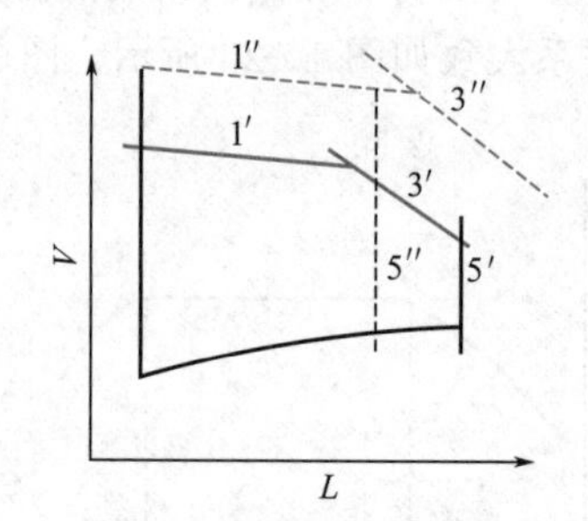

图 10-26　负荷性能图的变化

当物系一定时，负荷性能图完全由塔板的结构尺寸决定。不同类型的塔板，负荷性能图自然不同；就是直径相等的同一类型塔板，若板间距、降液管面积、开孔率、溢流堰形式与高度等结构参数不同，其负荷性能图也不相同。例如，若减少筛板塔的板间距，过量液沫夹带线 1 和溢流液泛线 3 将下移。而液量上限线 5 将左移。塔的正常操作范围减小。若减小降液管面积，过量液沫夹带线 1 和溢流液泛线 3 上移，液量上限线 5 左移可能与线 1 相交，而将液泛线划到正常操作范围之外（图 10-26）。由图 10-26 可知，当液气比较低时，降液管面积减少使塔的生产能力有所提高。但是，如果液气比较大，降液管面积减少反而使塔的生产能力下降。

10.1.8　塔板型式

前面以筛板塔为例，介绍了板式塔的一些共性问题。本节将简要介绍若干种塔板结构。

首先必须明确指出，工业生产对塔板的要求不只限于高效率，通常按以下五项标准进行

综合评价：①通过能力大，即单位塔截面能够处理的气液负荷高；②塔板效率高；③塔板压降低；④操作弹性大；⑤结构简单，制造成本低。

效率与允许气液负荷 效率与允许气液负荷之间的关系，是塔板结构设计者必须首先正确处理的。对于产量小的高纯度分离，板效率自然是主要的；但是，对于产量大的一般分离任务（如石油炼制等），重要的往往是允许气液负荷，即单位塔截面的处理能力要高。

前已述及，气液负荷的限制来自两方面的原因，一是使塔无法正常操作的液泛，一是使板效率剧降的过量液沫夹带。当前者为主时，设计者可采取某些措施，不惜牺牲一些效率，以获得更高的气液负荷。此时，负荷和效率似乎是矛盾的。当以后者为主时，应设法减少液沫夹带，提高气液负荷的上限。此时，负荷和效率是一致的。

效率和压降的关系 对一般精馏过程，塔板压降不是主要问题。但是，对真空精馏，塔板压降则成为主要指标。采用真空精馏的目的是降低塔釜温度，塔板压降高将部分抵消抽真空的效果。这时，对塔板评价的判据是一块理论板的压降。理论板压降是板效率和板压降两者综合的指标。

液层增厚，板效率自然随之有所提高，但板压降也相应提高。液层达一定厚度后，效率随液层厚度增加的幅度不及板压降增加的幅度，理论板压降将随液层厚度的增加而增大。因此，真空精馏塔往往采用薄液层，但必须克服薄液层带来的种种问题，避免效率过低。

干板压降也是如此，干板压降大对提高板效率有利，但设计时其大小仍需根据理论板压降最小的原则决定。

研究者在塔板结构方面进行大量的工作，开发了不少新型塔板，以下作简单介绍。

泡罩塔板 泡罩塔板的气体通路是由升气管和泡罩构成的（图10-27）。升气管是泡罩塔的主要结构特征。

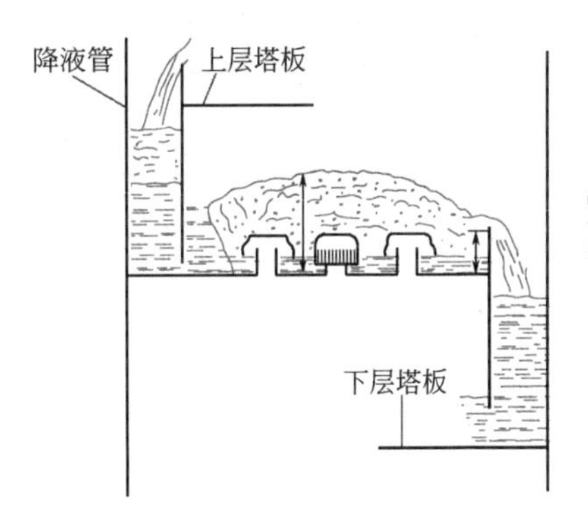

图10-27 泡罩塔板

动画

由于升气管的存在，泡罩塔板即使在气体负荷很低时也不会发生严重漏液，因而具有很大的操作弹性。泡罩塔对设计和操作的准确性要求很低，所以，自1813年问世以来很快地获得了推广应用。

但是，泡罩塔特有的“升气管-泡罩”结构不能适应生产大型化的挑战。这种结构制造成本高，而且气体通道曲折多变、干板压降大、液泛气速低、生产能力小。

浮阀塔板 浮阀塔板对泡罩塔板的主要改革是取消了升气管，在塔板开孔上方设有浮动的盖板——浮阀（图10-28）。浮阀可根据气体的流量自行调节开度。这样，在低气量时阀片处于低位，开度较小，气体仍以足够气速通过环隙，避免过多的漏液；在高气量时阀片自动浮起，开度增大，使气速不致过高，从而降低了高气速时的压降。

由于降低了压降，塔板的液泛气速提高，故在高液气比 L/V 下，浮阀塔板的生产能力大于泡罩塔板。

采用浮动构件是设计思想上的一种创新，使浮阀塔保留了泡罩塔操作弹性大的特点，故自20世纪50年代问世以来推广应用很快。

筛孔塔板 浮阀塔板具有许多优点，但其结构仍嫌复杂，且运动件易磨损。最简单的结构应该是筛孔塔板（简称筛板）。筛板几乎与泡罩塔板同时出现，但当时认为筛板容易漏液，操作弹性小，难以操作而未被使用。然而，筛板具有独特优点——结构简单，

动画

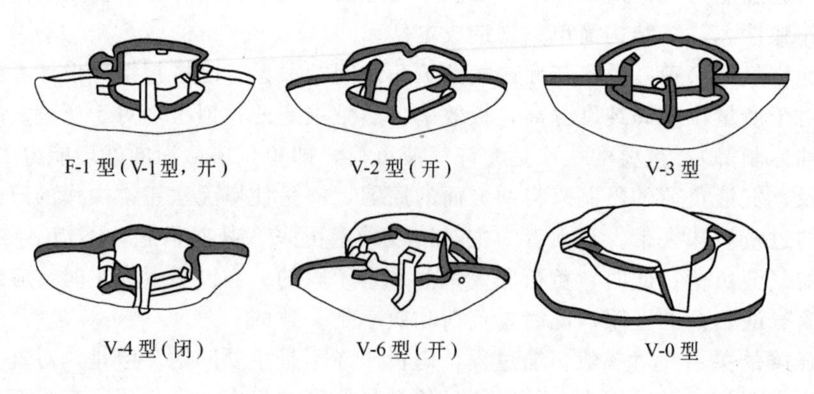

图 10-28　几种圆形浮阀

造价低廉。

经过长期系统的研究终于弄清，只要设计正确，筛板是具有足够操作弹性的。因此，随着设计方法的逐渐成熟，筛板目前已成为应用最为广泛的一种板型。

筛板的压降、效率和生产能力等大体与浮阀塔板相当。

动画

舌形塔板　上面介绍的有关塔板结构的变革，主要是着眼于减小塔板阻力以适应高气速的要求。高气速的另一障碍是液沫夹带。在力求提高单位塔截面的生产能力时，允许塔板效率有所降低，但不能降低过多。因此，只有设法防止过量的液沫夹带，才能在不严重降低板效率的情况下大幅度提高气速。

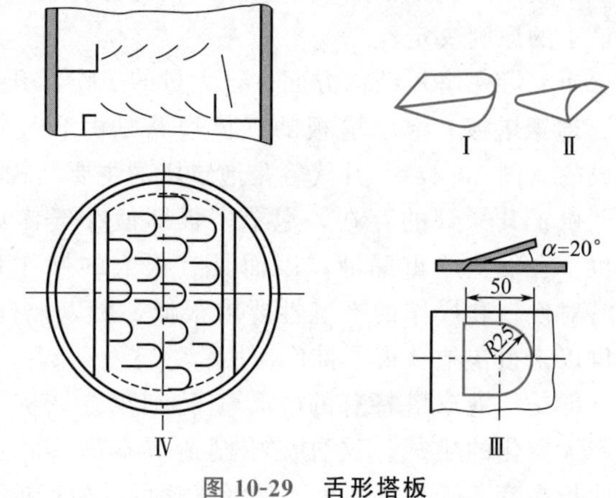

图 10-29　舌形塔板

Ⅰ—三面切口舌片；Ⅱ—拱形舌片；Ⅲ—50mm×50mm 定向舌片的尺寸和倾角；Ⅳ—塔板

气流垂直向上穿过液层时（泡罩、浮阀和筛板皆是如此），不仅使液体破碎成小滴，而且还给液滴以相当的向上初速度。液滴的这种初速度无益于气液传质，却增加了液沫夹带，因此，塔板研究者提出了舌形开孔（简称舌孔）的概念（图 10-29）。

舌孔的张角一般为 20°左右，由舌孔喷出的气流方向近于水平，产生的液滴几乎不具有向上的初速度。因此，这种舌形塔板液沫夹带量较小，在低液气比 L/V 下，塔板生产能力较高。

此外，从舌孔喷出的气流，通过动量传递推动液体流动，从而降低了板上液层厚度和板压降。板压降减少，可提高塔板的液泛气速，所以在高液气比 L/V 下，舌形塔板的生产能力也是较高的。

为使舌形塔板能够适应低负荷生产，提高其操作弹性，可采用浮动舌片。这种塔板称为浮舌塔板（图 10-30）。

在舌形塔板上，所有舌孔开口方向相同，全部气体从一个方向喷出，液体被连续加速。这样，当气速较大时，板上液层太薄，会使效率显著降低。

为克服这一缺点，可使舌孔的开口方向与液流垂直，相邻两排的开孔方向相反，这样既

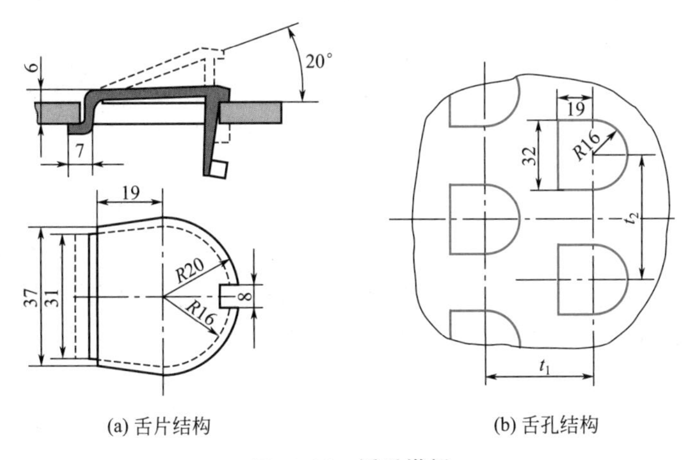

(a) 舌片结构　　(b) 舌孔结构

图 10-30　浮舌塔板

可允许较大气速，又不会使液体被连续加速。为适当控制板上液层厚度，消除液面落差，可每隔若干排布置一排开口与液流方向一致的舌孔。这种塔板称为斜孔塔板，如图 10-31 所示。

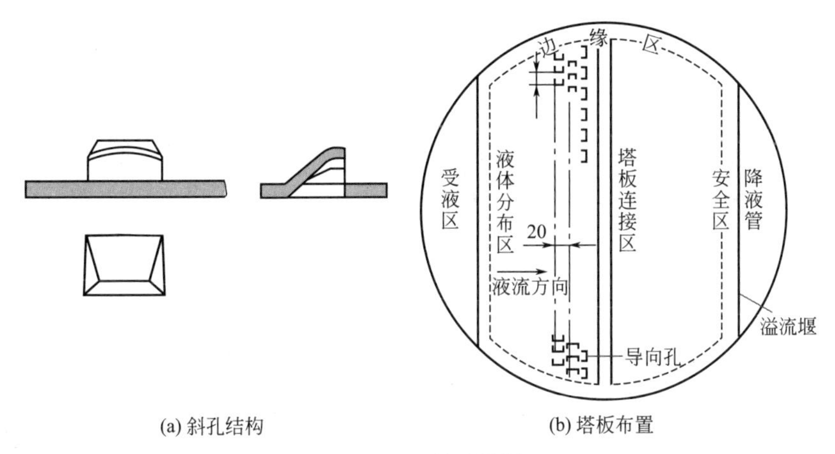

(a) 斜孔结构　　(b) 塔板布置

图 10-31　斜孔塔板

网孔塔板　网孔塔板采用冲有倾斜开孔的薄板制造（图 10-32），具有舌形塔板的特点，并易于加工。这种塔板还装有若干块用同样薄板制造的碎流板，碎流板对液体起拦截作用，避免液体被连续加速，使板上液体滞留量适当增加。同时，碎流板还可以捕获气体夹带的小液滴，减少液沫夹带量。

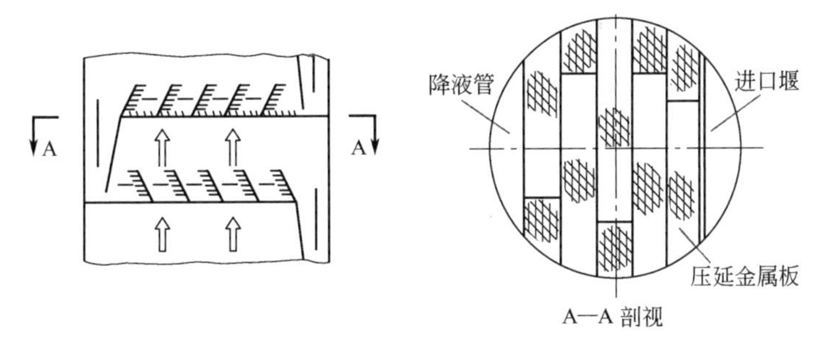

图 10-32　压延钢板网孔塔板

因此，和舌形塔板相比，网孔塔板的气速提高，具有更大的生产能力。

垂直筛板　垂直筛板是在塔板上开有若干直径为100～200mm的大圆孔，孔上设置圆柱形泡罩，泡罩的下缘与塔板有一定间隙使液体能进入罩内。泡罩侧壁开有许多筛孔（图10-33）。

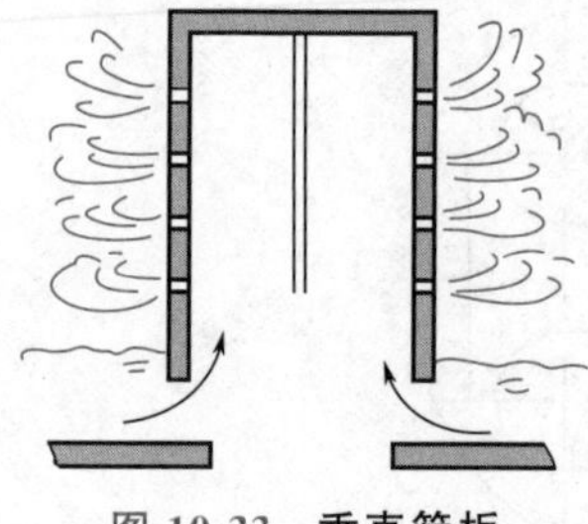

图10-33　垂直筛板

这种塔板在操作时，从下缘间隙进入罩体的液体被上升的气流拉成液膜沿罩壁上升，并与气流一起经泡罩侧壁筛孔喷出。之后，气体上升，液体落回塔板。落回塔板的液体将重新进入泡罩，再次被吹成液滴由筛孔喷出。液体自塔板入口流至降液管，多次经历上述过程，从而为两相传质提供了很大的不断更新的相际接触表面，提高了板效率。

在垂直筛板上，板上存在一层清液，其深度是由堰高 h_w 和液流强度 L/l_w 决定的。清液高度必须能够维持泡罩底部的液封并保证一定的进入泡罩的液体量。垂直筛板的喷射方向是水平的，液滴在垂直方向的初速度为零，液沫夹带量很小。与普通筛板相比，在低液气比 L/V 下，垂直筛板的生产能力有大幅度提高。

多降液管塔板　以上介绍的各种塔板，主要是从减少塔板阻力和液沫夹带量着眼，提高塔板处理气体负荷的能力。但是，当液气比较大时，液量上限线成为塔板生产能力的控制因素。

液体流量过大，塔板上的液层太厚并造成很大的液面落差。舌形塔板、网孔塔板等利用倾斜喷出的气流推动液体流动，有助于提高允许液体流量。

此外，也可在普通筛板上设置多根降液管以适应大液量的要求（图10-34）。为避免过多占用塔板面积，降液管为悬挂式的，其底部开有若干缝隙，其开孔率必须正确设计，使液

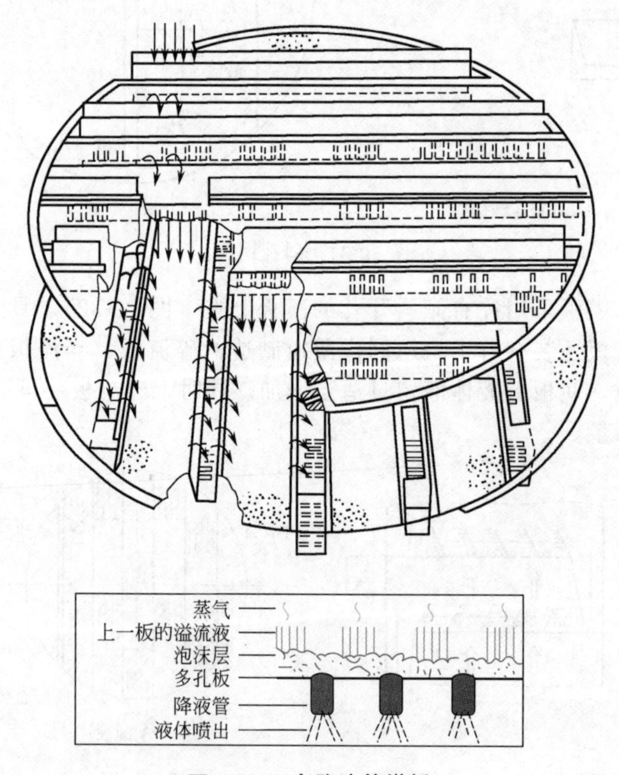

图10-34　多降液管塔板

体能流出并保持一定高度的液封，防止气体窜入降液管内，为避免液体短路，相邻两塔板的降液管交错成 90°。

当然，采用多降液管时液体行程缩短，在液体行程上不容易建立浓度差，板效率有所降低。

林德筛板　林德筛板是专为真空精馏设计的高效低压降塔板。真空精馏塔板的主要技术指标是每块理论板的压降。和普通塔板相比，真空塔板须注意以下两点。首先，真空塔板为保证低压降，不能像普通塔板一样，依靠较大的干板阻力使气流均匀。在这里为使气流均匀，需设法使板上液层厚度均匀。其次，真空塔板存在一个最佳液层厚度。较高的液层厚度虽能使板效率提高，但也增大了液层阻力。当液层厚度超过一定数值反而得不偿失。若液层过低，板效率随之降低而干板压降不变，也会导致每块理论板压降增大。最佳厚度应使每块理论板压降最小，这个厚度一般是较薄的。为达到上述目的，林德筛板采用以下两个措施（图 10-35）：①在整个筛板上布置一定数量的导向斜孔；②在塔板入口处设置鼓泡促进装置。

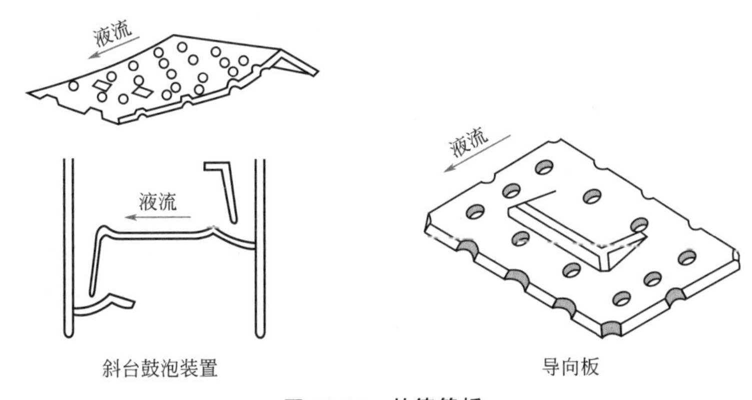

图 10-35　**林德筛板**

导向斜孔的作用是利用部分气体的动量推动液体流动，以降低液层厚度并保证液层均匀。因气流的推动，板上液体很少返混，在行程上能建立起较大的浓度差，提高塔板效率。

鼓泡促进装置可使气流分布更加均匀。在普通筛板入口处，因液体充气程度较低，液层阻力较大而气体孔速较小。当气速较低时，由于液面落差的存在，该处漏液严重，所谓鼓泡促进装置就是将塔板入口处液层厚度人为减薄，使该处孔速适当地增加。在低气速下，鼓泡促进装置可以避免入口处产生倾向性漏液。

由于采用以上措施，林德筛板压降小而效率高（一般为 80%～120%），操作弹性也比普通筛板有所增加。

导向浮阀塔板　华东理工大学开发的导向浮阀塔板已在气体吸收和精馏操作中广泛应用，在 5000 多座工业塔中成功应用。导向浮阀的结构如图 10-36 所示，它有如下主要特征。

浮阀上有一个或两个导向孔，导向孔的开口方向与塔板上的液流方向一致。从导向孔喷出的少量汽体推动塔板上的液体流动，从而可明显减少甚至消除塔板上的液面梯度，使汽体在液体流动方向上分布均匀。浮阀为矩形，两端设有阀腿。汽体从浮阀的两侧流出，汽流方向垂直于液流方向，使板上液体返混较小。具有两个导向孔的导向浮阀，适当排布在塔板两侧的弓形区内，以加速该区域的液体流动，以消除塔板上的液体滞止区。导向浮阀在操作中不转动，浮阀无磨损，不脱落。

上述特点提高了塔板效率，塔的处理量增大。

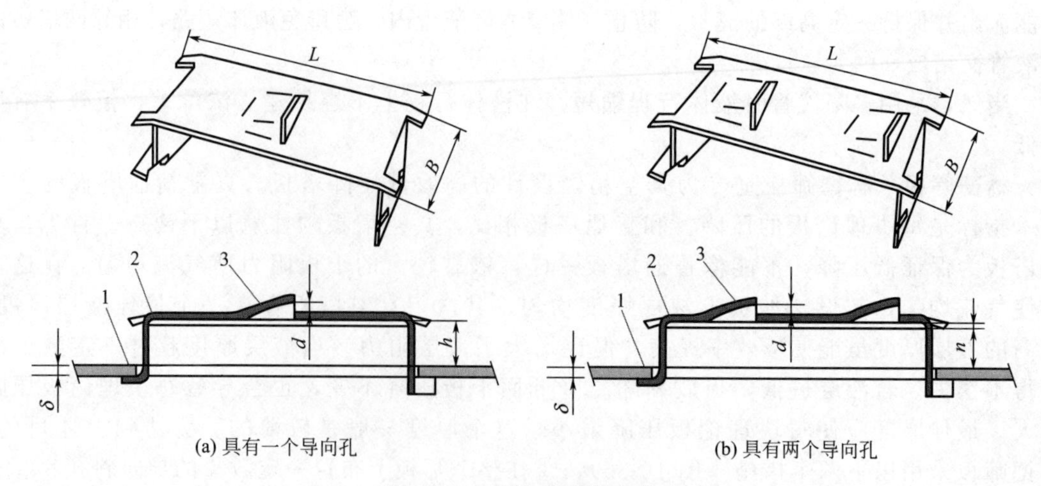

图 10-36 导向浮阀的结构

1—阀孔板；2—导向浮阀；3—导向孔

δ—塔板厚度；L—浮阀长度；B—浮阀宽度；d—导向孔高度；h—阀开启高度；n—阀片厚度

10.1.9 筛板塔的设计

筛板早在 1832 年问世，长期以来，一直被误认为操作范围狭窄，筛孔容易堵塞而受到冷遇。但是，筛板塔结构简单，在经济上有很大的吸引力。因此，从 20 世纪 50 年代开始，许多研究者对筛板塔重新进行了研究。研究结果表明，造成筛板塔操作范围狭窄的原因是设计不良（主要是设计点偏低、容易漏液），而设计良好的筛板塔具有足够宽的操作范围。至于筛孔容易堵塞的问题，可采用大孔径筛板得以解决。

20 世纪 60 年代初，美国精馏研究公司（FRI）又以工业规模，用不同物系，在不同操作压强下，广泛地改变了筛孔直径、开孔率、堰高等结构参数，对筛板塔进行了系统的研究。这些研究成果，使筛板塔的设计更加完善，其中关于大孔径筛板的设计方法属于专利。国内对大孔径筛板也做过某些研究。FRI 的研究工作表明，设计良好的筛板是一种效率高、生产能力大的塔板，对筛板的推广应用起了很大的促进作用。目前，筛板已发展成为应用最广的通用塔板。

筛板塔通常是在泡沫状态下操作的。但是，为增加塔的生产能力，喷射型操作越来越受到重视。特别是对于 $\frac{\mathrm{d}\sigma}{\mathrm{d}x}<0$ 的物系，喷射状态既可提高塔的生产能力又可提高板效率，应尽量采用。但是，目前关于喷射型筛板塔的设计资料不多，以下内容只限于一般孔径的泡沫型操作的筛板塔设计。

筛孔塔板的板面布置 在筛孔塔板上，气液两相的接触和传质主要发生在开有筛孔的区域内。但是，对于错流型塔板，塔板上有些区域是不能开孔的，如图 10-37 所示，塔板面积可分为以下几部分：

① 有效传质区，即塔板上开有筛孔的面积，以符号 A_a 表示；

② 降液区，包括降液管面积 A_f 和接受上层塔板液体的受液盘面积 A_f'，对垂直降液管有 $A_f=A_f'$；

③ 塔板入口安定区，即在入口堰附近一狭长带上不开孔，以防止气体进入降液管或因降液管流出的液流的冲击而漏液，其宽度以 W_s' 表示；

④ 塔板出口安定区，即在靠近溢流堰处一狭长带上不开孔，使液体在进入降液管前，脱除其中所含的大部分气体，其宽度以 W_s 表示；

⑤ 边缘区，即在塔板边缘留出宽度为 W_c 的面积不开孔供固定塔板用。

以上各面积的分配比例与塔板直径及液流型式有关。在塔板设计时，应在允许的条件下尽量增大有效传质区面积 A_a。

当溢流堰长 l_w 和塔径 D 之比已定，降液管面积 A_f 和塔板总面积 A_T 之比可以算出。

$$\frac{A_f}{A_T}=\frac{1}{\pi}\left[\sin^{-1}\left(\frac{l_w}{D}\right)-\frac{l_w}{D}\sqrt{1-\left(\frac{l_w}{D}\right)^2}\right] \tag{10-23}$$

$$\frac{W_d}{D}=\frac{1}{2}\left[1-\sqrt{1-\left(\frac{l_w}{D}\right)^2}\right] \tag{10-24}$$

为方便起见，也可从图 10-38 查得。

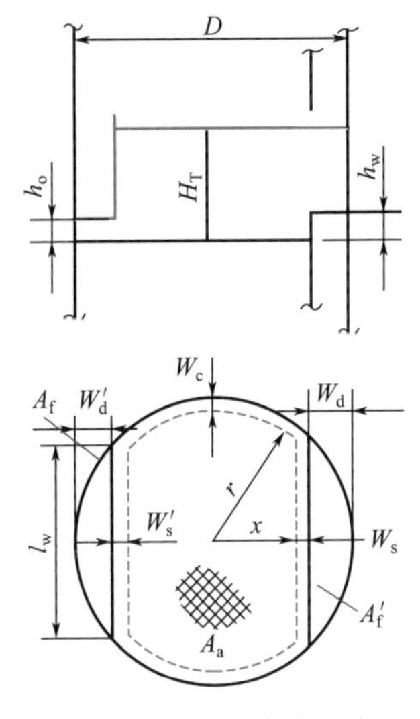

图 10-37　筛板的板面布置及主要尺寸

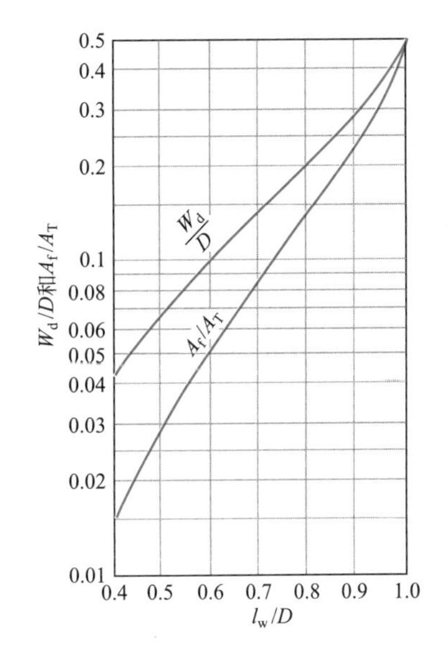

图 10-38　弓形降液管的宽度与面积

由图 10-37 可知，对于具有垂直弓形降液管的单流型塔板。当 l_w/D，W_s，W'_s，W_c 和塔径 D 确定后，有效面积 A_a 可由下式计算

$$A_a=\left(x'\sqrt{r^2-x'^2}+r^2\sin^{-1}\frac{x'}{r}\right)+\left(x\sqrt{r^2-x^2}+r^2\sin^{-1}\frac{x}{r}\right) \tag{10-25}$$

式中，$x=\frac{D}{2}-(W_d+W_s)$，m；$x'=\frac{D}{2}-(W'_d+W'_s)$，m；$r=\frac{D}{2}-W_c$，m；$W_d$、$W'_d$分别为弓形降液管和受液盘的宽度，m。

须指出，当塔径很大时，横跨塔径的支撑梁也占据很大面积，此时应从上式计算的 A_a 中扣除支撑面积，才是真正的有效传质区。

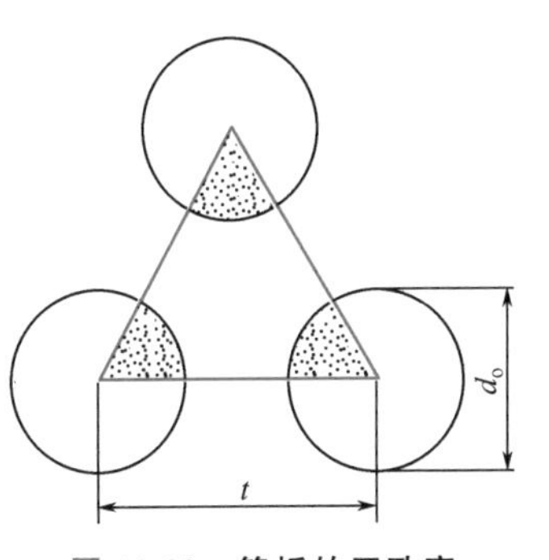

图 10-39　筛板的开孔率

在有效传质区内，筛孔按正三角形排列。若孔径为 d_o，孔间距为 t，由图 10-39 可以得出，筛孔总面积 A_o 与有效面

积 A_a 之比，即有效传质区的开孔率为

$$\varphi=\frac{A_o}{A_a}=\frac{\frac{1}{2}\times\frac{\pi}{4}d_o^2}{\frac{1}{2}t^2\sin60^\circ}=0.907\left(\frac{d_o}{t}\right)^2 \tag{10-26}$$

由上式可以看出，有效传质区的开孔率是由孔径与孔间距之比唯一决定的。

筛孔塔板的设计参数 液体在塔板上的流动型式确定之后，一个完整的筛板设计必须确定的主要结构参数有（参阅图 10-37）：

① 塔板直径 D；

② 板间距 H_T；

③ 溢流堰的型式，长度 l_w 和高度 h_w；

④ 降液管型式，降液管底部与塔板间距的距离 h_o；

⑤ 液体进、出口安定区的宽度 W_s'、W_s，边缘区宽度 W_c；

⑥ 筛孔直径 d_o，孔间距 t。

筛孔塔板的设计程序 筛板塔的各种性能是由上述各设计参数共同决定的。因此，上述各参数不是独立的，而是通过液沫夹带、液泛、漏液、板压降等流动现象相互关联的。塔板设计的基本程序是：

① 选择板间距和初步确定塔径；

② 根据初选塔径，对筛板进行具体结构的设计；

③ 对所设计的塔板进行流体力学校核，必要时，可对某些结构参数加以调整。

Ⅰ. 板间距的选择和塔径的初步确定

板间距对塔板的液沫夹带量和液泛气速有重要的影响。对于相同的气液负荷，板间距 H_T 越大，允许气速越大，所需塔径 D 越小。因此，存在一个在经济上最佳的板间距。但实际上，板间距的选择，常常取决于制造和维修的方便。表 10-1 列出不同塔径所推荐的板间距，可供参考。

表 10-1 不同塔径的板间距参考

塔径 D/mm	800～1200	1400～2400	2600～6600
板间距 H_T/mm	300、350、400、450、500	400、450、500、550、600、650、700	450、500、550、600、650、700、750、800

板间距 H_T 选定之后，可根据夹带液泛条件初步确定塔径 D。

关于板式塔的夹带液泛现象，索德尔斯和布朗（Souders and Brown）首先进行了研究。他们根据液滴在气流中悬浮时的力平衡方程式

$$\frac{\pi}{6}d_p^3(\rho_L-\rho_V)g=\zeta\frac{\pi}{4}d_p^2\frac{\rho_V u_n^2}{2} \tag{10-27}$$

定义了气体负荷因子

$$c=\sqrt{\frac{4d_p g}{3\zeta}}=u_n\sqrt{\frac{\rho_V}{\rho_L-\rho_V}} \tag{10-28}$$

式中，ρ_L、ρ_V 为气液两相密度，kg/m³；d_p 为悬浮于气流中的液滴直径，m；ζ 为阻力系数；u_n 为根据气体通过面积（对单流型塔板为 A_T-A_f）计算的气体速度，m/s。

由式(10-28) 可知，u_n 越大即气体负荷因子 c 越大，可以悬浮的液滴直径 d_p 越大，板上液沫夹带量越大。当 u_n 大到一定程度，塔内发生液泛，此时对应的气体负荷因子以

c_f 表示。索德尔斯和布朗将气体负荷因子 c_f、表面张力 σ 和板间距 H_T 进行了关联。他们所得的结果用于塔板设计过于保守，但他们定义的气体负荷因子却为以后的研究者广泛采用。

费尔（Fair）注意到，液泛时的气相负荷因子 c_f 不仅与板间距、表面张力而且还与两相流动情况有关。为体现两相流动情况的影响，费尔等定义了一个两相流动参数

$$F_{LV}=\frac{L_S}{V_S}\sqrt{\frac{\rho_L}{\rho_V}}=\frac{W_L}{W_V}\sqrt{\frac{\rho_V}{\rho_L}} \tag{10-29}$$

式中，V_S、L_S 为气液两相的体积流量，m^3/s；W_V、W_L 为气液两相的质量流量，kg/s；ρ_V、ρ_L 为气液两相的密度，kg/m^3。

此参数实际上是气液两相动能因子的比值。费尔等以 F_{LV}、C_{f20} 和板间距 H_T 为参数，对许多文献上的液泛数据进行了关联，所得结果如图 10-40 所示。

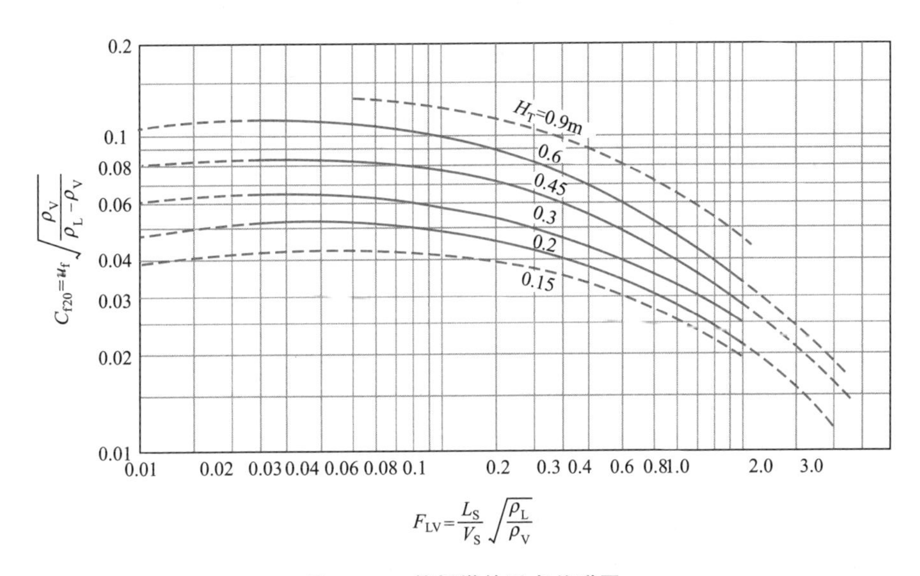

图 10-40　筛板塔的泛点关联图

图 10-40 可用来计算筛板塔（以及浮阀塔和泡罩塔）的液泛气速。在应用该图时，须注意以下几点：

① 若液相表面张力 $\sigma \neq 20$mN/m，查得结果应按下式校正

$$\frac{C_f}{C_{f20}}=\left(\frac{\sigma}{20}\right)^{0.2} \tag{10-30}$$

② 堰高 h_w 不超过板间距 H_T 的 15%；

③ 物系为低发泡性的；

④ 塔板开孔率 φ 不小于 10%，否则应将查得的 C_{f20} 乘以下列 k 值进行校正；

φ	0.10	0.08	0.06
k	1.0	0.9	0.8

⑤ 对于筛板，孔径不大于 6mm。

如满足以上条件，图 10-40 的误差不大于 10%。由已知的气液两相流动参数 F_{LV} 和选定

的板间距 H_T 从图 10-40 查得 C_{f20} 后，可按下式求出液泛气速

$$u_f=C_{f20}\left(\frac{\sigma}{20}\right)^{0.2}\left(\frac{\rho_L-\rho_V}{\rho_V}\right)^{0.5} \tag{10-31}$$

设计气速必须低于液泛气速（泛点气速），两者之比称为泛点百分率。费尔等建议，泛点百分率可取为0.8～0.85，对于易起泡物系可取为0.75。

因液泛气速 u_f 是以气体流通面积为基准的净速度，为计算所需塔径，必须首先确定液流型式及堰长与塔径之比 l_w/D。液流型式可根据表 10-2 选定。但必须保证 $\Delta<\frac{h_d}{2}$。l_w/D 的选取与液体流量 L 及系统发泡情况有关。通常，单流型可取 $l_w/D=0.6\sim0.8$，双流型可取为 $l_w/D=0.5\sim0.7$。对容易发泡的物系，l_w/D 可取得高一些，以保证液体在降液管内有更长的停留时间。

表 10-2　选择液流型式参考

塔径/m	液体流量/(m³/h)			
	U形流型	单流型	双流型	阶梯流型
1.0	<7	<45		
1.4	<9	<70		
2.0	<11	<90	90～160	
3.0	<11	<110	110～200	200～300
4.0	<11	<110	110～230	230～350
5.0	<11	<110	110～250	250～400
6.0	<11	<110	110～250	250～450

根据液泛气速 u_f、泛点百分率、液流型式和 l_w/D 可求出所需塔径。

Ⅱ. 塔板结构设计

塔径确定之后，可根据经验适当选择其余设计参数，初步完成塔板设计。

(1) 溢流堰的型式和高度的选择　通常溢流堰为平顶的，当堰上液高 $h_{ow}\leqslant 6\text{mm}$ 时应采用齿形堰。

溢流堰的高度 h_w 对板上泡沫层高度和液层阻力有很大影响。h_w 太低，板上泡沫层亦低，相际接触表面小；h_w 太高，液层阻力大，板压降高。堰高 h_w 可参考表 10-3 推荐数据。

表 10-3　各种操作情况的堰高参考

堰高	真空	常压	加压
最小值/mm	10	20	40
最大值/mm	20	50	80

(2) 降液管和受液盘的结构和有关尺寸的选择　早期的板式塔，多采用圆形降液管。圆形降液管所能提供的降液面积和两相分离空间很小，常常成为限制塔的生产能力的薄弱环节。现在，除小型实验装置外，圆形降液管早已被弓形降液管所取代。弓形降液管是由部分塔壁和一块平板围成的，其出口一般不设堰板。弓形降液管充分利用塔内空间，能提供很大的降液面积和两相分离空间，除非 L/V 很高，降液管的通过能力不再是薄弱环节了。弓形降液管一般是垂直的，降液面积 A_f 与受液面积 A_f' 相等。有时，为增大两相分离空间而又不过多占据塔板面积，降液管可做成倾斜的（图 10-41）。

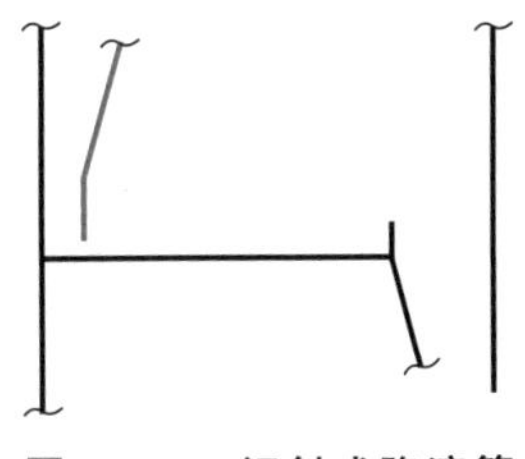

图 10-41 倾斜式降液管

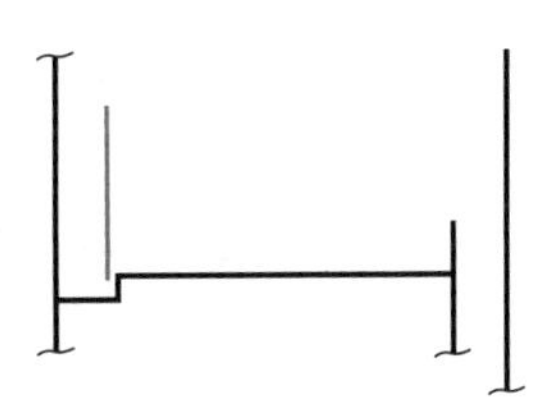

图 10-42 凹形受液盘

为保证液封，降液管底隙 h_o 应小于堰高 h_w，但一般不应小于 20～25mm 以免堵塞。为防止头几排筛孔因液体进入塔板时的冲击而漏液，对于直径大于 800mm 的塔板，现在推荐使用凹形受液盘（图 10-42）。

(3) 安定区和边缘区宽度的选择 入口安定区宽度 W_s' 可取为 50～100mm，出口安定区宽度 W_s 一般等于 W_s'，但根据大量的工业实践，目前多主张不设出口安定区。

边缘区宽度为 W_c 与塔径有关，一般可取 25～50mm。

W_s、W_s'、W_c 取定以后，单流型塔板的有效传质面积 A_a 可由式(10-25) 计算。

(4) 孔径和开孔率的选择 在工业筛板塔中，筛孔直径变化范围很大。筛孔小，加工麻烦、容易堵塞；但筛板不易漏液，操作弹性大。筛孔大，加工容易，不易堵塞；但漏液点气速高，操作弹性小。鼓泡型操作的筛板塔，筛孔一般较小，常用 3～8mm。喷射型操作的筛板塔，所用的筛孔直径较大，一般为 12～25mm。如所处理的物料含有固体物质，应采用大孔径。

开孔率 φ 是由孔径 d_o 与孔间距 t 的比值 d_o/t 决定的，可由式(10-26) 计算。开孔率 φ 与板压降直接有关，故对塔板的性能有重要影响。开孔率 φ 太小，相际接触表面亦小，不利于传质，且板压降大容易液泛。开孔率 φ 太大，干板压降小而漏液点气速高，塔板的操作弹性下降。因此，在选择 d_o/t 时，应对压降和操作弹性进行全面考虑。在一般情况下，可取孔间距 $t=(2.5\sim5)d_o$。

Ⅲ. 塔板的校核

对初步设计的筛板进行校核，以判断设计工作点是否位于筛板的正常操作范围之内，板压降是否超过允许值等。如有必要，必须对设计参数进行修正。最后，对设计的塔板应作负荷性能图，以全面了解塔板的操作性能。

(1) 板压降的校核 板压降对塔板的性能有重要的影响。减压精馏时，对板压降的数值本身也有限制。因此，对初步设计的筛板的板压降必须进行校核。

已知板压降等于干板压降与液层阻力之和，即

$$h_f=h_d+h_L \tag{10-32}$$

干板压降 h_d 可由式(10-4) 计算，式中孔流系数 C_0 可由图 10-43 求取。图中 δ 为塔板厚度，d_o 为孔径。

液层阻力 h_L 可由下式计算：

$$h_L=\beta(h_w+h_{ow}) \tag{10-33}$$

式中，β 为液层充气系数，可由图 10-44 求取。图中横坐标 $F_a=u_a\rho_V^{0.5}$ 中的 u_a 是以塔截面积与降液区面积之差即（A_T-2A_f）为基准计算的气体速度，m/s；ρ_V 是气体密度，kg/m^3。

如算出的板压降 h_f 超过允许值，可增大开孔率 φ 或降低堰高 h_w 使 h_f 下降。

(2) 液沫夹带的校核 为使所设计的筛板具有较高的板效率，液沫夹带量不可太大，必须校核塔板在设计点的夹带量。

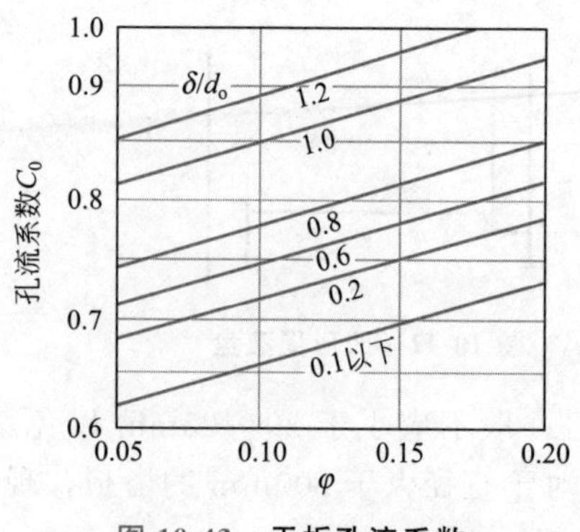

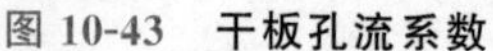
图 10-43 干板孔流系数

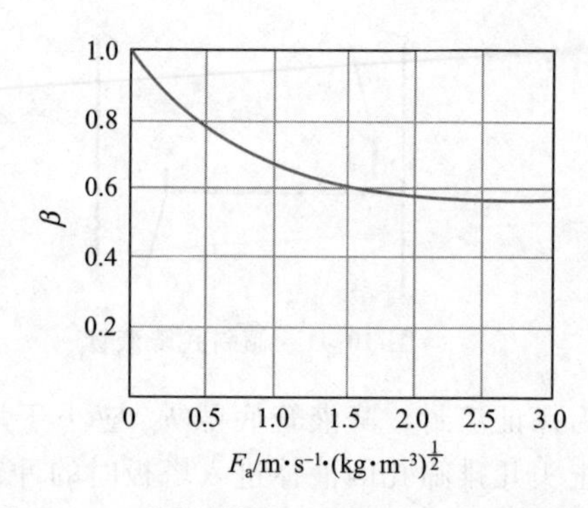

图 10-44 充气系数 β 和动能因子 F_a 间的关系

费尔根据许多文献发表的液沫夹带数据，把液沫夹带分率 ψ 关联成两相流动参数 F_{LV} 和泛点百分率的函数。费尔的关联结果如图 10-45 所示，误差约为±20%。图中的泛点百分率为实际气速与两相流动参数 F_{LV} 相同时的液泛气速之比。泛点百分率实际上反映了板间距和塔径对液沫夹带的影响。由图 10-45 同样可以看出，当液气比很小时，在塔尚未液泛之前，液沫夹带分率早已超过允许范围。此时，控制塔板生产能力的是液沫夹带，如某些真空下操作的精馏塔就是这样。相反，当液气比较大时，即使液沫夹带分率 ψ 很小，也会产生溢流液泛。此时溢流液泛是塔板生产能力的控制因素。

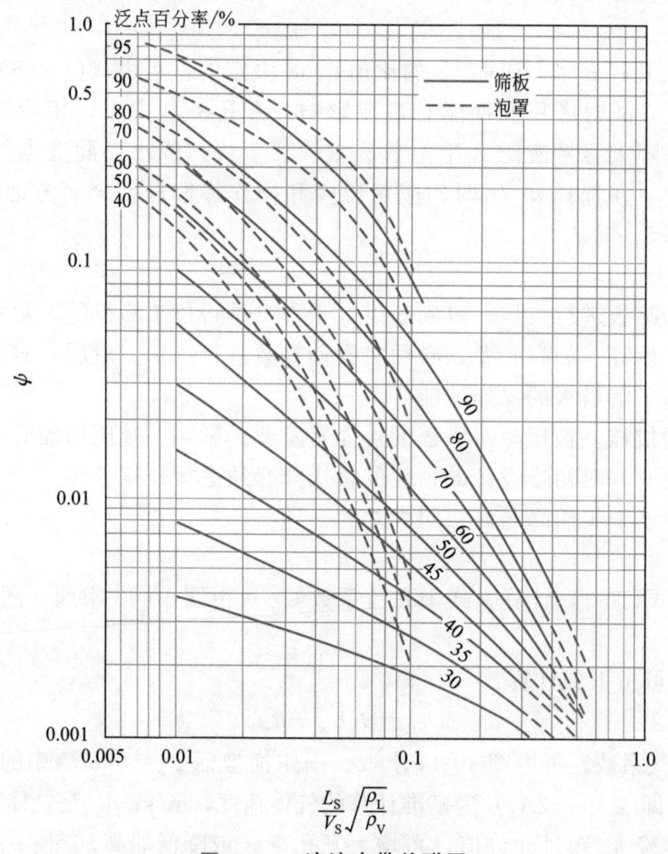

图 10-45 液沫夹带关联图

根据已知的两相流动参数 F_{LV}，由图 10-45 查得液沫夹带分率 ψ，再由式(10-6) 算出

$$e_V=\frac{\psi}{1-\psi}\frac{L}{V}\left(\frac{\text{kg 液体}}{\text{kg 干气体}}\right)$$

如算出的 e_V 超过允许数值（通常定为 0.1kg 液体/kg 干气体），可增大塔径或板间距使 e_V 降到允许值以下。

液沫夹带量 e_V 也可根据亨特（Hunt）提出的经验式计算

$$e_V=\frac{5.7\times10^{-6}}{\sigma}\left(\frac{u_n}{H_T-H_f}\right)^{3.2} \tag{10-34}$$

式中，σ 为液体表面张力，N/m；u_n 为按气体实际通过面积计算的气速，m/s；H_f 为泡沫层高度（其值可取为板上清液高度的 2.5 倍，即 $H_f=2.5h_1$），m；H_T 为板间距，m。

亨特的结果与费尔的结果有一定出入。亨特没有关联气体密度对液沫夹带的影响。

(3) 溢流液泛条件的校核 为避免发生溢流液泛，必须满足以下条件

$$H_{fd}=\frac{H_d}{\phi}<H_T+h_w \tag{10-35}$$

式中，相对泡沫密度 ϕ 与物系的发泡性有关。对于一般物系，ϕ 可取为 0.5；对于不易发泡物系，ϕ 可取为 0.6～0.7；对于容易发泡物系，ϕ 可取为 0.3～0.4。对于发泡性未知的物系，必要时可通过实验，对照发泡性已知的物系决定 ϕ 的取值。降液管内的清液高度 H_d 可由式(10-8) 计算，即

$$H_d=h_w+h_{ow}+\Delta+\sum h_f+h_f$$

式中，h_w 已选定；h_f 由式(10-2) 计算。其余三项分别计算如下：

堰上液高 h_{ow} 液体翻越堰板的溢流，理论上可导出堰上液高 h_{ow} 的计算式：

$$h_{ow}=\frac{1}{C_0\sqrt{2g}}\left(\frac{L_h}{l_w}\right)^{2/3}=2.84\times10^{-3}\left(\frac{L_h}{l_w}\right)^{2/3}$$

式中，L_h 为液体体积流量，m^3/h；l_w 为堰长，m；C_0 为堰流系数。

考虑到圆形塔壁对液流收缩的影响，上式须加以校正，即

$$h_{ow}=2.84\times10^{-3}E\left(\frac{L_h}{l_w}\right)^{2/3} \tag{10-36}$$

式中，E 为校正系数也称为液流收缩系数，其值可由图 10-46 查出，图中 L_h 单位为 m^3/h。

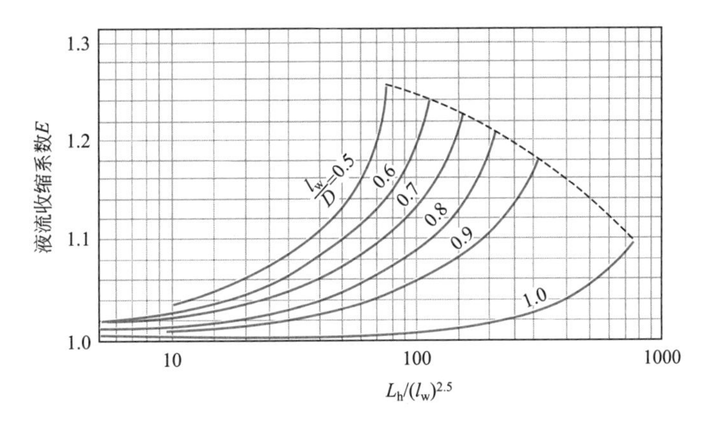

图 10-46 液流收缩系数

当采用齿形堰而且液层高度不超过齿顶时，从齿根算起的堰上液高为

$$h_{ow}=1.17\left(\frac{L_s h_n}{l_w}\right)^{2/5} \tag{10-37}$$

当液层超过齿顶时，从齿根算起的液高可由下式算出

$$L_s=0.735\left(\frac{l_w}{h_n}\right)\left[h_{ow}^{5/2}-(h_{ow}-h_n)^{5/2}\right] \tag{10-38}$$

在以上两式中，h_n 为齿形堰的齿深，m；L_s 为液体体积流量，m^3/s。

液面落差 Δ　液体沿筛板流动，阻力损失小，其液面落差通常可忽略不计。若塔径和液体流量很大，液面落差可由下式计算

$$\Delta=0.0476\frac{(b+4H_f)^2\mu_L L_s Z}{(bH_f)^3(\rho_L-\rho_V)} \tag{10-39}$$

式中，Δ 为液面落差，m；b 为液流平均宽度，$b=(D+l_w)/2$，m；Z 为液流长度，m；H_f 为鼓泡层高度，m；L_s 为液体体积流量，m^3/s。

降液管阻力 $\sum h_f$　降液管阻力损失主要集中于降液管出口。液体经过降液管出口可当作小孔流出来处理，阻力损失可由下式计算：

$$\sum h_f=\frac{1}{2gC_0^2}\left(\frac{L_s}{l_w h_o}\right)^2=0.153\left(\frac{L_s}{l_w h_o}\right)^2 \tag{10-40}$$

式中，h_o 为降液管底隙（参见图 10-2），m；C_0 为孔流系数。

液体在降液管内停留时间的校核　为避免发生严重的气泡夹带，通常规定液体在降液管的停留时间不小于 3～5s，即

$$\tau=\frac{A_f H_d}{L_s}\geqslant 3\sim5 \tag{10-41}$$

对易起泡物系，可取其中较高数值。须指出，大量的工业实践表明，式(10-41) 所规定的条件是相当保守的。

漏液点的校核　漏液点气速的高低，对筛板塔的操作弹性影响很大。为保证足够的操作弹性，通常要求设计孔速 u_0 与漏液点孔速 u_{ow} 之比（称为筛板的稳定系数，以 k 表示）不小于 1.5～2.0，即

$$k=\frac{u_0}{u_{ow}}\geqslant 1.5\sim2.0 \tag{10-42}$$

已知漏液点干板压降 h_d 决定于板上液层的不均匀性，而液层的不均匀性又与板上当量清液高度有关。因此，漏液点的干板压降 h_d 或孔速 u_{ow} 必与当量清液层高度有某种关系。戴维斯和戈登（Davies and Gordon）以漏液点干板压降 h_d 和当量清液层高度 h_c 对许多文献中的漏液点数据进行了关联，结果如图 10-47 所示。漏液点当量清液层高度 h_c 可由下式计算

$$h_c=0.0061+0.725h_w-0.006F+1.23\frac{L_s}{l_w} \tag{10-43}$$

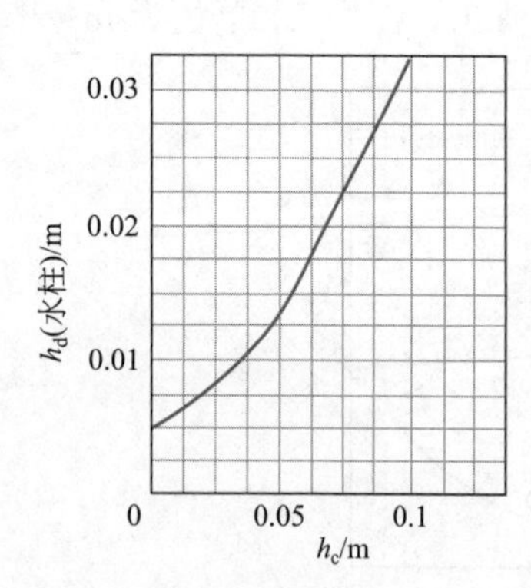

图 10-47　筛板漏液点关联图

式中，h_w 为堰高，m；F 为气体的动能因子，$F=u_{ow}\rho_V^{0.5}$；u_{ow} 为以面积（A_T-2A_f）计算的漏液点气速，m/s。

利用式(10-43) 和图 10-47 可试差求出漏液点的干板压降和相应的孔速 u_{ow}，再由式(10-42) 求出稳定系数 k。若算出的 k 值太小，可适当减少开孔率 φ 和降低堰高 h_w。

具体的塔板详细计算的实例见参考文献［32］。

思考题

10-1　板式塔的设计意图是什么？对传质过程最有利的理想流动条件是什么？

10-2　鼓泡、泡沫、喷射这三种气液接触状态各有什么特点？

10-3　何谓转相点？

10-4　板式塔内有哪些主要的非理想流动？

10-5　夹带液泛与溢流液泛有何区别？

10-6　板式塔的不正常操作现象有哪几种？

10-7　为什么有时实际塔板的默弗里板效率会大于1？

10-8　湿板效率与默弗里板效率的实际意义有何不同？

10-9　为什么即使塔内各板效率相等，全塔效率在数值上也不等于板效率？

10-10　筛板塔负荷性能图受哪几个条件约束？何谓操作弹性？

10-11　评价塔板优劣的标准有哪些？

10-12　什么系统喷射状态操作有利？什么系统泡沫状态操作有利？

10.2 填料塔 >>>

填料塔也是一种应用很广泛的气液传质设备。与板式塔相比，填料塔的基本特点是结构简单、压降低、填料宜用耐腐蚀材料制造。填料塔直径可小可大，直径数米乃至十几米的填料塔已不足为奇。目前，关于填料塔的研究和应用仍受到普遍的重视。

10.2.1 填料塔的结构及填料特性

填料塔的结构　典型填料塔的结构示意图如图10-48所示。塔体为一圆形筒体，筒内分层安放一定高度的填料层。早期使用的填料是碎石、焦炭等天然块状物。后来广泛使用瓷环（常称拉西环）和木栅格等人造填料。再后来又出现许多新型填料。这些填料按其在塔内的堆放方式可分为两类：乱堆填料和整砌填料。

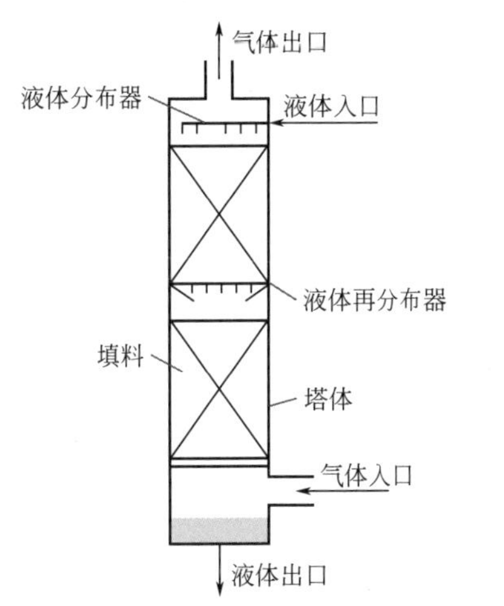

图10-48　填料塔的结构

动画

填料塔操作时，液体自塔上部进入，通过液体分布器均匀喷洒于塔截面上。在填料层内，液体沿填料表面呈膜状流下。各层填料之间设有液体再分布器，将液体重新均布于塔截面之后，进入下层填料。

气体自塔下部进入，通过填料缝隙中的空间，从塔上部排出。离开填料层的气体可能夹带少量雾状液滴，因此，有时需在塔顶安装除沫器。

气液两相在填料塔内进行逆流接触，填料上的液膜表面即为气液两相的主要传质表面。

填料的重要特性　各种填料的主要特征有以下三个特性数字。

(1) 比表面积 a　填料的表面是填料塔内气液传质表面的基础。填料应具有尽可能多的表面积。单位堆积体积所具有的表面积称为比表面积 a，单位 m^2/m^3。同种填料，小尺寸填料具有较大比表面积，且有利于气流均布，所以，填料尺寸应小于塔径的1/10～1/8。但过小的填料会造成气流阻力过大。

(2) 空隙率 ε 气体通过填料层的阻力与空隙率 ε 密切相关。为减少气体的流动阻力提高填料塔的允许气速（处理能力），填料层应有尽可能大的空隙率。对于各向同性的填料层，空隙率等于填料塔的自由截面百分率。

(3) 填料的几何形状 填料形状难以定量表达，但比表面积、空隙率大致接近而形状不同的填料在流体力学与传质性能上可有明显区别。形状理想的填料为气液两相提供了合适的通道，气体流动的压降低，通量大，且液流易铺展成液膜，液膜的表面更新快。因此，新型填料的开发主要是改进填料的形状。

此外，理想的填料还须满足制造容易、造价低廉，耐腐蚀、润湿性好并具有一定机械强度等多方面的要求。

几种常用填料 常用填料有散装填料和规整填料两大类，各种填料的形状如图 10-49 所示。

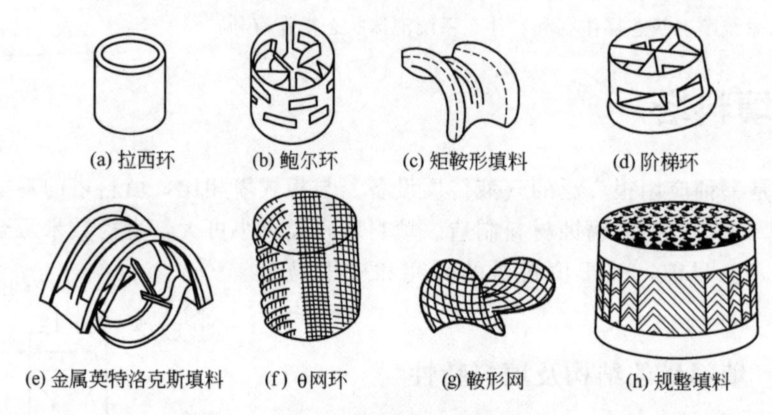

图 10-49 填料的形状

(1) 拉西环 拉西环是于 1914 年最早使用的人造填料。它是一段高度和外径相等的短管，可用陶瓷和金属制造。拉西环形状简单，制造容易，其流体力学和传质方面的特性比较清楚，曾得到极为广泛的应用。但实践表明，拉西环堆积时相邻环之间容易形成线接触、填料层的均匀性较差。液体存在着严重的向壁偏流和沟流现象。目前，拉西环填料在工业上的应用日趋减少。

(2) 鲍尔环 鲍尔环是在拉西环的基础上发展起来的，是具有代表性的一种填料。鲍尔环的构造是在拉西环的壁上沿周向冲出一层或两层长方形小孔，但小孔的母材不脱离圆环，而是将其向内弯向环的中心。鲍尔环这种构造提高了环内空间和环内表面的有效利用程度，使气体流动阻力大为降低，因而对真空操作尤为适用。鲍尔环上的两层方孔是错开的，在堆积时即使相邻填料形成线接触，也不会阻碍气液两相的流动产生严重的偏流和沟流现象。因此，采用鲍尔环填料，床层一般无需分段。

鲍尔环应用越来越广，可用陶瓷、金属或塑料制造。

(3) 矩鞍形填料 矩鞍形填料又称英特洛克斯鞍（Intalox saddle）。这种填料结构不对称，填料两面大小不等，堆积时不会重叠，填料层的均匀性大为提高。矩鞍形填料的气体流动阻力小，处理能力大，各方面的性能虽不及鲍尔环，仍不失为一种性能优良的填料。矩鞍形填料的制造比鲍尔环方便。

(4) 阶梯环 阶梯环的构造与鲍尔环相似，环壁上开有长方形孔，环内有两层交错 45°

的十字形翅片。阶梯环比鲍尔环短，高度通常只有其直径的一半。阶梯环的一端制成喇叭口形状，因此，在填料层中填料之间多呈点接触，床层均匀且空隙率大。与鲍尔环相比，气体流动阻力可降低25%左右，生产能力可提高10%。

(5) 金属英特洛克斯（Intalox）填料 金属英特洛克斯填料把环形结构与鞍形结构结合在一起，它具有压降低、通量高、液体分布性能好、传质效率高、操作弹性大等优点，在现有工业散装填料中占有明显的优势。

(6) 网体填料 上面介绍的几种填料都是用实体材料制成的。以金属网或多孔金属片为基本材料制成的填料，通称为网体填料。网体填料的种类也很多，如 θ 网环和鞍形网等。

网体填料的特点是网材薄，填料尺寸小，比表面积和空隙率都很大，液体均布能力强。因此，网体填料的气体阻力小，传质效率高，但这种填料的造价较高。

(7) 规整填料 在乱堆散装填料层中，气液两相的流动路径往往是完全随机的，加上填料装填难以做到处处均一，因而容易产生沟流等不良的气液流量分布，放大效应较显著。若能人为地“规定”塔中填料层内的气液流动路径，则可以大大改善填料的流体力学性能和传质性能。规整填料解决了这一问题。规整填料具有压降低、传质效率高、通量大、气液分布均匀、放大效应小等优良性能。对于小直径塔，规整填料可整盘装填，大直径塔可分块组装。近年来，丝网波纹和板波纹规整填料得到了广泛的应用。

几种常用填料的特性数据见表10-4。

表10-4 几种常用填料的特性数据

填料名称	尺寸/mm	材质及堆积方式	比表面积(a)/(m^2/m^3)	空隙率(ε)/(m^3/m^3)	每米填料个数	堆积密度(ρ_p)/(kg/m^3)	干填料因子(a/ε^3)/m^{-1}	填料因子(ϕ)/m^{-1}	备注
拉西环	10×10×1.5	瓷质乱堆	440	0.70	720×10^3	700	1280	1500	
	10×10×0.5	钢质乱堆	500	0.88	800×10^3	960	740	1000	
	25×25×2.5	瓷质乱堆	190	0.78	49×10^3	505	400	450	
	25×25×0.8	钢质乱堆	220	0.92	55×10^3	640	290	260	(直径)×(高)×(厚)
	50×50×4.5	瓷质乱堆	93	0.81	6×10^3	457	177	205	
	50×50×4.5	瓷质整砌	124	0.72	8.83×10^3	673	339		
	50×50×1	钢质乱堆	110	0.95	7×10^3	430	130	175	
	80×80×9.5	瓷质乱堆	76	0.68	1.91×10^3	714	243	280	
	76×76×1.5	钢质乱堆	68	0.95	1.87×10^3	400	80	105	
鲍尔环	25×25	瓷质乱堆	220	0.76	48×10^3	505		300	(直径)×(高)
	25×25×0.6	钢质乱堆	209	0.94	61.1×10^3	480		160	(直径)×(高)×(厚)
	25	塑料乱堆	209	0.90	51.1×10^3	72.6		170	(直径)
	50×50×4.5	瓷质乱堆	110	0.81	6×10^3	457		130	
	50×50×0.9	钢质乱堆	103	0.95	6.2×10^3	355		66	
阶梯环	25×12.5×1.4	塑料乱堆	223	0.90	81.5×10^3	97.8		172	(直径)×(高)×(厚)
	33.5×19×1.0	塑料乱堆	132.5	0.91	27.2×10^3	57.5		115	
金属Intalox	25	钢质	228	0.962		301.1			(名义尺寸)
	40	钢质	169	0.971		232.3			
	50	钢质	110	0.977	11.1×10^3	225.0	110	140	
矩鞍形	25×3.3	瓷质	258	0.775	84.6×10^3	548		320	(名义尺寸)×(厚)
	50×7	瓷质	120	0.79	9.4×10^3	532		130	
θ网环	8×8	镀锌铁丝网	1030	0.936	2.12×10^3	490			40目，丝径0.23～0.25mm
鞍形网	10		1100	0.91	4.56×10^3	340			60目，丝径0.152mm

10.2.2 气液两相在填料层内的流动

填料的形状特殊，填料层内气液两相的流动复杂，难以进行定量的解析处理，通常由实验获得必需的经验关联式。本节先讨论气液两相的流动特征，再介绍有关经验关联式和计算。

填料表面液体成膜条件 液体能否在填料表面铺展成膜与界面张力（参见 1.1.2）有关，界面张力影响固体的润湿性和液体接触角。取 σ_{LS}、σ_{GL} 及 σ_{GS} 分别为液固、气液及气固间的界面张力，当

$$(\sigma_{LS}+\sigma_{GL})<\sigma_{GS} \tag{10-44}$$

时，接触角为零，液体自动成膜。上式中两端的差值越大，表明填料表面越容易被该种液体所润湿，液体在填料表面上的铺展能力越强。适当选择填料的材质和表面性质，液体将具有较大的铺展能力，可使用较少的液体获得较大的润湿表面。

液膜的表面更新 在填料塔内液膜所流经的填料表面是许多填料堆积而成的，形状极不规则。这种不规则的填料表面有助于液膜的湍动。特别是当液体自一个填料通过接触点流至下一个填料时，原来在液膜内层的液体可能转而处于表层，而原来处于表层的液体可能转入内层，产生表面更新现象。它加快了液相内部的传质，是填料塔内汽液传质中的重要因素。

在乱堆填料层中可能存在某些液流所不及的死角。这些死角虽然是润湿的，但液体基本处于静止状态，对两相传质无贡献，应当避免。

填料塔内的液体分布 液体在乱堆填料层内流动所经历的路径是随机的。当液体集中在某点进入填料层并沿填料流下，液体将呈锥形逐渐散开。这表明乱堆填料具有一定的分散液体的能力。因此，乱堆填料对液体预分布没有过苛的要求。

另一方面，在填料表面流动的液体会部分地汇集成小沟，形成沟流，使部分填料表面未能润湿。

综合上述两方面的因素，液体在流经足够高的一段填料层之后，将形成一个发展了的液体分布，称为填料的特征分布。特征分布是填料的特性，规整填料的特征分布优于散装填料。在同一填料塔中，喷淋密度［液量 $m^3/(s\cdot m^2$ 塔截面)］越大，特征分布越均匀。

液体在填料塔中流下时，由于以下原因造成较大尺度上的分布不均匀性，在设计时应采取适当的改进措施。

(1) 初始分布不均匀性 对于小塔，液体在乱堆填料层中虽有一定的自分布能力，但若液体初始分布不良，则达到填料特征分布所需的填料层高增大，总体上该段填料的润湿表面积减小。对于大塔，初始分布不良很难利用填料的自分布能力达到全塔截面液体的分布均匀。因此，大塔的液体初始分布应予充分注意。

(2) 填料层内液流的不均匀性 沿填料流下的液流可能向内，也可能向外流至塔壁，导致较多液体沿壁流下形成壁流，减少了填料层中的液体流量。尤其当填料较大时（塔径与填料之比 $D/d<8$），壁流现象显著。工业大型填料塔以取 D/d 在 30 以上为宜。此外，由于塔体倾斜、填料不均及局部填料破损等均会造成填料层内的液体分布不均匀性。填料本身的不均匀性是大型填料塔传质性能下降即放大效应的主要原因。

填料塔中的持液量 在填料塔中流动的液体占有一定的体积，操作时单位填充体积所具有的液体量称为持液量（m^3/m^3）。定态操作中的精馏塔若持液量小，则系统对干扰的反应灵敏度高，液体在塔内的停留时间短，有利于热敏物质的分离；在间歇精馏中若持液量大，则每批获得的馏出液量减少，停止操作时塔内持液流入塔釜，提高了釜液中轻组分的浓度。

因此，通常希望液体在填料表面呈薄膜流动，具有尽可能大的传质表面而持液量较小。

持液量与填料表面的液膜厚度有关。液体喷淋量大，液膜增厚，持液量也加大。在一般填料塔操作的气速范围内，气体流量对液膜厚度及持液量的影响不大。

气体在填料层内的流动 气体在填料层内的流动近似于第4章所述的流体在颗粒层内的流动。两者的主要区别是，在颗粒层内流速一般较低，通常处于层流状态，流动阻力与气速成正比；而在填料层内，由于气体的流动通道较大，因而一般处于湍流状态。气体通过干填料层的压降与流量的关系如图10-50中直线所示，其斜率为1.8～2.0。

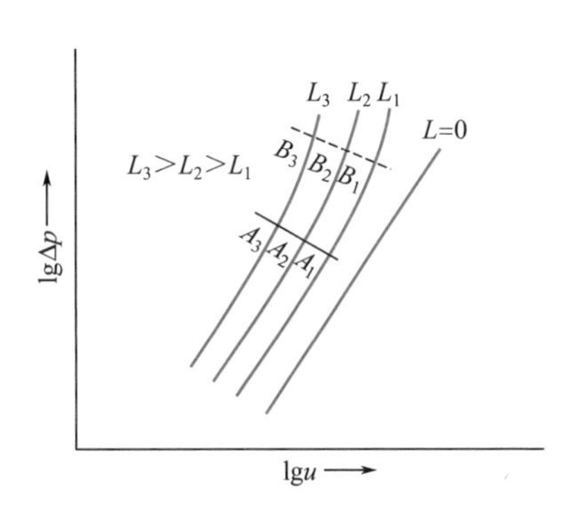

图10-50 填料塔压降与空塔速度u的关系

当气液两相逆流流动时，液膜占去了一部分气体流动的空间。在相同的气体流量下，填料空隙间的实际气速有所增加，压降也相应增大。同理，在气体流量相同的情况下，液体流量越大，液膜越厚，压降越大，如图10-50所示。

气液两相流动的交互影响和载点 在干填料层内，气体流量的增大，将使压降按1.8～2.0次方增长。当填料层内存在两相逆流流动（液体流量不变）时，压强随气体流量增加的趋势要比干填料层大。因为气体流量的增大，使液膜增厚，塔内自由截面减少，气体的实际流速更大，从而造成附加的压降增高。

低气速操作时，膜厚随气速变化不大，液膜增厚所造成的附加压降增高并不显著。如图10-50所示，此时压降曲线基本上与干填料层的压降曲线平行。高气速操作时，气速增大引起的液膜增厚对压降有显著影响，此时压降曲线变陡，其斜率可远大于2。

图10-50中A_1、A_2、A_3等点表示在不同液体流量下，气液两相流动的交互影响开始变得比较显著，这些点称为载点。不难看出，载点的位置不是十分明确的，但自载点开始，气液两相流动的交互影响已不容忽视。

填料塔的液泛 自载点以后，气液两相的交互作用越来越强烈。当气液流量达到某一定值时，两相的交互作用恶性发展，将出现液泛现象，在压降曲线上，出现液泛现象的标志是压降曲线近于垂直。压降曲线明显变为垂直的转折点（如图10-50所示的B_1、B_2、B_3等）称为泛点。

前已述及，在一定液体流量下，气体流量越大，液膜所受的阻力亦随之增大，液膜平均流速减小而液膜增厚。在泛点之前，平均流速减小可由膜厚增加而抵消，进入和流出填料层的液量可重新达到平衡。每一个气量对应一个膜厚，此时，液膜可能很厚，但气体仍保持为连续相。

当气速增大至泛点时，出现了恶性循环。此时，气量稍有增加，液膜将增厚，实际气速将进一步增加；实际气速的增大反过来促使液膜进一步增厚。泛点时，尽管气量不变，如此循环作用终不能达成新的平衡，塔内持液量将迅速增加。最后，液相转为连续相，而气体转而成为分散相，以气泡形式穿过液层。

泛点对应于上述转相点，此时，塔内充满液体，压降剧增，传质效果极差。

泛点和压降的经验关联 泛点是填料塔的操作极限，泛点气速对于填料塔的设计和操作十分重要。影响泛点的因素很多，包括填料的种类、物系的性质及气液两相负荷等。关于填料塔泛点的第一个经验关联线图是由舍伍德（Sherwood）等人提出的。舍伍德等人主要根据水-空气系统的实验数据，以数组$\frac{u^2}{g}\times\frac{a}{\varepsilon^3}\times\frac{\rho_V}{\rho_L}\mu_L^{0.2}$和两相流动参数$\frac{G_L}{G_V}\left(\frac{\rho_V}{\rho_L}\right)^{0.5}$为坐标对泛点空塔气速进行了关联。在纵坐标中包含了填料层的比表面积和空隙率，为方便起见把因子a/ε^3称为干填料因子。不同填料对泛点气速的影响正是通过这个因子体现出来的。舍伍德主要关联了水-空气系统的数据，其关联线图的应用范围受到限制，而且计算误差颇大。

利瓦（Leva）根据其他液体与空气系统的实验数据，对舍伍德的关联图进行了修正。利瓦以数组$\frac{u^2\psi^2}{g}\times\frac{a}{\varepsilon^3}\times\frac{\rho_V}{\rho_L}\mu_L^{0.2}$为纵坐标（其中$\psi$为水与实际液体的密度比），从而扩大了关联线图的应用范围。

目前，应用最广的是埃克特（Eckert）提出的泛点关联图。埃克特认为舍伍德关联图之所以不够准确是由于采用了干填料因子a/ε^3的缘故。因为在两相逆流流动的条件下，填料层的实际比表面积和空隙率都发生变化，故埃克特不用a/ε^3，而代之以填料在液泛条件下由实验测定的常数ϕ，使关联结果的准确性大为提高。常数ϕ称为填料因子。几种常用填料因子列入表 10-4 中。

此外，埃克特还发现，将利瓦关联图纵坐标中的ψ^2改为ψ，结果更符合实际。图 10-51 为埃克特提出的关联线图，图中的纵坐标为

$$\frac{u^2\psi\phi}{g}\times\frac{\rho_V}{\rho_L}\mu_L^{0.2}\quad 或\quad \frac{G_V^2\psi\phi}{g\rho_V\rho_L}\mu_L^{0.2}$$

横坐标为

$$\frac{G_L}{G_V}\left(\frac{\rho_V}{\rho_L}\right)^{0.5},\quad \frac{W_L}{W_V}\left(\frac{\rho_V}{\rho_L}\right)^{0.5}\quad 或\quad \frac{L_h}{V_h}\left(\frac{\rho_L}{\rho_V}\right)^{0.5}$$

式中，u为空塔气速，m/s；G_V、G_L为气体和液体的质量流速，kg/(m^2·s)；W_V、W_L为气体和液体的质量流量，kg/s 或 kg/h；V_h、L_h为气体和液体的体积流量，m^3/h；μ_L为液体的黏度，mPa·s；ϕ为填料因子，1/m；ψ为水的密度和液体的密度之比。

图 10-51 适用于乱堆颗粒型填料如拉西环、鞍形填料、鲍尔环等，其上还绘制了整砌拉西环和弦栅填料两种规则填料的泛点曲线。对于其他填料，如有可靠的泛点数据，可以保留图 10-51 的关联参数，计算相应的填料因子ϕ。目前，对于其他填料尚无可靠的填料因子数据。

根据两相流动参数$\frac{G_L}{G_V}\left(\frac{\rho_V}{\rho_L}\right)^{0.5}$和填料因子，由图 10-51 可求出泛点气速。液泛点是填料塔的操作上限，设计点的气速通常取泛点气速的 50%～80%。根据设计气速和给定的气体流量，可由下式计算填料塔的直径

$$D=\sqrt{\frac{4V_S}{\pi u}} \tag{10-45}$$

式中，V_S为气体体积流量，m^3/s；u为设计点空塔气速，m/s。

实验结果表明，在液泛条件下单位高度填料层的压降Δp是只取决于填料种类和物性常数。因此图中的液泛线是一条等压降线。由此可以推知，在泛点之下的等压降线也应具有与液泛线相似的形状。埃克特在同一坐标图即图 10-51 中关联了填料层的泛点和压降，图中泛点之下的每一条曲线皆为等压降线。但是必须指出，利用图 10-51 计算压降时，填料因子ϕ与计算泛点时的填料因子ϕ在数值上稍有不同。埃克特给出了几种典型填料关于压降计算的

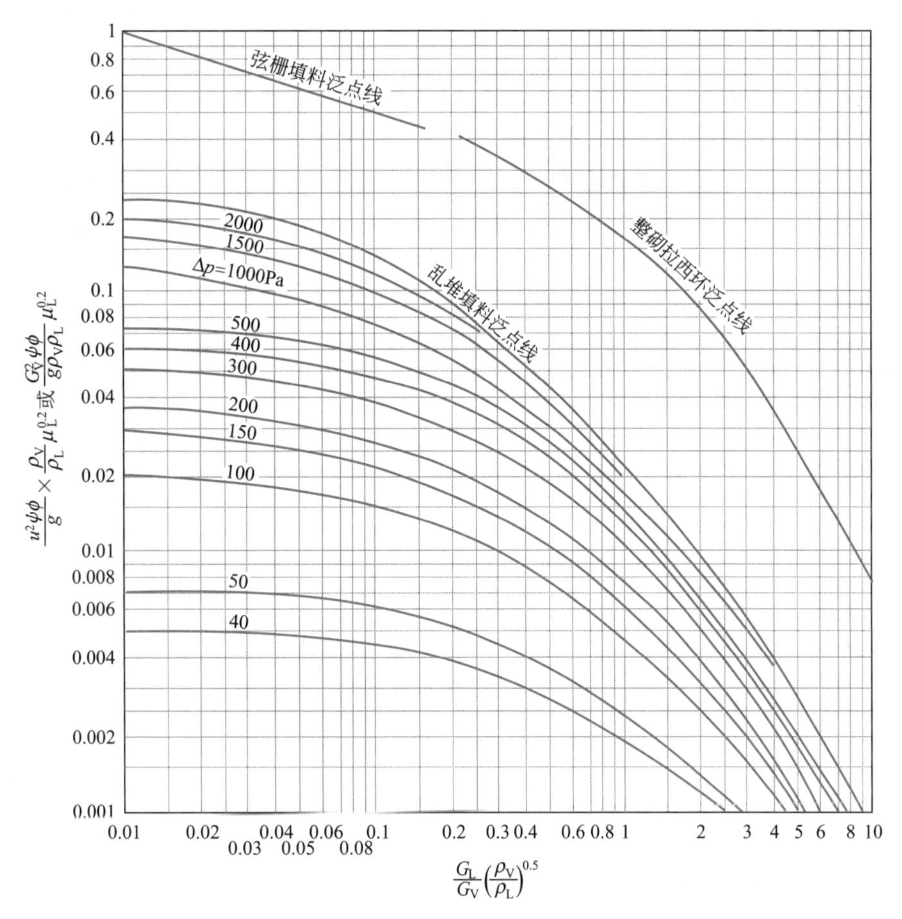

图 10-51 填料塔泛点和压降的通用关联图

注：Δp 为每米填料层压降

填料因子实测值。通常可采用液泛条件下的填料因子计算压降，但结果有一定误差。

填料塔的操作范围 填料塔的操作范围没有像板式塔的负荷性能图那样形成完整的概念，但对于常用填料，有关气液两相操作的经验数据还是比较充实的。不同种类的填料操作范围不同，埃克特关于金属鲍尔环填料得到的实验曲线（图 10-52）是具有代表性的。

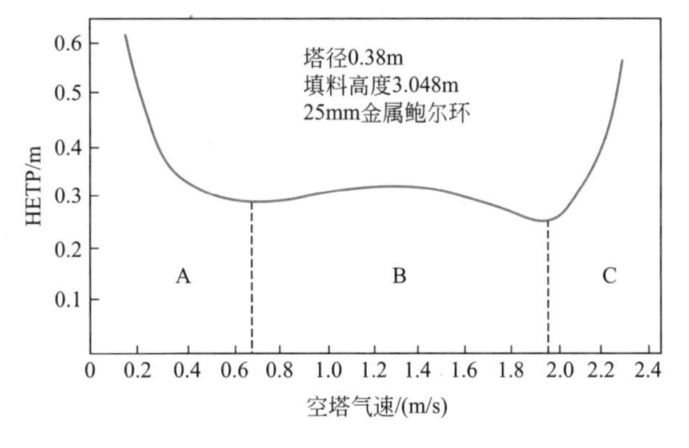

图 10-52 埃克特实验曲线

由图 10-52 可以看出，填料塔的操作状况可分为三个区域：A 区，气体流速很低，两相传质主要靠扩散过程，分离效果差，填料层的等板高度 HETP（即分离效果相当于一块理论板的填料层高度）较大；B 区，气体速度增加，液膜湍动促进传质，等板高度较小。当气速接近于泛点时，两相交互作用剧烈，传质效果最佳，等板高度最小；C 区，气速已达到或超过泛点，液体返混严重，分离效果下降，等板高度剧增。

填料塔的正常操作范围位于区域 B 内。液体流量对填料塔正常操作的气速范围有重要影响。若液体流量过大，泛点气速下降，B 区将缩小。若液体流量过小，填料表面得不到足够的润湿，填料塔内的传质效果亦将急剧下降。在填料塔设计时，必须确定一个最小液体喷淋密度，如对水溶液之类的液体，液体喷淋密度不应小于 $7.3\text{m}^3/(\text{h}\cdot\text{m}^2)$。当液体预分布较好时，整砌填料的最小液体喷淋密度可以做得较小。

【例 10-1】 温度为 20℃，压强为 13kPa（表压），流量为 $300\text{m}^3/\text{h}$ 的空气，拟用流量为 7500kg/h 的常温水处理，以除去其中所含的少量 SO_2。若采用 25mm 瓷质鲍尔环，试求所需填料塔的直径及设计气速下每米填料层的压降。若改用相同尺寸的拉西环，所需填料塔直径为多少？该塔在鲍尔环的设计气速下操作时，每米填料层的压降为多少？

解：
$$\rho_V=1.29\times\frac{273}{293}\times\frac{101.3+13}{101.3}=1.36\ (\text{kg/m}^3)$$

$$W_V=300\times1.36=408\ (\text{kg/h}),\quad W_L=7500\text{kg/h}$$

$$\frac{W_L}{W_V}\left(\frac{\rho_V}{\rho_L}\right)^{0.5}=\frac{7500}{408}\times\left(\frac{1.36}{1000}\right)^{0.5}=0.68$$

从图 10-51 的横坐标 0.68 处引垂直线与乱堆填料泛点线相交，由此交点的纵坐标读得

$$\frac{u^2\psi\phi}{g}\left(\frac{\rho_V}{\rho_L}\right)\mu_L^{0.2}=0.027$$

已知在常温下水的黏度 $\mu_1=1\text{mPa}\cdot\text{s}$，对于水 $\psi=1$。

(1) 鲍尔环

从表 10-4 查得 25mm 的瓷质鲍尔环，填料因子 $\phi=300$，所以

$$u_f=\sqrt{\frac{0.027\rho_L g}{\phi\psi\rho_V\mu_L^{0.2}}}=\sqrt{\frac{0.027\times9.81\times1000}{300\times1\times1.36\times1^{0.2}}}=0.81\ (\text{m/s})$$

设计气速取泛点气速的 70%，则设计气速

$$u=0.7\times0.81=0.57\ (\text{m/s})$$

气体的体积流量 $$V_S=\frac{W_V}{3600\rho_V}=\frac{408}{3600\times1.36}=0.083\ (\text{m}^3/\text{s})$$

所需塔径 $$D=\sqrt{\frac{4V_S}{\pi u}}=\sqrt{\frac{4\times0.083}{\pi\times0.57}}=0.43\ (\text{m})$$

在设计气速下 $$\frac{u^2\psi\phi}{g}\left(\frac{\rho_V}{\rho_L}\right)\mu_L^{0.2}=\frac{0.57^2\times300\times1.36}{9.81\times1000}\times1^{0.2}=0.0135$$

在图 10-51 中，纵坐标为 0.0135，横坐标为 0.68 的点落在 $\Delta p=0.3\text{kPa/m}$ 填料的等压线上，即此时每米填料层压降为 0.3kPa。

(2) 拉西环

由表 10-4 查得 25mm 的拉西环，填料因子 $\phi=450$，故此时的泛点气速

$$u_f'=u_f\sqrt{\frac{300}{450}}=0.66\ (\text{m/s})$$

设计气速同样取泛点气速的 70%

$$u'=0.7\times0.66=0.46\ (\mathrm{m/s})$$

所需塔径 $$D'=D\sqrt{\frac{u}{u'}}=0.43\times\sqrt{\frac{0.57}{0.46}}=0.48\ (\mathrm{m})$$

在设计气速下 $$\frac{u'^2\psi\phi}{g}\left(\frac{\rho_V}{\rho_L}\right)\mu_L^{0.2}=\frac{0.46^2\times450\times1.36}{9.81\times1000}\times1^{0.2}=0.0132$$

由图 10-51 查得，此时每米填料层的压降为 0.28kPa。

若在鲍尔环设计气速 $u=0.57$ 下操作

$$\frac{u^2\psi\phi}{g}\left(\frac{\rho_V}{\rho_L}\right)\mu_L^{0.2}=\frac{0.57^2\times450\times1.36}{9.81\times1000}\times1^{0.2}=0.02$$

由图 10-51 查得，此时拉西环每米填料层压降为 0.5kPa。

10.2.3 填料塔的传质

填料塔的直径由其水力学决定，而填料塔的高度与填料层内的传质速率有关。填料塔内的传质速率是一个极为复杂的问题。目前，解决填料塔的传质问题即确定塔高的基本途径是通过实验。关于填料塔传质速率的通用关联式很多，计算结果相差很大，很难作为设计计算的依据。下面介绍的几个关联式并不一定是最可靠的，而是因为发表时间较晚，可利用前人更多的数据进行验证。

相际接触面积 在填料塔内两相有效接触面积是真正参与质量交换的面积。有效面积必定是润湿的，但润湿的表面不一定是有效的。在填料层内的某些局部区域，液体运动极其缓慢或静止不动，对传质不起作用。因此，有效接触表面积比两相实际接触表面积要小。关于填料的润湿表面，恩田（Onda）等人提出如下关联式：

$$\frac{a_w}{a}=1-\exp\left[-1.45(\sigma_c/\sigma)^{0.75}\left(\frac{G_L}{a\mu_L}\right)^{0.1}\left(\frac{G_L^2a}{\rho_L^2g}\right)^{-0.05}\left(\frac{G_L^2}{\rho_L\sigma a}\right)^{0.2}\right] \tag{10-46}$$

式中，a_w 为单位体积填料层的润湿面积，$\mathrm{m^2/m^3}$；a 为填料的比表面积，$\mathrm{m^2/m^3}$；σ 为表面张力，N/m；σ_c 为填料材质的临界表面张力（能在该填料上散开的最大表面张力），mN/m，见表 10-5；G_L 为液体通过空塔截面的质量流速，$\mathrm{kg/(m^2\cdot s)}$。

表 10-5 填料材质的临界表面张力

材质	碳	陶瓷	玻璃	聚乙烯	聚氯乙烯	钢	涂石蜡的表面
临界表面张力/(mN/m)	56	61	73	33	40	75	20

传质系数 恩田（Onda）等关联了大量液相和气相传质数据，分别提出液、气两相传质系数的经验关联式如下。

(1) 液相传质系数

$$k_L(\rho_L/\mu_Lg)^{1/3}=0.0051\left(\frac{G_L}{a_w\mu_L}\right)^{2/3}\left(\frac{\mu_L}{\rho_LD_L}\right)^{-1/2}(ad_p)^{0.4} \tag{10-47}$$

式中，k_L 为液相传质系数，$\mathrm{kmol/(m^2\cdot s)(kmol/m^3)}$；$D_L$ 为溶质在液相中的扩散系数，$\mathrm{m^2/s}$；d_p 为填料的名义尺寸，m。

(2) 气相传质系数

$$k_GRT/aD_G=C\left(\frac{G_V}{a\mu_G}\right)^{0.7}\left(\frac{\mu_G}{\rho_GD_G}\right)^{1/3}(ad_p)^{-2} \tag{10-48}$$

式中，C 为系数，对于大于 15mm 的环形和鞍形填料为 5.23，小于 15mm 的填料为 2.0；k_G 为气相传质系数，kmol/(m^2·s·kPa)；D_G 为溶质在气体中的扩散系数，m^2/s；G_V 为气相的质量流速，kg/(m^2·s)。

恩田提出的关联式(10-47) 和式(10-48) 是以式(10-46) 计算的润湿表面积为基准整理的。因此，将算出的 k_L、k_G 乘以式(10-46) 算出的 a_w 即得体积传质系数 k_La 和 k_Ga，从而可进一步计算传质单元高度或填料塔高度。

填料塔的传质速率也可以直接用体积传质总系数、传质单元高度和等板高度表示。关于这些表示方法的经验关联式很多，此处不再列举。

【例 10-2】 在温度 30℃、压强为 0.1MPa（绝压）下用水吸收空气中少量的 SO_2，采用 25mm 塑料乱堆填料，气体的质量流速为 0.62kg/(m^2·s)，液体的质量流速为 16.7kg/(m^2·s)，试用特征数关系式计算其体积传质系数 k_La 和 k_Ga。

解：(1) 物性数据及填料特性

液相：$\rho_L=1000\text{kg/m}^3$；$\mu_L=8\times10^{-4}\text{Pa·s}$；$\sigma=70\text{mN/m}$；

$$D_L=2.2\times10^{-9}\text{m}^2/\text{s}\ (303\text{K 时})$$

气相：$\rho_G=\dfrac{29}{22.4}\times\dfrac{273}{303}=1.17\ (\text{kg/m}^3)$；$\mu_G=1.8\times10^{-5}\text{Pa·s}$；由表 8-1 查得 $D_G=0.122\times10^{-4}\text{m}^2/\text{s}$ (273K 时)，在 303K 时

$$D_G=0.122\times10^{-4}\times\left(\frac{303}{273}\right)^{1.81}=1.47\times10^{-5}(\text{m}^2/\text{s})$$

填料特性：由表 10-4 和表 10-5 分别查得 25mm 塑料鲍尔环的比表面积 $a=209\text{m}^2/\text{m}^3$，临界表面张力 $\sigma_c=33\text{mN/m}$。

(2) 求 a_w

$$\left(\frac{\sigma_c}{\sigma}\right)^{0.75}=\left(\frac{33}{70}\right)^{0.75}=0.57$$

$$\left(\frac{G_L}{a\mu_L}\right)^{0.1}=\left(\frac{16.7}{209\times8\times10^{-4}}\right)^{0.1}=1.58$$

$$\left(\frac{G_L^2a}{\rho_L^2g}\right)^{-0.05}=\left(\frac{16.7^2\times209}{1000^2\times9.81}\right)^{-0.05}=1.29$$

$$\left(\frac{G_L^2}{\rho_L\sigma a}\right)^{0.2}=\left(\frac{16.7^2}{1000\times0.07\times209}\right)^{0.2}=0.45$$

由式(10-46) 得

$$\frac{a_w}{a}=1-\exp[-1.45\times0.57\times1.58\times1.29\times0.45]=0.53$$

$$a_w=0.53\times209=111\ (\text{m}^2/\text{m}^3)$$

(3) 求 k_La

$$\left(\frac{\rho_L}{\mu_Lg}\right)^{1/3}=\left(\frac{1000}{8\times10^{-4}\times9.81}\right)^{1/3}=50.3$$

$$\left(\frac{G_L}{a_w\mu_L}\right)^{2/3}=\left(\frac{16.7}{111\times8\times10^{-4}}\right)^{2/3}=32.8$$

$$\left(\frac{\mu_L}{\rho_LD_L}\right)^{-1/2}=\left(\frac{8\times10^{-4}}{1000\times2.2\times10^{-9}}\right)^{-1/2}=0.052$$

$$(ad_p)^{0.4}=(209\times0.025)^{0.4}=1.94$$

由式(10-47) 得

$$k_L=\frac{0.0051\times32.8\times0.052\times1.94}{50.3}=3.35\times10^{-4}\ [\mathrm{kmol/(m^2\cdot s)(kmol/m^3)}]$$

$$k_La_W=3.35\times10^{-4}\times111=0.037\ [\mathrm{kmol/(m^3\cdot s)(kmol/m^3)}]$$

(4) 求 k_Ga

$$C=5.23$$

$$\left(\frac{G_V}{a\mu_G}\right)^{0.7}=\left(\frac{0.62}{209\times1.8\times10^{-5}}\right)^{0.7}=35.6$$

$$\left(\frac{\mu_G}{\rho_GD_G}\right)^{1/3}=\left(\frac{1.8\times10^{-5}}{1.17\times1.4\times10^{-5}}\right)^{1/3}=1.03$$

$$(ad_p)^{-2}=(209\times0.025)^{-2}=0.037$$

由式(10-48) 得

$$k_G=\frac{5.32\times35.6\times1.03\times0.037\times209\times1.47\times10^{-5}}{8.314\times303}$$

$$=8.65\times10^{-6}\ [\mathrm{kmol/(m^2\cdot s)(kPa)}]$$

$$k_Ga_W=8.65\times10^{-6}\times111=9.6\times10^{-4}\ [\mathrm{kmol/(m^3\cdot s)(kPa)}]$$

10.2.4 填料塔的附属结构

支承板　支承板的主要用途是支承塔内的填料，同时又能保证气液两相顺利通过。支承板若设计不当，填料塔的液泛可能首先在支承板上发生。对于普通填料，支承板的自由截面积应不低于全塔面积的 50%。常用的支承板有栅板和各种具有升气管结构的支承板（图 10-53）。

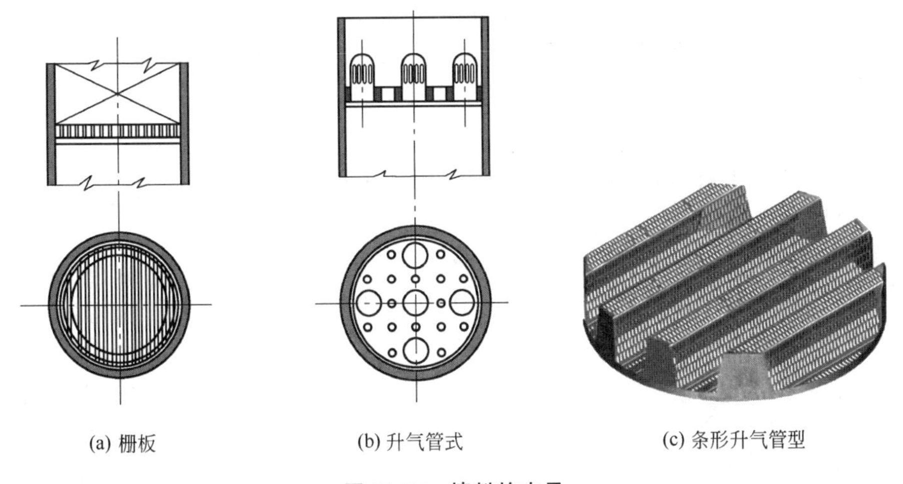

(a) 栅板　(b) 升气管式　(c) 条形升气管型

图 10-53　填料的支承

液体分布器　液体分布器对填料塔的性能影响极大。分布器设计不当，液体预分布不均，填料层内的有效润湿面积减小而偏流现象和沟流现象增加，即使填料性能再好也很难得到满意的分离效果。

长期以来填料塔确实由于偏流现象而放大困难。现已基本搞清，除填料本身性能方面的原因之外，液体初始分布不均，特别是单位塔截面上的喷淋点数太少，是产生上述状况的重要因素。

近几十年来，许多直径几米乃至十几米的大型填料塔的操作实践表明，填料塔只要设计正确，保证液体预分布均匀，特别是保证单位塔截面的喷淋点数目与小塔相同，填料塔的放大效应并不显著，大型塔和小型塔将具有一致的传质效率。

常用的液体分布器结构如图 10-54 所示。多孔管式分布器［图 10-54(a)］能适应较大的液体流量波动，对安装水平度要求不高，对气体的阻力也很小。但是，由于管壁上的小孔容易堵塞，被分散的液体必须是洁净的。

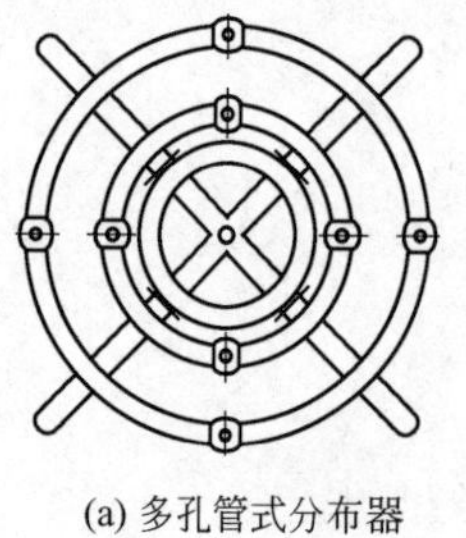
(a) 多孔管式分布器

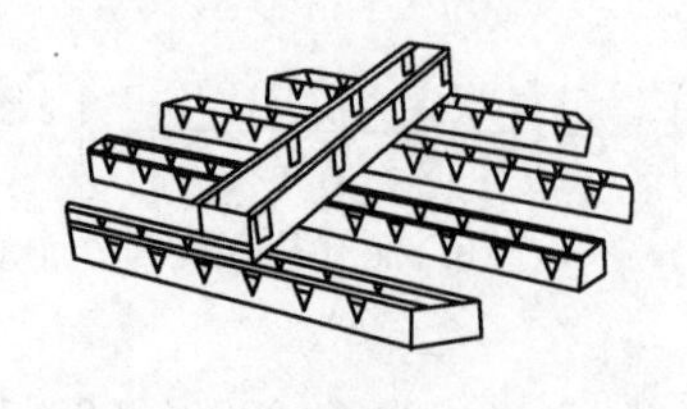
(b) 槽式分布器

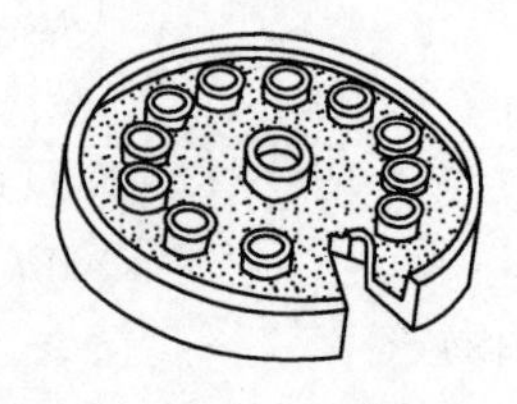
(c) 孔板式分布器

图 10-54　液体分布器结构

槽式分布器［图 10-54(b)］多用于直径较大的填料塔。这种分布器不易堵塞，对气体的阻力小，但对安装水平要求较高，特别是当液体负荷较小时。

孔板式分布器［图 10-54(c)］对液体的分布情况与槽式分布器差不多，但对气体阻力较大，只适用于气体负荷不太大的场合。

除以上介绍的几种分布器外，各种喷洒式分布器（如莲蓬头）也是比较常用的，特别是在小型填料塔内。这种分布器的缺点是，当气量较大时会产生较多的液沫夹带。

液体再分布器　为改善向壁偏流效应造成的液体分布不均，可在填料层内部每隔一定高度设置一液体分布器。每段填料层的高度因填料种类而异，偏流效应越严重的填料，每段高度越小。通常，对于偏流现象严重的拉西环，每段高度约为塔径的 3 倍；而鞍形填料大约为塔径的 5～10 倍。

常用的液体再分布器为截锥式。如考虑分段卸出填料，再分布器之上可另设支承板（图 10-55）。

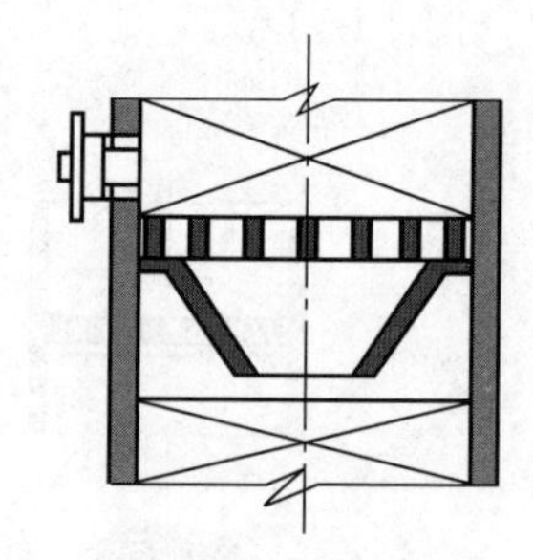
图 10-55　截锥式液体再分布器

除沫器　除沫器是用来除去由填料层顶部气体中夹带的液滴，安装在液体分布器上方。当塔内气速不大，工艺过程又无严格要求时，一般可不设除沫器。

除沫器种类很多，常见的有折板除沫器、丝网除沫器、旋流板除沫器。折板除沫器阻力较小（50～100Pa），只能除去 50μm 以上的液滴。丝网除沫器是用金属丝或塑料丝编结而成，可除去 5μm 的微小液滴，压降不大于 250Pa，但造价较高。旋流板除沫器压降为 300Pa 以下，其造价比丝网便宜，除沫效果比折板好。

10.2.5　填料塔与板式塔的比较

对于许多逆流气液接触过程，填料塔和板式塔都是可以适用的，设计者可根据具体情况进行选用。填料塔和板式塔有许多不同点，了解这些不同点对于合理选用塔设备是有帮助的。

① 填料塔操作范围较小，特别是对于液体负荷的变化更为敏感。当液体负荷较小时，填料表面不能很好地润湿，传质效果急剧下降；当液体负荷过大时，则容易产生液泛。设计良好的板式塔，则具有大得多的操作范围。

② 填料塔不宜于处理易聚合或含有固体悬浮物的物料，而某些类型的板式塔（如大孔径筛板塔、泡罩塔等）则可以有效地处理这种物系。此外，板式塔的清洗比填料塔方便。

③ 当气液接触过程中需要冷却以移除反应热或溶解热时，填料塔因涉及液体均布问题而使结构复杂化，板式塔可方便地在塔板上安装冷却盘管。同理，当有侧线出料时，填料塔也不如板式塔方便。

④ 板式塔直径一般不小于 0.6m，填料塔不受此限制。

⑤ 关于板式塔的设计资料更容易得到而且更为可靠，因此板式塔的设计比较准确，安全系数可取得更小。

⑥ 当塔径不很大时，填料塔因结构简单而造价便宜。

⑦ 对于易起泡物系，填料塔更适合，因填料对泡沫有限制和破碎的作用。

⑧ 对于腐蚀性物系，填料塔更适合，因可采用瓷质填料。

⑨ 对热敏性物系宜采用填料塔，因为填料塔内的滞液量比板式塔少，物料在塔内的停留时间短。

⑩ 填料塔的压降比板式塔小，因而对真空操作更为适宜。

思考题

10-13　填料的主要特性可用哪些特征数字来表示？有哪些常用填料？

10-14　何谓载点、泛点？

10-15　何谓等板高度 HETP？

10-16　填料塔、板式塔各适用于什么场合？

微课视频

习　题

板式塔

10-1　某筛板塔在常压下以苯-甲苯为试验物系，在全回流下操作以测定板效率。今测得由第 9、第 10 两块板（自上向下数）下降的液相组成分别为 0.652 与 0.489（均为苯的摩尔分数）。试求第 10 块板的湿板效率。［答：0.758］

10-2　甲醇-水精馏塔在设计时规定原料组成 $x_F=0.40$，塔顶产品组成 0.90，塔釜残液组成 0.05（均为甲醇的摩尔分数），常压操作。试用 O'Connell 关联图估计精馏塔的总塔效率。［答：0.41］

10-3　一板式吸收塔用 NaOH 水溶液吸收氯气。氯气的浓度为 2%（摩尔分数），要求出塔浓度低于

0.002%。各块塔板的默弗里板效率均为50%，不计液沫夹带，求此塔应有多少块实际板。

NaOH溶液与氯气发生不可逆化学反应，可设相平衡常数 $m=0$。 ［答：10］

10-4 某厂常压操作下的甲苯-邻二甲苯精馏塔拟采用筛板塔。有关物性数据：气相密度为 3.85kg/m^3，液相密度为 770kg/m^3，液体的表面张力为 17.5mN/m。根据经验选取板间距为450mm，泛点百分率为80%，单流型塔板，溢流堰长度为75%塔径。经工艺计算知该塔板的气相流量为 $2900\text{m}^3/\text{h}$，液相流量为 $9.2\text{m}^3/\text{h}$。试用费尔的泛点关联图以估计塔径。 ［答：1.2m］

填料塔

10-5 某填料精馏塔用以分离氯仿-1,1-二氯乙烷，在全回流下测得回流液组成 $x_D=8.05\times10^{-3}$，残液组成 $x_W=8.65\times10^{-4}$（均为1,1-二氯乙烷的摩尔分数）。该塔的填充高度8m，物系的相对挥发度为 $\alpha=1.10$，问该种填料的理论板当量高度（HETP）是多少？ ［答：0.356m］

10-6 在装填（乱堆）25mm×25mm×2mm瓷质拉西环的填料塔内，拟用水吸收空气与丙酮混合气中的丙酮，混合气的体积流量为 $800\text{m}^3/\text{h}$，内含丙酮5%（体积分数）。如吸收是在101.3kPa、30℃下操作，且知液体质量流量与气体质量流量之比是2.34。设计气速可取泛点气速的60%。试估算填料塔直径为多少米？每米填料层的压降是多少？ ［答：0.6m；245Pa/m］

符号说明

符号	意义	计量单位
A_a	有效鼓泡区面积	m^2
A_f	降液管截面积	m^2
A_f'	受液盘截面积	m^2
A_o	筛孔总面积	m^2
A_T	塔板总面积	m^2
a	比表面积	m^2/m^3
b	液流平均宽度	m
c	气体负荷因子	m/s
c_f	液泛时的负荷因子	m/s
C_0	孔流系数	
D	塔径	m
	扩散系数	m^2/s
d_0	孔径	m
d_p	液滴直径，填料名义尺寸	m
E	液流收缩系数	
E_a	湿板效率	
E_T	全塔效率	
E_{mV}	气相的默弗里板效率	
E_{mL}	液相的默弗里板效率	
E_{OG}	以气相表示的点效率	
e'	塔板在单位时间内被气体夹带的液体量	kmol/h
e_V	每千摩尔干气体所夹带的液体量（kmol）	
F	气体动能因子	$\text{kg}^{1/2}/(\text{s}\cdot\text{m}^{1/2})$
F_a	以有效传质面积计算的气体动能因子	$\text{kg}^{1/2}/(\text{s}\cdot\text{m}^{1/2})$
F_{LV}	气液两相流动参数	
G	质量流速	$\text{kg}/(\text{m}^2\cdot\text{s})$
g	重力加速度	9.81m/s^2
H_d	降液管内的清液高度	m
H_T	板间距	m
h_e	漏液点的当量清液层高度	m
h_d	以清液高表示的干板压降	m
h_L	以清液高表示的液层阻力	m
h_f	以清液高表示的板压降	m
$\sum h_f$	液体在降液管出口处的阻力损失	m
h_{ow}	堰上清液层高度	m
h_w	堰高	m
K	筛孔的稳定系数	
k_G	气相传质系数	$\text{kmol}/(\text{m}^2\cdot\text{s}\cdot\text{kPa})$
k_L	液相传质系数	$\text{kmol}/(\text{m}^2\cdot\text{s})(\text{kmol/m}^3)$
L	液体摩尔流率	kmol/h
L_h	液体体积流量	m^3/h
L_S	液体体积流量	m^3/s
l_w	溢流堰长	m
N	实际板数	
N_T	理论板数	
n	单位堆积体积内的填料数目	
Δp	塔板上下空间对应位置的压差、称为板压降	Pa
R	气体常数	$8.314\text{kJ}/(\text{kmol}\cdot\text{K})$
T	气体温度	K
t	孔间距	m
u	空塔速度	m/s
u_a	以有效传质面积计算的气体速度	m/s
u_f	液泛气速	m/s

符号	意义	计量单位
u_{n}	根据气体净通过面积计算的气速	m/s
u_{0}	孔速	m/s
u_{ow}	漏液点孔速	m/s
u_{t}	液滴在塔板上方空间的沉降速度	m/s
V	气体摩尔流率	kmol/h
V_{h}	气体体积流量	m^3/h
V_{S}	气体体积流量	m^3/s
W	气液两相的质量流量	kg/s
W_{c}	塔板边缘宽度	m
W_{d}	堰宽	m
W_{s}	塔板出口安定区宽度	m
W_{s}'	塔板入口安定区宽度	m
x	液相中组分的摩尔分数	
Z	液流长度	m
β	液层充气系数	
Δ	液面落差	m

符号	意义	计量单位
ζ	阻力系数	
μ	黏度	Pa·s
ρ	密度	kg/m^3
ρ_{L}	板上清液的密度	kg/m^3
σ	表面张力，界面张力	N/m
τ	时间	s
ϕ	相对泡沫密度	
	填料因子	1/m
φ	有效传质区的开孔率	
ψ	液沫夹带分率	
	水的密度和液体的密度之比	
下标		
G、V	气相	
f	泡沫层	
L、l	液相	
S	固相	

第11章 液液萃取

11.1 概述 >>>

11.1.1 液液萃取过程

液液萃取原理 液液萃取是分离液体混合物的一种方法，利用液体混合物各组分在某溶剂中溶解度的差异而实现分离。

设有一溶液内含 A、B 两组分，可加入溶剂 S 将 A、B 分离。该溶剂 S 与原溶液不互溶或只是部分互溶，于是混合体系构成两个液相，如图 11-1 所示。为加快溶质 A 从原混合液向溶剂的传递，将物系搅拌，使一液相以小液滴形式分散于另一液相中，形成大的相际接触表面。停止搅拌后，两液相因密度差沉降分层。这样，溶剂 S 中出现了 A 和少量 B，称为萃取相；被分离的 A、B 混合液中出现了少量溶剂 S，称为萃余相。

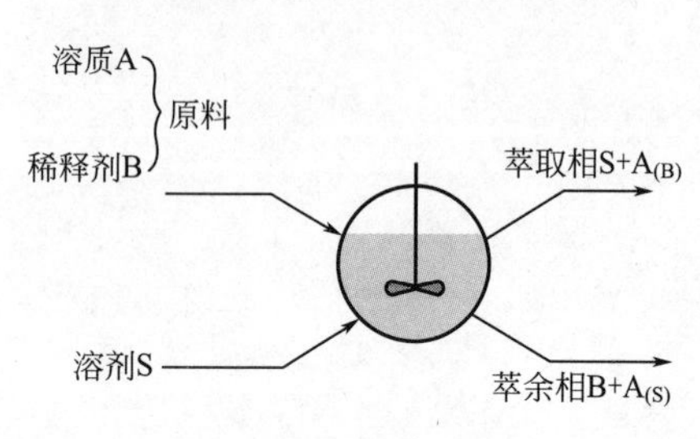

图 11-1 萃取操作示意

今以 A 表示原混合物中的易溶组分，称为溶质；以 B 表示难溶组分，称为稀释剂（或称原溶剂）。由此可知，所使用的溶剂 S（或称萃取剂）必须满足两个基本要求：①溶剂不能与被分离混合物完全互溶，只能部分互溶；②溶剂对 A、B 两组分有不同的溶解能力，或者说，溶剂具有选择性：

$$y_A/y_B > x_A/x_B$$

即萃取相内 A、B 两组分浓度之比 y_A/y_B 大于萃余相内 A、B 两组分浓度之比 x_A/x_B。

选择性的最理想情况是组分 B 与溶剂 S 完全不互溶。若溶剂也几乎完全不溶于被分离混合物，那么，此萃取过程与吸收过程十分类似。唯一的重要差别是吸收中处理的是气液两相，萃取中则是液液两相。就过程的数学描述和计算而言，两者并无区别，完全可按吸收章中所述的方法处理。

工业生产中常见的液液两相系统中，稀释剂 B 都或多或少地溶解于溶剂 S，溶剂也少量地溶解于被分离混合物。这样，三个组分都将在两相之中出现，从而使过程的数学描述和计算较为复杂。本章将着重讨论这样的情况，但仅限于两组分 A、B 混合液的萃取分离。

工业萃取过程 由于萃取相和萃余相中均存在三个组分，上述萃取操作并未最后完成分离任务，萃取相必须进一步分离成溶剂和增浓了的 A、B 混合物，萃余相中所含的少量溶剂也必须通过分离加以回收。在工业生产中，这两个后继的分离通常是通过精馏实现的。

现以稀醋酸水溶液的分离为例说明工业萃取过程。由醋酸生产中产生的稀醋酸水溶液需提浓以制取无水醋酸，此过程可采用图 11-2 所示的流程通过萃取及恒沸精馏的方法完成。

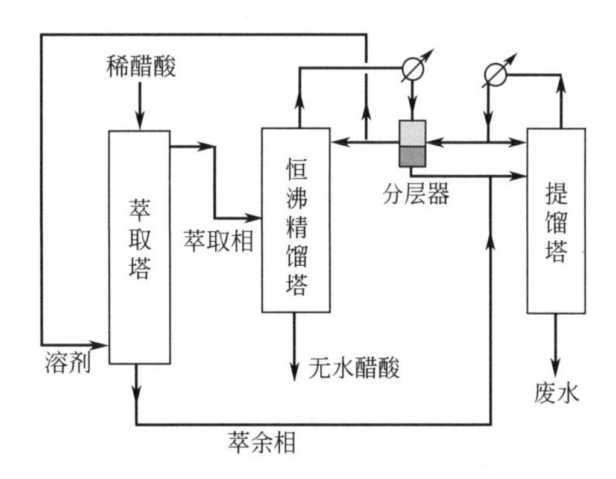

图 11-2 萃取及恒沸精馏提浓醋酸流程

稀醋酸连续加入萃取塔顶，作为萃取溶剂的醋酸异丙酯自塔底加入进行逆流萃取，离开塔顶的萃取相为醋酸异丙酯与醋酸的混合物，其中也含有少量溶于溶剂的水。为取出萃取相中的醋酸，可采用恒沸精馏。利用萃取相中的醋酸异丙酯与水形成非均相恒沸物这一特点，在恒沸精馏塔中水被醋酸异丙酯带至塔顶，塔底可获得无水醋酸。塔顶蒸出的恒沸物经冷凝后分层，上层酯相一部分作为回流，另一部分可作为萃取溶剂循环使用。离开萃取塔底的萃余相主要是水，其中溶有少量溶剂，恒沸精馏塔顶分层器放出的水层中也溶有少量溶剂，可将两者汇合一并加入一提馏塔，以回收其中所含的溶剂。在提馏塔内，溶剂与水的恒沸物从塔顶蒸出，废水则从塔底排出。

萃取过程的经济性 由上可知，萃取过程本身并未直接完成分离任务，而只是将一个难于分离的混合物转变为两个易于分离的混合物。因此，萃取过程在经济上是否优越取决于后继的两个分离过程是否较原溶液的直接分离更容易实现。通常，在下列情况下采用萃取过程较为有利：

① 混合液的相对挥发度小或形成恒沸物，用一般精馏方法不能分离或很不经济；

② 混合液浓度很稀，采用精馏方法须将大量稀释剂 B 汽化，能耗过大；

③ 混合液含热敏性物质（如药物等），采用萃取方法精制可避免物料受热破坏。

萃取过程的经济性在很大程度上取决于萃取剂的性质，选择萃取溶剂时须考虑以下条件：

① 溶剂应对溶质有较强的溶解能力，这样，溶剂用量可以减少，后继的精馏分离的能耗可以降低。

② 溶剂对组分 A、B 应有较高的选择性，这样才易于获得高纯度产品。

③ 溶剂与被分离组分 A 之间的相对挥发度要高（通常都选用高沸点溶剂），这样可使后继的精馏分离所需要的回流比较小。

④ 溶剂在被分离混合物中的溶解度要小，这将使萃余相中溶剂回收的费用减少。

11.1.2 两相的接触方式

萃取设备按两相的接触方式可分成两类，即微分接触式和级式接触式。

微分接触 图 11-3 所示的喷洒式萃取塔是一种典型的微分接触式萃取设备。料液与溶剂中的较重者（称为重相）自塔顶加入，较轻者（轻相）自塔底加入。两相中有一相（图中所示为轻相）经分布器分散成液滴，另一相保持连续。液滴在浮升或沉降过程中与连续相呈逆流接触进行相际传质，最后轻重两相分别从塔顶与塔底排出。

级式接触 由于液液两相系统的特殊性，常用的混合沉降槽是一种级式接触式萃取设备。

图 11-4 所示为单级连续萃取装置，它包括混合器和沉降槽两个部分，常称为混合沉降槽。料液和溶剂连续加入混合器，在搅拌作用下一相被分散成液滴均布于另一相中。自混合器流出的两相混合物在沉降槽内分层并分别排出。

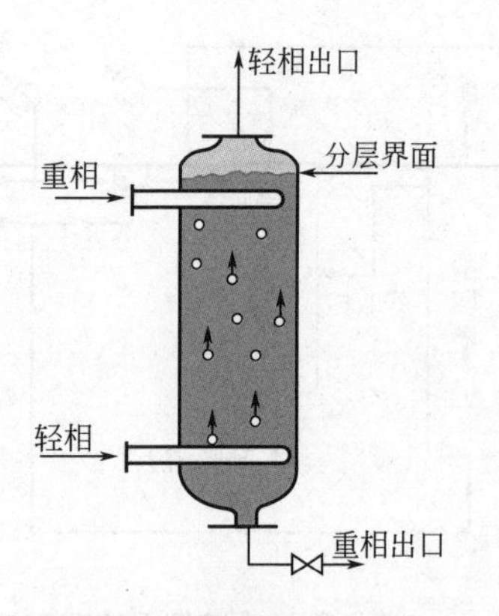

图 11-3 喷洒式萃取塔

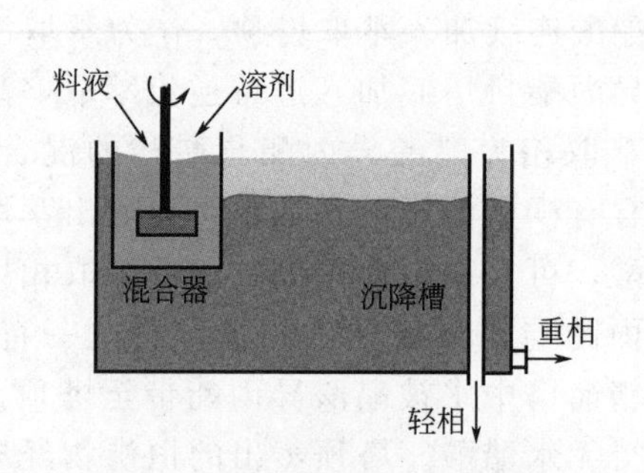

图 11-4 单级连续萃取装置

采用多个混合沉降槽可以实现多级萃取（图 11-5），各级间可作逆流和错流的安排。图 11-5(a) 所示为多级错流萃取，此时原料液依次通过各级，新鲜溶剂则分别加入各级混合器。图 11-5(b) 所示为多级逆流萃取，物料和溶剂依次按相反方向通过各级。在溶剂用量相同时，逆流可以提供最大的传质推动力，因而为达到同样分离要求所需的设备容积较小；反之，对指定的设备和分离要求，逆流时所需的溶剂用量较少。

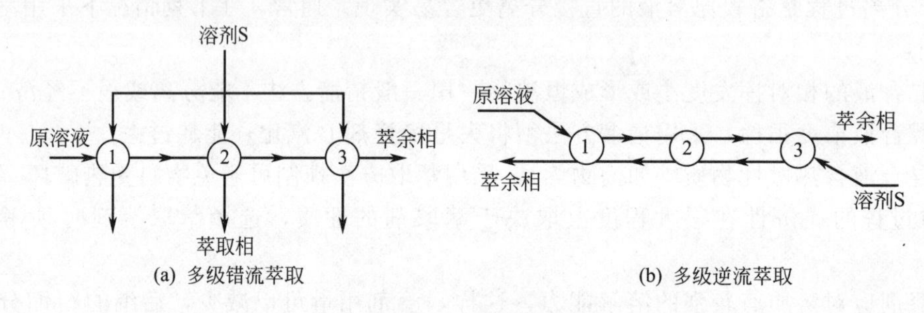

图 11-5 多级萃取

思考题

11-1 萃取的目的是什么？原理是什么？

11-2 溶剂的必要条件是什么？

11-3 萃取过程与吸收过程的主要差别有哪些？

11-4 什么情况下选择萃取分离而不选择精馏分离？

11.2 液液相平衡

11.2.1 三角形相图

溶液组成的表示方法 前已述及，在双组分溶液的萃取分离中，萃取相及萃余相一般均为三组分溶液。若各组分的浓度以质量分数表示，为确定溶液的组成必须规定其中两个组分的质量分数，而第三组分的质量分数可由归一条件决定。当溶质 A 及溶剂 S 的质量分数 x_A、x_S 规定后，组分 B 的质量分数为

$$x_B = 1 - x_A - x_S \tag{11-1}$$

可见三组分溶液的组成包含两个自由度。这样，三组分溶液的组成可用平面坐标上的一点（如图 11-6 的 R 点）表示，点的纵坐标为溶质 A 的质量分数 x_A，横坐标为溶剂 S 的质量分数 x_S。因三个组分的质量分数之和为 1，在图11-6所示的三角形范围内可表示任何三元溶液的组成。三角形的三个顶点分别表示三个纯组分，而三条边上的任何一点则表示相应的双组分溶液。

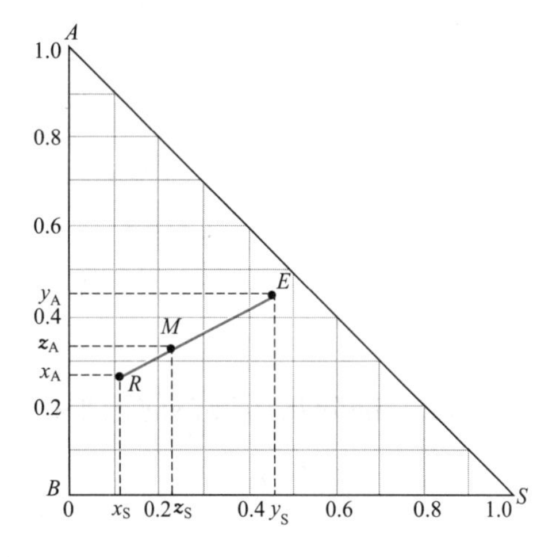

图 11-6 **溶液组成的表示方法**

表示溶液组成的三角形图可以是等腰的或等边的，也可以是非等腰的。当萃取操作中溶质 A 的浓度很低时，常将 AB 边的浓度比例放大，以提高图示的准确度。

物料衡算与杠杆定律 设有组成为 x_A、x_B、x_S（R 点）的溶液 R（kg）及组成为 y_A、y_B、y_S（E 点）的溶液 E（kg），若将两溶液相混，混合物总量为 M（kg），组成为 z_A、z_B、z_S，此组成可用图 11-6 中的 M 点表示。则可列总物料衡算式及组分 A、组分 S 的物料衡算式如下

$$
\begin{aligned}
M &= R+E \\
Mz_A &= Rx_A+Ey_A \\
Mz_S &= Rx_S+Ey_S
\end{aligned}
\tag{11-2}
$$

由此可以导出

$$\frac{E}{R}=\frac{z_A-x_A}{y_A-z_A}=\frac{z_S-x_S}{y_S-z_S} \tag{11-3}$$

此式表明，表示混合液组成的 M 点的位置必在 R 点与 E 点的连线上，且线段 $\overline{RM}$ 与 $\overline{ME}$ 之比与混合前两溶液的质量成反比，即

$$\frac{E}{R}=\frac{\overline{RM}}{\overline{EM}} \tag{11-4}$$

式(11-4) 为物料衡算的图示方法，称为杠杆定律。根据杠杆定律，可较方便地在图上定出 M 点的位置，从而确定混合液的组成。须指出，即使两溶液不互溶，则 M 点（z_A、z_B、z_S）仍可代表该两相混合物的总组成。

混合物的和点和差点 图 11-6 中的点 M 可表示溶液 R 与溶液 E 混合之后的数量与组成，称为 R、E 两溶液的和点。反之，当从混合物 M 中移去一定量组成为 E 的液体，表示余下溶液组成的点 R 必在 $\overline{EM}$ 连线的延长线上，其具体位置同样可由杠杆定律确定

$$\frac{E}{M}=\frac{\overline{MR}}{\overline{RE}} \tag{11-5}$$

因 R 点可表示余下溶液的数量和组成，故称为溶液 M 与溶液 E 的差点。

今有组成在 P 点的 B、S 双组分溶液（见图 11-7），加入少量溶质 A 后构成三组分溶液，其组成可以 P_1 点表示。若再增加 A 的数量，溶液组成移至点 P_2。点 P_1、P_2 均为和点，它们都在 A、P 的连线上，由此可知，在 $\overline{PA}$ 线任一点所代表的溶液中 B、S 两个组分

的浓度比值相同。

如图 11-7 所示，若从三组分溶液 Q_1 中除去部分溶剂 S，所得溶液的组成在点 Q_2。若将此溶液中的 S 全部除去，则将获得仅含 A、B 两组分的溶液，其组成在 Q 点。点 Q_2、Q 均为差点，其位置必在$\overline{SQ_1}$的延长线上。同理，在$\overline{SQ}$线任一点所代表的溶液中 A、B 两组分含量的浓度比值均相同。

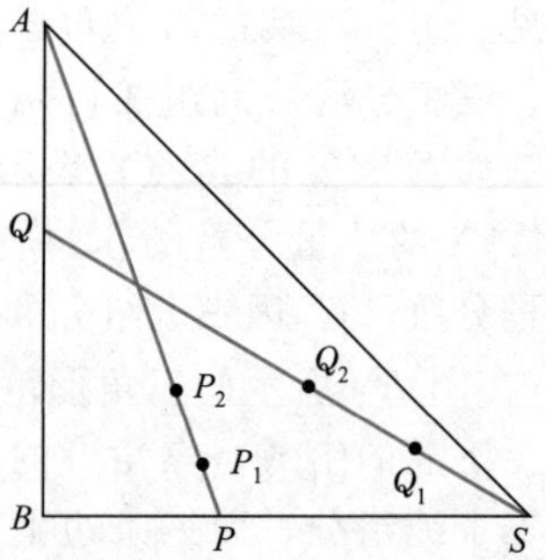

图 11-7 混合液的和点与差点

11.2.2 部分互溶物系的相平衡

萃取操作中的溶剂 S 必须与原溶液中的组分 B 不相溶或部分互溶。在全部操作范围内，物系必须在液液两相共存区，包含以溶剂 S 为主的萃取相及组分 B 为主的萃余相。现讨论溶质 A 在此两相中的分配，即当两相互成平衡时，溶质 A 在两相中的浓度关系。

萃取操作常按混合液中的 A、B、S 各组分互溶度的不同而将混合液分成两类：

第Ⅰ类物系，溶质 A 可完全溶解于 B 及 S 中，而 B、S 为一对部分互溶的组分；

第Ⅱ类物系，组分 A、B 可完全互溶，而 B、S 及 A、S 为两对部分互溶的组分。

以下主要讨论第Ⅰ类物系的液－液相平衡。

溶解度曲线 在恒定温度下，于玻璃容器中称取一定量的纯组分 B，逐渐滴加溶剂 S，不断摇动使其溶解。由于 B 中仅能溶解少量溶剂 S，故滴加至一定数量后混合液开始发生混浊，即出现了溶剂相。记取所滴加的溶剂量，即为溶剂 S 在组分 B 中的饱和溶解度。此饱和溶解度可用直角三角形相图（图 11-8）中的点 R 表示，该点称为分层点。

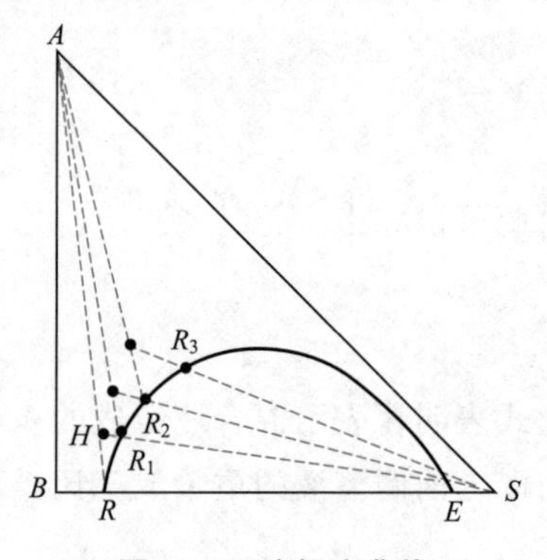

图 11-8 溶解度曲线

现在上述溶液中滴加少量溶质 A。溶质的存在增加了 B 与 S 的互溶度，使混合液又成透明，此时混合液的组成在$\overline{AR}$连线上的 H 点。若再滴加数滴 S，溶液再次混浊，可算出新的分层点 R_1 的组成，此 R_1 必在$\overline{SH}$连线上。在溶液中交替滴加 A 与 S，重复上述实验，可获得若干分层点 R_2、R_3 等。

同样，在另一玻璃容器中称取一定量的纯溶剂 S，逐步滴加组分 B 可获得分层点 E。再交替滴加溶质 A 与 B，亦可得若干分层点。将所有分层点联成一条光滑的曲线，称为溶解度曲线。因 B、S 的互溶度与温度有关，上述全部实验均须在恒定温度下进行。

平衡联结线 由溶解度曲线，可确定溶质 A 在互成平衡的两液相中的浓度关系。现取组分 B 与溶剂 S 的双组分溶液，其组成以图 11-9 中的 M_1 点表示，该溶液必分为两层，其组成分别为 E_1 和 R_1。

在混合液 M_1 中滴加少量溶质 A，混合液的组成将沿连线$\overline{AM_1}$移至点 M_2。充分摇动，使溶质 A 在两相中的浓度达到平衡。静止分层后，取两相试样进行分析，它们的组成分别在点 E_2、R_2。互成平衡的两相称为共轭相，E_2、R_2 的连线称为平衡联结线，M_2 点必在此平衡联结线上。在混合液中逐次加入溶质 A，重复上述实验，可得若干条平衡联结线，每一条平衡联结线的两端为互成平衡的共轭相。

图 11-9 中溶解度曲线将三角形相图分成两个区。该曲线与底边 R_1E_1 所围的区域为两相区，曲线以外是单相区。溶解度曲线以内是萃取过程的可操作范围。

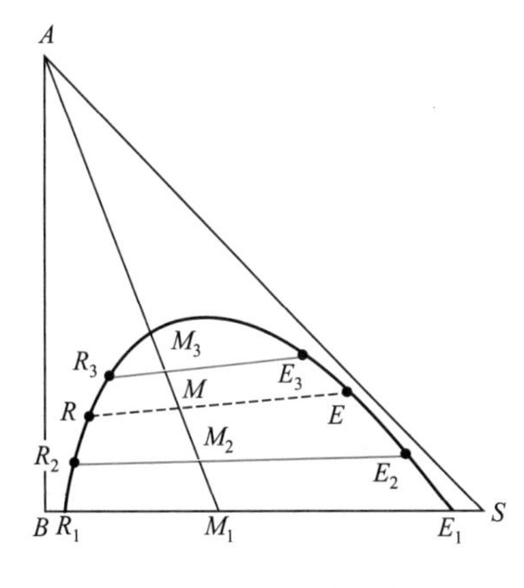

图 11-9 平衡联结线

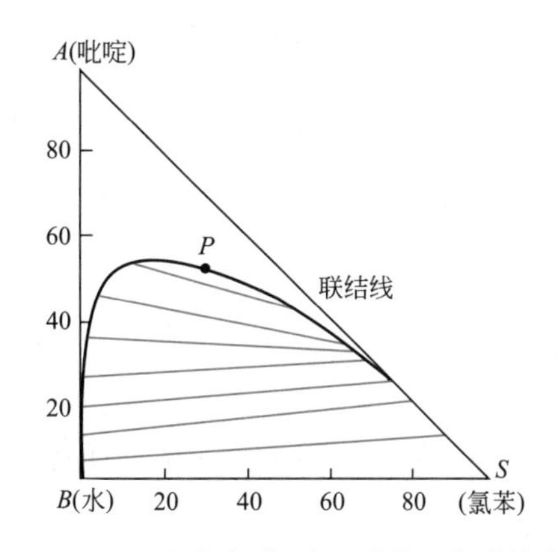

图 11-10 吡啶-氯苯-水系统的平衡联结线

同一物系的平衡联结线的倾斜方向一般相同。少数物系，在不同浓度范围内平衡联结线的倾斜方向不同，图 11-10 所示的吡啶-氯苯-水系统即为一例。

临界混溶点 由图 11-10 可以看出，在第Ⅰ类物系中溶质 A 的加入使 B 与 S 的互溶度加大。当加入的溶质 A 至某一浓度（图中 P 点），两共轭相的组成无限趋近而变为一相，表示这一组成的点 P 称为临界混溶点。临界混溶点一般并不在溶解度曲线的最高点，其准确位置的实验测定也比较困难。

图 11-11 所示为第Ⅱ类物系的三角形相图。

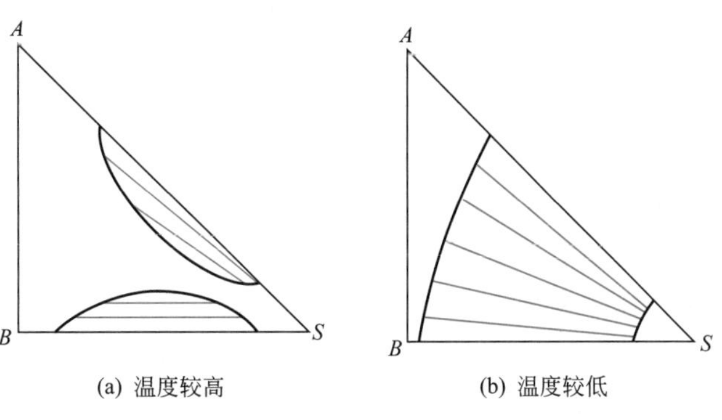

(a) 温度较高 (b) 温度较低

图 11-11 第Ⅱ类物系的三角形相图

三组分溶液的溶解度曲线和共轭相的平衡组成均须通过实验获得，有关书籍和手册提供了常见物系的实验数据或文献检索。

相平衡关系的数学描述 由上可知，液液相平衡给出如下两种关系：

(1) 分配曲线 平衡联结线的两个端点表示液液平衡两相之间的浓度关系。

组分 A 的分配系数定义为两相平衡浓度之比，

$$k_A=\frac{\text{萃取相中 A 的质量分数}}{\text{萃余相中 A 的质量分数}}=\frac{y_A}{x_A} \tag{11-6}$$

同样，对组分 B 的分配系数也可写出类似的表达式

$$k_B=\frac{y_B}{x_B} \tag{11-7}$$

通常，分配系数不是常数，其值随浓度和温度而异。

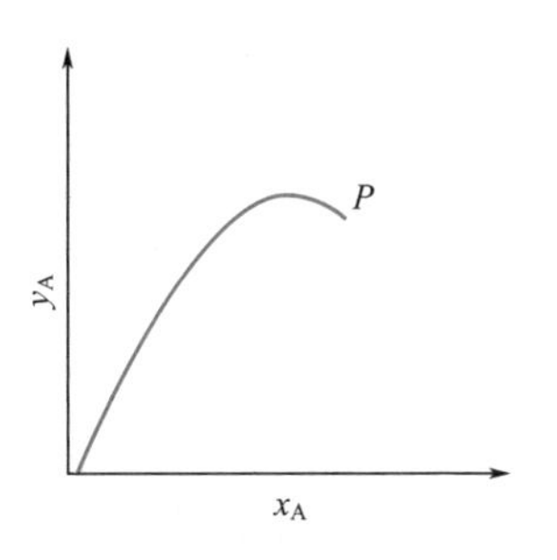

图 11-12 分配曲线

与气（汽）液相平衡类似，可将组分 A 在液液平衡两相中的浓度 y_A、x_A 之间的关系在直角坐标中表示，如图 11-12 所

示，该曲线称为分配曲线，可用某种函数形式表示，即

$$y_A = f(x_A) \tag{11-8}$$

此即为组分A的相平衡方程。因实验的困难，直接获得平衡两相的浓度值其实验点数目有限，分配曲线是离散的。在使用时，可将离散的实验点光滑连接成分配曲线，或数据拟合成式(11-8)。

(2) 溶解度曲线 临界混溶点右方的溶解度曲线表示平衡状态下萃取相中溶质浓度 y_A 与溶剂浓度 y_S 之间的关系，即

$$y_S = \varphi(y_A) \tag{11-9}$$

类似地将临界混溶点左方的溶解度曲线表示为

$$x_S = \psi(x_A) \tag{11-10}$$

综上所述，处于单相区的三组分溶液，其组成包含两个自由度，若指定 x_A、x_S，则 x_B 值由归一条件 $x_A + x_B + x_S = 1$ 决定。若三组分溶液处于两相区，则平衡两相中同一组分的浓度关系由分配曲线决定，而每一相中A、S的浓度关系必满足溶解度曲线的函数关系。这样，处于平衡的两相虽有6个浓度，但只有1个自由度。例如，一旦指定萃取相中A组分的浓度 y_A，可由式(11-8)～式(11-10) 确定 x_A、y_S、x_S。两相中的B组分浓度由各自的归一条件决定。

11.2.3 液液相平衡与萃取操作的关系

萃取操作的自由度　双组分溶液萃取分离时涉及的是两个部分互溶的液相，其组分数为3。根据相律，系统的自由度为3。当两相处于平衡状态时，组成只占用一个自由度。因此，操作压强和操作温度可以人为选择。

级式萃取过程的图示　设某A、B双组分溶液，其组成用图11-13(b) 中的 F 点表示。现加入适量纯溶剂S，其量应足以使混合液的总组成进入两相区的某点 M。经充分接触两相达到平衡后，静置分层获得萃取相为E，萃余相为R。现将萃取相与萃余相分别取出，在溶剂回收装置中脱除溶剂。在溶剂被完全脱除的理想情况下，萃取相E将成为萃取液E°，萃余相R则成为萃余液R°。于是，整个过程是将组成为 F 点的混合物分离成为含A较多的萃取液E°与含A较少的萃余液R°。

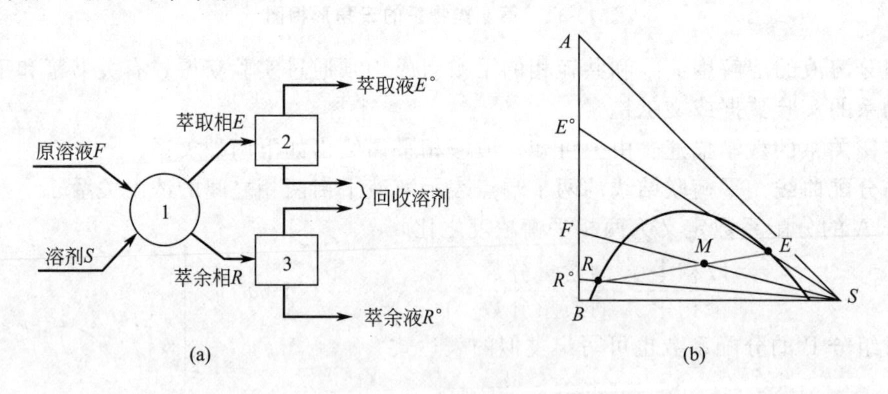

图11-13　单级萃取过程

1—萃取器；2,3—溶剂回收装置

上述系单级萃取过程，实际萃取过程可由多个萃取级构成，最终所得萃取液与萃余液中溶质的浓度差异可以更大。

溶剂的选择性系数　同为单级萃取，若所用的溶剂能使萃取液与萃余液中的溶质 A 浓度差别越大，则萃取效果越佳。溶质 A 在两液体中浓度的差异可用选择性系数 β 表示，其定义为

$$\beta=\frac{y_A/y_B}{x_A/x_B}=\frac{k_A}{k_B} \tag{11-11}$$

因萃取相中 A、B 浓度之比（y_A/y_B）与萃取液中 A、B 的浓度比（y_A°/y_B°）相等，萃余相中 x_A/x_B 与萃余液中 x_A°/x_B° 相等，故有

$$\beta=\frac{y_A^\circ/y_B^\circ}{x_A^\circ/x_B^\circ} \tag{11-12}$$

在萃取液及萃余液中，$y_B^\circ=1-y_A^\circ$，$x_B^\circ=1-x_A^\circ$，由式(11-12) 可得

$$y_A^\circ=\frac{\beta x_A^\circ}{1+(\beta-1)x_A^\circ} \tag{11-13}$$

可见，选择性系数 β 相当于精馏操作中的相对挥发度 α，其值与平衡联结线的斜率有关。当某一平衡联结线延长恰好通过 S 点，此时 $\beta=1$，这一对共轭相不能用萃取方法进行分离，此种情况恰似精馏中的恒沸物。因此，萃取溶剂的选择应在操作范围内使选择性系数 $\beta>1$。

B 与 S 的互溶度越小，β 值越大；当组分 B 不溶解于溶剂时，β 为无穷大。

【例 11-1】 选择性系数的比较

已知某三组分混合液的两条平衡联结线如图 11-14 中 $\overline{ab}$、$\overline{cd}$ 所示，试比较两者的选择性系数。

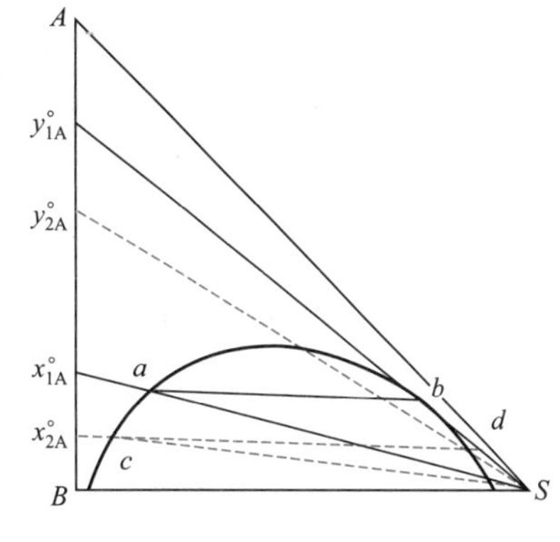

图 11-14　例 11-1 附图

解：对平衡联结线 $\overline{ab}$，可作直线 $\overline{Sa}$、$\overline{Sb}$ 并延长到 AB 边，读得 $y_{1A}^\circ=0.77$，$x_{1A}^\circ=0.24$。于是，该线的选择性系数为

$$\beta_1=\frac{\dfrac{y_A}{y_B}}{\dfrac{x_A}{x_B}}=\frac{\dfrac{y_{1A}^\circ}{(1-y_{1A}^\circ)}}{\dfrac{x_{1A}^\circ}{(1-x_{1A}^\circ)}}=\frac{\dfrac{0.77}{(1-0.77)}}{\dfrac{0.24}{(1-0.24)}}=10.6$$

对平衡联结线 $\overline{cd}$，按同法可得选择性系数为

$$\beta_2=\frac{\dfrac{y_{2A}^\circ}{(1-y_{2A}^\circ)}}{\dfrac{x_{2A}^\circ}{(1-x_{2A}^\circ)}}=\frac{\dfrac{0.6}{(1-0.6)}}{\dfrac{0.11}{(1-0.11)}}=12.1$$

可见 $\beta_2>\beta_1$。

温度压强的影响　对于液液系统，因密度随压强的变化很小，所以压强对液液相平衡的影响通常可以忽略不计。

温度对液液相平衡有明显影响。通常，温度降低，溶剂 S 与组分 B 的互溶度减小，对萃取过程有利（参见图 11-15）。某些物系当温度降低至某一程度，溶质 A 与溶剂 S 可由完全互溶而成为部分互溶，即由第Ⅰ类物系的相图转变为第Ⅱ类物系［参见图 11-15(b)］。

也有物系随温度升高互溶度下降的。

互溶度的变化会影响到分离程度。由图 11-16(a) 可知，萃取液的最大浓度 $y_{A,\max}^\circ$ 与组分 B、S 之间的互溶度密切有关，互溶度越小萃取的操作范围越大，可能达到的萃取液

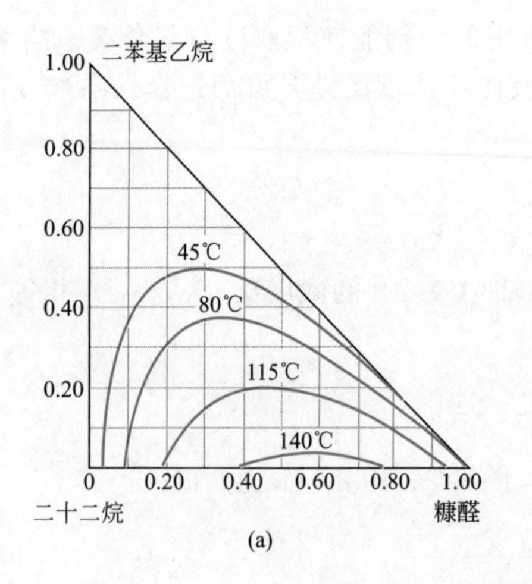

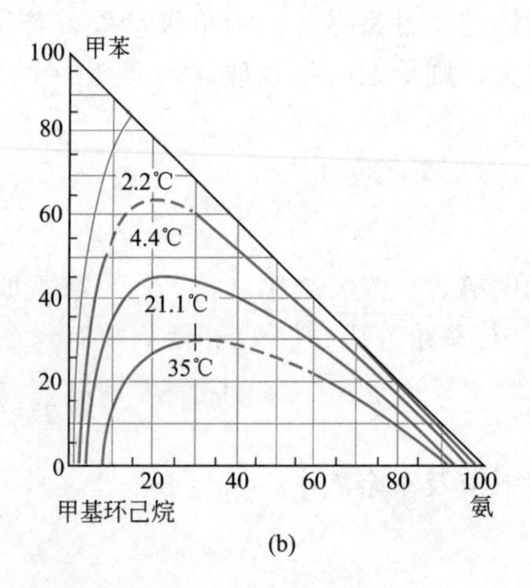

图 11-15　温度对互溶度的影响

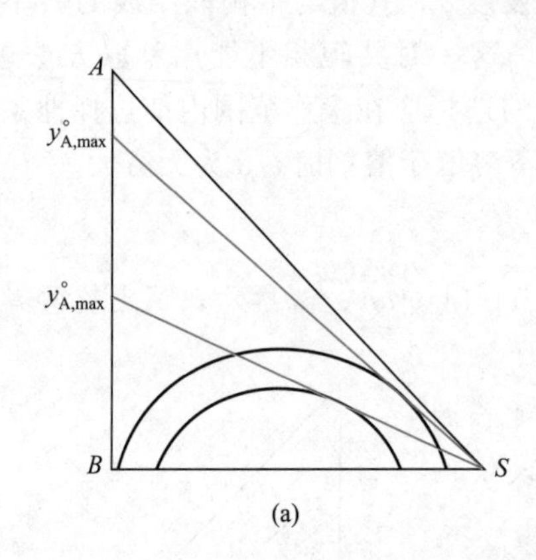

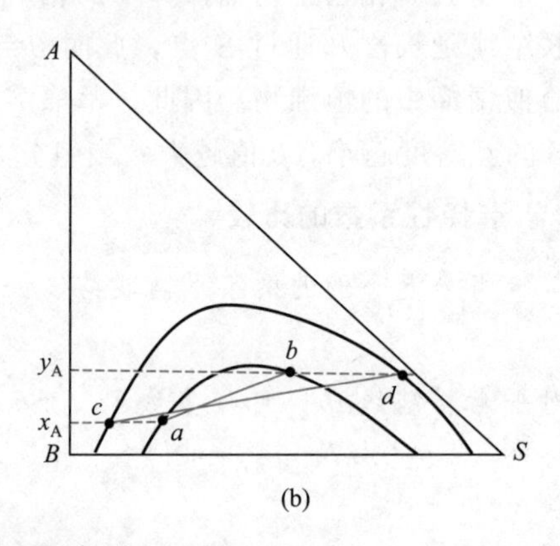

图 11-16　互溶度对萃取过程的影响

最大浓度 $y^{\circ}_{A,max}$ 越高。图 11-16(b) 表示互溶度大小对萃取过程的影响，图中平衡联结线 $\overline{ab}$ 与 $\overline{cd}$ 具有相同的分配系数 k_A，显然，互溶度小的物系选择性系数 β 较大，分离效果好。

实际萃取操作温度的选择还需考虑物性（如黏度、界面张力、密度差等）、杂质的溶解度等因素。

思考题

11-5　什么是临界混溶点？是否在溶解度曲线的最高点？

11-6　分配系数等于 1 能否进行萃取分离操作？萃取液、萃余液各指什么？

11-7　何谓选择性系数？$\beta=1$ 意味着什么？$\beta=\infty$ 意味着什么？

11.3 萃取过程的计算

本节主要介绍级式萃取过程的计算，同时对逆流微分接触的萃取过程作简要的讨论。

11.3.1　萃取级的数学描述

和精馏过程一样，级式萃取过程的数学描述也应以每一个萃取级作为考察单元，即原则上应对每一级写出物料衡算式、热量衡算式及表示级内传递过程的特征方程式。两液相之间传质所产生的热效应一般较小，萃取过程基本上是等温的，故无须作热量衡算及传热速率计算。

单一萃取级的物料衡算 在级式萃取设备内任取第 m 级（从原料液入口端算起）作为考察对象，进、出该级的各物流流量及组成如图 11-17 所示。对此萃取级作物料衡算可得：

总物料衡算式 $$R_{m-1}+E_{m+1}=R_m+E_m \tag{11-14}$$

溶质 A 衡算式 $$R_{m-1}x_{m-1,\mathrm{A}}+E_{m+1}y_{m+1,\mathrm{A}}=R_m x_{m,\mathrm{A}}+E_m y_{m,\mathrm{A}} \tag{11-15}$$

溶剂 S 衡算式 $$R_{m-1}x_{m-1,\mathrm{S}}+E_{m+1}y_{m+1,\mathrm{S}}=R_m x_{m,\mathrm{S}}+E_m y_{m,\mathrm{S}} \tag{11-16}$$

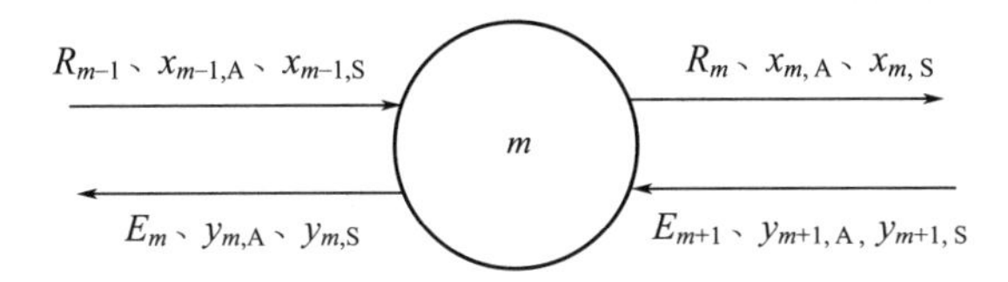

图 11-17 萃取级的物料衡算

萃取理论级与级效率 萃取中所发生液液相际传质过程非常复杂，其速率与物系性质、操作条件及设备结构等多种因素有关。为避免数学描述的困难可引入理论级的概念，即离开理论级的两股物流 R_m 和 E_m 达到相平衡。这样，表达萃取级传质过程的特征方程式可简化为

分配曲线 $$y_{m,\mathrm{A}}=f(x_{m,\mathrm{A}}) \tag{11-17}$$

溶解度曲线 $$x_{m,\mathrm{S}}=\psi(x_{m,\mathrm{A}}) \tag{11-18}$$

$$y_{m,\mathrm{S}}=\varphi(y_{m,\mathrm{A}}) \tag{11-19}$$

式(11-18)、式(11-19) 分别是临界混溶点左、右两侧溶解度曲线的函数式。

实际萃取级的分离能力不同于理论级，两者的差异可用级效率表示。

理论级概念的引入，将级式萃取过程的计算分为理论级数和级效率两部分，其中理论级数的计算可在设备决定之前通过解析方法解决，而级效率则必须结合具体设备型式通过实验研究确定。

11.3.2 单级萃取

单级萃取的解析计算 单级萃取可以连续操作，也可以间歇操作。进、出萃取器的各股物料与组成如图 11-18(a)所示，则物料衡算式(11-14)～式(11-16) 可具体化为

$$F+S=R+E \tag{11-20}$$

$$Fx_{\mathrm{FA}}+Sz_{\mathrm{A}}=Rx_{\mathrm{A}}+Ey_{\mathrm{A}} \tag{11-21}$$

$$F\times 0+Sz_{\mathrm{S}}=Rx_{\mathrm{S}}+Ey_{\mathrm{S}} \tag{11-22}$$

假设萃取器相当于一个理论级，离开该级的萃取相 E 与萃余相 R 成平衡，两相组成满足相平衡方程式(11-17)～式(11-19)，即

$$y_{\mathrm{S}}=\varphi(y_{\mathrm{A}}) \tag{11-23}$$

$$x_{\mathrm{S}}=\psi(x_{\mathrm{A}}) \tag{11-24}$$

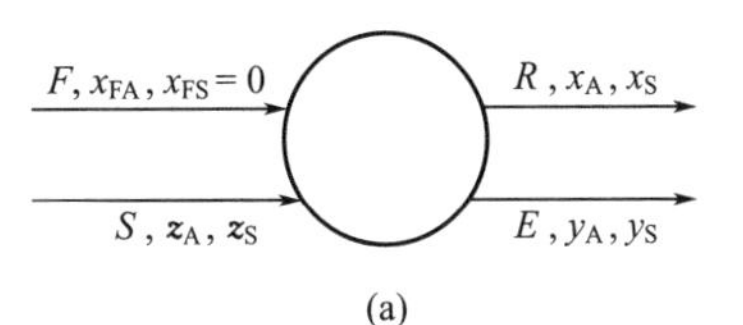

(a)

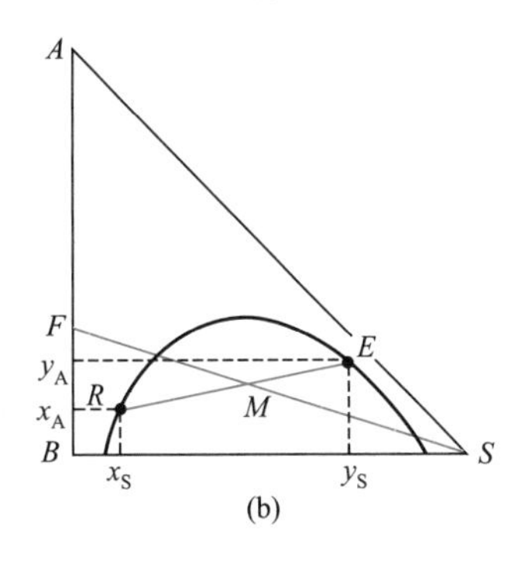

(b)

图 11-18 单级萃取

$$y_A = f(x_A) \tag{11-25}$$

设计型问题中，料液流量 F 及组成 x_{FA}、物系的相平衡数据为已知，萃余相溶质浓度 x_A 由工艺要求所规定，可选择溶剂组成 z_A 与 z_S（回收溶剂中常含有少量被分离组分 A 与 B），联立求解式(11-20)～式(11-25) 可计算所需溶剂用量 S、萃取相流量 E 及其组成 y_A 与 y_S、萃余相流量 R 及其中溶剂浓度 x_S 共六个未知数。

操作型问题中，原料及溶剂的流量和组成为已知，联立以上诸式求解，可计算萃取相、萃余相的流量和组成。

单级萃取的图解计算 用解析方法计算萃取问题将溶解度曲线及分配曲线拟合成数学表达式，且所得数学表达式皆为非线性方程、联立求解时须通过试差。但在三角形相图上，采用图解的方法可以简便地完成以上的求解步骤。

如图 11-18(b) 所示，图解计算时，可首先由规定的萃余相浓度 x_A 在溶解度曲线上找到萃余相的组成点 R，过点 R 用内插法作一平衡联结线$\overline{RE}$与溶解度曲线相交，确定萃取相的组成点 E。然后根据已知的原料组成与溶剂组成确定点 F 及 S（图中所示 S 点为纯溶剂）。

由物料衡算可知，进入萃取器的总物料量及其总组成应等于流出萃取器的总物料量及其总组成。因此，总物料的组成点 M 必同时位于$\overline{FS}$和$\overline{RE}$两条连线上，即为两连线之交点。

由杠杆定律可知，溶剂用量 S 与料液流量 F 之比为

$$\frac{S}{F} = \frac{\overline{FM}}{\overline{SM}} \tag{11-26}$$

称为溶剂比。根据溶剂比可由料液流量 F 求出溶剂流量 S。

进入萃取器的总物料量 M 为料液流量与溶剂流量之和，即

$$M = F + S \tag{11-27}$$

萃取相流量

$$E = M\frac{\overline{MR}}{\overline{RE}} \tag{11-28}$$

萃余相流量

$$R = M - E \tag{11-29}$$

单级萃取的分离范围 对于一定的料液流量 F 及组成 x_{FA}，溶剂的用量越大，混合点 M 越靠近 S 点，但以 c 点为限，见图 11-19(a)。相当于 c 点的溶剂用量为最大溶剂用量，超过此用量，混合物将进入均相区而无法实现萃取操作。与 c 点成平衡的萃余相溶质浓度 $x_{A,min}$ 为单级萃取可达到的最低值，除去溶质后萃余液的最低浓度为 $x^{\circ}_{A,min}$。

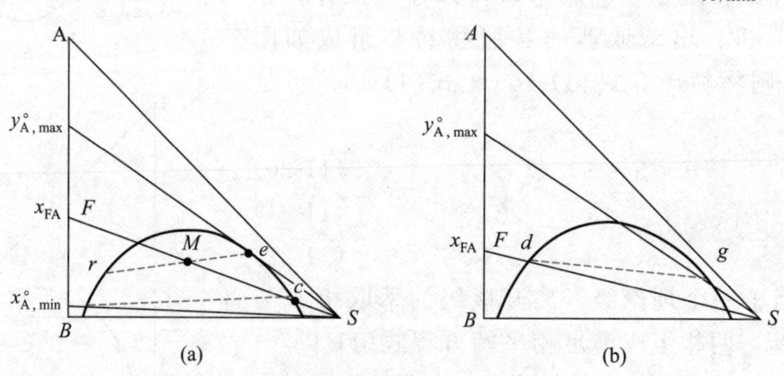

图 11-19 单级萃取操作的分离范围

从 S 点作平衡溶解度曲线的切线$\overline{Se}$并延长至 AB 边，交点组成 $y^{\circ}_{A,max}$是单级萃取所能

获得的最高浓度。通过切点 e 作一平衡联结线 $\overline{er}$，与连线$\overline{FS}$交于 M 点，应用杠杆定律可求得该操作条件下的溶剂用量。

当料液组成 x_{FA}较低而分配系数 k_A 又较小时［图 11-19(b)］，不可能用单级萃取使萃取相组成达到切点 e。此时溶剂用量越少，萃取液的溶质浓度越高，最少溶剂用量的总物料组成为点 d。过 d 点作平衡联结线$\overline{dg}$，延长连线$\overline{Sg}$至 AB 边，所得交点 $y^{\circ}_{A,max}$是该情况下单级萃取操作可能达到的最大极限浓度。

11.3.3 多级错流萃取

为降低萃余相中的溶质浓度，可在上述单级萃取获得的萃余相中再次加入新鲜溶剂进行萃取，如此多次操作即为图 11-20(a) 所示的多级错流萃取。

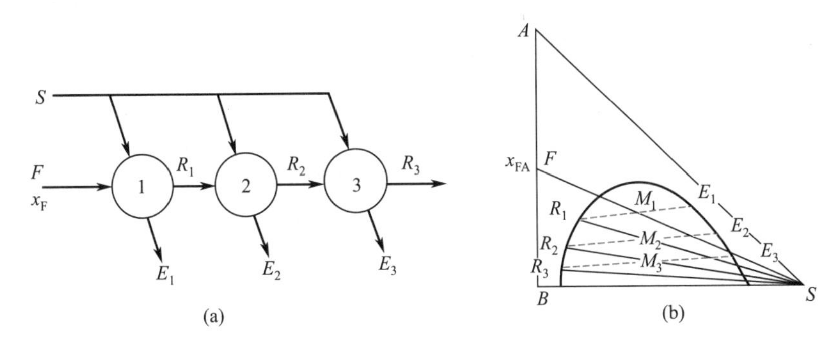

图 11-20 多级错流萃取

多级错流萃取的计算只是单级萃取的多次重复。图 11-20(b) 表示了这一图解计算过程。

多级错流萃取最终可得组分 A 浓度很低的萃余相，但溶剂用量较多。

【例 11-2】 单级萃取与两级错流萃取的比较

含醋酸 35%（质量分数）的醋酸水溶液，在 25℃下用异丙醚为溶剂进行萃取，料液的处理量为 100kg/h，试求：(1) 用 100kg/h 纯溶剂作单级萃取，所得的萃余相和萃取相的数量与醋酸浓度；(2) 每次用 50kg/h 纯溶剂作两级错流萃取，萃余相的最终数量和醋酸浓度；(3) 比较两种操作所得的萃余相中醋酸的残余量与原料中醋酸量之比（萃余百分数）。物系在 20℃时的平衡溶解度数据见表 11-1。

表 11-1 醋酸-水-异丙醚液液平衡数据（20℃）

萃余相(水相)组成(质量分数)/%			萃取相(异丙醚相)组成(质量分数)/%		
醋酸(A)	水(B)	异丙醚(S)	醋酸(A)	水(B)	异丙醚(S)
0.69	98.1	1.2	0.18	0.5	99.3
1.41	97.1	1.5	0.37	0.7	98.9
2.89	95.5	1.6	0.79	0.8	98.4
6.42	91.7	1.9	1.93	1.0	97.1
13.30	84.4	2.3	4.82	1.9	93.3
25.50	71.1	3.4	11.40	3.9	84.7
36.70	58.9	4.4	21.60	6.9	71.5
44.30	45.1	10.6	31.10	10.8	58.1
46.40	37.1	16.5	36.20	15.1	48.7

注：表中同一行数据为相平衡关系。

解：(1) 单级萃取　由表中数据在三角形相图上作出溶解度曲线及若干条平衡联结线[参见图 11-21(a)]。

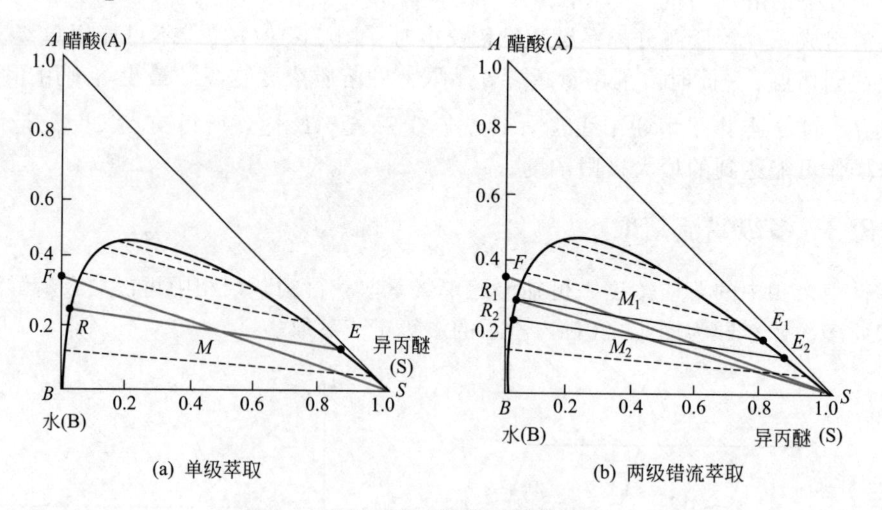

图 11-21　例 11-2 附图

原料液中含醋酸 0.35，可在图上找出 F 点。联结 $\overline{FS}$，因料液量 F 与溶剂量 S 相等，混合点 M 位于 $\overline{FS}$ 线的中点。

总物料流量　　　　$M=F+S=100+100=200$ (kg/h)

用内插法过 M 点作一条平衡联结线，找出单级萃取的萃取相 E 与萃余相 R 的组成点。从图上量出线段 $\overline{RE}$、$\overline{ME}$ 的长度，可得

$$R=M\frac{\overline{ME}}{\overline{RE}}=200\times\frac{18.5}{42}=88.1\ (\text{kg/h})$$

萃取相流量　　　　$E=M-R=200-88.1=111.9$ (kg/h)

从图 11-21(a) 读得萃取相的醋酸浓度 $y_A=0.11$，萃余相的醋酸浓度 $x_A=0.25$。

(2) 两级错流萃取　进入第一级萃取器的总物料量为

$$M_1=S_1+F=50+100=150\ (\text{kg/h})$$

表示混合物组成的点和点 M_1 的位置 [参见图 11-21(b)] 是

$$\overline{SM_1}=\frac{F}{M_1}\times\overline{FS}=\frac{100}{150}\times54=36$$

用内插法过 M_1 点作一条平衡联结线，确定离开第一级萃取器的萃余相组成 R_1 与萃取相组成 E_1。

萃余相流量　　$R_1=M_1\times\frac{\overline{M_1E_1}}{\overline{R_1E_1}}=150\times\frac{23.5}{39}=90.4$ (kg/h)

进入第二级萃取器的总物料流量

$$M_2=R_1+S_2=90.4+50=140.4\ (\text{kg/h})$$

点 M_2 的位置为　　$\overline{SM_2}=\frac{R_1}{M_2}\times\overline{R_1S}=\frac{90.4}{140.4}\times51=32.8$

过 M_2 点用内插法作一条平衡联结线，找出第二级的萃余相与萃取相的组成点 R_2、E_2。萃余相中的醋酸浓度为 $x_{2A}=0.22$。

萃余相流量 $R_2=M_2\times\frac{\overline{M_2E_2}}{\overline{R_2E_2}}=140.4\times\frac{24}{42}=80.2\ (\text{kg/h})$

(3) 两种操作萃余百分数的比较

单级萃取 $\varphi_1=\frac{Rx_A}{Fx_{FA}}=\frac{88.1\times0.25}{100\times0.35}=0.629$

两级错流萃取 $\varphi_2=\frac{R_2x_{2A}}{Fx_{FA}}=\frac{80.2\times0.22}{100\times0.35}=0.504$

11.3.4 多级逆流萃取

由于逆流操作的优越性，当料液中两个组分均为过程的产物而需要较完全地加以分离时，一般均用多级逆流萃取，如图 11-22 所示。逆流操作可将萃余相溶质浓度降至很低，同时在第 1 级出口处所得到的萃取相中溶质 A 的浓度亦较高。在级数足够多的情况下，多级逆流操作的最终萃余相中 A 的最低浓度受溶剂中 A 的浓度及平衡条件的限制，而最终所得萃取相中 A 的最大浓度受加料组成及平衡条件限制。这样，逆流操作可在溶剂用量较少的情况下获得较大的分离程度。

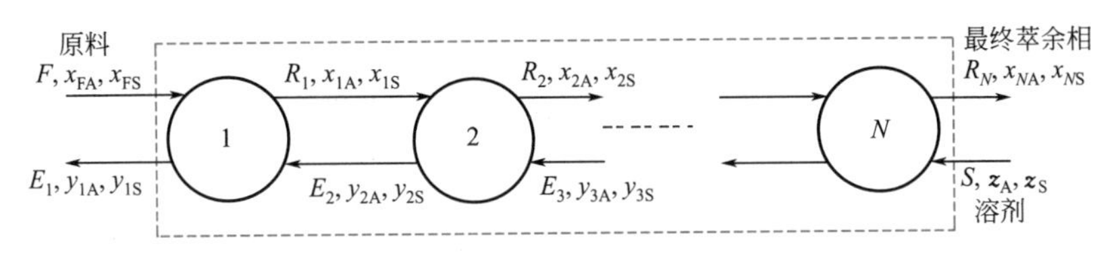

图 11-22 多级逆流萃取

多级逆流萃取的解析计算 图 11-22 表示多级逆流萃取过程中物料进、出各级的流向及相应参数。现以设计型问题为例说明理论级的求取方法。

设待分离混合液的流量及组成 x_{FA}、x_{FS}为已知，选定溶剂量 S 并已知溶剂的组成 z_A、z_S；根据工艺要求规定离开末级最终萃余相的溶质浓度 x_{NA}，求理论级数 N 及离开每一级的萃取相与萃余相流量及组成共 $6N$ 个未知数。

如 11.3.1 所述，对多级逆流萃取的每一个理论级，皆可列出相应的物料衡算式(11-14)～式(11-16) 及相应的相平衡关系式(11-17)～式(11-19) 共 $6N$ 个方程。

计算时可首先以萃取设备整体为控制体（参见图 11-22 虚线部分）列出物料衡算式

总物料衡算式 $$F+S=R_N+E_1 \tag{11-30}$$

溶质 A 衡算式 $$Fx_{FA}+Sz_A=R_Nx_{NA}+E_1y_{1A} \tag{11-31}$$

溶剂 S 衡算式 $$Fx_{FS}+Sz_S=R_Nx_{NS}+E_1y_{1S} \tag{11-32}$$

式中，x_{NS}与 x_{NA}及 y_{1S}与 y_{1A}须分别满足溶解度曲线关系式

$$x_{NS}=\psi(x_{NA}) \tag{11-33}$$

$$y_{1S}=\varphi(y_{1A}) \tag{11-34}$$

联立以上五式可以解出 5 个未知数：E_1、y_{1A}、y_{1S}、R_N、x_{NS}。这样，进出总控制体的物流量及组成均已知。

现以原料进入的第 1 级为控制体，列出物料衡算和相平衡方程，如 11.3.1 所述。联立求解式(11-14)～式(11-19) 可得 R_1、E_2 的量及组成共 6 个未知数，然后以此类推逐级计算，直至 y_{NA}。最后用分配曲线由 y_{NA}求出 x_{NA}。当 x_{NA}低于规定数值，N 即为所求的理论级数。

【例 11-3】 **多级逆流萃取所需理论级的计算**

某化工过程中，需用25℃的正丁醇（S）萃取间苯二酚（A）水（B）溶液中的间苯二酚，原料液进料量为1kg/s，含间苯二酚 $x_{FA}=0.03$（质量分数，下同）。操作采用的溶剂比（S/F）为0.1，要求最终萃余相中含间苯二酚低于0.002。已知在操作范围内的相平衡关系为 $y_A=3.98x_A^{0.68}$，$y_S=0.933-1.05y_A$，$x_S=0.013-0.05x_A$。试求逆流操作所需的理论级数。

解：参照图11-22，取整个萃取设备为控制体，使用式(11-30)～式(11-34) 可得

$$x_{NS}=0.013-0.05x_{NA}=0.013-0.05\times0.002=0.0129$$

总物料
$$1.1=R_N+E_1 \quad ①$$
A组分
$$0.03=0.002R_N+y_{1A}E_1 \quad ②$$
S组分
$$0.1=0.0129R_N+y_{1S}E_1 \quad ③$$
$$y_{1S}=0.933-1.05y_{1A} \quad ④$$

由式①～式④可解得 $y_{1A}=0.2239$，$y_{1S}=0.6979$，$E_1=0.1253\text{kg/s}$，$R_N=0.9749\text{kg/s}$。

再对第1萃取级使用式(11-14)～式(11-19) 可得

$$1+E_2=R_1+0.1253 \quad ⑤$$
$$0.03+E_2y_{2A}=R_1x_{1A}+0.02805 \quad ⑥$$
$$E_2y_{2S}=R_1x_{1S}+0.08745 \quad ⑦$$
$$0.2239=3.98x_{1A}^{0.68} \quad ⑧$$
$$y_{2S}=0.933-1.05y_{2A} \quad ⑨$$
$$x_{1S}=0.013-0.05x_{1A} \quad ⑩$$

由式⑤～式⑩可解得 $x_{1A}=0.01452$，$x_{1S}=0.0123$，$y_{2A}=0.1035$，$y_{2S}=0.8243$，$R_1=0.9956$，$E_2=0.1209$。同理可得 $x_{2A}=0.00467$，$x_{2S}=0.01277$，$y_{3A}=0.02410$，$y_{3S}=0.9077$，$R_2=0.9849$，$E_3=0.1102$。由 y_{3A} 和相平衡式可算得 $x_{3A}=0.00055<0.002$，即所需理论级数为3。

溶剂比对逆流萃取理论级数的影响　类似于精馏操作中回流比与理论板数的关系，在多级逆流萃取中，溶剂比 S/F 的大小对达到指定分离要求所需的理论级数有显著影响。当溶剂比 S/F 减小时，经上述逐级计算，可以发现所需的理论级数增加。当理论级数增至无穷多时，对应的溶剂比为最小溶剂比，该值可以通过逐次逼近求出。

最小溶剂比表示达到指定分离要求时溶剂的最小用量。实际溶剂用量可指定为最小用量的某一倍数。

11.3.5　完全不互溶物系萃取过程的计算

若溶剂S与稀释剂B极少互溶，且在操作范围内溶质A的存在对B、S的互溶度又无明显影响，可近似将溶剂与稀释剂看作完全不互溶。显然，此种物系在萃取过程中，萃取相与萃余相都只含有两个组分，与解吸过程相似。本节着重讨论级式接触完全不互溶物系萃取过程的计算问题。

组成与相平衡的表示方法　纯溶剂S与稀释剂B可视为惰性组分，其量在整个萃取过程中均保持不变。为计算方便，可以惰性组分为基准表示溶液的浓度，即以 X 和 Y 分别表示溶质在萃余相中的质量分数比（kg 溶质/kg 稀释剂）及溶质在萃取相中的质量分数比

(kg 溶质/kg 纯溶剂)。

相应地，溶质在两相中的平衡关系可用 Y-X 直角坐标图中的分配曲线表示，即

$$Y = KX \tag{11-35}$$

式中，K 也称为分配系数，其值一般随浓度不同而异。

单级萃取 图 11-23(a) 为一单级萃取器，进、出该萃取器各物流的流量及组成如图所示，其中 B 为料液或萃余相中稀释剂的流量（kg/s）或数量（kg）；S 为溶剂或萃取相中纯溶剂的流量（kg/s）或数量（kg）；Z 为溶剂中 A 的质量分数比。

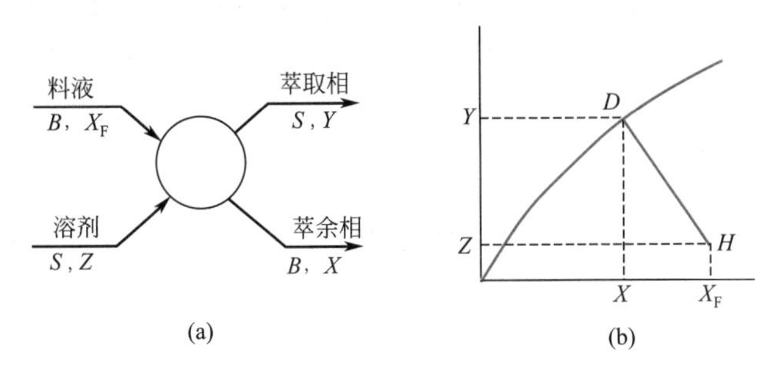

图 11-23　完全不互溶物系的单级萃取

对萃取器作物料衡算可得

$$S(Y - Z) = B(X_F - X) \tag{11-36}$$

同时，假设物料在萃取器内充分接触，离开时两相已达平衡状态，则

$$Y = KX$$

在以上两式中，B、X_F 及 Z 一般为已知量，或选择萃取剂量 S 计算萃取相与萃余相的溶质浓度 Y、X；或规定萃余相浓度 X，计算萃取相浓度 Y 与萃取剂用量 S。

上述计算也可用图 11-23(b) 所示的图解法代替。由点 H（X_F、Z）作一斜率为

$$-\frac{B}{S} = \frac{Z - Y}{X_F - X} \tag{11-37}$$

的直线 HD 与平衡线相交，交点 D 的坐标即为所求的萃取相与萃余相浓度 Y、X。

多级错流萃取 多级错流只是上述单级萃取的多次重复，进出各级的物流及图解计算方法可参见图 11-24。

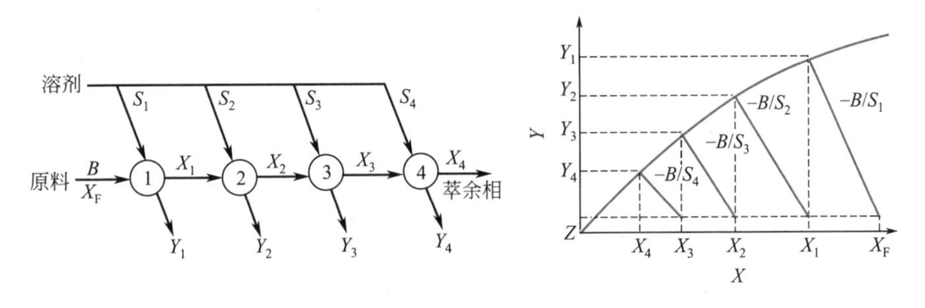

图 11-24　完全不互溶物系的多级错流萃取图解

若在操作范围内，平衡线为通过原点的直线，即分配系数 K 为一常数，则多级错流萃取的理论级数可解析解。

图 11-25 所示为多级错流萃取中第 m 级的有关物流及组成，若 $Z=0$，对其作物料衡算可得

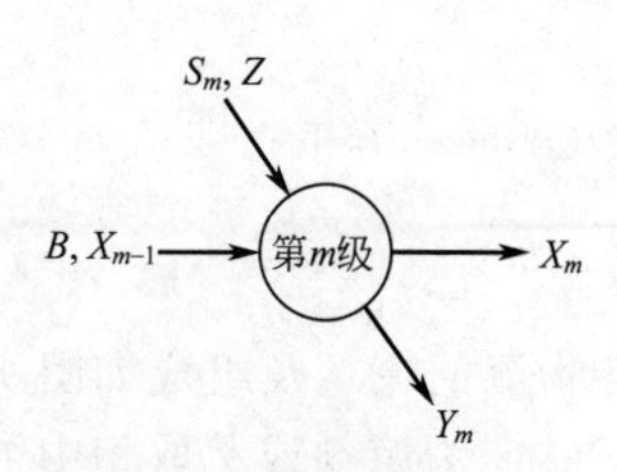

图 11-25 多级错流萃取中第 m 级的物料衡算

$$B(X_{m-1}-X_m)=S_mY_m$$

将平衡关系代入上式，得 $Y_m=KX_m$

$$X_m=\frac{X_{m-1}}{1+\frac{S_m}{B}K}=\frac{X_{m-1}}{1+\frac{1}{A_m}} \tag{11-38}$$

式中 $$\frac{1}{A_m}=\frac{S_m}{B}K=\frac{S_mY_m}{BX_m}=\frac{\text{萃取相中的组分 A 量}}{\text{萃余相中的组分 A 量}} \tag{11-39}$$

称为萃取因数。当各级所用的溶剂量均相等，各级萃取因数 $1/A_m$ 为一常数（$1/A$）时，式(11-38) 可写成

$$X_m=\frac{X_{m-1}}{1+\frac{1}{A}} \tag{11-40}$$

从 $m=1(X_0=X_F)$ 至最后一级 $m=N$，逐级递推可得最终萃余相浓度 X_N 为

$$X_N=\frac{X_F}{\left(1+\frac{1}{A}\right)^N} \tag{11-41}$$

多级逆流萃取 完全不互溶物系逆流萃取的计算方法与液体的解吸完全相同。对整个萃取设备作物料衡算［见图 11-26(a)］可得

$$B(X_F-X_N)=S(Y_1-Z) \tag{11-42}$$

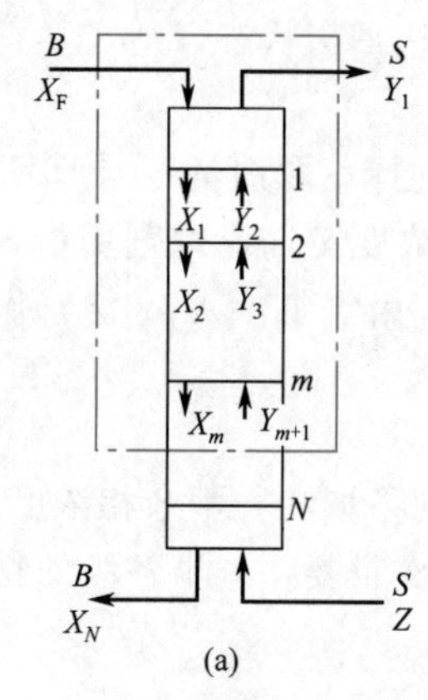

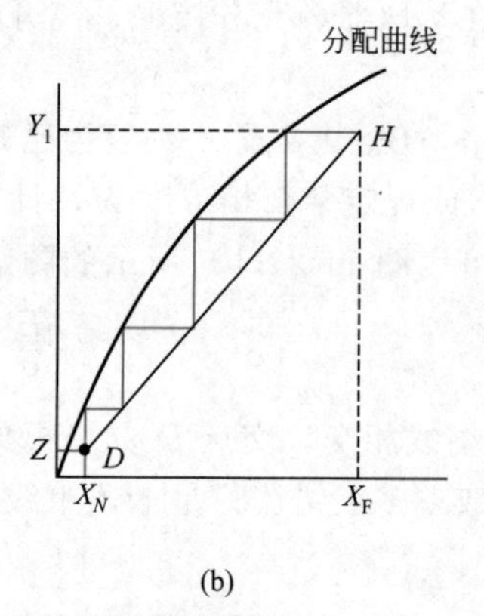

图 11-26 完全不互溶物系的多级逆流萃取

自第 $1\sim m$ 级为控制体作物料衡算，则

$$B(X_F-X_m)=S(Y_1-Y_{m+1}) \tag{11-43}$$

或 $$Y_{m+1}=\frac{B}{S}X_m+\left(Y_1-\frac{B}{S}X_F\right) \tag{11-44}$$

式(11-44) 为逆流操作时的操作线方程。因（B/S）对各级为一常数，操作线为一直线，其上端位于 $X=X_F$、$Y=Y_1$ 的 H 点，下端位于 $X=X_N$、$Y=Z$ 的 D 点［图 11-26(b)］。在分配曲线（平衡线）与操作线之间作若干梯级，便可求得所需的理论级数。

若平衡线为一通过原点的直线，则与吸收、精馏类似，可用下式计算理论级（板）数，即

$$N=\frac{1}{\ln\left(\frac{SK}{B}\right)}\ln\left(\frac{X_F-\frac{Y_1}{K}}{X_N-\frac{Z}{K}}\right) \tag{11-45}$$

式(11-45) 与式(8-93)、式(9-93) 是一致的。为了使用方便，可以结合总物料衡算式(11-42) 消去式(11-45) 中的一个浓度，如 Y_1。

11.3.6 回流萃取

回流萃取过程 采用一般的多级逆流萃取虽然可以使最终萃余相中组分 A 的浓度降至很低，但最终萃取相中仍含有一定量的物质 B，只要组分 B 与溶剂 S 之间有一定的互溶度，组分 B 的存在对一般萃取过程是无法避免的。为实现 A、B 两组分的高纯度分离，可采用精馏中所用的回流技术。此种带回流的萃取过程称为回流萃取。

图 11-27 所示为回流萃取的装置示意图。该图表示一逆流操作的萃取塔，并假定溶剂密度较小（轻相)。料液自塔中部某处加入，溶剂自塔底进入。塔的下半部即是通常的萃取塔，两相在逆流接触过程中组分 A 转入溶剂相而使萃余相中的组分 B 浓度增加，此段称为萃余相提纯段。离开萃余相提浓段上端（加料口以上）的萃取相中含有一定量的组分 B。为除去其中的组分 B，可用另一股含 A 较多而含 B 较少的液流与其作逆流萃取。这股新液流（也称萃余相）必须具备两个条件：①不能与萃取相完全互溶而变成均相；②应使组分 B 向萃余相传递而组分 A 向萃取相传递。这样，在加料口以上可以实现萃取相中组分 A 的提浓，故称为萃取相增浓段。在萃取相增浓段顶部使用的含 A 多、含 B 少的另一股液流实际上就是将塔顶萃取相脱除溶剂之后所得溶液的一部分，故称为回流。因回流液已脱除了溶剂，且选择性系数 $\beta>1$，故满足上述两相接触传质的条件。只要回流量足够多且相接触面足够大，对第Ⅱ类物系来说，原则上可使塔顶萃取相中组分 B 的含量降至任意小。这样，塔顶获得了含 B 很少含 A 很多的萃取相，塔底获得含 A 很少含 B 很多的萃余相，此两相脱溶剂后便实现了 A、B 两组分高纯度分离。

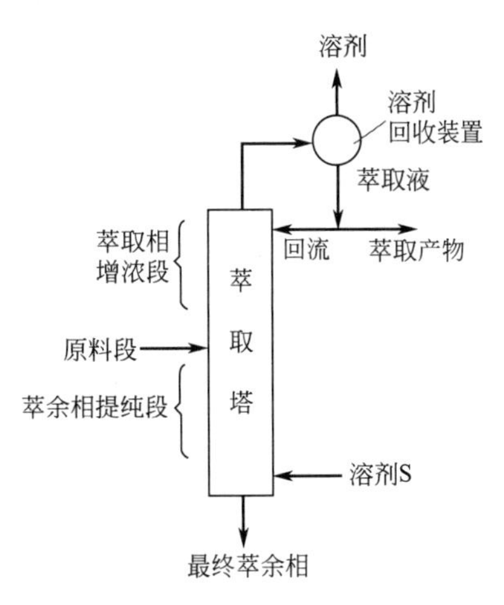

图 11-27 回流萃取装置示意图

11.3.7 微分接触式逆流萃取

在不少塔式萃取设备中，萃取相与萃余相呈逆流微分接触，两相中的溶质浓度沿塔高连续变化。此种设备的塔高计算有两种方法，即理论级当量高度法和传质单元数法。

理论级当量高度法 微分接触萃取塔的理论级当量高度是指萃取效果相当于一个理论级的塔高，以 HETP(m) 表示。若逆流萃取所需要的理论级数已经算出，则塔高 H 为

$$H=N_T(\text{HETP}) \tag{11-46}$$

和级效率一样，HETP 的数值与设备型式、物系性质及操作条件有关，须经实验研究确定。

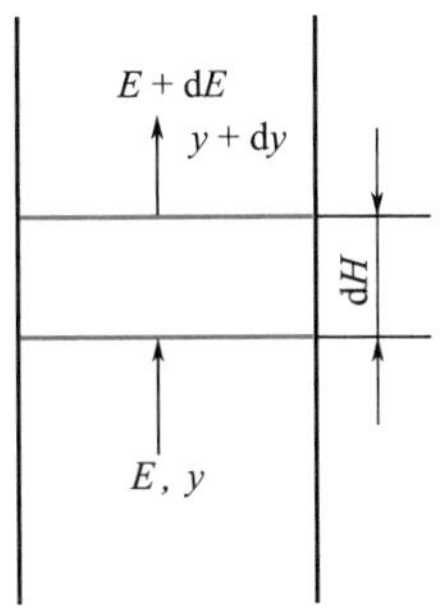

图 11-28 萃取相经微元塔高的变化

传质单元数法 设萃取相自下而上连续通过萃取塔（图 11-28)，经微元塔高 dH，萃取相单位塔截面的流率 E 及溶质浓度 y 分别发生微小变化 dE 和 dy，即在微元塔高内，两相传质的结果使萃取相中的溶质组分增加了 $d(Ey)$。以此微元塔高为控制体，对溶质组分作物料衡算可得

$$dH=\frac{d(Ey)}{K_y a(y_e-y)} \tag{11-47}$$

式中，K_y 为总传质系数；a 为单位设备体积的传质表面积；y_e 为与塔内任意截面的萃余相溶质浓度 x 平衡的萃取相溶质浓度。

式(11-47) 与吸收章式(8-100) 相类似，可以采用逐段计算求取塔高，也可以采用传质单元法作近似计算。

设萃取相在塔底、塔顶处的溶质浓度分别为 $y_{进}$ 和 $y_{出}$，并近似假定萃取相中非溶质组分的总量变化不大，则可与高浓度气体吸收相类似，将式(11-47) 沿塔高积分并改写为

$$H=\int_{y_{进}}^{y_{出}}\left[\frac{E}{K_y a(1-y)_m}\times\frac{(1-y)_m dy}{(1-y)(y_e-y)}\right] \tag{11-48}$$

工程上取如下形式

$$H=H_{OE}N_{OE} \tag{11-49}$$

式中传质单元高度

$$H_{OE}=\frac{E}{K_y a(1-y)_m} \tag{11-50}$$

传质单元数

$$N_{OE}=\int_{y_{进}}^{y_{出}}\frac{(1-y)_m dy}{(1-y)(y_e-y)} \tag{11-51}$$

$$(1-y)_m=\frac{(1-y)-(1-y_e)}{\ln\frac{1-y}{1-y_e}} \tag{11-52}$$

将塔高写成式(11-49) 的形式，是将$\frac{E}{K_y a(1-y)_m}$作为常数移至积分号外。这样的简化处理虽不严格，却为工程计算和实验测定带来很大方便。因为传质单元数 N_{OE} 可直接按工艺条件及相平衡数据计算，而传质单元高度可视具体设备及操作条件由实验测得。

思考题

11-8 多级逆流萃取中 $(S/F)_{min}$ 如何确定?

11.4 萃取设备

萃取设备的目的是实现两液相之间的质量传递。目前，萃取设备的种类很多。这一方面说明萃取设备不断地取得了进展；另一方面亦说明萃取设备的研究还不够成熟，尚不存在各种性能都比较优越的设备。

本节首先介绍一些常用的萃取设备，然后分析选用设备时需考虑的主要因素。

11.4.1 萃取设备的主要类型

液液系统两相的密切接触和快速分离要比气液系统困难得多。因此，液液传质设备的类型亦很多，目前已有 30 余种不同型式的萃取设备在工业上获得应用。若根据两相接触方式，萃取设备可分为逐级接触式和微分接触式两类，而每一类又可分为有外加能量和无外加能量两种。表 11-2 列出几种常用的萃取设备。

在习惯上，不管设备有无外加能量，也不管是逐级接触还是微分接触，只要设备的截面是圆形而且高径比很大，统称为塔式传质设备。

表 11-2 液液传质设备的分类

项目		逐级接触式	微分接触式
无外加能量		筛板塔	喷洒萃取塔 填料萃取塔
具有外加能量	搅拌	混合-澄清槽 搅拌-填料塔	转盘塔 搅拌挡板塔
	脉动		脉动填料塔 脉冲筛板塔 振动筛板塔
	离心力	逐级接触离心机	连续接触离心机

11.4.2 逐级接触式萃取设备

多级混合-澄清槽　多级混合-澄清槽是一种典型的逐级接触式液液传质设备，其每一级包括混合器和澄清槽两部分（图 11-29）。在实际生产中，混合-澄清槽可以单级使用，也可以多级按逆流、错流方式组合使用。

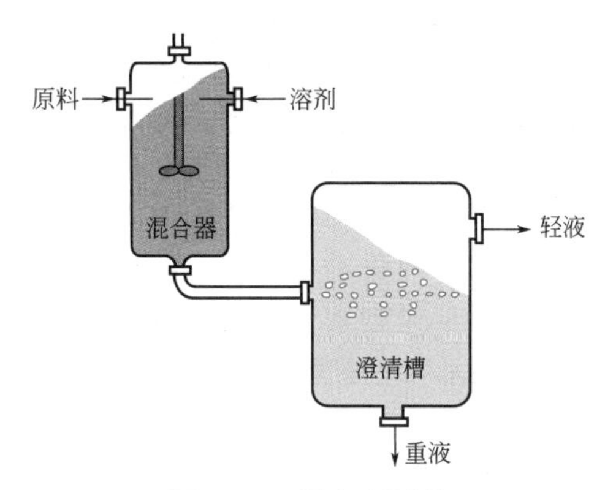

图 11-29　混合-澄清槽

混合-澄清槽的主要优点是传质效率高，操作方便，能处理含有固体悬浮物的物料。这种设备的主要缺点有：①水平排列的多级混合-澄清槽，占地面积较大；②每一级内均设有搅拌装置，流体在级间的流动一般需用泵输送，因而设备费用和操作费用均较大。

针对水平排列的多级混合-澄清槽所存在的缺点，有时采用箱式或立式混合-澄清槽。

筛板塔　用于液液传质过程的筛板塔的结构及两相流动情况与气液系统中的筛板塔颇为相似。就总体而言，轻重两相在塔内作逆流流动，而在每块塔板上两相呈错流接触。如果轻液为分散相，塔的基本结构与两相流动情况如图 11-30 所示。作为分散相的轻液穿过各层塔板自下而上流动，而作为连续相的重液则沿每块塔板横向流动，由降液管流至下层塔板。轻液通过板上筛孔被分散为液滴，与板上横向流动的连续相接触和传质。液滴穿过连续相之后，在每层塔板的上层空间（即在上一层塔板之下）形成一清液层。该清液层在两相密度差的作用下，经上层筛板再次被分散成液滴而浮升。可见，每一块筛板及板上空间的作用相当

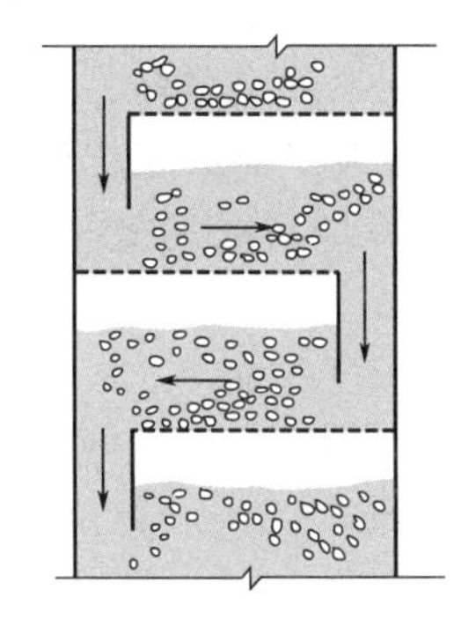
图 11-30　轻液为分散相的筛板塔

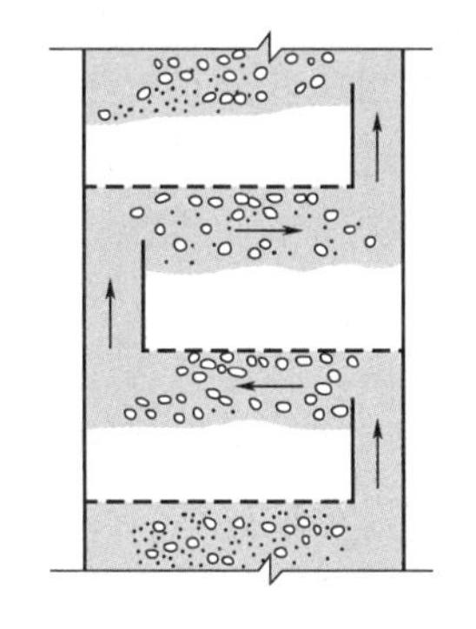
图 11-31　重液为分散相的筛板塔

于一级混合-澄清槽。为产生较小的液滴，液液筛板塔的孔径一般较小，通常为3～6mm。

若重液作为分散相，则须将塔板上的降液管改为升液管。此时，轻液在塔板上部空间横向流动，经升液管流至上层塔板，而重相穿过每块筛板自上而下流动（图11-31）。

在筛板塔内分散相液体的分散和凝聚多次发生，而且筛板的存在又抑制了塔内的轴向返混，其传质效率是比较高的。筛板塔在液液传质过程中已得到相当广泛的应用。

11.4.3 微分接触式萃取设备

喷洒塔 喷洒塔是由无任何内件的圆形壳体及液体引入和移出装置结构的，是结构最简单的液液传质设备（图11-32）。

喷洒塔在操作时，轻、重两液体分别由塔底和塔顶加入，并在密度差作用下呈逆流流动。轻、重两液体中，一液体作为连续相充满塔内主要空间，而另一液体以液滴形式分散于连续相，从而使两相接触传质。塔体两端各有一个澄清室，以供两相分离。在分散相出口端，液滴凝聚分层。为提供足够的停留时间，有时将该出口端塔径局部扩大。两相分层界面Ⅰ—Ⅰ的位置可由阀门B和π形管的高度来控制。液体中所含少量固体杂质有在界面上聚集的趋势。这种杂质会附着于液滴的界面上，阻碍液滴的凝聚过程。因此，在界面Ⅰ—Ⅰ附近有一接管C，以定期排除集结在界面上的杂质。

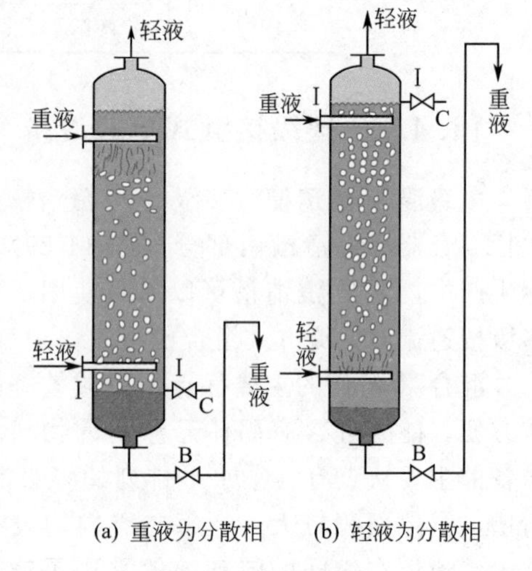

图11-32 喷洒塔

喷洒塔结构虽然简单，但塔内传质效果差，一般不会超过1～2个理论级。目前，喷洒塔在工业上已很少应用。

填料塔 用于液液传质的填料塔结构与气液系统的填料塔基本相同，也是由圆形外壳及内部填料所构成。在气液系统中所用的各种典型填料，如鲍尔环、拉西环、鞍形填料及其他各种新型填料对液液系统仍然适用。填料层通常用栅板或多孔板支承。为防止沟流现象，填料尺寸不应大于塔径的1/8。为避免分散相液体在填料表面大量黏附而凝聚，所用填料应优先被连续相液体所润湿。因此填料塔内液液两相传质的表面积与填料表面积基本无关，传质表面是液滴的外表面。一般说来，瓷质填料易被水溶液优先润湿，塑料填料易被大部分有机液体优先润湿，而金属填料则需通过实验确定。

填料层的存在减小了两相流动的自由截面，塔的通过能力下降。但是，和喷洒塔相比，填料层使连续相速度分布较为均匀，使液滴之间多次凝聚与分散的机会增多，并减少了两相的轴向混合。这样，填料塔的传质效果比喷洒塔有所提高，所需塔高则可相应降低。

填料塔结构简单，操作方便，特别适用于腐蚀性料液，但填料塔的效率仍然是比较低的。

脉冲填料塔和脉冲筛板塔 在普通填料塔内，液体流动靠密度差维持，相对速度小，界面湍动程度低，两相传质速率亦低。为改善两相接触状况，强化传质过程，可在填料塔内提供外加机械能以造成脉动。这种填料塔称为脉冲填料塔。脉冲的产生，通常可由往复泵来完成。在特殊情况下，也可用压缩空气来实现。

脉冲的加入，使塔内物料处于周期性的变速运动之中，重液惯性大加速困难，轻液惯性小加速容易，从而使两相液体获得较大的相对速度。两相的相对速度大，可使液滴尺寸减小，湍动加剧，两相传质速率提高。脉冲筛板塔的效率与脉动的振幅和频率有密切关系（见图 11-33）。若脉动过分激烈，会导致严重的轴向混合，传质效率反而降低。

脉冲筛板塔的传质效率很高，能提供较多的理论板数，但其允许通过能力较小，在化工生产的应用上受到一定限制。

振动筛板塔 振动筛板塔的基本结构特点是塔内的无溢流筛板不与塔体相连，而固定于一根中心轴上。中心轴由塔外的曲柄连杆机构驱动，以一定的频率和振幅往复运动（图 11-34）。当筛板向上运动时，筛板上侧的液体经筛孔向下喷射；当筛板向下运动时，筛板下侧的液体向上喷射。振动筛板塔可大幅度增加相际接触表面及其湍动程度，但其作用原理与脉冲筛板塔不同。脉冲筛板塔是利用轻重液体的惯性差异，而振动筛板基本上起机械搅拌作用。为防止液体沿筛板与塔壁间的缝隙短路流过，可每隔几块筛板放置一块环形挡板。

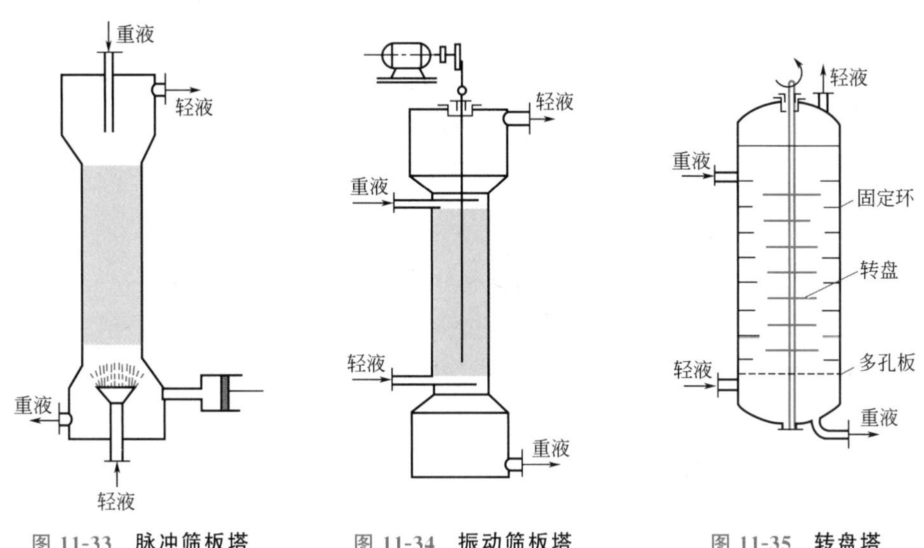

图 11-33 脉冲筛板塔　　图 11-34 振动筛板塔　　图 11-35 转盘塔

动画

振动筛板塔操作方便，结构可靠，传质效率高，是一种性能较好的液液传质设备，在化工生产上的应用日益广泛。由于机械方面的原因，这种塔的直径受到一定限制，不能适应大型化生产的需要。

转盘塔 转盘塔的主要结构特点是在塔体内壁按一定间距设置许多固定环，而在旋转的中心轴上按同样间距安装许多圆形转盘（图 11-35）。固定环将塔内分隔成许多区间，在每一个区间有一转盘对液体进行搅拌，从而增大了相际接触表面及其湍动程度，固定环起到抑制塔内轴向混合的作用。为便于安装制造，转盘的直径要小于固定环的内径。圆形转盘是水平安装的，旋转时不产生轴向力，两相在垂直方向上的流动仍靠密度差推动。

转盘塔操作方便，传质效率高，结构也不复杂，特别是能够放大到很大的规模，因而在化工生产中的应用极为广泛。

离心式液液传质设备 离心式液液传质设备，借高速旋转所产生的离心力，使密度差很小的轻、重两相以很大的相对速度逆流流动，两相接触密切，传质效率高。离心式液液传质设备的转速可达 2000～5000r/min，所产生的离心力可为重力的几百倍乃至几千倍。离心式液液传质设备的特点是：设备体积小，生产强度高，物料停留时间短，分离效果高。但离心式传质设备结构复杂，制造困难，操作费用高，其应用受到一定的限制。一般说来，对于两相密度差小、要求停留时间短并且处理量不大的场合（如抗生素的萃取）宜采用此种设备。目前，在规模较大的化工生产中，离心式液液传质设备应用很少。

旋流萃取设备 为适应具体处理量的要求，将多根旋流芯管并联安装在压力容器内，并且用现场隔板将旋流器的进口、溢流出口和底流出口分隔成进口腔、轻液腔和重液腔（如图 11-36）。将轻液和重液从旋流萃取分离器进口管同时注入，使轻液和重液在进口管和进口腔中初步混合，然后由每一根旋流芯管的切向入口快速进入旋流腔。在高速旋转剪切流的作用下，混合液中量少的一相作为分散相被剪切破碎成小液滴，混合传质后又被旋转离心力场快速分离，轻液向旋流芯管中心迁移进入上部轻液腔，而重液向旋流芯管边壁迁移进入下部重液腔。

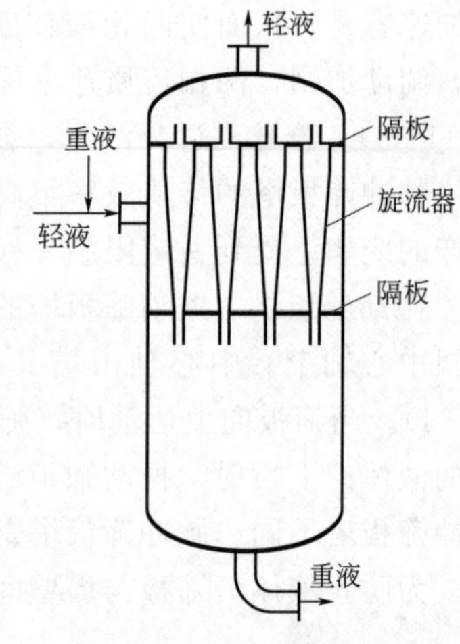

图 11-36 旋流萃取设备

旋流萃取分离器利用了旋转剪切流和离心力场，为静设备，结构简单、处理能力大，占地小，维护方便，因此适用于萃取过程传质速度较快的过程，特别是对轻、重两相密度差较小的介质具有很高的分离效率。对于传质速度较慢的过程，可在旋流萃取分离器前加静态混合器配合使用，可强化萃取分离过程。

11.4.4 液液传质设备的选择

液液传质设备的特点 液液传质设备的性能主要取决于设备内的液滴行为，而液滴行为主要取决于液滴的尺寸。不同的传质设备通过不同的方式造成适当的液滴尺寸和液滴行为。

液液传质设备内液滴尺寸的选择面临着双重矛盾。

① 通过能力和传质速度的矛盾。液滴尺寸过大，则传质表面过小，对传质速率不利。反之，液滴尺寸过小，将限制设备的通过能力。

② 传质和凝聚的矛盾。液滴尺寸小，传质表面固然大，但凝聚速度随之降低。以混合-澄清槽为例，强烈的搅拌造成细小的液滴，增大了混合器内的传质效率，但凝聚速率过慢将使澄清段过于庞大。在塔式液液传质设备内，分散相必须经凝聚后才能自塔内排出。凝聚速率的大小将直接影响澄清段的尺寸。凝聚不完全，分散相排出时将夹带连续相，造成连续相的损失。

特别值得注意的是，少量表面活性物质和固体悬浮物质将阻碍液滴在澄清段的凝聚，造成所谓乳化现象。乳化现象对液液传质设备危害极大，应予以密切注意。

液液传质设备的选择 液液传质设备的种类繁多，在设备设计之前，审慎地选择适当的设备是十分重要的。设备选型应同时考虑系统性质和设备特性两方面的因素，一般的选择原则如表 11-3 所示。如系统性质未知，必要时应通过小型试验作出判断。

表 11-3 萃取设备的选择原则

比较项目		设备名称						
		喷洒塔	填料塔	筛板塔	转盘塔	脉冲筛板塔 振动筛板塔	离心萃取器	混合-澄清槽
工艺条件	需理论级数多	×	△	△	○	○	△	△
	处理量大	×	×	△	○	×	×	△
	两相流量比大	×	×	×	△	△	○	○

续表

比较项目		设备名称						
		喷洒塔	填料塔	筛板塔	转盘塔	脉冲筛板塔 振动筛板塔	离心萃取器	混合-澄清槽
系统费用	密度差小	×	×	×	△	△	○	△
	黏度高	×	×	×	△	△	○	△
	界面张力大	×	×	×	△	△	○	△
	腐蚀性高	○	○	△	△	△	×	×
	有固体悬浮物	○	×	×	○	△	×	○
设备费用	制造成本	○	△	△	△	△	×	△
	操作费用	○	○	○	△	△	×	×
	维修费用	○	○	△	△	△	×	△
安装场地	面积有限	○	○	○	○	○	○	×
	高度有限	×	×	×	△	△	○	○

注：○表示适用，△表示可以，×表示不适用。

分散相的选择　在液液传质过程中，两相流量比由液液平衡关系和分离要求决定，但在设备内究竟哪一液相作为分散相是可以选择的。通常分散相的选择，可从以下几个方面考虑：

① 当两相流量比相差较大时，为增加相际接触面积，一般应将流量大者作为分散相。

② 当两相流量比相差很大，而且所选用的设备又可能产生严重的轴向混合，为减小轴向混合的影响，应将流量小者作为分散相。

③ 为减少液滴尺寸并增加液滴表面的湍动，对于 $\mathrm{d}\sigma/\mathrm{d}x>0$ 的系统（σ 为界面张力，x 为溶质浓度），分散相的选择应使溶质从液滴向连续相传递；对于 $\mathrm{d}\sigma/\mathrm{d}x<0$ 的系统，分散相的选择应使溶质从连续相传向液滴。

④ 为提高设备能力，减小塔径，应将黏度大的液体作为分散相。因为连续相液体的黏度越小，液滴在塔内沉降或浮升速度越大。

⑤ 对于填料塔、筛板塔等传质设备，连续相优先润湿填料或筛板很重要，应将润湿性较差的液体作为分散相。

⑥ 从成本和安全考虑，应将成本高和易燃易爆的液体作为分散相。

分散相的液体选定后，确保该液体被分散成液滴的主要手段是控制两相在塔内的滞液量。若分散相滞液量过大，液滴相互碰撞凝聚的机会增多，可能由分散相转化为连续相。

思考题

11-9　分散相的选择应考虑哪些因素？

11.5 超临界流体萃取和液膜萃取

11.5.1 超临界流体萃取

基本原理　超临界流体萃取是用超过临界温度、临界压力状态下的气体作为溶剂以萃取待分离混合物中的溶质，然后采用等温变压或等压变温等方法，将溶剂与溶质分离的单元操作。

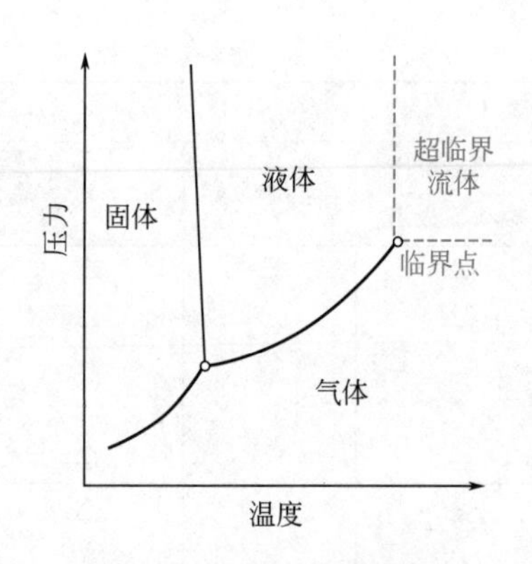

图 11-37　纯物质的相态与压力、温度的关系

图 11-37 表示物质相态与压力、温度的关系。超临界流体通常兼有液体和气体的某些特性，既具有接近气体的黏度和渗透能力，又具有接近液体的密度和溶解能力，这意味着超临界萃取可以在较快的传质速率和有利的相平衡条件下进行。表 11-4 给出了超临界流体与常温常压下气体、液体物性的比较。常用的超临界流体有二氧化碳、乙烯、乙烷、丙烯、丙烷和氨等。常用超临界溶剂的临界值见表 11-5。以二氧化碳为例，它具有无毒、无臭、不燃和价廉等优点，临界温度为 31.0℃，不用加热就能将溶质与溶剂二氧化碳分开。而传统的液液萃取常用加热蒸馏等方法将溶剂分出，在不少情况下会造成热敏物质的分解和产品中带有残留的有机溶剂。

表 11-4　超临界流体和常温常压下气体、液体的物性比较

流体	相对密度	黏度/Pa·s	扩散系数/(m^2/s)
气体 15～30℃，常压	0.0006～0.002	$(1\sim3)\times10^{-5}$	$(1\sim4)\times10^{-5}$
超临界流体	0.4～0.9	$(3\sim9)\times10^{-5}$	2×10^{-8}
液体 15～30℃，常压	0.6～1.6	$(0.2\sim3)\times10^{-3}$	$(0.2\sim2)\times10^{-9}$

表 11-5　常用超临界溶剂的临界值

溶剂	乙烯	二氧化碳	乙烷	丙烯	丙烷	氨	正戊烷	甲苯
临界温度/℃	9.2	31.0	32.2	91.8	96.6	132.4	197	319
临界压力/MPa	5.03	7.38	4.88	4.62	4.24	11.3	3.37	4.11
临界相对密度	0.218	0.468	0.203	0.233	0.217	0.235	0.237	0.292

图 11-38 所示为二氧化碳-乙醇-水物系的三角相图。可以看到，超临界流体萃取具有与一般液液萃取相类似的相平衡关系。图 11-39 所示为萘在 CO_2 中的溶解度，由图可见，不同温度下溶解度随压力的变化趋势相同，溶解度随压力升高而增加，超过一定压力范围变化趋于平缓。当压力大于某一特定值（10MPa）时，萘的溶解度随温度升高而增加；而当压力小于此值时，萘的溶解度随温度升高而降低，此特定压强称为转变压强。显然，对于压力大于转变压强的等压变温操作，必须降低温度才能使溶剂再生。

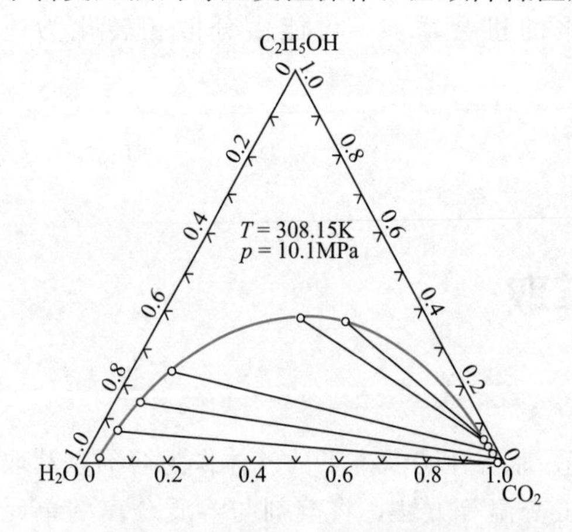

图 11-38　二氧化碳-乙醇-水物系的相平衡

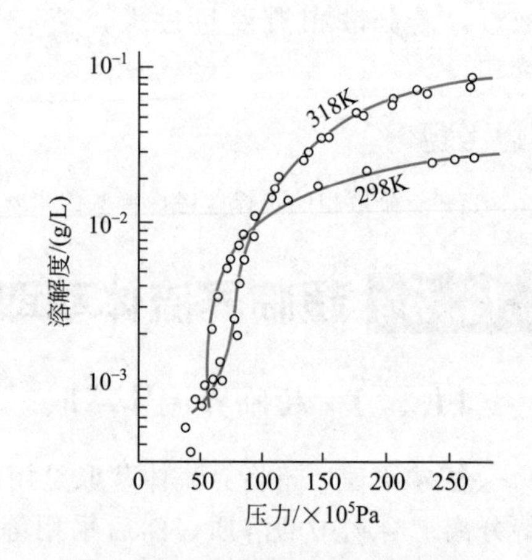

图 11-39　萘在 CO_2 中的溶解度

超临界流体萃取的流程 根据溶剂再生方法的不同，超临界萃取的流程可分为四类：①等温变压法；②等压变温法；③吸附吸收法，即用吸附剂或吸收剂脱除溶剂中的溶质；④添加惰性气体的等压法，即在超临界流体中加入 N_2、Ar 等惰性气体，可使溶质的溶解度发生变化而将溶剂再生。

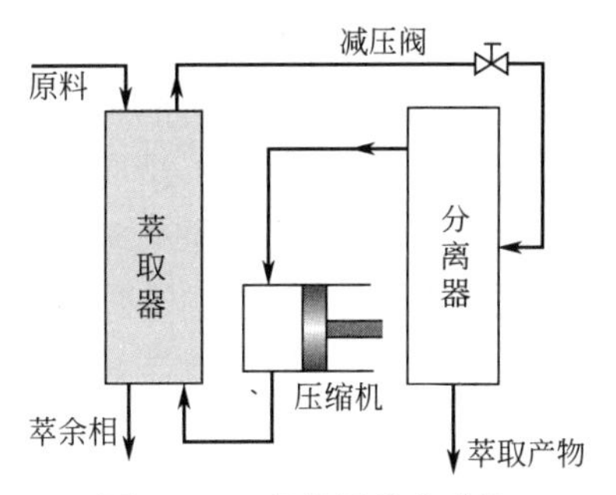

图 11-40 超临界流体萃取的等温降压流程

图 11-40 举例表示超临界流体萃取的等温降压流程。二氧化碳流体经压缩达到较大溶解度状态（即超临界流体状态），然后经萃取器与物料接触。萃取得溶质后，二氧化碳与溶质的混合物经减压阀进入分离器。在较低的压强下，溶质在二氧化碳中的溶解度大大降低，从而分离出来。离开分离器的二氧化碳经压缩后循环使用。

超临界流体萃取的工业应用 图 11-41 示意说明渣油超临界流体萃取脱沥青过程。渣油中主要含有沥青质、树脂质和脱沥青油三个馏分。渣油先进入混合器 M-1 中与经压缩的循环轻烃类超临界溶剂混合，混合物进入分离器 V-1，在 V-1 中加热蒸出溶剂，下部获得沥青质液体，并含有少量溶剂。将此股液体经加热器 H-1 加热后送入闪蒸塔 T-1，塔顶蒸出溶剂，从塔底可得液态沥青质。从分离器 V-1 顶部离开的树脂质-脱沥青油-溶剂的混合物，经换热器 E-1 与循环溶剂换热升温后，进入分离器 V-2，由于温度升高了，从流体中第二次析出液相，其成分主要是树脂质和少量溶剂。将此液体经闪蒸塔 T-2 回收溶剂后，在 T-2 底部获得树脂质。从分离器 V-2 顶部出来的脱沥青油-溶剂混合物，经与循环溶剂在换热器 E-4 中换热，再经加热器 H-2 加热，使温度升高到溶剂的临界温度以上，并进入分离器 V-3，大部分溶剂从其顶部出来，经两次热量回收换热后，再用换热器 E-2 调节温度，经压缩后循环使用。分离器 V-3 底部液体经闪蒸塔 T-3 回收溶剂后，从 T-3 底部可获得脱沥青油。

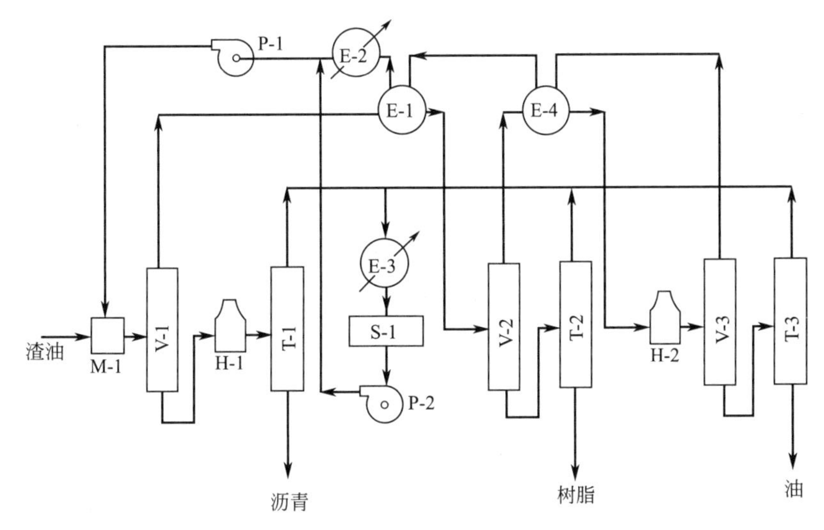

图 11-41 渣油超临界流体萃取脱沥青过程

M—混合器；V—分离器；H—加热器；E—换热器；T—闪蒸塔；P—压缩机；S—储罐

与精馏方法相比，上述超临界流体萃取过程可以大幅度降低能耗及投资费用。

由于超临界流体常具有较强的溶解能力，工业上用它作为萃取溶剂从发酵液中萃取乙醇、乙酸，也可从工业废水中萃取其他有机物。此外，用超临界萃取技术可从木浆氧化废液中萃取香兰素，从柠檬皮油、大豆油中萃取有效成分等。

超临界流体也是固液浸取的有效溶剂，常用以从固体物中提取溶质。如以超临界二氧化碳为溶剂，将咖啡豆中的咖啡因溶解除去，咖啡因的含量可以从初始的0.7%～3%降到0.02%以下，且无损于咖啡豆的香味，溶剂无毒。此外，还可用超临界流体从烟草中脱除尼古丁，从植物中提取调味品、植物种子油、香精和药物，从啤酒花、紫丁香、黑胡椒中提取有效成分等。

11.5.2 液膜萃取

基本原理 液膜萃取是萃取和反萃取同时进行的过程，如图11-42所示。原液相（待分离的液液混合物）中的溶质首先溶解于液膜相（主要组成为溶剂），经过液膜相又传递至回收相，并溶解于其中。溶质从原液相向液膜相传递的过程即为萃取过程；溶质从液膜相向回收相传递的过程即为反萃取过程。通常，当原液相为水相时，液膜相为油相，回收相为水相；当原液相为油相时，液膜相为水相，回收相为油相。液膜分离按操作方式可分为乳状液型液膜萃取和支撑体型液膜萃取。

图11-42所示为W/O/W（水包油包水）乳状液型液膜萃取。首先将内相（如回收相）与液膜溶剂充分乳化制成W/O（油包水）型乳液，然后将乳液分散在外相（如原液相）中形成W/O/W（水包油包水）型多相乳液。通常，内相液滴直径只有几个微米，而液膜相滴外径约为0.1～1mm，液膜的比表面积很大，传质速率很快。乳状液的稳定性是液膜萃取技术的关键，因此，液膜稳定剂的优劣是非常重要的。

图11-43所示为支撑体型液膜萃取。为了减少传质阻力，要求支撑体既薄又有一定的机械强度和亲溶剂性。液膜溶液是依靠表面张力和毛细管作用吸着在支撑体的微孔中的。作支撑体材料的有聚四氟乙烯、聚乙烯、聚丙烯和聚砜等疏水性多孔膜，膜厚为25～50μm，微孔直径为0.02～1μm。通常，孔径越小，液膜越稳定，但传质阻力越大。因此，如何获得传质阻力小且其性能在较长操作时间稳定而不衰减的液膜是技术的关键。

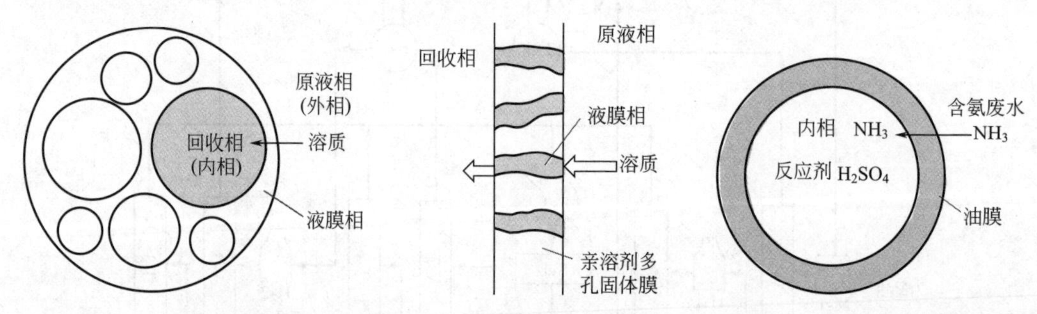

图11-42 W/O/W乳状液型液膜萃取 图11-43 支撑体型液膜萃取 图11-44 废水液膜萃取除氨机理

实施方法 图11-44表示了用液膜萃取除去废水中氨的机理。在内相中加入H_2SO_4作反应剂，当NH_3从原液相（外相）通过油膜传递至回收相（内相）时，立即与H_2SO_4反应生成$(NH_4)_2SO_4$。这样，大大提高了传质速率和回收相中氨的表观溶解度。图11-45所示为乳状液型液膜萃取处理废水的流程。首先，将反应剂水溶液与溶剂放在乳化器中制乳，反应剂水溶液作为内相，溶剂作为液膜相，形成油包水的乳化液。在液膜萃取器中放入工业废水和乳化液，以工业废水作外相，形成水包油包水的多相乳化液进行液膜萃

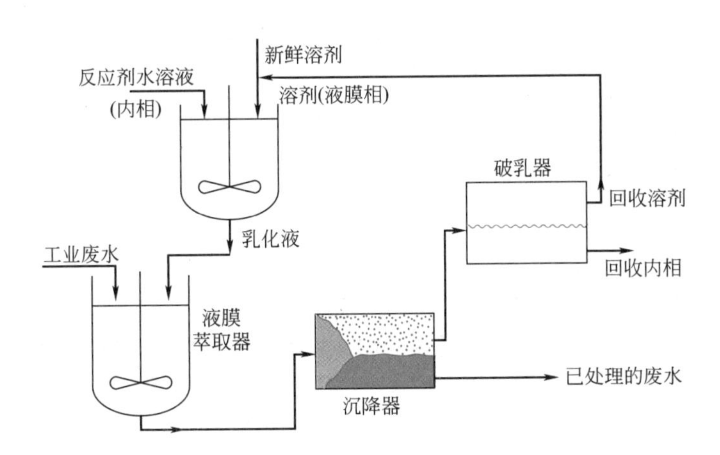

图 11-45 **乳状液型液膜萃取处理废水流程**

取。萃取后的多相乳化液进入沉降器，使液膜相（带有内相）与外相先沉降分离。外相作为已处理的废水，从沉降器的下部放出。带有内相的液膜相进入破乳器破乳，使之分相，上层为回收溶剂作循环使用，下层为回收相。破乳的方法通常有化学法、静电法、离心法和加热法等。

思考题

11-10 什么是超临界萃取？超临界萃取的基本流程是怎样的？

11-11 液膜萃取的基本原理是什么？液膜萃取按操作方式可分为哪两种类型？

微课视频

第 11 章 液液萃取

11.1 概述

11.1.1 液液萃取过程

11.1.2 两相的接触方式

11.2 液液相平衡

11.2.1 三角形相图

11.2.2 部分互溶物系的相平衡

11.2.3 液液相平衡与萃取操作的关系

11.3 萃取过程的计算

11.4 萃取设备

习 题

单级萃取

11-1 现有含 15%（质量分数）醋酸的水溶液 30kg，用 60kg 纯乙醚在 25℃下作单级萃取，试求：(1) 萃取相、萃余相的量及组成；(2) 平衡两相中醋酸的分配系数，溶剂的选择性系数。

物系的平衡数据见附表。

习题 11-1 附表 **在 25℃下，水 (B)-醋酸 (A)-乙醚 (S) 系统的平衡数据**（均以质量分数%表示）

水层			乙醚层		
水	醋酸	乙醚	水	醋酸	乙醚
93.3	0	6.7	2.3	0	97.7
88.0	5.1	6.9	3.6	3.8	92.6

续表

水层			乙醚层		
水	醋酸	乙醚	水	醋酸	乙醚
84.0	8.8	7.2	5.0	7.3	87.7
78.2	13.8	8.0	7.2	12.5	80.3
72.1	18.4	9.5	10.4	18.1	71.5
65.0	23.1	11.9	15.1	23.6	61.3
55.7	27.9	16.4	23.6	28.7	47.7

[答：(1) 64.1kg，0.046，25.9kg，0.06；(2) 0.767，14.6]

11-2 附图所示为溶质（A）、稀释剂（B）、溶剂（S）的液液相平衡关系，今有组成为 x_F 的混合液 100kg，用 80kg 纯溶剂作单级萃取，试求：(1) 萃取相、萃余相的量及组成；(2) 完全脱除溶剂之后的萃取液 E°、萃余液 R°的量及组成。

[答：(1) 92.2kg，$y_A=0.18$，87.8kg，$x_A=0.15$；(2) 21.31kg，$y_A=0.77$，78.69kg，$x_A=0.16$]

***11-3** 醋酸水溶液 100kg，在 25℃下用纯乙醚为溶剂作单级萃取。原料液含醋酸 $x_F=0.20$，欲使萃余相中含醋酸 $x_A=0.1$（均为质量分数）。试求：(1) 萃余相、萃取相的量及组成；(2) 溶剂用量 S。

已知 25℃下物系的平衡关系为 $y_A=1.356x_A^{1.201}$；$y_S=1.618-0.6399\exp(1.96y_A)$；$x_S=0.067+1.43x_A^{2.273}$，式中 y_A 为与萃余相醋酸浓度 x_A 成平衡的萃取相醋酸浓度；y_S 为萃取相中溶剂的浓度；x_S 为萃余相中溶剂的浓度。 [答：(1) 88.6kg，130.5kg，$y_A=0.0854$；(2) 119.1kg]

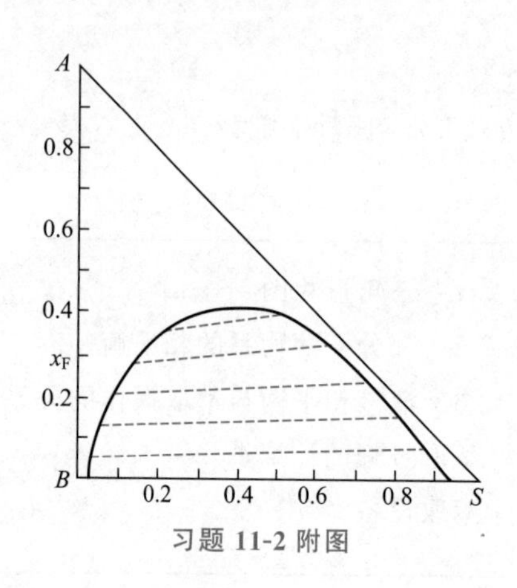

习题 11-2 附图

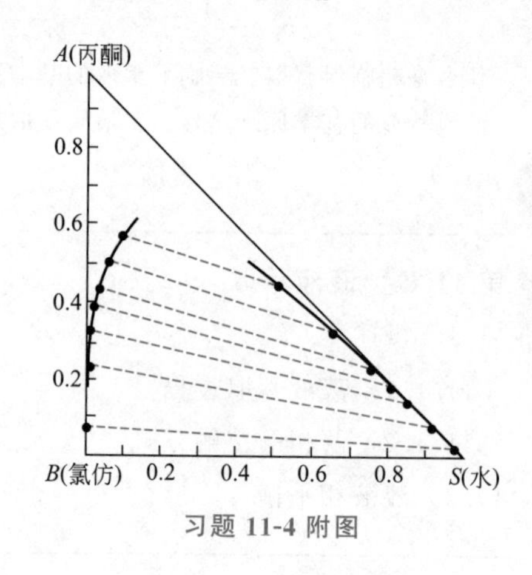

习题 11-4 附图

多级萃取

11-4 丙酮（A）、氯仿（B）混合液在 25℃下用纯水作两级错流萃取，原料液中含丙酮 40%（质量分数），每级溶剂比均为 1∶1。物系的相平衡关系如附图所示，试作图以求取最终萃余相中的丙酮的浓度。

[答：0.22]

11-5 含醋酸 0.20（质量分数，下同）的水溶液 100kg，用纯乙醚为溶剂作多级逆流萃取，采用溶剂比 S/F 为 1，以使最终萃余相中含醋酸不高于 0.02。操作在 25℃下进行，物系的平衡方程参见习题 11-3。试求：最终萃取相的量及组成、最终萃余相的量及组成。

[答：125kg，$y_A=0.148$，$y_S=0.783$，75kg，$x_S=0.0672$，$x_B=0.913$]

溶剂与稀释剂完全不互溶时的萃取

11-6 使用纯溶剂对 A、B 混合液作萃取分离。已知溶剂 S 与稀释剂 B 极少互溶，在操作范围内溶质 A 在萃取相和萃余相中的平衡浓度可用 $Y=1.3X$ 表示（Y、X 均为质量分数比）。要求最终萃余相中萃余百分数均为 $\varphi=3\%$（质量分数），试比较单级和三级错流萃取（每级所用溶剂量相等）中，每千克的稀释剂 B 中溶剂 S 的消耗量（kg）。

[答：24.9，5.13]

11-7 拟设计一个多级逆流接触的萃取塔，以水为溶剂萃取乙醚与甲苯的混合液。混合液量为100kg/h，组成为含15%乙醚和85%甲苯（以上均为质量分数，下同）。乙醚-甲苯-水物系在本题操作范围内可视为水与甲苯是完全不互溶的，平衡关系可以$Y=2.2X$表示（Y单位为kg乙醚/kg水、X单位为kg乙醚/kg甲苯），要求萃余相中乙醚的浓度降为1%，试求：(1) 最小的萃取剂用量S_{min}；(2) 若所用的溶剂量$S=1.5S_{min}$，需要多少理论板数？ [答：(1) 36.47kg/h；(2) 5.1]

符号说明

符号	意义	计量单位
$1/A$	萃取因数	
a	设备内单位体积液体混合物所具有的相际传质表面	m^2/m^3
B	稀释剂的质量或质量流率	kg或kg/s
D	塔径	m
d_p	液滴平均直径	m
E	萃取相的质量或质量流率	kg或kg/s
F	原料液的质量或质量流率	kg或kg/s
k	分配系数	
K	分配系数	
M	混合液的质量或质量流率	kg或kg/s
N	总理论级数	
R	萃余相的质量或质量流率	kg或kg/s
S	萃取剂的质量或质量流率	kg或kg/s
x	萃余相中溶质（A）的质量分数	
x°	萃余液中溶质（A）的质量分数	
X	萃余相中溶质（A）的质量分数比	kgA/kgB
y	萃取相中溶质（A）的质量分数	
y°	萃取液中溶质（A）的质量分数	
Y	萃取相中溶质（A）的质量分数比	kgA/kgS
Z	萃取溶剂中溶质（A）的质量分数比	kgA/kgS
β	选择性系数	
σ	界面张力	
φ	萃余百分数	

下标

符号	意义
A	溶质
B	稀释剂
C	连续相
D	分散相
F	原料液
m	混合液
max	最大
min	最小
S	萃取剂

第12章 其他传质分离方法

12.1 溶液结晶

12.1.1 概述

结晶操作的类型和经济性　由蒸气、溶液或熔融物中析出固态晶体的操作称为结晶，其目的是混合物的分离。

根据析出固体的原因不同，可将结晶操作分成若干类型。工业上使用最广泛的是溶液结晶，即采用降温或浓缩的方法使溶液达到过饱和状态，析出溶质，以大规模地制取固体产品。此外，还有熔融结晶、升华结晶、加压结晶、反应沉淀、萃取结晶（盐析、溶析）等多种类型。

与其他单元操作相比，结晶操作的特点是：

① 能从杂质含量较多的混合液中分离出高纯度的晶体。

② 高熔点混合物、相对挥发度小的物系、共沸物、热敏性物质等难分离物系，可考虑采用结晶操作加以分离。这是因为沸点相近的组分其熔点可能有显著差别，表12-1列举了某些组分的熔点、沸点和相变热。

③ 由于结晶热一般约为汽化热的1/7～1/3，过程的能耗较低。

但是，结晶是个放热过程，在结晶温度较低时，常需较多的冷冻量以移走结晶热。而且多数结晶过程产生的晶浆需用固液分离以除去母液，并将晶体洗涤，才获得较纯的固体产品。因此，当混合物可以用精馏等方法加以分离时，应作经济比较，以选择合适的分离方法（参见表12-1）。

表12-1　结晶和精馏的能量比较

物质	结晶		精馏		物质	结晶		精馏	
	熔点/K	结晶热/(kJ/kg)	沸点/K	汽化热/(kJ/kg)		熔点/K	结晶热/(kJ/kg)	沸点/K	汽化热/(kJ/kg)
邻甲酚	304	115	464	410	邻硝基甲苯	269	120	495	344
间甲酚	285	117	476	423	间硝基甲苯	289	109	506	364
对甲酚	308	110	475	435	对硝基甲苯	325	113	511	366
邻二甲苯	248	128	414	347	苯	278	126	353	394
间二甲苯	225	109	412	343	水	273	334	373	2260
对二甲苯	286	161	411	340					

对结晶产物的要求　结晶操作不仅希望能耗低、产物的纯度达到要求，往往还出于应用目的，希望晶体有适当的粒度和较窄的粒度分布。粒度大小不一的晶体易于并结成块或形成晶簇，其中包含的母液不易除去，影响产品的纯度。此外，晶体的形状对产品的外观、流动

性、结块及其他应用性能有重要影响。控制结晶的粒度和晶形是结晶操作的一项重要技术。

晶系和晶习　构成晶体的微观粒子（分子、原子或离子）按一定的几何规则排列，由此形成的最小单元称为晶格。晶体可按晶格空间结构的区别分为不同的晶系。同一种物质在不同的条件下可形成不同的晶系，或为两种晶系的混合物。例如，熔融的硝酸铵在冷却过程中可由立方晶系变成斜棱晶系、长方晶系等。

微观粒子的规则排列可以按不同方向发展，即各晶面以不同的速率生长，从而形成不同外形的晶体，这种习性以及最终形成的晶体外形称为晶习。同一晶系的晶体在不同结晶条件下的晶习不同，改变结晶温度、溶剂种类、pH 值以及少量杂质或添加剂的存在往往因改变晶习而得到不同的晶体外形。例如，萘在环己烷中结晶析出时为针状，而在甲醇中析出时为片状。此外，在溶液冷却结晶时，若冷却速率较快，通常易导致针状晶体。

控制结晶操作的条件以改善晶习，获得理想的晶体外形，这是结晶操作区别于其他分离操作的重要特点。

以下主要讨论溶液结晶的操作，最后将对其他类型的结晶作简要介绍。

典型的溶液结晶　典型的溶液结晶含许多工艺步骤，包括待分离混合物的溶解，除杂质（如用活性炭颗粒吸附后过滤），结晶，过滤，洗涤，晶体脱除溶剂（如干燥）和母液处理。选择溶液结晶过程，需要考虑以下几个重要因素。

① 首先选择合适的溶剂，兼顾到产物和杂质的溶解度以及除去杂质的方法。

② 根据溶解度的特点，选择溶液结晶的方法，如冷却结晶或蒸发结晶。

③ 控制结晶的条件，使产物处于过饱和状态而析出，残余杂质处于浓度饱和溶解度以下而留在母液中。控制结晶的条件，使析出的晶体具有所需的粒度和晶形。

④ 过滤、洗涤，使析出的晶体与留在母液中的杂质分离。

⑤ 母液中还含有一定量的产物，需要考虑如何收回（如套用或浓缩，除杂质）。

除了前述的结晶特点之外，溶液结晶过程还有如下两个特点。

① 溶液结晶过程从原理上排除了杂质的析出，因此，与其他分离过程相比，能得到更高纯度的产品。

② 母液中通常还含有一定量的产物；因此，单就溶液结晶过程而言，难以得到高的单程产品收率。

鉴于以上两个特点，结晶过程通常被视为产品的提纯过程而不是分离过程。为了实现完整的分离和提纯，结晶常与其他分离过程结合，如精馏和结晶结合，精馏过程中排出浓缩的杂质，结晶过程中得到高纯度产品，母液则返回精馏过程。

溶液结晶操作中，需要控制如下几个要点。

① 溶液结晶实施中最繁重的操作不是结晶操作而是过滤操作。

② 得到高纯度产品的要点是洗涤和除杂质。

③ 过滤和洗涤的难易决定于晶粒的大小。结晶过程设计和操作控制不好，会出现大量过小的晶粒，使过滤和洗涤操作困难。有的物料很容易形成细小的晶粒，需要严格控制结晶条件，如搅拌强度、冷却速度或蒸发速度等。

12.1.2　溶解度与溶液的过饱和

溶解度曲线及溶液状态　溶解度曲线表示溶质在溶剂中的溶解度随温度而变化的关系。某些物质的溶解度曲线见图 12-1。溶解度的单位常采用单位质量溶剂中所含溶质的量表示，但也可以用其他浓度单位来表示，如质量分数等。

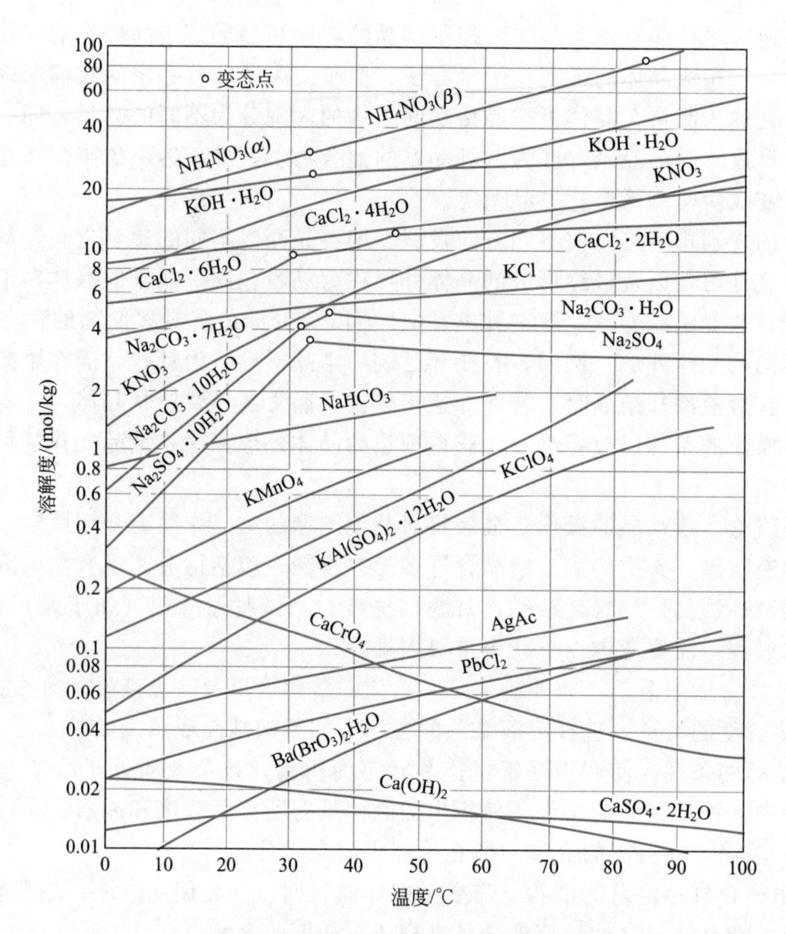

图 12-1　某些盐（碱）在水中的溶解度曲线

多数物质的溶解度随温度升高而增大，少数物质则相反，或在不同的温度区域有不同的变化趋向。

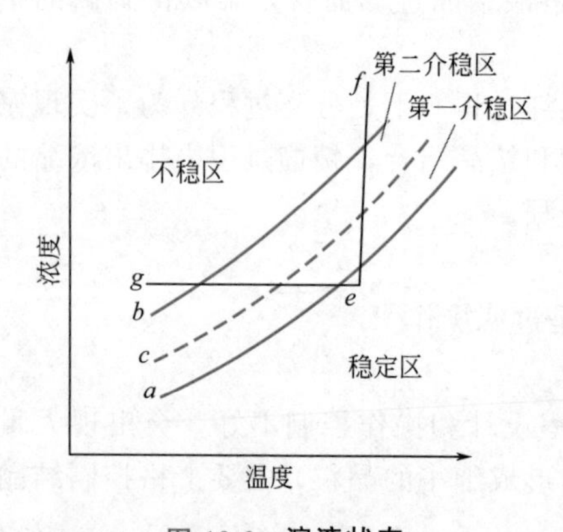

图 12-2　溶液状态

图 12-2 所示为溶液状态。图中曲线 a 是溶解度曲线，浓度等于溶解度的溶液称为饱和溶液。溶液浓度低于溶质的溶解度时，为不饱和溶液。当溶液浓度大于溶解度时，称为过饱和溶液，这时的溶液浓度与溶解度之差为过饱和度。若将完全纯净的溶液缓慢冷却，当过饱和度达到一定限度后，澄清的过饱和溶液就会开始析出晶核。表示溶液开始产生晶核的极限浓度曲线称为超溶解度曲线。图 12-2 中的 b 为超溶解度曲线。应当指出，一个特定物系只存在一根明确的溶解度曲线，而超溶解度曲线则在工业结晶过程中受多种因素的影响，如搅拌强度、冷却速率等。当浓度低于溶解度时，不可能发生结晶，处于稳定区。当溶液浓度大于超溶解度曲线值时，会立即自发地发生结晶作用，为不稳区。在溶解度曲线与超溶解度曲线之间的区域称为介稳区，介稳区又分为第一介稳区和第二介稳区。在第一介稳区内，溶液不会自发成核，加入晶种，会使晶体在晶核上生长；在第二介稳区内，溶液可自发成核，但又不像不稳区那样立刻析出结

晶，需要一定的时间间隔，这一间隔称为延滞期，过饱和度越大，延滞期越短。必须说明，实际物系的介稳区是很小的区域，超溶解度曲线与溶解度曲线是两条非常靠近的曲线。

过饱和度的表示方法 过饱和度指过饱和溶液的浓度超过该条件下饱和浓度的程度，可用过饱和度 Δc，过饱和度比 S 或相对过饱和度 δ 表示。

$$\Delta c = c - c^* \tag{12-1}$$

$$S = c/c^* \tag{12-2}$$

$$\delta = \Delta c/c^* \tag{12-3}$$

式中，c、c^* 分别为溶液浓度、溶解度（饱和浓度），$kmol/m^3$。

形成溶液过饱和状态的方法 溶液的过饱和度是结晶过程的推动力。在溶液结晶中，形成过饱和状态的基本方法有两种。

一种方法是直接将溶液降低温度，达到过饱和状态，溶质结晶析出，此称为冷却结晶，如图 12-2 中 eg 线所示；另一种方法是使溶液浓缩，通常采用蒸发以除去部分溶剂，如图 12-2 中 ef 线所示。实际操作往往兼用上述两种方法，以更有效地达到过饱和状态。例如，先将溶液加热至一定温度，然后减压闪蒸，使部分溶剂汽化，浓度增加，同时蒸发吸热而使溶液温度降低。

显然，溶解度曲线的形状是选择上述操作方法的重要依据。具有陡峭的溶解度曲线的物系选用降温（即 eg 线）的方法较为有利，而溶解度与温度关系不大的体系则适宜用浓缩的方法。

12.1.3 结晶机理与动力学

晶核生成与晶体成长 溶质从溶液中结晶出来，需经历两个阶段，即晶核的生成（成核）和晶体的成长。

晶核的大小通常在几纳米至几十微米，成核的机理有三种：初级均相成核、初级非均相成核和二次成核。

初级均相成核是指溶液在较高过饱和度下自发生成晶核的过程。初级非均相成核则是溶液在外来物的诱导下生成晶核的过程，它可以在较低的过饱和度下发生。二次成核是含有晶体的溶液在晶体相互碰撞或晶体与搅拌桨（或器壁）碰撞时所产生的微小晶体的诱导下发生的。由于初级均相成核速率受溶液过饱和度的影响非常敏感，因而操作时对溶液过饱和度的控制要求过高而不宜采用。初级非均相成核因需引入诱导物而增加操作步骤。因此，一般工业结晶主要采用二次成核。

晶核形成以后，溶质质点（原子、离子、分子）会在晶核上继续一层层排列上去而形成晶粒，并且使晶粒不断增大，这就是晶体的成长。晶体成长的传质过程主要有两步：第一步是溶质从溶液主体向晶体表面扩散传递，它以浓度差为推动力；第二步是溶质在晶体表面上附着并沿表面移动至合适位置，按某种几何规律构成晶格，并放出结晶热。

再结晶现象 小晶体因表面能较大而有被溶解的趋向。当溶液的过饱和度较低时，小晶体被溶解，大晶体则不断成长并使晶体外形更加完好，这就是晶体的再结晶现象。工业生产中常利用再结晶现象而使产品“最后熟化”，使结晶颗粒数目下降，粒度提高，达到一定的产品粒度要求。

结晶速率 结晶速率包括成核速率和晶体成长速率。

成核速率是指单位时间、单位体积溶液中产生的晶核数目，即

$$r_{核}=\frac{dN}{dt}=K_{核}\Delta c^m \tag{12-4}$$

式中，N 为单位体积晶浆中的晶核数；Δc 为过饱和度；m 为晶核生成级数；$K_{核}$ 为成核的速率常数。

晶体的成长速率是指单位时间内晶体平均粒度 L 的增加量，即

$$r_{长}=\frac{dL}{dt}=K_{长}\Delta c^n \tag{12-5}$$

式中，n 为晶体成长级数；$K_{长}$ 为晶体成长速率常数。通常，m 大于 2，n 在 1～2 之间。由式(12-4) 与式(12-5) 相比可得

$$\frac{r_{核}}{r_{长}}=\frac{K_{核}}{K_{长}}\Delta c^{m-n} \tag{12-6}$$

由于 $m-n$ 大于零，所以当过饱和度 Δc 较大时，晶核生成较快而晶体成长较慢，有利于生产颗粒小、颗粒数目多的结晶产品。当过饱和度 Δc 较小时，晶核生成较慢而晶体成长较快，有利于生产大颗粒的结晶产品。

影响结晶的因素　影响结晶的工程因素很多，以下列出几个主要的影响因素。

(1) 过饱和度的影响　温度和浓度都直接影响到溶液的过饱和度。过饱和度的大小影响晶体的成长速率，又对晶习、粒度、晶粒数量、粒度分布产生影响。通常，相对过饱和度在3%～5%以内，以硫铵在酸性水溶液中的结晶为例，其相对过饱和度为1%左右。例如，在低过饱和度下，β石英晶体多呈短而粗的外形，而且晶体的均匀性较好。在高过饱和度下，β石英晶体多呈细长形状，且晶体的均匀性较差。

(2) pH值的影响　溶液的pH值对电解质的结晶会有较大的影响，以硫铵在水溶液中的结晶为例，pH值等于3.0的条件下能得到较大的结晶颗粒，而在pH值较高或较低的条件下，得到的结晶颗粒都较小。

(3) 黏度的影响　溶液黏度大，流动性差，溶质向晶体表面的质量传递主要靠分子扩散作用。这时，由于晶体的顶角和棱边部位比晶面部位容易获得溶质，而出现晶体棱角长得快、晶面长得慢的现象，结果会使晶体长成形状特殊的骸晶。

(4) 密度的影响　晶体周围的溶液因溶质不断析出而使局部密度下降，结晶放热作用又使该局部的温度较高而加剧了局部密度下降。在重力场的作用下，溶液的局部密度差会造成溶液的涡流。如果这种涡流在晶体周围分布不均，就会使晶体处在溶质供应不均匀的条件下成长，结果会使晶体生长成形状歪曲的歪晶。

(5) 搅拌的影响　搅拌是影响结晶粒度分布的重要因素。搅拌强度大会使介稳区变窄，二次成核速率增加，晶体粒度变细。温和而又均匀的搅拌，则是获得粗颗粒结晶的重要条件。

(6) 位置的影响　在有足够自然空间的条件下，晶体的各晶面都将按生长规律自由地成长，获得有规则的几何外形。当晶体的某些晶面遇到其他晶体或容器壁面时，就会使这些晶面无法成长，形成歪晶。

12.1.4 结晶过程的物料和热量衡算

过程分析　溶液在结晶器中结晶形成的晶体和余下的母液的混合物称为晶浆。所以，晶浆实际上是液固悬浮液。母液是过程最终温度下的饱和溶液。由投料的溶质初始浓度、最终温度下的溶解度、蒸发水量，就可以计算结晶过程的晶体产率。因此，料液的量和浓度与产

物的量和浓度之间的关系可由物料衡算和溶解度决定。

溶质从溶液中结晶析出时会发生焓变化而放出热量，这同纯物质从液态变为固态时发生焓变化而放热是类似的。两者都属于相变热，但在数值上是不相等的，溶液中溶质结晶焓变化还包括了物质浓缩的焓变化。溶液结晶过程中，生成单位质量溶质晶体所放出的热量称为结晶热。结晶的逆过程是溶解。单位溶质晶体在溶剂中溶解时所吸收的热量为溶解热，许多溶解热数据是在无限稀释溶液中以 1kg 溶质溶解引起的焓变化来表示的。如果在溶液浓度相等的相平衡条件下，结晶热应等于负的溶解热。由于许多物质的稀释热与溶解热相比很小，因此结晶热近似地等于负的溶解热。

结晶过程中溶液与加热介质（或冷却介质）之间的传热速率计算与传热章中所述的间壁式传热过程相同。溶液与晶体颗粒之间的传热速率、传质速率均与结晶器内的流体流动情况密切有关，可近似采用球形颗粒外的传热、传质系数关联式作估算。溶液与晶体颗粒之间的传热、传质速率都会影响结晶晶习、产品纯度、外观质量，所以在提高速率、提高设备生产能力时必须兼顾产品的质量。

物料衡算　作物料衡算时，须考虑晶体是否为水合物，当晶体为非水合物时，晶体可按纯溶质计算。当晶体为水合物时，晶体中溶质的质量分数浓度可按溶质分子量与晶体分子量之比计算。物料衡算主要是总物料的衡算和溶质的物料衡算（或水的物料衡算）。

图 12-3 所示为结晶器的进出物流，对图中虚线所示的控制体作溶质物料衡算有

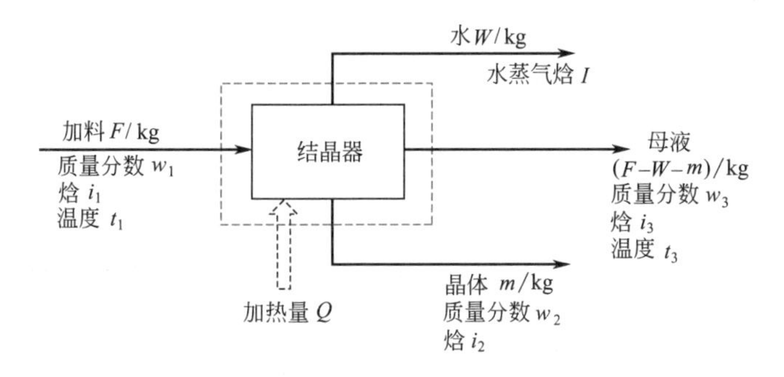

图 12-3　**结晶器的进出物流**

$$Fw_1=mw_2+(F-W-m)w_3 \tag{12-7}$$

式中，F 为进料质量；w_1 为进料溶液中的溶质质量分数；m 为晶体质量；w_2 为晶体中的溶质质量分数；W 为结晶器中蒸发出的水分质量；w_3 为母液中的溶质质量分数。

【例 12-1】 结晶产率的计算

100kg 含 28%（质量分数）Na_2CO_3 的水溶液在结晶器中冷却到 20℃，结晶盐分子含 10 个结晶水，即 $Na_2CO_3 \cdot 10H_2O$。已知 20℃下 Na_2CO_3 的溶解度 w_3 为 17.7%（质量分数）。溶液在结晶器中自蒸发 3kg 水分，试求结晶产量 m 为多少（kg）。

解：由已知条件可得 $W=3$kg。因 Na_2CO_3 的分子量为 106，$Na_2CO_3 \cdot 10H_2O$ 的分子量为 286，则 $w_2=106/286=0.371$。由式(12-7) 可得

$$100\times0.28=m\times0.371+(100-3-m)\times0.177$$

解出结晶产量 $m=55.8$kg，母液量为 41.2kg。

热量衡算　对图 12-3 中虚线所示的控制体作热量衡算可得

$$Fi_1+Q=WI+mi_2+(F-W-m)i_3 \tag{12-8}$$

式中，Q 为外界对控制体的加热量（当 Q 为负值时，为外界从控制体移走热量）；i_1 为单位

质量进料溶液的焓；i_2 为单位质量晶体的焓；i_3 为单位质量母液的焓；I 为单位质量水蒸气焓。将式(12-8) 整理后可得

$$W(I-i_3)=m(i_3-i_2)+F(i_1-i_3)+Q \tag{12-9}$$

汽化热　溶液结晶放热　溶液降温放热　外界加热

上式表明结晶器中水分汽化所需的热量为溶液结晶放热量、溶液降温放热量和外界加热量之和。上式也可写成

$$Wr=mr_{结晶}+Fc_p(t_1-t_3)+Q \tag{12-10}$$

【例 12-2】 结晶过程的热量衡算

100kg 30℃含 35.1%（质量分数）$MgSO_4$ 的水溶液在绝热条件下真空自蒸发降温至 10℃，结晶盐分子含 7 个结晶水，即 $MgSO_4 \cdot 7H_2O$。已知 10℃下 $MgSO_4$ 的溶解度 w_3 为 15.3%（质量分数）。试求蒸发水分量 W 和结晶产量 m 各为多少（kg）。

已知该物系的溶液结晶热 $r_{结晶}$ 为 50kJ/kg 晶体，溶液的平均比热容 c_p 为 3.1kJ/kg 溶液，水的汽化热为 2468kJ/kg。

解：由题给条件已知 $Q=0$，$t_1=30℃$，$t_3=10℃$。因 $MgSO_4$ 的分子量为 120.4，$MgSO_4 \cdot 7H_2O$ 的分子量为 246.5，则 $w_2=120.4/246.5=0.488$。由式(12-7)、式(12-10) 可得

$$100\times0.351=m\times0.488+(100-W-m)\times0.153 \quad ①$$

$$W\times2468=m\times50+100\times3.1\times(30-10) \quad ②$$

由以上式①、式②两式联立可解得蒸发水分量 $W=3.74$kg，结晶产量 $m=60.81$kg，母液量为 35.45kg。

12.1.5 结晶设备

结晶设备的类型很多，有些结晶器只适用于一种结晶方法，有些结晶器则适用于多种结晶方法。结晶器按结晶方法可分为冷却结晶器、蒸发结晶器、真空结晶器；按操作方式又可分为间歇式和连续式；按流动方式又可分为混合型和分级型、母液循环型和晶浆循环型。以下介绍几种主要结晶器的结构特点。

搅拌式冷却结晶器　搅拌釜可装有冷却夹套或内螺旋管，在夹套或内螺旋管中通入冷却剂以移走热量。釜内搅拌以促进传热和传质速率，使釜内溶液温度和浓度均匀，同时使晶体悬浮、与溶液均匀接触，有利于晶体各晶面均匀成长。这种结晶器即可连续操作又可间歇操作。采用不同的搅拌速度可制得不同的产品粒度。经验表明，制备大颗粒结晶采用间歇式操作较好，制备小颗粒结晶则可采用连续式操作。

图 12-4 所示为外循环搅拌式冷却结晶器，它由搅拌结晶釜、冷却器和循环泵组成。从搅拌釜出来的晶浆与进料溶液混合后，在泵的输送下经过冷却器降温形成过饱和度进入搅拌釜结晶。泵使晶浆在冷却器和搅拌结晶釜之间不断循环，外置的冷却器换热面积可以做得较大，这样大大强化了传热速率。

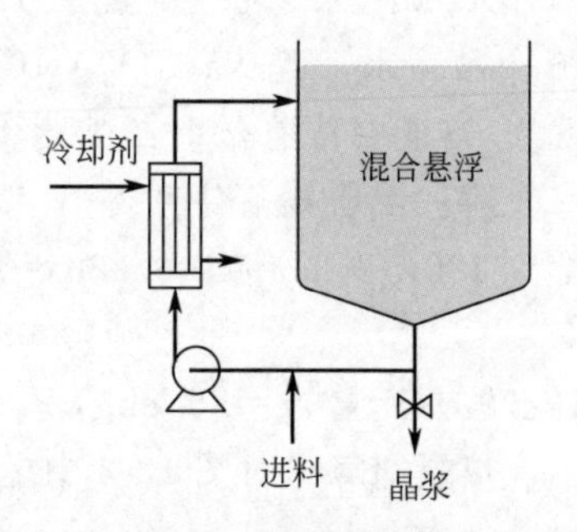

图 12-4　外循环搅拌式冷却结晶器

奥斯陆蒸发结晶器　图 12-5 所示为奥斯陆蒸发结晶器。结晶器由蒸发室与结晶室两部分组成。蒸发室在上，结晶室在下，中间由一根中央降液管相连接。结晶室的器身带有一定的锥度，下部截面较小，上部截面较大。母液经循环泵输

送后与加料液一起在换热器中被加热，经再循环管进入蒸发室，溶液部分汽化后产生过饱和度。过饱和溶液经中央降液管流至结晶室底部，转而向上流动。晶体悬浮于此液体中，因流道截面的变化而形成了下大上小的液体速度分布，从而使晶体颗粒成为粒度分级的流化床。粒度较大的晶体颗粒富集在结晶室底部，与降液管中流出的过饱和度最大的溶液接触，使之长得更大。随着液体往上流动，速度渐慢，悬浮的晶体颗粒也渐小，溶液的过饱和度也渐渐变小。当溶液达到结晶室顶层时，已基本不含晶粒，过饱和度也消耗殆尽，作为澄清的母液在结晶室顶部溢流进入循环管路。这种操作方式是典型的母液循环式，其优点是循环液中基本不含晶体颗粒，从而避免发生泵的叶轮与晶粒之间的碰撞而造成的过多二次成核，加上结晶室的粒度分级作用，使该结晶器所产生的结晶产品颗粒大而均匀。该结晶器的缺点是操作弹性较小，因母液的循环量受到了产品颗粒在饱和溶液中沉降速度的限制。

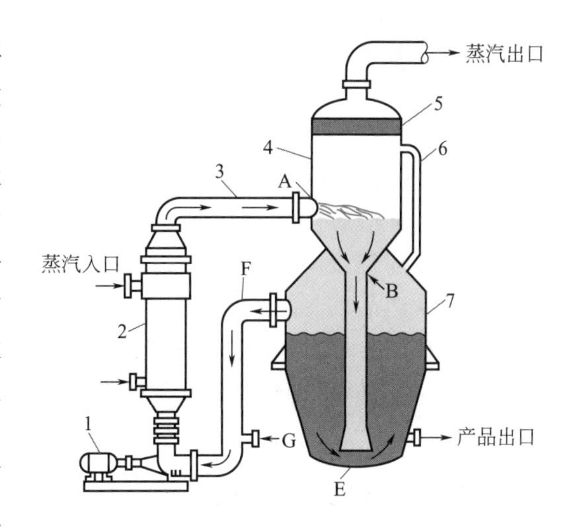

图 12-5　奥斯陆蒸发结晶器

A—闪蒸区入口；B—介稳区入口；E—床层区入口；F—循环流入口；G—结晶母液进料口

1—循环泵；2—热交换器；3—再循环管；4—蒸发器；5—筛网分离器；6—排气管；7—悬浮室

多级真空结晶器　图 12-6 所示为多级真空结晶器。与多效蒸发类似，多级真空结晶器也是为了节约能量。这种结晶器为横卧的圆筒形容器，器内用垂直隔板分隔成多个结晶室。各结晶室的下部是相连通的，晶浆可从前一室流至后一室；而结晶室上部的蒸汽空间则相互隔开，分别与不同的真空度相连接。加料液从储槽吸入到第一级结晶室，在真空下自蒸发并降温，降温后的溶液逐级向后流动，结晶室的真空度逐级升高，使各级自蒸发蒸汽的冷凝温度逐级降低。最后一级的冷凝温度可降低至摄氏几度。操作绝对压力第一级可为 10kPa，最后一级可为 1kPa 左右。在各结晶室下部都装有空气分布管，与大气相通，利用室内真空度而吸入少量空气，空气经分布管鼓泡通过液体层，从而起到搅拌液体的作用。当溶液温度降至饱和温度以下时，晶体开始析出。在空气的搅拌下，晶粒得以悬浮、成长，并与溶液一起逐级流动。晶浆经最后一级结晶室后从溢流管流出。这种多级真空结晶器直径可达 3m，长度可达 12m，级数为 5～8 级。其处理量与所处理的物系性质、温度变化范围等因素有关。

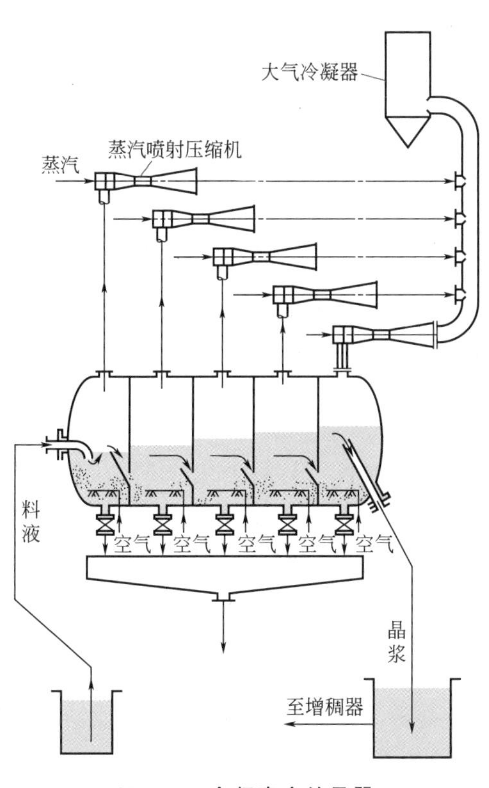

图 12-6　多级真空结晶器

例如，氯化铵水溶液从25℃冷却至10℃，处理量可达100m³/h。用这种结晶器生产的无机盐产品粒度可达0.7～1.0mm。

结晶器的选择 选择结晶器时，须考虑能耗、物系的性质、产品的粒度和粒度分布要求、处理量大小等多种因素。

首先，对于溶解度随温度降低而大幅度降低的物系可选用冷却结晶器或真空结晶器，而对于溶解度随温度降低而降低很少、不变或少量上升的物系则可选择蒸发结晶器。其次要考虑结晶产品的形状、粒度及粒度分布的要求。要想获得颗粒较大而且均匀的晶体，可选用具有粒度分级作用的结晶器。这类结晶器生产的晶体颗粒也便于过滤、洗涤、干燥等后处理。结晶器的选择还须考虑设备投资费用和操作费用的大小，以及操作弹性等因素。

12.1.6 其他结晶方法

熔融结晶 熔融结晶是在接近析出物熔点温度下，从熔融液体中析出组成不同于原混合物的晶体的操作，过程原理与精馏中因部分冷凝（或部分汽化）而形成组成不同于原混合物的液相类似。熔融结晶过程中，固液两相需经多级（或连续逆流）接触后才能获得高纯度的分离。

图12-7是塔式连续熔融结晶操作的一种方式。晶粒与熔融液体在塔内作逆向运动。图中所示为晶粒在密度差及缓慢转动的螺带推动下向下运动，而熔体向上流动，构成两相密切的接触传质。料液由塔中部加入，晶粒在塔底被加热熔化，部分作为高熔点产物流出，部分作为液相回流向上流动。部分液相在塔顶作为低熔点产物采出，部分被冷却析出结晶向下运动。这种液固两相连续接触传质的方式又称分步结晶。

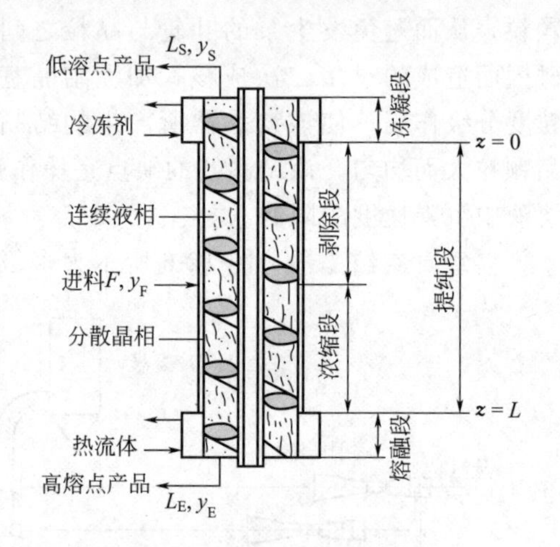

图12-7 塔式连续熔融结晶

熔融结晶主要用作有机物的提纯、分离以获得高纯度的产品，如将萘与杂质（甲基萘等）分离可制得纯度达99.9%（质量分数）的精萘，从混合二甲苯中提取纯对二甲苯，从混合二氯苯中分离获取纯对二氯苯等。熔融结晶的产物外形往往是液体或整体固相，而非颗粒。

反应沉淀 反应沉淀是液相中因化学反应生成的产物以结晶或无定形物析出的过程。例如，用硫酸吸收混合气中的氨生成硫酸铵并以结晶析出，经进一步固液分离、干燥后获得产品。

沉淀过程首先是反应形成过饱和度，然后成核、晶体成长。与此同时，还往往包含了微小晶粒的成簇及熟化现象。显然，沉淀必须以反应产物在液相中的浓度超过溶解度为条件，此时的过饱和度取决于反应速率。因此，反应条件（包括反应物浓度、温度、pH值及混合方式等）对最终产物晶粒的粒度和晶形有很大影响。

萃取结晶 在混合液中加入盐或溶剂以降低溶质在原溶剂中的溶解度、从而析出溶质的方法称为萃取结晶，加入的盐或溶剂称为萃取剂。例如，向氯化铵水溶液中加氯化钠，溶液中的氯化铵因溶解度降低而结晶析出。这类结晶又称盐析结晶。例如，向碳酸钾水溶液中加乙醇，使水中的碳酸钾析出，这类结晶又称溶析结晶。

萃取结晶的优点是直接改变固液相平衡，降低溶解度，从而提高溶质的回收率。此外，还可以避免加热浓缩对热敏物的破坏。

升华结晶　物质由固态直接相变而成为气态的过程称为升华，其逆过程是蒸汽的骤冷直接凝结成固态晶体。升华结晶主要指后一过程，如含水的湿空气骤冷形成雪，有时也泛指上述两个过程。

升华结晶常用来从气体中回收有用组分，如用流化床将萘蒸气氧化生成邻苯二甲酸酐，混合气经冷却后析出固体成品。

思考题

12-1　结晶有哪几种基本方法？溶液结晶操作的基本原理是什么？

12-2　溶液结晶操作有哪几种方法造成过饱和度？

12-3　结晶操作有哪些特点？

12-4　什么是晶格、晶系、晶习？

12-5　超溶解度曲线与溶解度曲线有什么关系？溶液有哪几种状态？什么是稳定区、介稳区、不稳区？

12-6　溶液结晶要经历哪两个阶段？

12-7　晶核的生成有哪几种方式？

12-8　什么是再结晶现象？

12-9　过饱和度对晶核生成速率与晶体成长速率各自有何影响？

12-10　选择结晶设备时要考虑哪些因素？

12.2 吸附分离

12.2.1 概述

吸附与脱附　利用多孔固体颗粒选择性地吸附流体中的一个或几个组分，从而使流体混合物得以分离的方法称为吸附操作。通常称被吸附的物质为吸附质，用作吸附的多孔固体颗粒称为吸附剂。

吸附作用起因于固体颗粒的表面力。此表面力可以是由于范德华力的作用使吸附质分子单层或多层地覆盖于吸附剂的表面，这种吸附属物理吸附。吸附时所放出的热量称为吸附热。物理吸附的吸附热在数量上与组分的冷凝热相当，大致为 42～62kJ/mol。吸附也可因吸附质与吸附剂表面原子间的化学键合作用造成，这种吸附属化学吸附，吸附热相对较高。化工吸附分离多为物理吸附。

与吸附相反，组分脱离固体吸附剂表面的现象称为脱附。与吸收-脱附过程相类似，吸附-脱附的循环操作构成一个完整的工业吸附过程。

脱附的方法有多种，原则上是升温和降低吸附质的分压以改变平衡条件使吸附质脱附。工业上根据不同的脱附方法，赋予吸附-脱附循环操作以不同的名称。

(1) 变温吸附　用升高温度的方法使吸附剂的吸附能力降低，从而达到脱附的作用，也即利用温度变化来完成循环操作。小型吸附设备常直接通入蒸汽加热床层，它具有传热系数高，升温快，又可以清扫床层的优点。

(2) 变压吸附　降低系统压力或抽真空使吸附质脱附，升高压力使之吸附，利用压力的变化完成循环操作。

(3) 变浓度吸附　利用惰性溶剂冲洗或萃取剂抽提而使吸附质脱附，从而完成循环操作。

(4) 置换吸附　用其他吸附质把原吸附质从吸附剂上置换下来，从而完成循环操作。

除此之外，改变其他影响吸附质在流固两相之间分配的热力学参数，如 pH 值、电磁场强度等都可实现吸附脱附循环操作。另外，也可同时改变多个热力学参数，如变温变压吸附、变温变浓度吸附等。

常用吸附剂　化工生产中常用天然和人工制作的两类吸附剂。天然矿物吸附剂有硅藻土、白土、天然沸石等。虽然其吸附能力小，选择吸附分离能力低，但价廉易得，常在简易加工精制中采用，而且一般使用一次后即舍弃，不再进行回收。人工吸附剂则有活性炭、硅胶、活性氧化铝、合成沸石等。

(1) 活性炭　将煤、椰子壳、果核、木材等进行炭化，再经活化处理，可制成各种不同性能的活性炭，其比表面积可达 $1500m^2/g$。活性炭具有非极性表面，为疏水性和亲有机物的吸附剂。它可用于回收混合气体中的溶剂蒸气，各种油品和糖液的脱色，水的净化，气体的脱臭等。将超细的活性炭微粒加入纤维中，或将合成纤维炭化后可制得活性炭纤维吸附剂。这种吸附剂可以编织成各种织物，因而减少对流体的阻力，使装置更为紧凑。活性炭纤维的吸附能力比一般的活性炭高 1～10 倍。活性炭也可制成炭分子筛，可用于空气分离中氮的吸附。

分子筛是晶格结构一定、具有许多孔径大小均一微孔的物质，能选择性地将小于晶格内微孔的分子吸附于其中，起到筛选分子的作用。

(2) 硅胶　硅酸钠溶液用酸处理，沉淀所得的胶状物经老化、水洗、干燥后，制得硅胶。硅胶是一种亲水性的吸附剂，其比表面可达 $600m^2/g$。硅胶是无定形水合二氧化硅，其表面羟基产生一定的极性，使硅胶对极性分子和不饱和烃具有明显的选择性。它可用于气体的干燥脱水、脱甲醇等。

(3) 活性氧化铝　由含水氧化铝加热活化而制得活性氧化铝，其比表面积可达 $350m^2/g$。活性氧化铝是一种极性吸附剂，它对水分的吸附能力大，且循环使用后，其物化性能变化不大。它可用于气体的干燥、液体的脱水以及焦炉气或炼厂气的精制等。

(4) 各种活性土（如漂白土、铁矾土、酸性白土等）　由天然矿物（主要成分是硅藻土）在 80～110℃下经硫酸处理活化后制得，其比表面积可达 $250m^2/g$。活性土可用于润滑油或石油重馏分的脱色和脱硫精制等。

(5) 合成沸石和天然沸石分子筛　沸石是一种硅铝酸金属盐的晶体，其比表面可达 $750m^2/g$。它具有高的化学稳定性，微孔尺寸大小均一，是强极性吸附剂。随着晶体中的硅铝比的增加，极性逐渐减弱。它的吸附选择性强，能起筛选分子的作用。沸石分子筛的用途很广，如环境保护中的水处理、脱除重金属离子及海水提钾等。

(6) 吸附树脂　高分子物质，如纤维素、木质素、甲壳素和淀粉等，经过反应交联或引进官能团，可制成吸附树脂。吸附树脂有非极性、中极性、极性和强极性之分。它的性能是由孔径、骨架结构、官能团基的性质和它的极性所决定的。吸附树脂可用于维生素的分离、过氧化氢的精制等。

吸附剂的基本特性

(1) 吸附剂的比表面积　吸附剂的比表面积 a 是指单位质量吸附剂所具有的吸附表面积，它是衡量吸附剂性能的重要参数。吸附剂的比表面主要是由颗粒内的孔道内表面构成的。孔的大小可分为三类：即微孔（孔径＜2nm）、中孔（孔径为 2～200nm）和大孔（孔径＞200nm）。以活性炭为例，微孔的比表面积占总比表面积的 95%以上，而中孔与大孔主要是为吸附质提供进入内部的通道。

(2) 吸附容量　吸附容量 x_m 为吸附表面每个空位都单层吸满吸附质分子时的吸附

量。吸附量 x 指单位质量吸附剂所吸附的吸附质的质量，即 kg 吸附质/kg 吸附剂。吸附量也称为吸附质在固体相中的浓度。观察吸附前后吸附气体体积的变化，或者确定吸附剂经吸附后固体颗粒的增重量，即可确定吸附量。吸附容量与系统的温度、吸附剂的孔径大小和孔隙结构形状、吸附剂的性质有关系。吸附容量表示了吸附剂的吸附能力。

(3) 吸附剂密度 根据不同需要，吸附剂密度有不同的表达方式。

① 装填密度 ρ_B 与空隙率 ε_B 装填密度指单位填充体积的吸附剂质量。通常，将烘干的吸附剂颗粒放入量筒中摇实至体积不变，吸附剂质量与量筒所测体积之比即为装填密度。吸附剂颗粒与颗粒之间的空隙体积与量筒所测体积之比为空隙率 ε_B。用汞置换法置换颗粒与颗粒之间的空气，即可测得空隙率。

② 颗粒密度 ρ_p 又称表观密度，它是单位颗粒体积（包括颗粒内孔腔体积）吸附剂的质量。显然

$$\rho_p(1-\varepsilon_B)=\rho_B \tag{12-11}$$

③ 真密度 ρ_t 指单位颗粒体积（扣除颗粒内孔腔体积）吸附剂的质量。内孔腔体积与颗粒总体积之比为内孔隙率 ε_p，即

$$\rho_t(1-\varepsilon_p)=\rho_p \tag{12-12}$$

工业吸附对吸附剂的要求 吸附剂应满足下列要求：

① 有较大的内表面：比表面越大吸附容量越大。

② 活性高：内表面都能起到吸附的作用。

③ 选择性高：吸附剂对不同的吸附质具有选择性吸附作用。不同的吸附剂由于结构、吸附机理不同，对吸附质的选择性有显著的差别。

④ 具有一定的机械强度和物理特性（如颗粒大小）。

⑤ 具有良好的化学稳定性、热稳定性以及价廉易得。

12.2.2 吸附相平衡

吸附等温线 气体吸附质在一定温度、分压（或浓度）下与固体吸附剂长时间接触，吸附质在气、固两相中的浓度达到平衡。平衡时吸附剂的吸附量 x 与气相中的吸附质组分分压 p（或浓度 c）的关系曲线称为吸附等温线。图 12-8 所示为活性炭吸附空气中单个溶剂蒸气组分的吸附等温线，图 12-9 所示为水在不同温度下的吸附等温线。由图可见，提高组分分压和降低温度有利于吸附。常见的吸附等温线可粗分为三种类型，见图 12-10。类型Ⅰ表

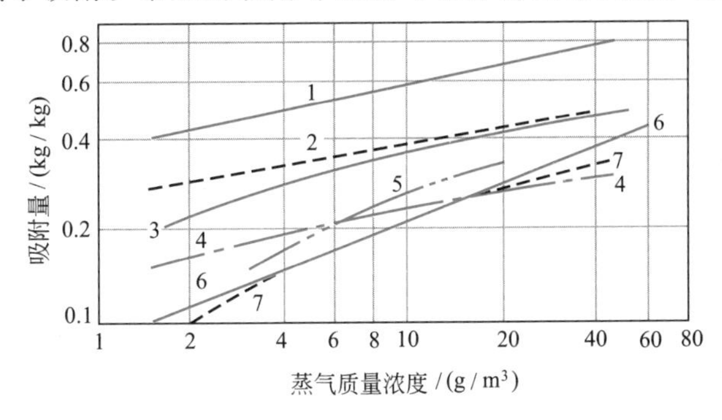

图 12-8 活性炭吸附空气中溶剂蒸气的吸附平衡（20℃）

1—CCl_4；2—醋酸乙酯；3—苯；4—乙醚；5—乙醇；6—氯甲烷；7—丙酮

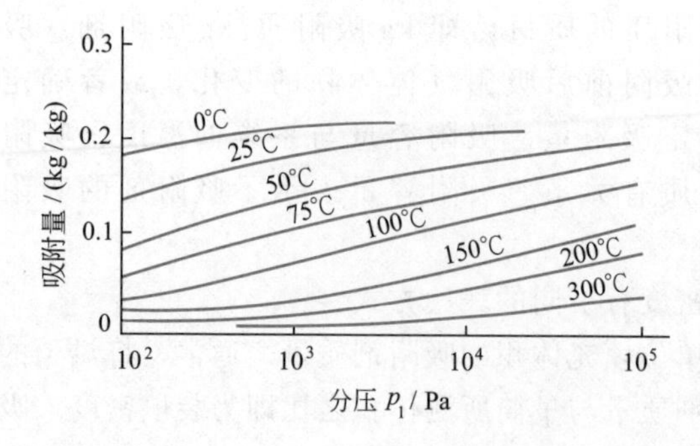

图 12-9　水在 5A 分子筛上的吸附等温线

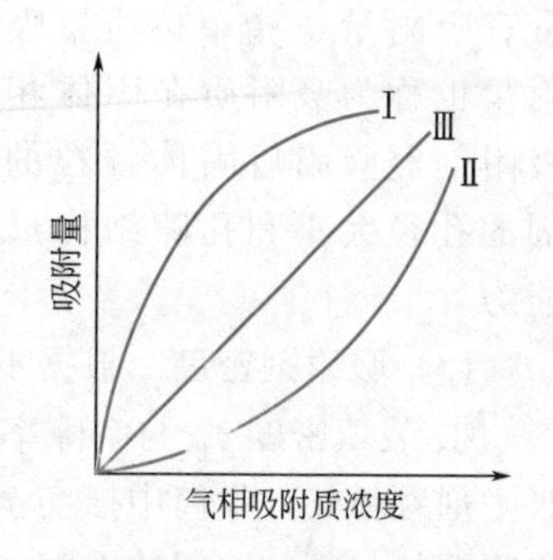

图 12-10　气固吸附等温线的分类

示平衡吸附量随气相浓度上升起先增加较快，后来较慢，曲线呈向上凸形状。类型Ⅰ在气相吸附质浓度很低时，仍有相当高的平衡吸附量，称为有利的吸附等温线。类型Ⅱ则表示平衡吸附量随气相浓度上升起先增加较慢，后来较快，曲线呈向下凹形状，称为不利的吸附等温线。类型Ⅲ是平衡吸附量与气相浓度成线性关系。

液固吸附平衡　与气固吸附相比，液固吸附平衡的影响因素较多。溶液中吸附质是否为电解质，pH 值大小，都会影响吸附机理。温度、浓度和吸附剂的结构性能，以及吸附质的溶解度和溶剂的性质对吸附机理、吸附等温线的形状都有影响。图 12-11 所示为 4A 分子筛对溶剂中水分的吸附等温线。

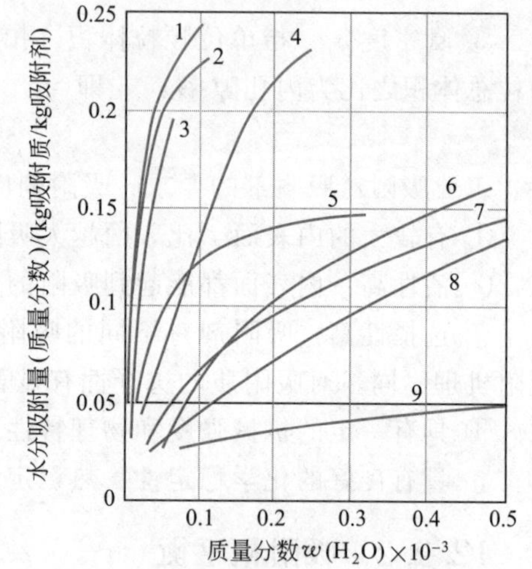

图 12-11　4A 分子筛对溶剂中水分的吸附等温线（25℃）

1—苯；2—甲苯；3—二甲苯；4—吡啶；5—甲基乙基甲酮；6—丁醇；7—丙醇；8—丁醇；9—乙醇

吸附平衡关系式　基于对吸附机理的不同假设，可以导出相应的吸附模型和平衡关系式。常见的有以下几种。

（1）低浓度吸附　当低浓度气体在均一的吸附剂表面发生物理吸附时，相邻的分子之间互相独立，气相与吸附剂固体相之间的平衡浓度是线性关系，即

$$x=Hc \tag{12-13}$$

或

$$x=H'p \tag{12-14}$$

式中，c 为浓度，kg 吸附质/m^3 流体；p 为吸附质分压，Pa；H 为比例常数，m^3/kg；H' 为比例常数，1/Pa。

（2）单分子层吸附——朗格缪尔方程　当气相浓度较高时，相平衡不再服从线性关系。记 $\theta(=x/x_m)$ 为吸附表面遮盖率。吸附速率可表示为 $k_a p(1-\theta)$，脱附速率为 $k_d\theta$，当吸附速率与脱附速率相等时，达到吸附平衡，这时

$$\frac{\theta}{1-\theta}=\frac{k_a}{k_d}p=k_L p \tag{12-15}$$

式中，k_L 为朗格缪尔吸附平衡常数。式(12-15) 经整理后可得

$$\theta=\frac{x}{x_m}=\frac{k_L p}{1+k_L p} \tag{12-16}$$

此式即为单分子层吸附朗格缪尔方程，此方程能较好地描述图 12-10 中类型Ⅰ在中、低浓度

下的等温吸附平衡。但当气相中吸附质浓度很高、分压接近饱和蒸气压时，蒸气在毛细管中冷凝而偏离了单分子层吸附的假设，朗格缪尔方程不再适用。当气相吸附质浓度很低时，式(12-16)可简化为式(12-14)。朗格缪尔方程中的模型参数 x_m 和 k_L，可通过实验确定。

(3) 多分子层吸附——BET方程 Brunauer，Emmet 和 Teller 提出固体表面吸附了第一层分子后对气相中的吸附质仍有引力，由此而形成了第二、第三乃至多层分子的吸附。据此导出了如下关系式

$$x=x_m\frac{bp/p^\circ}{(1-p/p^\circ)[1+(b-1)p/p^\circ]} \tag{12-17}$$

此式即为 BET 方程，其中 p°为吸附质的饱和蒸气压；b 为常数；p/p°通常称为比压。BET 方程常用氮、氧、乙烷、苯作吸附质以测量吸附剂或其他细粉的比表面积，通常适用于比压（p/p°）为 0.05～0.35 的范围。用 BET 方程进行比表面求算时，将式(12-17)改写成直线形式

$$\frac{p/p^\circ}{x(1-p/p^\circ)}=\frac{1}{x_m b}+\frac{b-1}{x_m b}\left(\frac{p}{p^\circ}\right)=A+B\left(\frac{p}{p^\circ}\right) \tag{12-18}$$

其中 A、B 分别为直线的截距和斜率。由截距和斜率可求出模型参数 x_m 为

$$x_m=\frac{1}{A+B} \tag{12-19}$$

比表面积为

$$a=N_0A_0x_m/M \tag{12-20}$$

式中，N_0 为阿伏伽德罗常数 6.023×10^{23}；A_0 为分子的截面积；M 为相对分子质量。

【例 12-3】 比表面积测定

在 78.6K、不同 N_2 分压下，测得某种硅胶的 N_2 吸附量如下：

p/kPa	9.03	11.51	18.61	26.28	29.66
x/(mg/g)	18.78	19.29	22.49	24.37	26.30

已知 78.6K 时 N_2 的饱和蒸气压为 118.8kPa，每个氮分子的截面积 A_0 为 $0.16nm^2$，试求这种硅胶的比表面积。

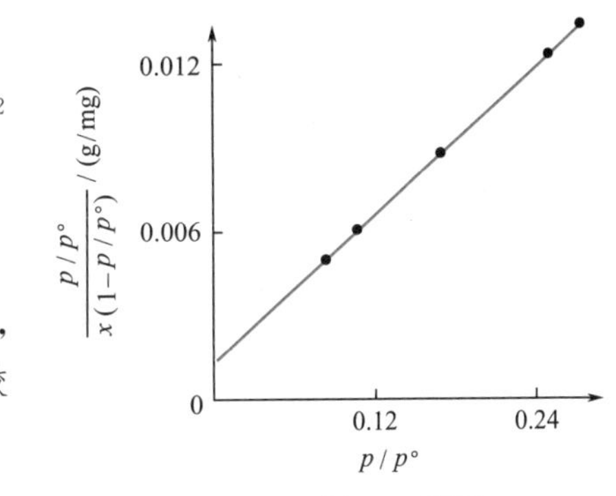

图 12-12 例 12-3 附图

解： 可用 BET 方程进行求算。以 $\frac{p/p^\circ}{x(1-p/p^\circ)}$ 对 p/p°作图，应为一条直线。由题给数据可算出相应数值如下：

p/p°	0.07603	0.09687	0.1567	0.2213	0.2497
$\frac{p/p^\circ}{x(1-p/p^\circ)}$/(g/mg)	0.004382	0.005560	0.008262	0.01166	0.01265

作图（见图 12-12）可得斜率 $B=0.04761$g/mg，截距 $A=7.7\times10^{-4}$g/mg，则

$$x_m=\frac{1}{A+B}=\frac{1}{0.04761+7.7\times10^{-4}}=20.67\ (\text{mg/g})$$

比表面积 $a=N_0A_0x_m/M=6.023\times10^{23}\times16\times10^{-20}\times20.67\times10^{-3}/28=71.1\ (\text{m}^2/\text{g})$

气体混合物中双组分吸附 以上讨论均指单组分吸附。如果吸附剂对气体混合物中两个组分具有较接近的吸附能力，吸附剂对一个组分的吸附量将受另一组分存在的影响。以 A、

B两组分混合物为例，在一定的温度、压强下，气相中两组分的浓度之比（c_A/c_B）与吸附相中两组分的浓度之比（x_A/x_B）有一一对应关系（见图12-13）。如将吸附相中两组分浓度之比除以气相中两组分浓度之比，即得到分离系数 α_{AB}

$$\alpha_{AB}=\frac{x_A/x_B}{c_A/c_B} \tag{12-21}$$

这与精馏中的相对挥发度及萃取中的选择性系数相类似。显然，α_{AB} 偏离1越远，该吸附剂越有利于两组分气体混合物的分离。

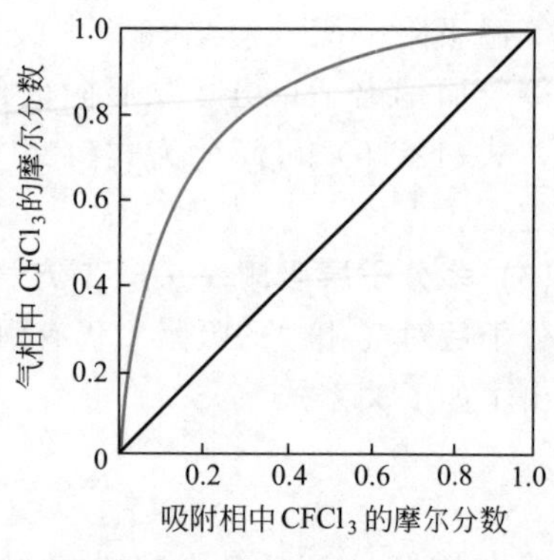

图 12-13　$CFCl_3$-C_6H_6 混合物于 273K 和 800Pa 压力下在石墨炭上的吸附

12.2.3　传质及吸附速率

吸附传质机理　组分的吸附传质分外扩散、内扩散及吸附三个步骤。吸附质首先从流体主体通过固体颗粒周围的气膜（或液膜）对流扩散至固体颗粒的外表面，这一传质步骤称为组分的外扩散；然后，吸附质从固体颗粒外表面沿固体内部微孔扩散至固体的内表面，称为组分的内扩散；最后，组分被固体吸附剂吸附。对多数吸附过程，组分的内扩散是吸附传质的主要阻力所在，吸附过程为内扩散控制。

因吸附剂颗粒孔道的大小及表面性质的不同，内扩散有以下四种类型：

(1) 分子扩散　当孔道的直径远比扩散分子的平均自由程大时，其扩散为一般的分子扩散。

(2) 努森（Knudsen）扩散　当孔道的直径比扩散分子的平均自由程小时，则为努森（Knudsen）扩散。此时，扩散因分子与孔道壁碰撞而影响扩散系数的大小。通常，用努森数 Kn 作为判据，即

$$Kn=\lambda/d \tag{12-22}$$

式中，λ 为分子平均自由程；d 为孔道直径。努森理论认为在混合气体中的每个分子的动能是相等的，即

$$\frac{1}{2}m_1u_1^2=\frac{1}{2}m_2u_2^2 \tag{12-23}$$

式中，m_1，m_2 为相对分子质量；u_1，u_2 为分子的平均速度。

式(12-23) 说明质量大的分子平均速度小。当 $Kn\gg1$ 时，分子在孔道入口和孔道内不经过碰撞而通过孔道的分子数与分子的平均速度成正比，这一流量称为努森流（Knudsen flow）。因此，微孔中的努森流对不同分子量的气体混合物有一定程度的分离作用。

(3) 表面扩散　吸附质分子沿着孔道壁表面移动形成表面扩散。

(4) 固体（晶体）扩散　吸附质分子在固体颗粒（晶体）内进行扩散。

孔道中扩散的机理不仅与孔道的孔径有关，也与吸附质的浓度（压力）、温度等其他因素有关。通过孔道的扩散流 J 一般可用费克定律表示

$$J=-D\,\frac{\partial c}{\partial z} \tag{12-24}$$

四种扩散的扩散系数数量级见表12-2。图12-14所示为分子在颗粒孔道中扩散的不同形态。

表 12-2　气体分子在孔道中扩散的种类及其扩散系数

分子扩散的种类	扩散系数 $D/(m^2/s)$
晶体扩散	$<10^{-9}$
表面扩散	$<10^{-7}$
努森扩散	$\approx 10^{-6}$
一般扩散	$\approx 10^{-5} \sim 10^{-4}$

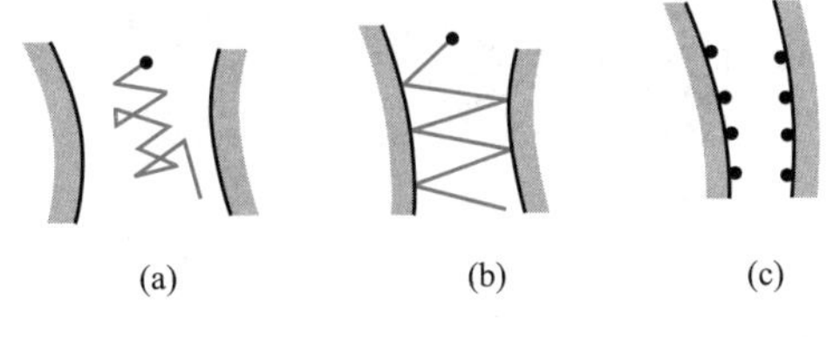

图 12-14　分子在颗粒孔道中扩散的不同形态

吸附速率　吸附速率 N_A 表示单位时间、单位吸附剂外表面所传递吸附质的质量，$kg/(m^2 \cdot s)$。对外扩散过程，吸附速率的推动力用流体主体浓度 c 与颗粒外表面的流体浓度 c_i 之差表示，即

$$N_A = k_f(c - c_i) \tag{12-25}$$

式中，k_f 为外扩散传质分系数，m/s。

内扩散过程的传质速率用与颗粒外表面流体浓度呈平衡的吸附相浓度 x_i 和吸附相平均浓度 x 之差作推动力来表示，即

$$N_A = k_s(x_i - x) \tag{12-26}$$

式中，k_s 为内扩散传质分系数，$kg/(m^2 \cdot s)$。

为方便起见，常使用总传质系数来表示传质速率，即

$$N_A = K_f(c - c_e) = K_s(x_e - x) \tag{12-27}$$

式中，K_f 是以流体相总浓度差为推动力的总传质系数；K_s 是以固体相总浓度差为推动力的总传质系数；c_e 为与 x 达到相平衡的流体相浓度；x_e 为与 c 达到相平衡的固体相浓度。

显然，对于内扩散控制的吸附过程，总传质系数 $K_s \approx k_s$。

12.2.4　固定床吸附过程分析

理想吸附过程　本节讨论固定床吸附器中的理想吸附过程，它满足下列简化假定：

① 流体混合物仅含一个可吸附组分，其他为惰性组分，且吸附等温线为有利的相平衡线；

② 床层中吸附剂装填均匀，即各处的吸附剂初始浓度、温度均一；

③ 流体定态加料，即进入床层的流体浓度、温度和流量不随时间而变；

④ 吸附热可忽略不计，流体温度与吸附剂温度相等，不需要作热量衡算和传热速率计算。

吸附相的负荷曲线　设一固定床吸附器在恒温下操作，参见图 12-15。初始时床内吸附剂经再生脱附后的浓度为 x_2，入口流体浓度为 c_1。经操作一段时间后，入口处吸附相浓度将逐渐增大并达到与 c_1 成平衡的浓度 x_1。在后继一段床层（L_0）中，吸附相浓度沿轴向降低至 x_2。床层中吸附相浓度沿流体流动方向的变化曲线称为负荷曲线。显然，负荷曲线的波形随操作时间的延续而不断向前移动。吸附相饱和段 L_1 与时增长，而未吸附的床层长度 L_2 不断减小。在 L_1、L_2 床层段中气固两相各自达到平衡，唯有在负荷曲线 L_0 段中发生吸附传质，故 L_0 称为传质区或传质前沿。

流体相的浓度波与透过曲线　与上述吸附相的负荷曲线相对应，流体中的吸附质浓度沿轴向的变化有类似于图 12-15 所示的波形，即在 L_0 段内流体的浓度由 c_1 降至与 x_2 成平衡的浓度 c_2，该波形称为流体相的浓度波。

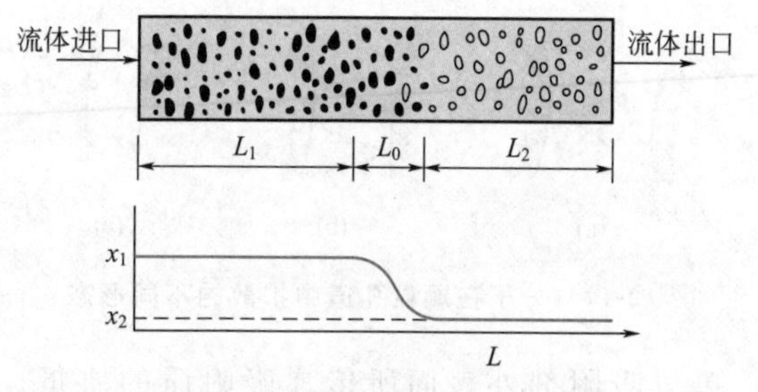

图 12-15　固定床吸附的负荷曲线

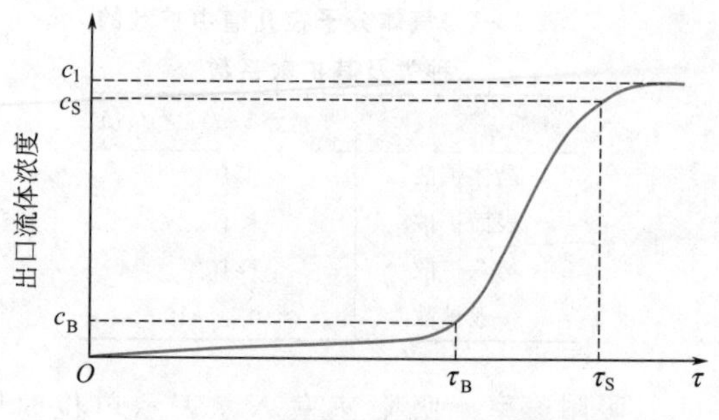

图 12-16　恒温固定床的透过曲线

浓度波和负荷曲线均恒速向前移动直至达到出口，此后出口流体的浓度将与时增高。若考察出口处流体浓度随时间的变化，则有图 12-16 所示的曲线，称为透过曲线。该曲线上流体的浓度开始明显升高时的点称为透过点，一般规定出口流体浓度为进口流体浓度的 5%时为透过点（$c_B=0.05c_1$）。操作达到透过点的时间为透过时间 τ_B。若继续操作，出口流体浓度不断增加，直至接近进口浓度，该点称为饱和点，相应的操作时间为饱和时间 τ_S。一般取出口流体浓度为进口流体浓度的 95%时为饱和点（$c_S=0.95c_1$）。

显然，透过曲线是流体相浓度波在出口处的体现，透过曲线与浓度波成镜面对称关系。因此，可以用实验测定透过曲线的方法来确定浓度波、传质区床层厚度，以及确定总传质系数。

负荷曲线或透过曲线的形状与吸附传质速率、流体流速以及相平衡有关。传质速率越大，传质区就越薄，对于一定高度的床层和气体负荷，其透过时间也就越长。流体流速越小，停留时间越长，传质区也越薄。当传质速率无限大时，传质区无限薄，负荷曲线和透过曲线均为一阶跃曲线。显然，操作完毕时，传质区厚度的床层未吸附至饱和，当传质区负荷曲线为对称形曲线时，未被利用的床层相当于传质区厚度的一半。因此，传质区越薄，床层的利用率就越高。若以床内全部吸附剂达到饱和时的吸附量为饱和吸附量，则用硅胶作吸附剂时，操作结束时的吸附量可达饱和吸附量的 60%～70%；用活性炭作吸附剂时，可以增大到 85%～95%。

固定床吸附过程的数学描述

(1) 物料衡算微分方程式　床层内流体的浓度 c 和吸附相浓度 x 随时间和距离而变，是二维函数。为了便于考察，可取传质区为控制体，使控制体具有与浓度波相同的速度 u_c 向前移动。这样，控制体内的 c 分布和 x 分布均与时间无关，c 和 x 只是传质区内相对位置的函数（见图 12-17）。若床截面积为 A，空塔速度为 u，流体在床层空隙中的速度 u_0 为

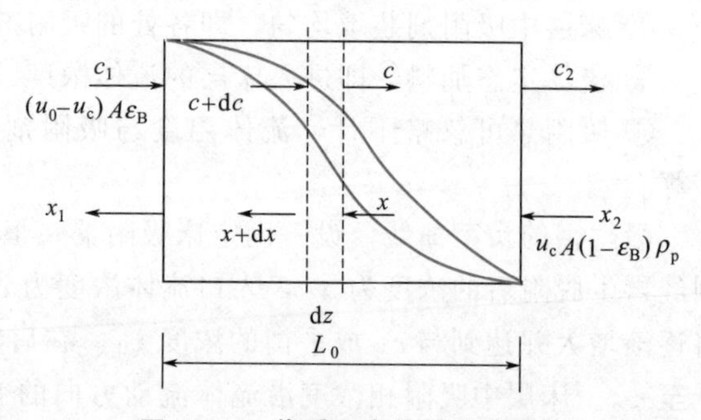

图 12-17　传质区内的微分控制体

$$u_0=\frac{q_V}{A\varepsilon_B}=\frac{u}{\varepsilon_B} \tag{12-28}$$

流体进入控制体的速度应为 u_0-u_c，体积流量为 $(u_0-u_c)A\varepsilon_B$。吸附剂进入控制体的速度为 u_c，质量流量为 $u_cA(1-\varepsilon_B)\rho_p$，即 $u_cA\rho_B$。单位床体积吸附剂颗粒的外表面积为 $a_B(m^2/m^3)$。以图 12-17 中虚线部分的微元段为控制体，其中的传质面积为 a_BAdz、传质

量为 $N_A a_B A\mathrm{d}z$，对流体相作物料衡算可得

$$(u_0-u_c)A\varepsilon_B\mathrm{d}c=N_A a_B A\mathrm{d}z \tag{12-29}$$

对吸附相作物料衡算可得

$$u_c A\rho_B\mathrm{d}x=N_A a_B A\mathrm{d}z \tag{12-30}$$

(2) 相际传质速率方程式 由式(12-27) 可得相际传质速率方程式为

$$N_A=K_f(c-c_e)=K_s(x_e-x) \tag{12-31}$$

固定床吸附过程的计算

(1) 吸附过程的积分表达式 将式(12-31) 代入式(12-29) 并写成积分式，可得

$$\int\mathrm{d}z=\frac{(u_0-u_c)\varepsilon_B}{K_f a_B}\int\frac{\mathrm{d}c}{c-c_e}=\frac{u-u_c\varepsilon_B}{K_f a_B}\int\frac{\mathrm{d}c}{c-c_e} \tag{12-32}$$

为了既能使积分式具有实际意义又能使浓度波的绝大部分变化曲线包含在传质区内，视 z 从 0 至 L_0 变化时，c 从 c_B 至 c_S 变化，由此可得积分式

$$L_0=\frac{u-u_c\varepsilon_B}{K_f a_B}\int_{c_B}^{c_S}\frac{\mathrm{d}c}{c-c_e} \tag{12-33}$$

(2) 浓度波移动速度 将式(12-29) 和式(12-30) 联立可得

$$(u-u_c\varepsilon_B)A\mathrm{d}c=u_c A\rho_B\mathrm{d}x \tag{12-34}$$

对应于 c 从 c_1 变化至 c_2，x 从 x_1 变化至 x_2，积分可得

$$(u-u_c\varepsilon_B)(c_1-c_2)=u_c\rho_B(x_1-x_2) \tag{12-35}$$

整理后可得浓度波的移动速度表达式为

$$u_c=\frac{u}{\varepsilon_B+\rho_B\dfrac{x_1-x_2}{c_1-c_2}} \tag{12-36}$$

显然，浓度波移动速度是与进料速度成正比的。

(3) 传质单元数与传质单元高度 通常浓度波的移动速度 u_c 远小于流体的空塔速度 u，因此，式(12-33) 可写成

$$L_0=\frac{u}{K_f a_B}\int_{c_B}^{c_S}\frac{\mathrm{d}c}{c-c_e}=H_{OF}N_{OF} \tag{12-37}$$

式中，$H_{OF}=\dfrac{u}{K_f a_B}$为传质单元高度；$N_{OF}=\displaystyle\int_{c_B}^{c_S}\frac{\mathrm{d}c}{c-c_e}$ 为传质单元数。

(4) 传质区两相浓度关系——操作线方程 仍取传质区作考察对象，对图 12-17 所示的 $c\sim c_2$，$x\sim x_2$ 部分作控制体进行物料衡算，可得

$$(u-u_c\varepsilon_B)(c-c_2)=u_c\rho_B(x-x_2) \tag{12-38}$$

将上式与式(12-35) 相除，经整理可得

$$x=x_2+\frac{x_1-x_2}{c_1-c_2}(c-c_2) \tag{12-39}$$

此式即为操作线方程，它表示了同一塔截面上两相浓度之间的关系。由上式可知，操作线方程为一直线。图 12-18 表示了操作线和平衡线的关系，两线之间的垂直距离表示了吸附相总浓度差推动力 (x_e-x)，两线之间的水平距离表示了流体相总浓度差推动力 $(c-c_e)$。

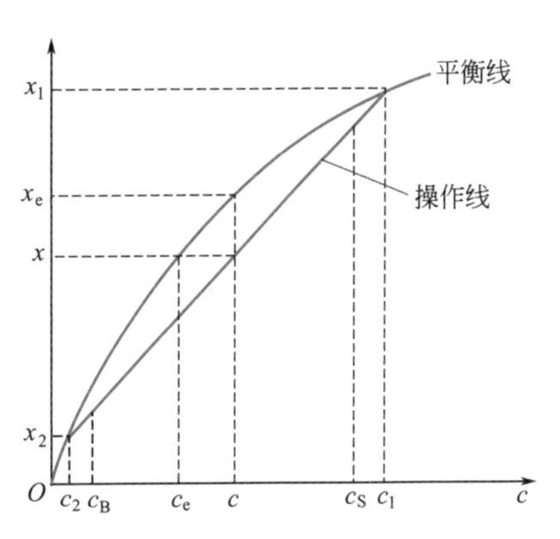

图 12-18 操作线和平衡线的关系

(5) 总物料衡算 当固定床吸附塔操作至透过点

时，未被利用的床层高度相当于传质区高度的某一分率，这一分率一般为 0.5 左右。对透过时间段内的流体相和吸附相作物料衡算可得

$$\tau_B q_V(c_1-c_2)=(L-0.5L_0)A\rho_B(x_1-x_2) \tag{12-40}$$

式中，L 为床层高度，m。

(6) 过程的计算 固定床吸附塔的计算可分为设计型、操作型、综合型计算。这三类问题皆可使用下列四式进行计算：

总物料衡算式
$$\tau_B u(c_1-c_2)=(L-0.5L_0)\rho_B(x_1-x_2) \tag{12-41}$$

传质区计算式
$$L_0=H_{OF}N_{OF}=\frac{u}{K_f a_B}\int_{c_B}^{c_S}\frac{dc}{c-c_e} \tag{12-42}$$

相平衡方程式
$$c_e=f(x) \quad 或 \quad x=F(c_e) \tag{12-43}$$

操作线方程式
$$x=x_2+\frac{x_1-x_2}{c_1-c_2}(c-c_2) \tag{12-44}$$

对具体的吸附分离任务，处理量、流体进出口浓度、工艺条件等都是确定的。设计型计算主要解决在一定操作时间下的吸附剂用量 m、设备的直径和床层高度；操作型计算主要解决在一定的设备直径和床层高度下的操作时间。

【例 12-4】 吸附剂用量的确定

含有微量苯蒸气的气体恒温下流过纯净活性炭床层，床层直径 0.3m，吸附温度为 20℃。吸附等温线为 $x=204c/(1+429c)$，式中，x 单位为 kg 苯/kg 活性炭，c 单位为 kg 苯/m³ 气体。气体密度为 1.2kg/m³，进塔气体浓度为 0.04kg/m³。活性炭装填密度为 550kg/m³。容积总传质系数 $K_f a_B=151$/s，气体处理量为 60m³/h。试求在操作时间为 6h 的条件下，活性炭用量至少为多少 (kg)?

解：

$$u=\frac{q_V}{\frac{\pi}{4}D^2}=\frac{60}{3600\times0.785\times0.3^2}=0.236(\text{m/s})$$

$$H_{OF}=\frac{u}{K_f a_B}=\frac{0.236}{15}=0.0157(\text{m})$$

由 $c_1=0.04\text{kg/m}^3$ 求得相平衡条件下

$$x_1=\frac{204c_1}{1+429c_1}=\frac{204\times0.04}{1+429\times0.04}=0.449(\text{kg/kg})$$

由 $x_2=0$ 得 $c_2=0$，由式(12-44) 可得操作线

$$x=x_2+\frac{x_1-x_2}{c_1-c_2}(c-c_2)=\frac{0.449}{0.04}c=11.2c$$

$$c_B=0.05c_1=0.05\times0.04=0.002(\text{kg/m}^3)$$

$$c_S=0.95c_1=0.95\times0.04=0.038(\text{kg/m}^3)$$

由 $x=204c_e/(1+429c_e)=11.2c$ 可得

$$c-c_e=c-\frac{11.2c}{204-4805c}$$

$$N_{OF}=\int_{c_B}^{c_S}\frac{dc}{c-c_e}=\int_{0.002}^{0.038}\frac{dc}{c-\dfrac{11.2c}{204-4805c}}=3.28^{❶}$$

---

❶ 积分式 $\int\frac{dx}{x-\frac{ax}{b-cx}}=\ln(b-a-cx)-\frac{b}{b-a}\ln\frac{b-a-cx}{x}$。

$$L_0 = H_{OF} N_{OF} = 0.0157 \times 3.28 = 0.0515 \text{ (m)}$$

由式(12-41) 可得

$$L = \frac{\tau_B u(c_1 - c_2)}{\rho_B(x_1 - x_2)} + 0.5L_0 = \frac{6 \times 3600 \times 0.236 \times 0.04}{550 \times 0.449} + 0.5 \times 0.0515 = 0.851 \text{ (m)}$$

活性炭用量 $m = L\ \frac{\pi}{4} D^2 \rho_B = 0.851 \times 0.785 \times 0.3^2 \times 550 = 33.1 \text{ (kg)}$

12.2.5 吸附分离设备

工业吸附器有固定床吸附器、釜式（混合过滤式）吸附器及流化床吸附器等多种，操作方式因设备不同而异。

固定床吸附器 图 12-19 举例说明用固定床吸附器以回收工业废气中的苯蒸气。用活性炭作吸附剂。先使混合气进入吸附器 1，苯被吸附截留，废气则放空。操作一段时间后，活性炭上所吸附的苯逐渐增多，在放空废气中出现了苯蒸气且其浓度达到限定数值后，即切换使用吸附器 2。同时在吸附器 1 中送入水蒸气使苯脱附，苯随水蒸气一起在冷凝器中冷凝，经分层后回收苯。然后在吸附器 1 中通入空气将活性炭干燥并冷却以备再用。

固定床吸附器广泛用于气体或液体的深度去湿脱水、天然气脱水脱硫、从废气中除去有害物或回收有机蒸气、污水处理等场合。

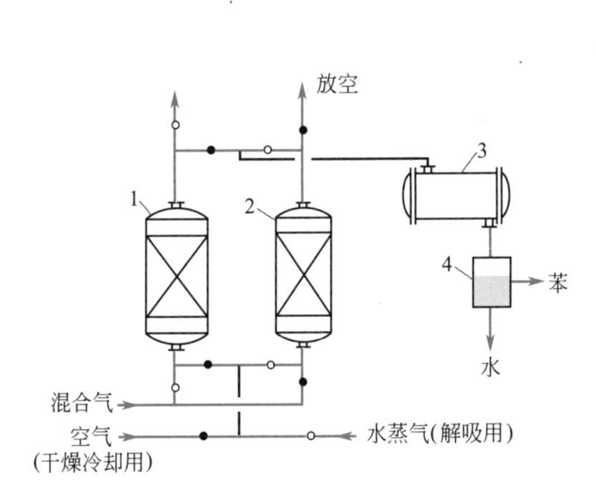

图 12-19 固定床吸附流程

1,2—装有活性炭的吸附器；3—冷凝器；4—分层器

○表示开着的阀门；●表示关着的阀门

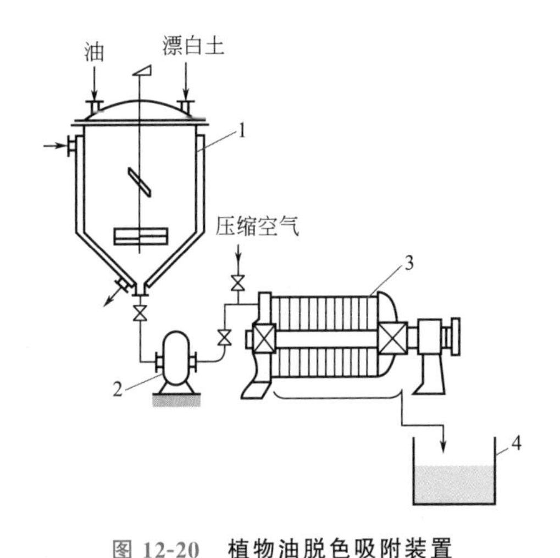

图 12-20 植物油脱色吸附装置

1—釜式吸附器；2—齿轮泵；3—压滤机；4—油槽

釜式吸附器 图 12-20 所示为以植物油脱色为例的吸附设备。将植物油在釜内加热以降低黏度，在搅拌状态下加入酸性漂白土作吸附剂以吸附除去油脂中的色素。经一定接触时间后，将混合物用泵打入压滤机进行过滤，除去漂白土的精制油收集于储槽中。作为滤渣的吸附剂原则上可脱附再次使用，但由于漂白土价廉易得，一般不再脱附，可另行处理或作他用。

流化床吸附器 被处理的混合气连续通过流化床吸附器进行吸附，吸附剂颗粒在床内停留一段时间后流入另一个流化床中进行脱附，恢复吸附能力的吸附剂颗粒借气力送返流化床吸附器中。

连续式吸附设备 图 12-21 所示为一连续操作吸附塔，用于回收混合气体中的有机溶

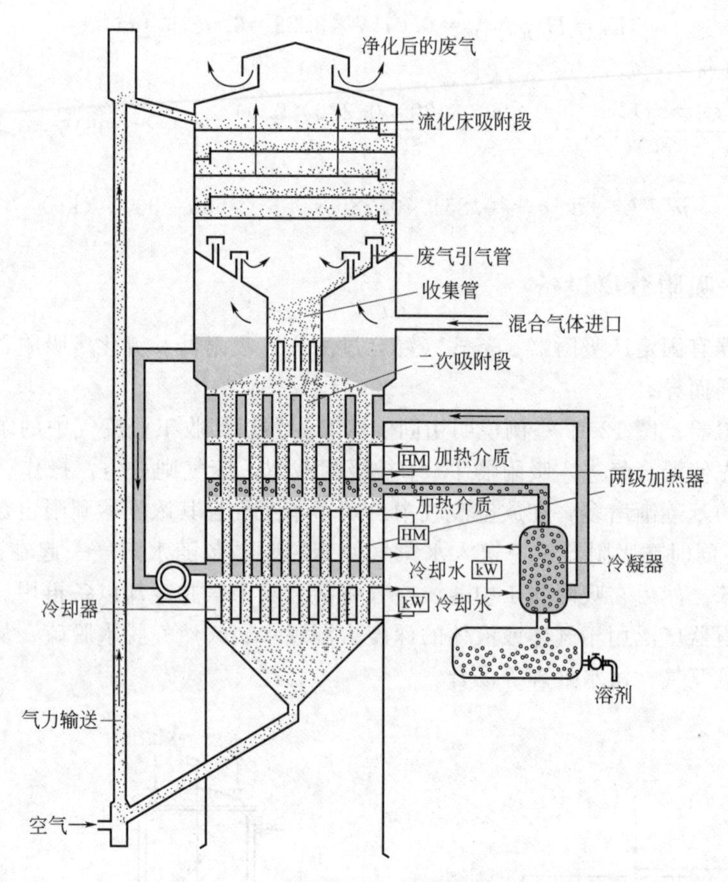

图 12-21　连续操作吸附塔示意图

剂。该塔由三部分组成，上部为吸附段；中部为二次吸附段；下部为脱附段。含溶剂废气经过冷却、滤去雾滴后，从吸附段的下部进入塔内。塔的吸附段是由筛板和活性炭颗粒组成的多层流化床。混合气体通过吸附段时，气体中的溶剂被活性炭吸附，净化了的气体从塔顶排出。在吸附段底部有一底板将吸附段与二次吸附段分开，吸附了溶剂的活性炭颗粒在底板中被收集管收集并送入二次吸附段。在二次吸附段，自脱附段上来的带溶剂惰性气体与活性炭相遇，惰性气体被吸附去溶剂后循环使用，活性炭颗粒则被送入脱附段。惰性气体脱附段是由三层串联排列的管束换热器组成的，在上两层管束换热器的壳程中用蒸汽或热油加热，管程中颗粒缓慢向下移动并被加热。逆向流动的惰性气体将颗粒在加热过程中脱附出来的溶剂带走，溶剂在外部的冷凝器内析出，而惰性气体则被风机送回塔内。再生后的活性炭继续移动至下部的冷却段换热器，该壳程中通冷却水冷却。管程中的活性炭被冷却后，经收集用气力输送至塔顶，从塔顶再次加入。

思考题

12-11　什么是吸附现象？吸附分离的基本原理是什么？

12-12　有哪几种常用的吸附脱附循环操作？

12-13　有哪几种常用的吸附剂？各有什么特点？什么是分子筛？

12-14　工业吸附对吸附剂有哪些基本要求？

12-15　有利的吸附等温线有什么特点？

12-16　吸附床中的传质扩散可分为哪几种方式？

12-17　吸附过程有哪几个传质步骤？

12-18　何谓负荷曲线、透过曲线？什么是透过点、饱和点？

12-19　常用的吸附分离设备有哪几种类型？

12.3 膜分离

12.3.1 概述

用膜来进行的分离操作在过程工业中显得越来越重要了。膜起到半渗透的屏障的作用，膜对两个液相之间、两个气相之间或者一个液相和一个气相之间各种分子的移动速度起到控制作用从而产生分离。也就是说，膜分离的基本原理是固体膜对流体混合物中的各组分的选择性渗透。膜分离过程的推动力是压差或电位差，相对于消耗大量热量的分离过程，膜分离是节能的。

膜分离的分类和特点　常用的膜分离过程及分类如表 12-3 所示。若干常见物料的离子、分子、微粒、颗粒尺寸范围如图 12-22 所示。

表 12-3　几种主要的膜分离过程

过程	示意图	膜内孔径	推动力	透过物	截留物
微孔过滤	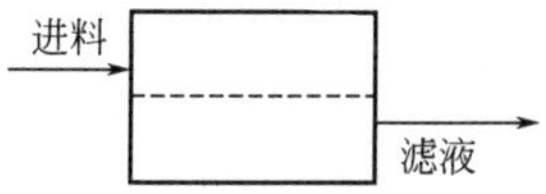 进料；滤液	0.08～12μm	压差 0.1～0.3MPa	水、溶剂溶解物	悬浮物颗粒
超滤	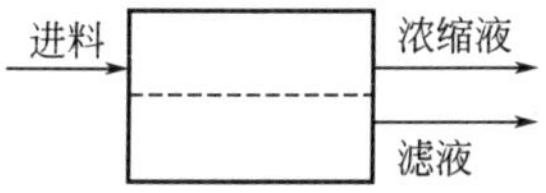 进料；浓缩液；滤液	5～80nm	压差 0.3～1.0MPa	水、溶剂、小分子溶解物	胶体大分子、细菌等
纳滤	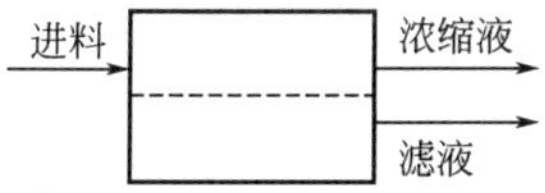 进料；浓缩液；滤液	0.9～9nm	压差 0.5～3MPa	水、溶剂、小分子溶解物	胶体分子、有机物、病毒、色素等
反渗透	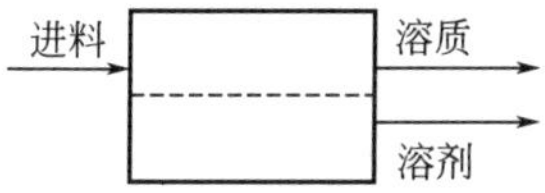 进料；溶质；溶剂	0.2～4nm	压差 1～10MPa	水、溶剂	溶质、盐（悬浮物、大分子、离子）
电渗析	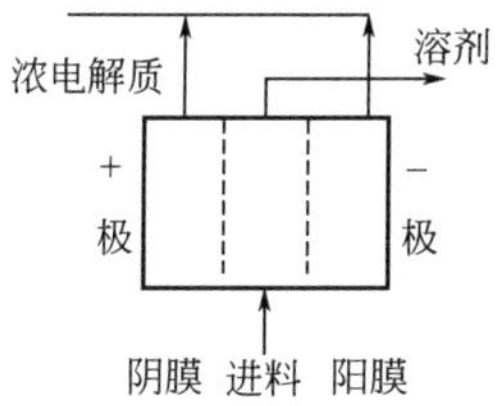 浓电解质；溶剂；+极；−极；阴膜 进料 阳膜	1～10nm	电位差	电解质离子	非电解质溶剂
混合气体的分离	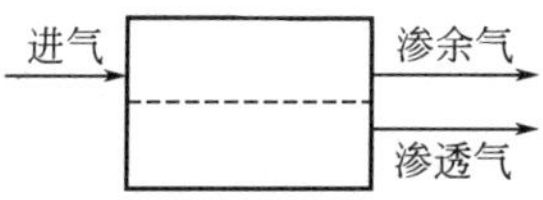 进气；渗余气；渗透气	<50nm	压差 1～10MPa 浓度差	易渗透的气体	难渗透性的气体

续表

过程	示意图	膜内孔径	推动力	透过物	截留物
渗透汽化	进料；溶质或溶剂；(蒸气) 溶剂或溶质	均质膜(孔径<1nm)、复合膜、非对称性膜(孔径0.3～0.5μm)	分压差	溶液中的易透过组分(蒸气)	溶液中的难透过组分(液体)

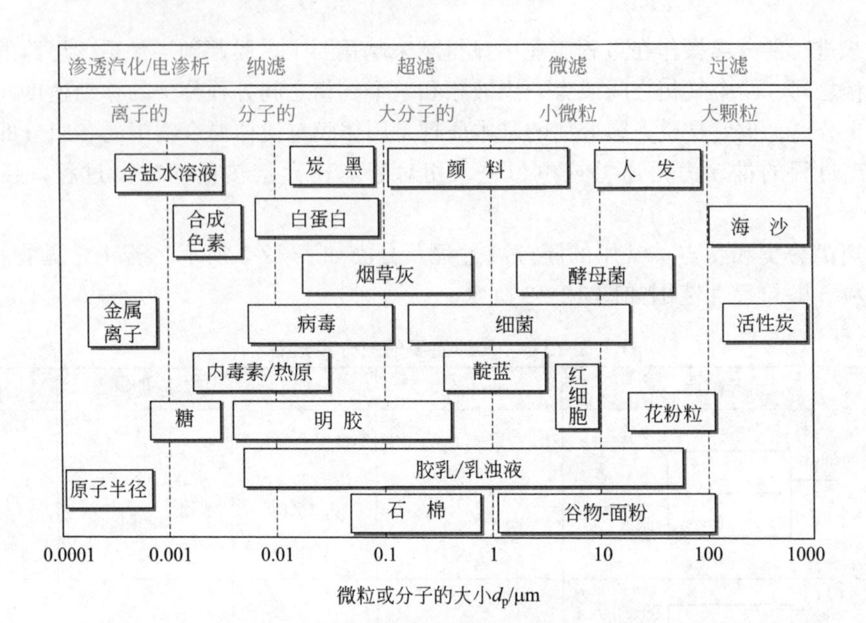

图 12-22 不同微粒的数量级范围

膜分离过程的特点是：

① 不需要大量热能，能耗低；

② 可在常温下进行，对食品及生物药品的加工特别适合；

③ 膜分离过程不仅可除去病毒、细菌等微粒，而且也可除去溶液中大分子和无机盐，还可分离共沸物或沸点相近的组分；

④ 以压差及电位差为推动力，装置简单，操作方便。

本节简要说明使用固体膜的分离过程。

固体膜的分类 分离用膜的结构和功能对膜分离的效果有决定性的作用。膜的性能与膜材料及膜制备技术密切有关。

固体膜可分为生物膜和合成膜两大类。合成膜按材质分为无机膜及聚合物膜两大类，而以聚合物膜使用最多。无机膜由陶瓷、玻璃、金属等材料制成，孔径为 1nm～60μm。膜的耐热性、化学稳定性好，孔径较均匀。聚合物膜通常用醋酸纤维素、芳香族化合物、聚酰胺、聚砜、聚四氟乙烯、聚丙烯等材料制成，膜的结构有均质致密膜或多孔膜、非对称膜及复合膜等多种。膜的厚度一般很薄，如对微孔过滤所用的多孔膜而言，约为 50～250μm。因此，一般衬以膜的支撑体使之具有一定的机械强度。

膜的性能参数 选择膜时需要考虑膜的性能参数。首先要求膜的分离透过特性好，通常用膜的截留率、透过通量、截留分子量等参数表示。不同的膜分离过程习惯上使用不同的参数以表示膜的分离透过特性。

(1) 截留率 R 其定义为

$$R=\frac{c_1-c_2}{c_1}\times 100\% \tag{12-45}$$

式中，c_1、c_2 分别表示料液主体和透过液中被分离物质（盐、微粒或大分子等）的浓度。

(2) 透过速率（通量）J 指单位时间、单位膜面积的透过物量，常用的单位为 kmol/(m^2·s)。由于操作过程中膜的压密、堵塞等多种原因，膜的透过速率将随时间增长而衰减。透过速率与时间的关系一般服从下式

$$J=J_0\tau^m \tag{12-46}$$

式中，J_0 为操作初始时的透过速率；τ 为操作时间；m 为衰减指数。

(3) 截留分子量 当分离溶液中的大分子物时，截留物的分子量在一定程度上反映膜孔的大小。但是通常多孔膜的孔径大小不一，被截留物的分子量分布在某一范围内。所以，一般取截留率为 90%的物质的分子量称为膜的截留分子量。

截留率大、截留分子量小的膜往往透过通量低。因此，在选择膜时需在两者之间作出权衡。

此外，还要求膜有足够的机械强度和化学稳定性。

12.3.2 反渗透

原理 用一张固体膜将水和盐水隔开，若初始时水和盐水的液面高度相同，则纯水将透过膜向盐水侧移动，盐水侧的液面将不断升高，这一现象称为渗透，参见图 12-23。待稳定后，盐水侧的液位升高 h 不再变动，ρgh 即表示盐水的渗透压 π。若在膜两侧施加压差 Δp，且 $\Delta p>\pi$，则水将从盐水侧向纯水侧作反向移动，此称为反渗透。这样，可利用反渗透现象截留盐（溶质）而获取纯水（溶剂），从而达到混合物分离的目的。

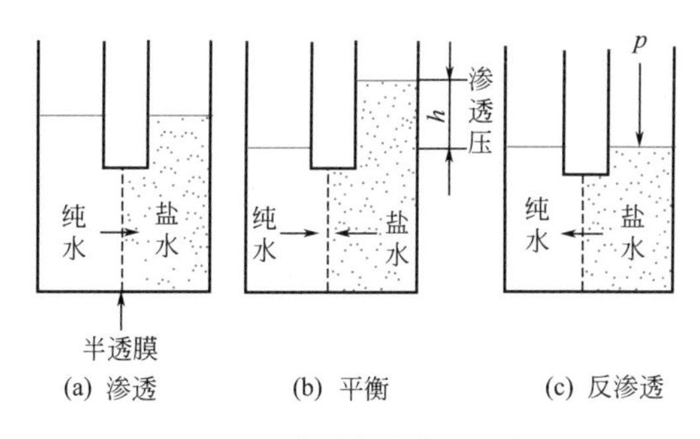

图 12-23 渗透和反渗透示意图

渗透压 π 的大小是溶液的物性，且与溶质的浓度有关，表 12-4 给出了不同浓度下氯化钠水溶液的渗透压。

表 12-4 氯化钠水溶液在 25℃ 下的渗透压

盐水浓度(质量分数)/%	0	1.1555	2.2846	3.3882	6.5543	12.3022	25.3179
渗透压/MPa	0	0.923	1.82	2.74	5.61	12.0	36.5

若反渗透膜的两侧是浓度不同的溶液，则反渗透所需的外压 Δp 应大于膜两侧溶液渗透压之差 $\Delta\pi$。实际反渗透过程所用的压差 Δp 比渗透压高许多倍。

反渗透膜常用醋酸纤维、聚酰胺等材料制成。图 12-24 所示为醋酸纤维膜的结构示意图。它是由表面活性层、过渡层和多孔支撑层组成的非对称结构膜，总厚度约 100μm。表

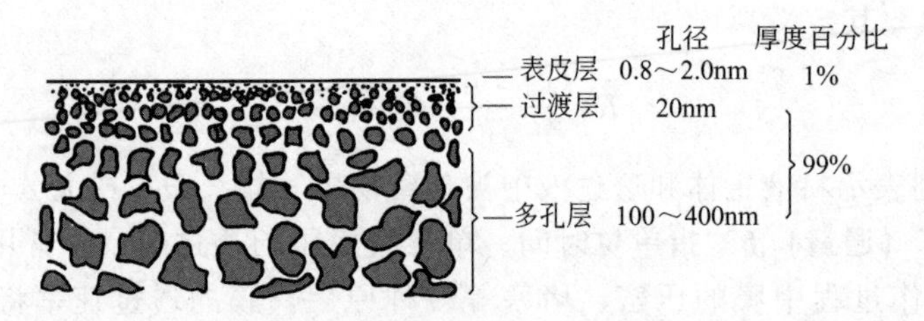

图 12-24　醋酸纤维膜结构示意图

面层的结构致密，其中孔隙直径最小，约 0.8～2nm，厚度只占膜总厚度的 1%以下。多孔层呈海绵状，其中孔隙约为 0.1～0.4μm。过渡层则介于两者之间。

反渗透膜对溶质的截留机理并非按尺度大小的筛分作用，膜对溶剂（水）和溶质（盐）的选择性是由于水和膜之间存在各种亲和力使水分子优先吸附，结合或溶解于膜表面，且水比溶质具有更高的扩散速率，因而易于在膜中扩散透过。因此，对水溶液的分离而言，膜表面活性层是亲水的。

浓差极化　反渗透过程中，大部分溶质在膜表面截留，从而在膜的一侧形成溶质的高浓度区。如图 12-25 所示，当过程达到定态时，料液侧膜表面溶液的浓度 x_3 显著高于主体溶液浓度 x_1。这一现象称为浓差极化。近膜处溶质的浓度边界层中，溶质将反向扩散进入料液主体。

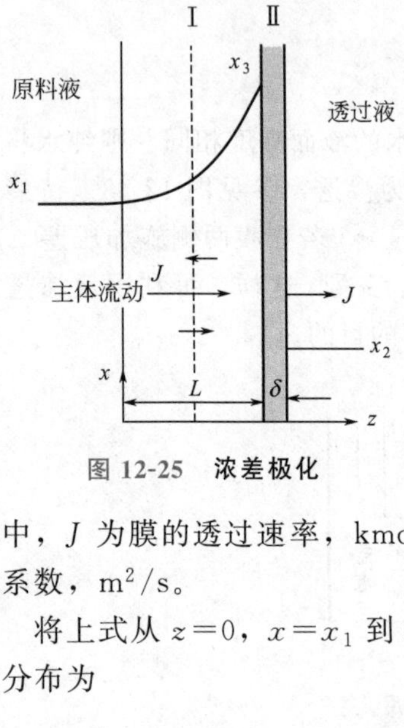

图 12-25　浓差极化

为描述浓度边界层中溶质浓度 x 的分布规律，采用气体吸收中分子扩散速率的解析方法。设 x_1 为料液主体中溶质的摩尔分数；x_3、x_2 分别为膜面上两侧溶液中的溶质摩尔分数；取浓度边界层内平面Ⅰ与膜的低浓度侧表面Ⅱ之间的容积为控制体作物料衡算，可得

$$Jx-Dc\frac{\mathrm{d}x}{\mathrm{d}z}-Jx_2=0 \tag{12-47}$$

式中，J 为膜的透过速率，$\mathrm{kmol/(m^2 \cdot s)}$；$c$ 为料液的总浓度，$\mathrm{kmol/m^3}$；D 为溶质的扩散系数，$\mathrm{m^2/s}$。

将上式从 $z=0$，$x=x_1$ 到 $z=L$（浓度边界层厚度），$x=x_3$ 积分，可得边界层内的浓度分布为

$$\ln\frac{x_3-x_2}{x_1-x_2}=\frac{JL}{cD} \tag{12-48}$$

通常反渗透过程有较高的截留率，透过物中的溶质浓度 x_2 很低，故有

$$\frac{x_3}{x_1}=\exp\left(\frac{J}{ck}\right) \tag{12-49}$$

式中，$k=D/L$ 为浓度边界层内溶质的传质系数；x_3/x_1 称为浓差极化比。显然，对一定的透过速率 J，传质系数 k 越小，浓差极化比越大。

透过速率　当膜两侧溶液的渗透压之差为 $\Delta\pi$ 时，反渗透的推动力为（$\Delta p-\Delta\pi$）。故可将溶剂（水）的透过速率 J_V 表示为：

$$J_V=A(\Delta p-\Delta\pi) \tag{12-50}$$

式中，A 为纯溶剂（水）的透过系数，其值表示单位时间、单位膜表面在单位压差下的水透过量，是特征膜性能的重要参数。

与此同时，少量溶质也将由于膜两侧溶液有浓度差而扩散透过薄膜。溶质的透过速率 J_S 与膜两侧溶液的浓度差有关，通常写成如下形式：

$$J_S = B(c_3 - c_2) \tag{12-51}$$

式中，B 为溶质的透过系数；c_3、c_2 的意义与 x_3、x_2 相同，但单位为 $kmol/m^3$。透过系数 A、B 主要取决于膜的结构，同时也受温度、压力等操作条件的影响。总透过速率 J 为

$$J = J_V + J_S \tag{12-52}$$

由以上分析可知，影响反渗透速率的主要因素如下。

(1) 膜的性能 具体表现为透过系数 A、B 值的大小。显然，对膜分离过程希望 A 值大而 B 值小。

(2) 混合液的浓缩程度 浓缩程度高，膜两侧浓度差大，渗透压差 $\Delta\pi$ 大。有效推动力降低使溶剂的透过通量减少。料液浓度高还易使膜堵塞而引起膜的污染。

(3) 浓差极化 浓差极化使膜面浓度 x_3 增高，加大了渗透压 $\Delta\pi$。在一定压差 Δp 下使溶剂的透过速率下降。同时 x_3 的增高使溶质的透过速率提高，即截留率下降。由此可知，在一定的截留率下由于浓差极化的存在使透过速率受到限制。此外，膜面浓度 x_3 升高，可能导致溶质的沉淀，额外增加了膜的透过阻力。因此，浓差极化是反渗透过程中的一个不利因素。

由式(12-49) 可知，减轻浓差极化的根本途径是提高传质系数。通常采用的方法是提高料液的流速和在流道中加入内插件以增加湍流程度。也可加脉冲流动或反冲流动。此外，可以在管状组件内放入玻璃珠，它在流动时呈流化状态，玻璃珠不断撞击膜壁从而使传质系数大为增加。

反渗透的工业应用 海水脱盐是反渗透技术使用得最广泛的领域之一。使用的膜分离器件多数为螺旋卷式和中空纤维式。典型的装置可将含盐 3.5%（质量分数）的海水淡化至含盐 500μg/g 以下供饮用或锅炉给水，日产量达 2 万吨，操作初期的脱盐率（盐截留率）达 98%以上，初期的透过速率可大于 $4.17\times10^{-6}\,m\cdot s^{-1}$。

此外，反渗透也用于浓缩蔗糖、牛奶和果汁，除去工业废水中的有害物等。

12.3.3 超滤

原理 超滤是以压差为推动力、用固体多孔膜截留混合物中的微粒和大分子溶质而使溶剂透过膜孔的分离操作。图 12-26 表示超滤的操作原理。

超滤的分离机理主要是多孔膜表面的筛分作用；大分子溶质在膜表面及孔内的吸附和滞留虽然也起截留作用，但易造成膜污染。在操作中必须采用适当的流速、压力、温度等条件，并定期反冲（见图 12-27）或清洗以减少膜污染。

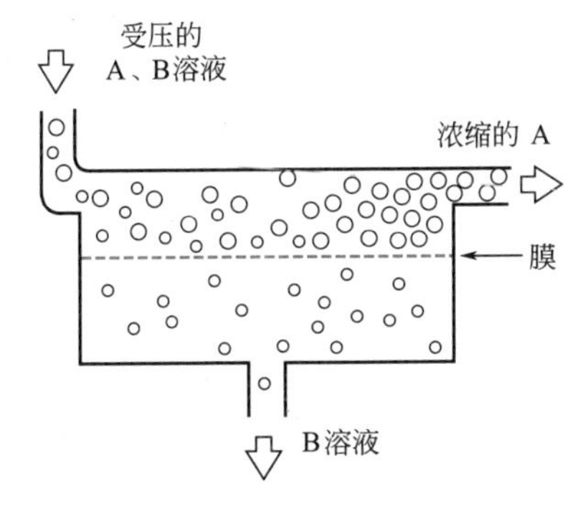

图 12-26 超滤操作原理示意图

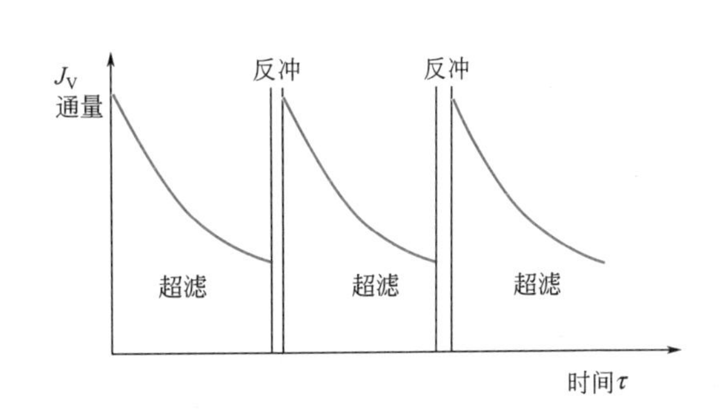

图 12-27 超滤操作中的反冲

常用超滤膜为非对称膜，截留分子量为 $500 \sim 5 \times 10^5$。

前已说明，反渗透主要用于除去溶液中的小分子盐类，由于溶质分子量小，渗透压高，反渗透使用的操作压差也高。反之，超滤则截留溶液中的大分子溶质，即使溶液的浓度较高，但渗透压较低，操作使用的压强相对较低，通常为 0.3～1.0MPa。

透过速率和浓差极化 超滤的透过速率仍可用式(12-50)表示。当大分子溶液浓度低、渗透压可以忽略时，超滤的透过速率与操作压差成正比

$$J_V = A \Delta p \tag{12-53}$$

有时用 $R_m = 1/A$ 表示透过阻力，称为膜阻。透过系数 A 和膜阻 R_m 是膜的性能参数。

超滤也会发生浓差极化现象。由于实际超滤的透过速率约为 $(7 \sim 35) \times 10^{-6}$ m/s，比反渗透速率大得多，而大分子物的扩散系数小，浓差极化现象尤为严重。当膜表面大分子物浓度达到凝胶化浓度 c_g 时，膜表面形成一不流动的凝胶层，参见图 12-28。凝胶层的存在大大增加了膜的阻力。同一操作压差下的透过速率显著降低。

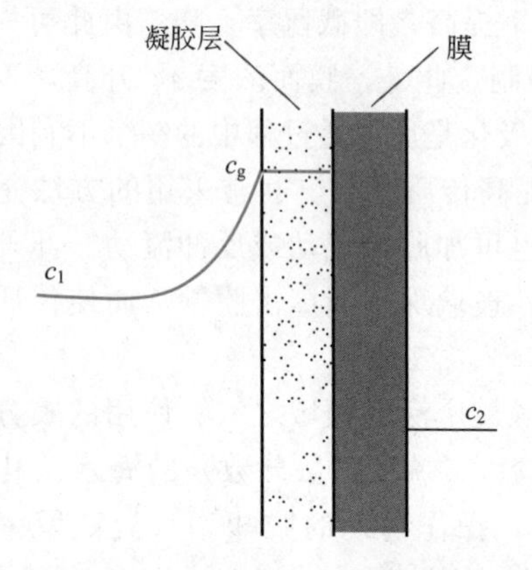

图 12-28 形成凝胶层时的浓差极化

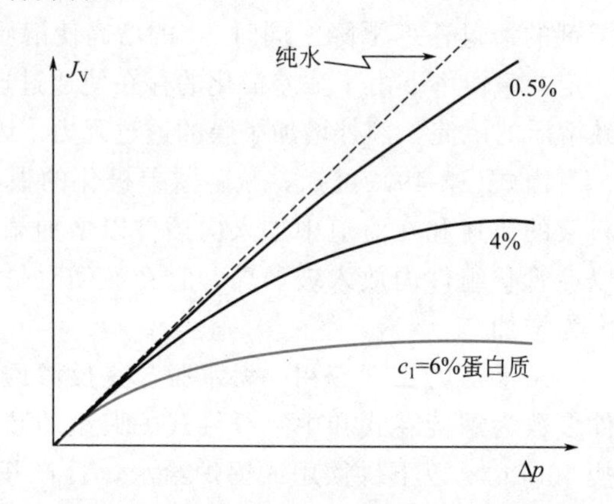

图 12-29 超滤的透过速率与压差的关系

图 12-29 表示操作压差 Δp 与超滤通量 J_V 之间的关系。对纯水的超滤，J_V 与 Δp 成正比，图中直线的斜率是膜的透过系数 A。但对蛋白质溶液超滤时，透过速率随压差的增加为一曲线。当压差足够大时，由于凝胶层的形成，透过速率到达某一极限值，称为极限通量 J_{lim}。

当过程到达定态时，超滤的极限通量可由式(12-49)求出，即

$$J_{lim} = kc \ln \frac{x_g}{x_1} \tag{12-54}$$

式中，k 是凝胶层以外浓度边界层中大分子溶质的传质系数；显然，极限通量 J_{lim} 与膜本身的阻力无关，但与料液浓度 x_1（或 c_1）有关。料液浓度 c_1 越大，对应的极限通量越小。由此可知，超滤中料液浓度 c_1 对操作特性有很大影响。对一定浓度的料液，操作压强过高并不能有效地提高透过速率。实际可使用的最大压差应根据溶液浓度和膜的性质由实验决定。

超滤的工业应用 超滤主要适用于热敏物、生物活性物等含大分子物质的溶液分离和浓缩。

① 在食品工业中用于果汁、牛奶的浓缩和其他乳制品加工。超滤可截留牛奶中几乎全部的脂肪及 90%以上的蛋白质。从而可使浓缩牛奶中的脂肪和蛋白质含量提高三倍左右，且操作费和设备投资都比双效蒸发明显降低。

② 在纯水制备过程中使用超滤可以除去水中的大分子有机物（分子量大于 6000）及微

粒、细菌、热原等有害物。因此可用于注射液的净化。

此外，超滤可用于生物酶的浓缩精制，从血液中除去尿毒素以及从工业废水中除去蛋白质及高分子物质等。

【例 12-5】 超滤器膜面积的计算

用内径 1.25cm、长 3m 的超滤管以浓缩分子量为 7 万的葡聚糖水溶液。料液处理量为 $0.3\mathrm{m^3/h}$，含葡聚糖浓度为 $5\mathrm{kg/m^3}$，出口浓缩液的浓度为 $50\mathrm{kg/m^3}$。膜对葡聚糖全部截留，纯水的透过系数 $A=1.8\times10^{-4}\mathrm{m^3/(m^2\cdot kPa\cdot h)}$。操作的平均压差为 200kPa，温度为 25℃，试求所需的膜面积及超滤管数。

解：设透过液流量为 q_V，对整个超滤器作葡聚糖的物料衡算

$$0.3\times5=(0.3-q_V)\times50$$

解出

$$q_V=0.27\mathrm{m^3/h}$$

所需膜面积 A_m 为

$$A_m=\frac{q_V}{J_V}=\frac{q_V}{A\Delta p}=\frac{0.27}{1.8\times10^{-4}\times200}=7.5\ (\mathrm{m^2})$$

管数

$$n=\frac{A_m}{\pi dL}=\frac{7.5}{\pi\times0.0125\times3}=64\ 根$$

12.3.4 电渗析

原理　电渗析是以电位差为推动力、利用离子交换膜的选择透过特性使溶液中的离子作定向移动以达到脱除或富集电解质的膜分离操作。

离子交换膜有两种类型：基本上只允许阳离子透过的阳膜和只允许阴离子透过的阴膜。它们交替排列组成若干平行通道，见图 12-30。通道宽度约 1～2mm，其中放有隔网以免阳膜和阴膜接触。在外加直流电场的作用下，料液流过通道时 Na^+ 之类的阳离子向阴极移动，穿过阳膜，进入浓缩室；而浓缩室中的 Na^+ 则受阻于阴膜而被截留。同理，Cl^- 之类的阴离子穿过阴膜向阳极方向移动，进入浓缩室；而浓缩室中的 Cl^- 则受阻于阳膜而被截留。于是，浓缩液与淡化液得以分别收集。

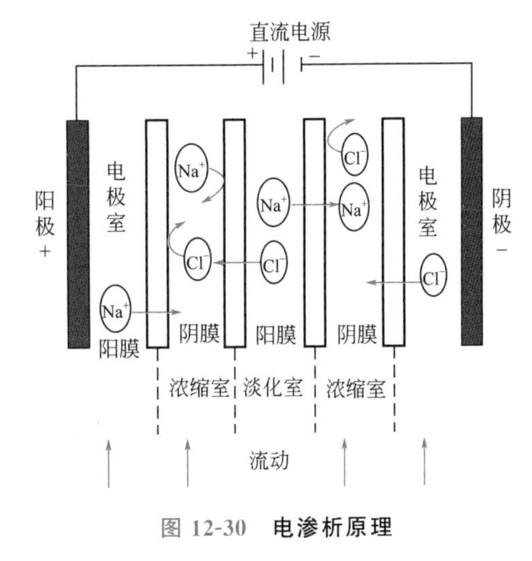

图 12-30　**电渗析原理**

离子交换膜用高分子材料为基体，在其分子链上接了一些可电离的活性基团。阳膜的活性基团常为磺酸基，在水溶液中电离后的固定性基团带负电；阴膜中的活性基团常为季铵，电离后的固定性基团带正电：

阳膜	阴膜
$R—SO_3^-—H^+$	$R—CH_2N^+(CH_3)_3—OH^-$

产生的反离子（H^+、OH^-）进入水溶液。阳膜中带负电的固定基团吸引溶液中的阳离子（如 Na^+）并允许它透过，而排斥溶液中带负电荷的离子。类似地，阴膜中带正电的固定基团则吸引阴离子（如 Cl^-）而截留带正电的离子。由此形成离子交换膜的选择性。

电渗析中非理想传递现象　上述这种与膜所带电荷相反的离子穿过膜的现象称为反离子透过。它是电渗析过程中起分离作用的原因。同时，电渗析过程中还存在一些不利于分离的

传递现象。

① 实际上与固定基团相同电荷的离子不可能完全被截留，同性离子也将在电场作用下少量地透过，称为同性离子透过。

② 由于膜两侧存在电解质（盐）的浓度差，一方面产生电解质由浓缩室向淡化室的扩散；另一方面，淡化室中的水在渗透压作用下向浓缩室渗透。两者都不利于分离。

此外，水电离产生 H^+ 和 OH^- 造成电渗析，以及淡化室与浓缩室之间的压差造成泄漏，都是电渗析中的非理想流动现象，加大过程能耗和降低截留率。

电渗析的应用 在反渗透和超滤过程中，透过膜的物质是小分子溶剂；而在电渗析中，透膜而过的是可电离的电解质（盐）。所以，从溶液中除去各种盐是电渗析的重要应用方面。

电渗析的耗电量与除去的盐量成正比。当电渗析用于盐水淡化以制取饮用水或工业用水时，盐的浓度过高则耗电量过大，浓度低则因淡化室中水的电阻太大，过程也不经济。最经济的盐浓度为几百至几千毫克/升（mg/L）。因此，对苦咸水的淡化较为适宜。

电渗析在废水处理中的典型应用是从电镀废水中回收铜、镍、铬等重金属离子，而净化的水则可返回工艺系统重新使用。

化工生产中使用电渗析将离子性物质与非离子性物质分离。例如在甲醛与丙酮反应生成季戊四醇过程中，同时制成副产物甲酸。可用电渗析分离甲酸，精制季戊四醇。

在临床治疗中电渗析作为人工肾使用。将人血经动脉引出，通过电渗析器以除去血中盐类和尿素，净化后的血由静脉返回人体。

12.3.5 气体混合物的分离

基本原理 在压差作用下，不同种类气体的分子在通过膜时有不同的传递速率，从而使气体混合物中的各组分得以分离或富集。用于分离气体的膜有多孔膜、非多孔（均质）膜以及非对称膜三类。

多孔膜一般由无机陶瓷、金属或高分子材料制成，其中的孔径必须小于气体的分子平均自由程，一般孔径在 50nm 以下。气体分子在微孔中以努森流（Knudson flow，见 12.2 节）的方式扩散透过。

均质膜由高分子材料制成。气体组分首先溶解于膜的高压侧表面，通过固体内部的分子扩散移到膜的低压侧表面，然后脱附进入气相，因此，这种膜的分离机理是各组分在膜中溶解度和扩散系数的差异。

非对称膜则是以多孔底层为支撑体，其表面覆以均质膜构成。

透过率和分离系数 对非多孔膜而言，组分在膜表面的溶解度和扩散系数是两个直接影响膜的分离能力的物理量。设下标 1、2 分别表示膜的高压侧和低压侧，透过组分 A 溶解于膜两面上的摩尔浓度分别为 c_{A1}、c_{A2}。则膜中的 A 组分扩散速率为

$$J_A=\frac{D_A}{\delta}(c_{A1}-c_{A2}) \tag{12-55}$$

式中，D_A 为 A 组分在膜中的扩散系数；δ 为膜厚。溶解于膜中的 A 组分浓度 c_A 与气相分压 p_A 的关系可写成类似于亨利定律的形式，即 $p_A=Hc_A$，则上式成为

$$J_A=\frac{Q_A}{\delta}(p_{A1}-p_{A2}) \tag{12-56}$$

式中

$$Q_A=\frac{D_A}{H_A} \tag{12-57}$$

称为组分 A 的渗透速率。对其他组分也可写出类似的表达式。

渗透速率 Q 的大小是膜-气的系统特性，其值的数量级一般为 $10^{-13} \sim 10^{-19} \frac{m^3(STP) \cdot m}{m^2 \cdot s \cdot Pa}$。表 12-5 选列若干气体的渗透速率值。由于膜的材料、制膜工艺千差万别，不同研究者测得的 Q 值有较大的差别。

表 12-5　某些气体在 25℃ 下的渗透速率

膜材料	渗透速率 $Q \times 10^{15}$/[$m^3(STP) \cdot m/(m^2 \cdot s \cdot Pa)$]				分离系数	
	He	CO_2	O_2	N_2	Q_{O_2}/Q_{N_2}	Q_{CO_2}/Q_{N_2}
天然橡胶	—	115	17.5	7.1	2.46	16.2
乙基纤维素	40.0	84.7	11.0	3.32	3.31	25.6
丁基橡胶	6.31	3.88	0.97	0.244	4.0	15.9
聚碳酸酯	5.17	1.59	1.46	0.087	16.8	18.3

气体膜分离中常用分离系数 α 表示膜对组分透过的选择性，其定义为

$$\alpha_{AB} = \frac{(y_A/y_B)_2}{(y_A/y_B)_1} \tag{12-58}$$

式中，y_A、y_B 为 A、B 两组分在气相中的摩尔分数；下标 2、1 分别为原料侧与透过侧。对理想气体上式可写为

$$\alpha_{AB} = \frac{p_{2A}/p_{2B}}{p_{1A}/p_{1B}} \tag{12-59}$$

式中，p 为分压，联立式(12-59)、式(12-56)，在低压侧压强远小于高压侧压强的条件下得

$$\alpha_{AB} = Q_A/Q_B \tag{12-60}$$

典型的分离系数值参见表 12-5。

气体膜分离的应用　工业上用膜分离气体混合物的典型过程有：从合成氨尾气中回收氢，氢气浓度可从尾气中的 60%提高到透过气中的 90%，氢的回收率达 95%以上；从油田气中回收 CO_2，油田气中含 CO_2 约 70%，经膜分离后，渗透气中含 CO_2 达 93%以上；空气经膜分离以制取含氧约 60%的富氧气，用于医疗和燃烧；此外还用膜分离除去空气中的水汽（去湿），从天然气中提取氦等。

12.3.6 膜分离设备

膜分离器的基本组件有板式、管式、螺旋卷式和中空纤维式四类。

平板式膜分离器　其结构原理参见图 12-31。分离器内放有许多多孔支撑板，板两侧覆以固体膜。待分离液进入容器后沿膜表面逐层横向流过，穿过膜的透过液在多孔板中流动并在板端部流出。浓缩液流经许多平板膜表面后流出容器。

平板式膜分离器的原料流动截面大，不易堵塞，压降较小，单位设备内的膜面积可达 $160 \sim 500 m^2/m^3$，膜易于更换。缺点是安装、密封要求高。

管式膜分离器　用多孔材料制成管状支撑体，管径一般为 1.27cm。若管内通原料液，则膜覆盖于支撑管的内表面，构成内压式，参见图 12-32。图中管内放有内插件以提高传质系数。反之，若管外通原料液，则在多孔支撑管外侧覆膜，透过液由管内流出。

为提高膜面积，可将多根管式组件组合成类似于列管式换热器那样的管束式膜分离器。

管式膜分离器的组件结构简单，安装、操作方便，但单位设备体积的膜面积较少，约为 $33 \sim 330 m^2/m^3$。

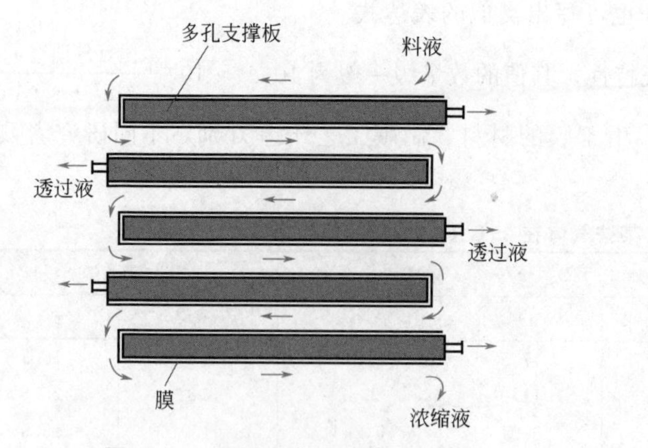

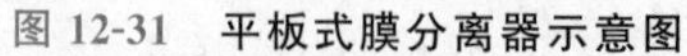

图 12-31 平板式膜分离器示意图

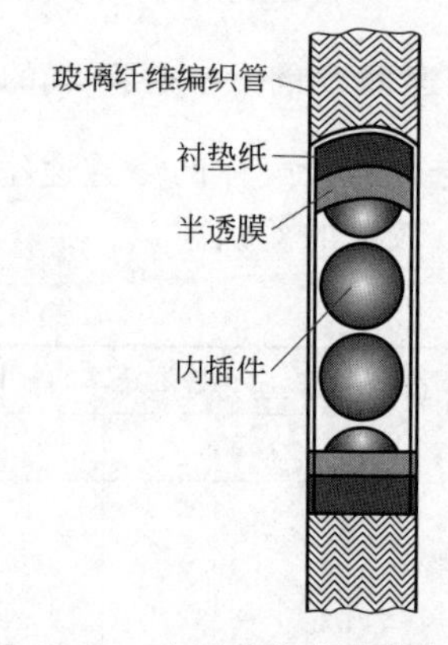

图 12-32 内压式管式膜分离器

螺旋卷式膜分离器 其构造原理与螺旋板换热器类似，见图 12-33。在多孔支撑板的两面覆以平板膜，然后铺一层隔网材料，一并卷成柱状放入压力容器内。原料液由侧边沿隔网流动，穿过膜的透过液则在多孔支撑板中流动，并在中心管汇集流出。

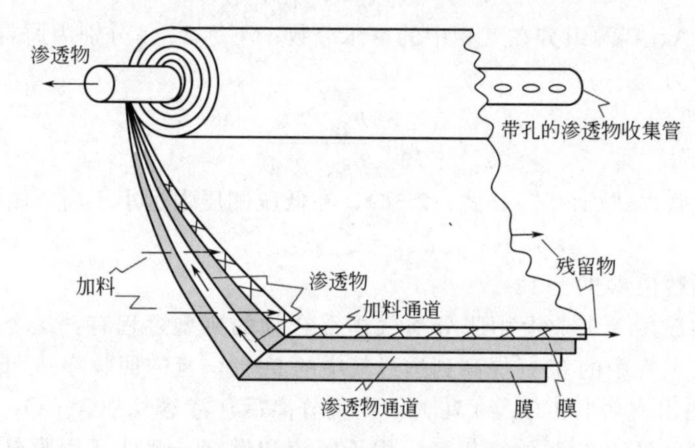

图 12-33 螺旋卷式膜分离器示意图

螺旋卷式膜分离器结构紧凑，膜面积可达 650～1600m^2/m^3；缺点是制造成本高，膜清洗困难。

中空纤维式膜分离器 将膜材料直接制成极细的中空纤维，外径约 40～250μm，外径与内径之比约为 2～4。由于中空纤维极细，可以耐压而无需支撑材料。将数量为几十万根的一束中空纤维一端封死，另一端固定在管板上，构成外压式膜分离器，参见图 12-34。原料液在中空纤维外空间流动，穿过纤维膜的透过液在纤维中空腔内流出。

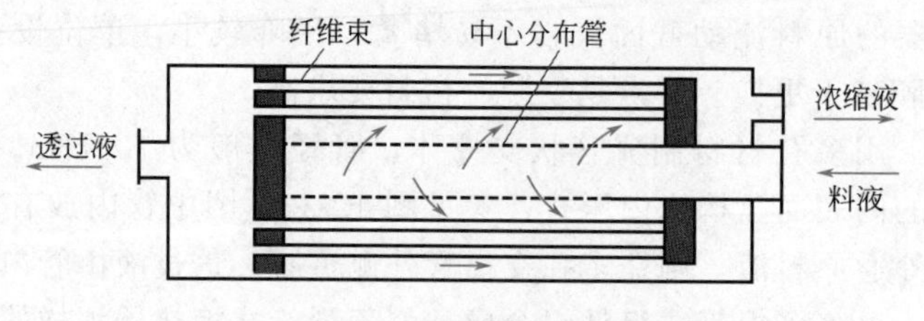

图 12-34 中空纤维式膜分离器

中空纤维膜分离器结构紧凑，膜面积可达 $(1.6\sim3)\times10^4 m^2/m^3$；缺点是透过液侧的流动阻力大，清洗困难，更换组件困难。

思考题

12-20　什么是膜分离？有哪几种常用的膜分离过程？

12-21　膜分离有哪些特点？

12-22　反渗透的基本原理是什么？

12-23　什么是浓差极化？

12-24　超滤的分离机理是什么？

12-25　电渗析的分离机理是什么？阴膜、阳膜各有什么特点？

12.4 常规分离方法的选择

均相混合物的分离在工业应用时，通常需要自多组分混合物中分离出目的产物。从低浓度混合物中提取目的产物时，分离要求是产物的纯度和产物的得率（回收率），从高浓度混合物中去除杂质时，分离要求是产物的纯度和产物的损失率。在解决工业分离问题时，首先需要根据物系的性质和分离的要求，选择合适的分离方法。

分离方法选择的目标是以最低的成本达到既定的分离要求。分离成本由两部分组成：运转费用（操作费）和设备费用。运转费用由两部分组成：分离剂的损耗和能耗。一般情况下，分离成本中运转费用重于设备费用，运转费用中分离剂的损耗费用重于能耗费用。在常规的分离方法中，唯有精馏方法不需要分离剂。因此，作选择时，通常先从精馏方法着眼。

精馏方法依据的是组分挥发度的差异。原则上只要有差异，采用多级逆流的方法总能达到高纯度的分离。采用板式塔时塔板数足够多，采用填料塔时，填料层足够高，总能达到分离要求，必要时还可以采用多塔串联。重水的分离是个典型的例子。

精馏分离难易的标志是被分离物的相对挥发度。工业上，通常认为相对挥发度大于1.05（沸点差大于3℃）时为不难分离的物系，相对挥发度小于1.05（沸点差小于3℃）时为难分离的物系。对于难分离的物系，还可以加入分离剂扩大相对挥发度，如萃取精馏或恒沸精馏。

精馏方法有其局限性。在不宜采用精馏时只能寻求其他的分离方法。精馏从表面上看，属于液态混合物的分离方法。但是，相态是可以改变的。空气分离成氧和氮的过程是典型的例子。尽管在常温常压下空气是气态的，但是，目前工业上最经济的空气分离方法还是在高压低温下进行的精馏方法。

精馏方法的基本局限是必须在气液两相共存条件下即沸点下进行。对于热敏物质，精馏方法就不适用了。真空能降低沸点，因此，真空精馏扩大了精馏方法的适用范围，但仍有限度。精馏塔的流体阻力使塔釜难以达到高真空，因此，热敏物质的高纯度分离是精馏方法所不能的，需要寻求其他的分离方法。

吸收、萃取和吸附都是使用很多的常规分离方法。它们的共同点是使用分离剂——吸收剂、萃取剂和吸附剂，因此，都有分离剂的选择问题。

分离剂的分离能力可以用吸收平衡、萃取平衡和吸附平衡度量。但其经济性还决定于其他两个重要因素——分离剂的损失和分离剂的再生费用。吸收剂会发生挥发损失，萃取剂会发生溶解损失，吸附剂会发生失活损失。在分离剂较贵的情况下，分离剂损耗将是决定性因素。分离剂通常都需要再生并循环使用。分离剂的再生能耗往往是这些分离过程主要能耗之所在。分离能力愈强的分离剂通常再生能耗也愈大，因此，选择分离剂时不能只顾其分离能力，应当兼顾分离能力和再生的难易。

总体来说，吸收、萃取、吸附等方法适用于低浓度混合物的分离，即采用分离剂分出少量物质，这样，分离剂的用量和再生费用可以较少。萃取和萃取精馏原理相仿，其适用范围的不同也源于此，即萃取精馏适用于较高浓度混合物的分离。

结晶方法也使用分离剂——结晶溶剂。但结晶方法有一个重要特点，即特别适用于产品的提纯。在溶剂中众多的少量杂质都处于不饱和状态，原则上都不会析出，只有高浓度的目的产物处于过饱和状态而析出，因此，只要控制结晶过程避免形成晶簇夹带，只要适当洗涤，容易得到高纯度产品。但是，结晶母液中总不可避免地含有相当量的目的产物，结晶方法难以得到高得率。因此，工业经常采用组合的方法，用其他分离方法进行粗分离，不追求高纯度，只追求高得率，而采用结晶方法保证高纯度。

当然，在多组分分离时，针对不同组分选用不同的分离方法，从而形成组合分离流程，也是常用的方法。

<<<<< 习题 >>>>>

结晶

12-1 100kg 含 29.9%（质量分数）Na_2SO_4 的水溶液在结晶器中冷却到 20℃，结晶盐含 10 个结晶水，即 $Na_2SO_4 \cdot 10H_2O$。已知 20℃下 Na_2SO_4 的溶解度为 17.6%（质量分数）。溶液在结晶器中自蒸发 2kg 溶剂，试求结晶产量 m 为多少（kg）。

[答：47.7kg]

12-2 100kg 含 37.7%（质量分数）KNO_3 的水溶液在真空结晶器中绝热自蒸发 3.5kg 水蒸气，溶液温度降低到 20℃，析出结晶，结晶盐不含结晶水。该物系的溶液结晶热为 68kJ/kg 晶体，溶液的平均比热容为 2.9kJ/(kg·K)，水的汽化热为 2446kJ/kg。已知 20℃下 KNO_3 的溶解度为 23.3%（质量分数）。试求，加料的温度当为多少。

[答：44.9℃]

吸附

12-3 用 BET 法测量某种硅胶的比表面积。在－195℃、不同 N_2 分压下，硅胶的 N_2 平衡吸附量如下：

p/kPa	9.13	11.59	17.07	23.89	26.71
q/(mg/g)	40.14	43.60	47.20	51.96	52.76

已知－195℃时 N_2 的饱和蒸气压为 111.0kPa，每个氮分子的截面积 A_0 为 $0.154nm^2$，试求这种硅胶的比表面积。

[答：$138.3m^2/g$]

12-4 将含有微量丙酮蒸气的气体恒温下通入纯净活性炭固定床，床层直径 0.2m，床层高度为 0.6m。吸附温度为 20℃。吸附等温线为 $q=104c/(1+417c)$，式中，q 单位为 kg 丙酮/kg 活性炭；c 单位为 kg 丙酮/m^3 气体。气体密度为 $1.2kg/m^3$，进塔气体浓度为 0.01kg 丙酮/m^3。活性炭装填密度为 $600kg/m^3$。容积总传质系数 $K_f a_B=10s^{-1}$，气体处理量为 $30m^3/h$。试求透过时间为多少小时？

[答：6.83h]

膜分离

12-5 用醋酸纤维膜连续地对盐水作反渗透脱盐处理，见附图。操作在温度 25℃、压差 10MPa 下进行，处理量为 $10m^3/h$。盐水密度为 $1022kg/m^3$，含氯化钠 3.5%。经处理后，淡水含盐量为 500μg/g，水的回收率为 60%（以上浓度及回收率均以质量计）。膜的纯水透过系数 $A=9.7\times10^{-5}$ kmol/(m^2·s·MPa)。试求淡水量、浓盐水的浓度及纯水在进、出膜分离器两端的透过速率。

[答：5920kg/h，0.0825，0.0125kg/(m^2·s)，0.00436kg/(m^2·s)]

盐水 q_{m1} W_1

浓盐水 q_{m3}, W_3

淡水 q_{m2}, W_2

习题 **12-5** 附图

符号说明

符号	意义	计量单位
A	纯溶剂透过系数	kmol/(m^2·s·Pa)
A	吸附床截面积，膜面积	m^2
a	比表面积	m^2/m^3
B	溶质透过系数	m/s
c	浓度	kmol/m^3
c	吸附流体相浓度	kg/m^3
F	进料质量流量	kg/s
H	亨利常数	Pa·m^3/kmol
H_{OF}	传质单元高度	m
i	单位质量溶液或晶体的焓	kJ/kg
I	单位质量蒸气的焓	kJ/kg
J	透过速率（通量）	kmol/(m^2·s)
k	传质系数	m/s
k_H	亨利常数	m^3/kg
k_L	朗格缪尔常数	m^2/N
k_f	外扩散传质分系数	m/s
k_s	内扩散传质分系数	kg/(m^2·s)
K_f	流体相总传质系数	m/s
K_s	吸附相总传质系数	kg/(m^2·s)
$K_{核}$	晶核生成速率常数	
$K_{长}$	晶体成长速率常数	
L	吸附床层高度	m
L_0	吸附传质区床层高度	m
L	晶体平均粒度	m
m	吸附剂用量、晶体产品量	kg
m	晶核生成级数，膜衰减指数	
n	晶体成长级数	
N	单位体积内的晶核数目	

符号	意义	计量单位
N_{OF}	吸附传质单元数	
p	压强，吸附质分压	Pa
q	吸附容量	kg/kg
q_V	流体体积流量	m^3/s
Q	加热量	kJ
r	溶剂汽化热	kJ/kg
$r_{结晶}$	溶液中溶质结晶热	kJ/kg
$r_{核}$	晶核生成速率	1/s
$r_{长}$	晶体成长速率	m/s
R	截留率	
S	过饱和度比	
t	温度	K
u	空塔流速	m/s
u_c	浓度波移动速度	m/s
W	蒸发的水分量	kg
w	溶液质量分数	
x	溶质的摩尔分数	
z	床层高度坐标、距离	m
α	分离系数	
δ	相对过饱和度	
δ	膜厚度	m
Δc	过饱和度	
ε_B	床层空隙率	
θ	吸附表面覆盖率	
ρ	流体密度	kg/m^3
ρ_B	吸附剂颗粒装填密度 kg/m^3	kg/m^3
τ	操作时间	s

第13章 热、质同时传递过程

13.1 概述

吸收、精馏和萃取各章中都从传质过程的角度分析了过程速率和过程计算，即使过程的热效应不容忽略，也只引入了热量衡算，并未涉及传热速率对过程的影响。

生产实践中的某些过程，热、质传递同时进行，热、质传递的速率互相影响。此种过程大体上有两类：

① 以传热为目的，伴有传质的过程，如热气体的直接水冷，热水的直接空气冷却等。

② 以传质为目的，伴有传热的过程，如空气调节中的增湿和减湿等。

以上仅从过程的目的进行分类。就其过程实质而言，两者并无重要区别，都是热、质同时传递的过程，必须同时考虑热、质两方面的传递速率。本节以热气体的直接水冷和热水的直接空气冷却为例进行讨论。不难看出这一讨论对热、质同时传递的过程具有普遍意义。

热气体的直接水冷 为快速冷却反应后的高温气体，可令热气体自塔底进入，冷水由塔顶淋下，气液呈逆流接触，参见图 13-1(a)。在塔内既发生气相向液相的热量传递，也发生水的汽化或冷凝，即传质过程。图 13-1(b)、(c) 所示分别为气、液两相沿塔高的温度变化和水汽分压的变化。

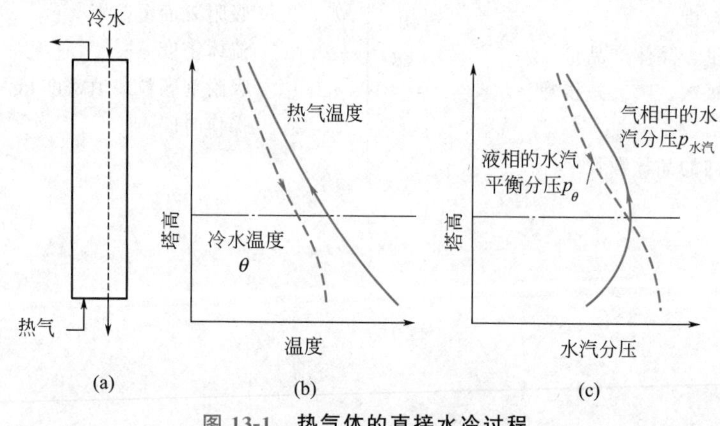

图 13-1 热气体的直接水冷过程

气相和液相的温度显然自塔底向塔顶单调下降。液相的水汽平衡分压 p_θ 与液相温度有关，因而也相应地单调下降；可是，气相中的水汽分压 $p_{水汽}$ 则可能出现非单调变化。气、液两相的分压曲线在塔中某处相交，其交点将塔分成上、下两段，各段中的过程有各自的特点。

(1) 塔下部 气温高于液温，气体传热给液体。同时，气相中的水汽分压 $p_{水汽}$ 低于液相的水汽平衡分压（水的饱和蒸气压 p_θ），此时 $p_{水汽}<p_\theta$，水由液相向气相蒸发。在该区

域内，热、质传递的方向相反，液相自气相获得的显热又以潜热的形式随汽化的水分返回气相。因此，塔下部过程的特点是：热、质反向传递、液相温度变化和缓，气相温度变化急剧、水汽分压自下而上急剧上升，但气体的热焓变化较小。

(2) 塔上部 气温仍高于液温，传热方向仍然是从气相到液相，但气相中的水汽分压与水的平衡分压的相对大小发生了变化。由于水温较低，相应的水的饱和蒸气压 p_θ 也低，气相水汽分压 $p_{水汽}$ 转而高于液相平衡分压 p_θ，水汽将由气相转向液相，即发生水汽的冷凝。在该区域内，液相既获得来自气相的显热，又获得水汽冷凝所释出的潜热。因此，塔上部过程的特点是：热、质同向传递，水温急剧变化。

上述过程的显著特点是塔内出现了传质方向的逆转，下部发生水的汽化，上部则发生水汽冷凝。

热水的直接空气冷却 工业上的凉水塔是最常见的用空气直接冷却热水的实例。热水自塔顶进入，空气自塔底部进入，两相呈逆流接触使热水冷却，以便返回生产过程作冷却水用。图 13-2 所示为气、液两相的温度和水汽分压沿塔高的变化。

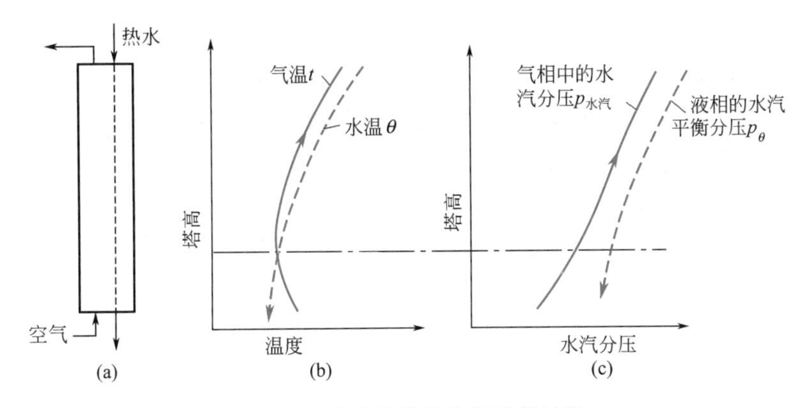

图 13-2 **热水的直接空气冷却过程**

此过程中气、液两相的水汽分压及水温沿塔高呈单调变化，但气相温度则可能出现非单调变化，使两相曲线在某处相交，交点将塔分成上、下两段。

(1) 塔上部 热水与温度较低的空气接触，水传热给空气。因水温高于气温，液相的水汽平衡分压必高于气相的水汽分压（$p_\theta > p_{水汽}$），水汽化转向气相。此时，液体既给气体以显热，又给汽化的水以潜热，因而水温自上而下较快地下降。该区域内热、质同向传递，都是由液相传向气相。

(2) 塔下部 水与进入的较干燥的空气相遇，发生较剧烈的汽化过程，虽然水温低于气相温度，气相给液相以显热，但对液相来说，由气相传给液相的显热不足以补偿水分汽化所带走的潜热，因而水温在塔下部还是自上而下地逐渐下降。显然，该区域内热、质传递是反向的。

不难看出，此过程的突出特点是塔内出现了传热方向的逆转，塔上部热量由液相传向气相，塔下部则由气相传向液相。

尤其值得注意的是，用空气直接冷却热水时，热水终温可低于入口空气的温度，这显然是由于该传热过程同时伴有传质过程（水的汽化）而引起的。

思考题

13-1 热质同时传递的过程可分为哪两类？

13-2 传质方向或传热方向发生逆转的原因和条件是什么？

13.2 气液直接接触时的传热和传质

13.2.1 过程的分析

为理解热、质同时传递的过程中出现的新特点，本节对气液直接接触时的传热传质过程作一般的分析。

过程的方向　在热、质同时传递的过程中，传热或传质的方向可能发生逆转，因此塔内实际过程的传递方向应由该处两相的温度和分压的实际情况确定。在任何情况下，热量（显热）总是由高温传向低温，物质总是由高分压相传向低分压相。温度是传热方向的判据，分压是传质方向的判据。

气体中水汽分压的最大值为同温度下水的饱和蒸气压，此时的空气称为饱和湿空气。显而易见，只要空气中含水汽未达饱和（不饱和空气），该空气与同温度的水接触其传质方向必由水到气。

在热、质同时进行传递的过程中，造成传递方向逆转的根本原因在于：液体的平衡分压（即水的饱和蒸气压 p_θ）是由液温 θ 唯一决定的，而未饱和气体的温度 t 与水蒸气分压 $p_{水汽}$ 则是两个独立的变量。因此，当气体温度 t 等于液体温度 θ 而使传递过程达到瞬时平衡时，则未饱和气体中的水汽分压 $p_{水汽}$ 必低于同温度下水的饱和蒸气压 p_θ，此时必然发生传质，即水的汽化。同理，当气体中的水汽分压 $p_{水汽}$ 等于水温 θ 下的饱和蒸气压 p_θ 时，传质过程达到瞬时平衡，但不饱和气体的温度 t 必高于水温 θ，此时必有传热发生，水温将会上升。由此可见，传热与传质同时进行时，一个过程的继续进行必打破另一过程的瞬时平衡，并使其传递方向发生逆转。

【例 13-1】 传递方向的判别

温度为 40℃、水汽分压为 4.2kPa 的湿空气与 36℃ 的水滴接触，试判断在接触的最初瞬间发生传热及传质的方向。

解：(1) 由于气温 $t>$ 水温 θ，传热方向由气到水。

(2) 36℃ 水的饱和蒸气压 $p_\theta=5.94\text{kPa}$（由表 13-1 查得）。因 $p_\theta>p_{水汽}$，传质方向为由水到气，即发生液滴的汽化过程。

过程的速率　热、质同时传递时，各自的传递速率表达式并不因另一过程的存在而变化。设气液界面温度 θ_i 高于气相温度 t，则传热速率式可表达为

$$q=\alpha(\theta_i-t) \tag{13-1}$$

式中，α 为气相对流给热系数，kW/(m^2·℃)；q 为传热速率，kW/m^2。

一般情况下，水-气直接接触时液相一侧的给热系数远大于气相，气液界面温度 θ_i 大体与液相主体温度 θ 相等，故以下讨论均以水温 θ 代替界面温度 θ_i。

$$q=\alpha(\theta-t) \tag{13-2}$$

同理，当液相的平衡分压 p_θ 高于气相的水汽分压时，传质速率式可表示为

$$N_A=k_g(p_\theta-p_{水汽}) \tag{13-3}$$

式中，N_A 为传质速率，kmol/(s·m^2)；$p_{水汽}$、p_θ 为气相水汽分压与液相温度 θ 下的饱和水蒸气压，kPa；k_g 为气相传质分系数，kmol/(s·m^2·kPa)。

湿空气的状态参数　上述传质速率式是以水汽分压差为推动力。工程上为便于作物料衡算，常以气体的湿度差为推动力。下面先介绍几个湿空气的状态参数。

(1) 空气的湿度 H 定义为单位质量干气体带有的水汽量，kg 水汽/kg 干气。气体的湿度 H 与水汽分压 $p_{水汽}$ 的关系为

$$H=\frac{M_{水}}{M_{气}}\times\frac{p_{水汽}}{p-p_{水汽}}=0.622\frac{p_{水汽}}{p-p_{水汽}} \tag{13-4}$$

式中，p 为气相总压，kPa；$M_{水}$、$M_{气}$ 为水与空气的摩尔质量，kg/kmol。

将传质速率 N_A 用单位时间、单位面积所传递的水分质量表示［kg/(s・m²)］，以湿度差为推动力的传质速率式为

$$N_A=k_H(H_\theta-H)\quad \text{kg/(s·m}^2\text{)} \tag{13-5}$$

$$H_\theta=0.622\frac{p_\theta}{p-p_\theta} \tag{13-6}$$

式中，k_H 为以湿度差为推动力的气相传质分系数，kg/(s・m²)；H_θ 为 θ 温度下气体的饱和湿度。

(2) 湿球温度 t_w 图 13-3(a) 左边所示为干球温度计，右边所示为湿球温度计。湿球温度计的感温球用湿纱布包裹，利用纱布的毛细现象使表面保持润湿。该温度计所指示的实为薄水层的温度，其值与周围流动的空气状态有关。

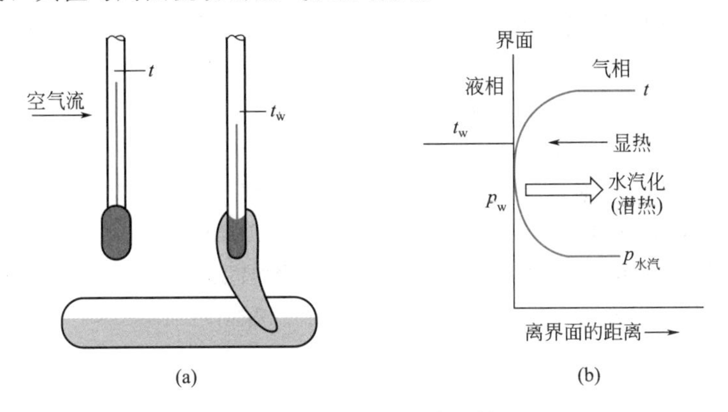

图 13-3 湿球温度的测量

设空气流的温度为 t（也称为干球温度）、湿度为 H，只要空气未达饱和状态，湿球温度计读数稳定时气相水汽分压 $p_{水汽}$ 低于纱布表面水的平衡分压 p_w，即 $p_{水汽}<p_w$ 或 $H<H_w$，水从纱布表面汽化。水汽化所需的热量只能来自空气传给水的热量，如图 13-3(b) 所示。由传热速率式可得

$$\alpha(t-t_w)=k_H(H_w-H)r_w \tag{13-7}$$

（空气传给水的显热）（水汽化带走的潜热）

式中，α 是气相的对流给热系数；r_w 是温度 t_w 下水的汽化热，kJ/kg；H_w 是 t_w 温度下空气的饱和湿度，kg 水汽/kg 干气。t_w 下的饱和湿度可由下式计算

$$H_w=0.622\frac{p_w}{p-p_w} \tag{13-8}$$

式中，p_w 为 t_w 温度下水的饱和蒸气压，kPa。由式(13-7) 可得

$$t_w=t-\frac{k_H}{\alpha}r_w(H_w-H) \tag{13-9}$$

由此可知，湿球温度 t_w 取决于三方面的因素：

① 物系性质，汽化热 r_w、液体饱和蒸气压与温度的关系即 $p_w=f(t_w)$ 以及其他与 α、

k_H 有关的性质；

② 气相状态，气体温度 t、湿度 H 或气相中的水汽分压 $p_{水汽}$；

③ 流动条件，影响 α 及 k_H。

当温度不太高时，热辐射的影响可忽略。只要空气流速足够大（大于 5m/s），热、质传递均以对流为主，且都与 Re 的 0.8 次方成正比。这时，α 与 k_H 的比值与流速无关，只取决于物系性质与气相状态。湿球温度的实质是空气状态（t、H 或 $p_{水汽}$）在水温上的体现，即 $t_w=f(t、H)$。因此，只需用干、湿球温度计测量空气的干球温度 t 和湿球温度 t_w，空气的湿度即被唯一地确定。

对空气-水系统，当被测气流的温度不太高、流速>5m/s 时，α/k_H 为一常数，其值约为 1.09kJ/(kg·℃)。

(3) 湿空气的焓 为便于进行过程的热量衡算，定义湿空气的焓 I 为每 1kg 干空气及其所带 H kg 水汽所具有的焓，kJ/kg 干气。焓的基准状态可视计算方便而定，本章取干气体的焓以 0℃的气体为基准，水汽的焓以 0℃的液态水为基准，故有

$$I=(c_{pg}+c_{pV}H)t+r_0H \tag{13-10}$$

式中，c_{pg}为干气比热容，空气为 1.01kJ/(kg·℃)；c_{pV}为蒸气比热容，水汽为 1.88kJ/(kg·℃)；r_0 为 0℃时水的汽化热，取 2500kJ/kg；$(c_{pg}+c_{pV}H)$ 为湿空气的比热容，又称为湿比热容 c_{pH}。对空气-水系统有

$$I=(1.01+1.88H)t+2500H \tag{13-11}$$

(4) 绝热饱和温度 t_{as} 如图 13-4 所示，当温度为 t、湿度为 H 的不饱和空气流经一绝热喷水器时，若喷水量足够，两相接触充分，出口气体的湿度可达饱和值 H_{as}。若循环水的温度 θ 与出口饱和气的温度相同，此出口气温称为绝热饱和温度，用 t_{as}表示。这一过程的特点是：气体传递给水的热量恰好等于水汽化所需要的潜热。在 $\theta=t_{as}$条件下对过程作热量衡算可得

$$Vc_{pH}(t-t_{as})=V(H_{as}-H)r_{as} \tag{13-12}$$

（气体传递的热量）（汽化水分的热量）

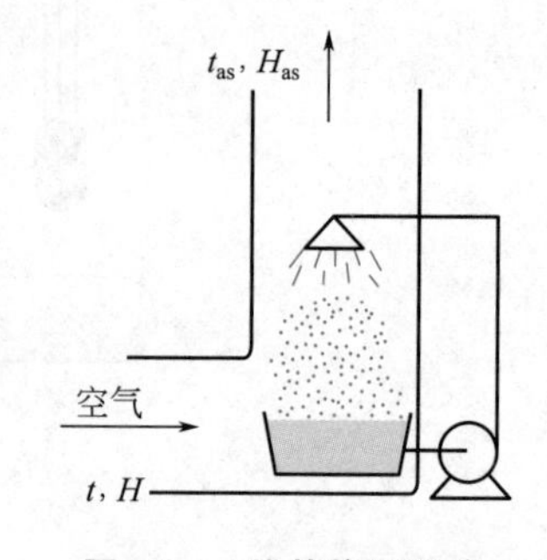

图 13-4 绝热饱和温度

式中，V 为气体流量，kg 干气/s；H_{as}、r_{as}分别为绝热饱和温度 t_{as}下气体的饱和湿度和汽化热。整理可得

$$t_{as}=t-\frac{r_{as}}{c_{pH}}(H_{as}-H) \tag{13-13}$$

绝热饱和温度是气体在绝热条件下增湿直至饱和的温度，它是空气状态（t、H）的体现。

过程的极限 热、质传递同时进行时，过程的极限与单一的传递过程相比有显著的不同。单一的传热过程的极限是温度相等，达到热平衡状态；单一的传质过程的极限是气相分压与液相平衡分压相等，达到相平衡状态。在逆流接触设备中，在何处或哪一端趋近上述过程的极限取决于平衡条件和两相的相对流率。

热、质传递同时进行的情况则不同，此时应区分两种不同的情况。

① 液相状态固定不变，气相状态变化。在一无穷高塔的顶部，液体进口状态保持不变，塔内上升气体与液相充分接触，而且液气比很大，气相将在塔顶同时达到热平衡和相平衡，即气体温度将无限趋近于液体温度、气相中的水汽分压将无限趋近于液体的平衡分压。通常，大量液体与少量气体长期接触的过程极限皆如此。

② 气相状态固定不变、液相状态变化。在上述无穷高塔的底部，如果未饱和气体的进

口状态保持不变，而且液气比很小，此时气、液两相在塔内虽经充分接触也不可能在塔底同时达到传热和传质的平衡状态。如果达成热平衡状态即两相温度相等，则只要进口气相不是饱和状态（$p_{水汽} < p_{\theta}$）。就不可能出现相平衡状态，传质过程仍将进行；传质过程（水分汽化）所伴随的热效应必将破坏已达成的热平衡状态。反之，如果两相的分压相等，则只要进口气相不是饱和状态，液相温度必低于气相温度，传热过程仍继续进行，从而将改变液相温度破坏原有的传质平衡。

但即使不能达成平衡状态，过程仍有其极限。假定凉水塔是填料塔，底部的填料湿表面与空气之间的传质、传热过程如图 13-3(b) 所示，这种情况与湿球表面一样，所以，出塔水的极限温度就是湿球温度。

换言之，当气体状态固定不变时，液相温度将无限趋近某一极限温度，该极限温度与气体的状态（温度 t、水汽分压 $p_{水汽}$）有关，而与液相的初态无关。一般说来，大量气体与少量液体长期接触的过程极限皆如上所述。

13.2.2 湿球温度与绝热饱和温度的关系

湿球温度的计算　式(13-9) 有两方面的应用：

① 已知气体状态（t、H），求气体的湿球温度 t_w。由于式(13-9) 中的饱和湿度 H_w 及汽化热 r_w 是 t_w 的函数，故需试差求解。

② 已知气体的干、湿球温度（t、t_w），求气体的湿度 H，这是测量湿球温度的目的。

两类计算均需已知比值 α/k_H，原则上，此比值由实验测定。经计算，对空气-水系统，比值 α/k_H 约为 1.09kJ/(kg·℃)。对氢气-水系统，α/k_H 约为 17.4kJ/(kg·℃)。

为便于计算湿球温度，本章末的表 13-1 列出不同温度下水的汽化热及空气的饱和湿度。图 13-5 所示为空气-水系统的湿球温度 t_w 与空气状态（t、H）的关系。

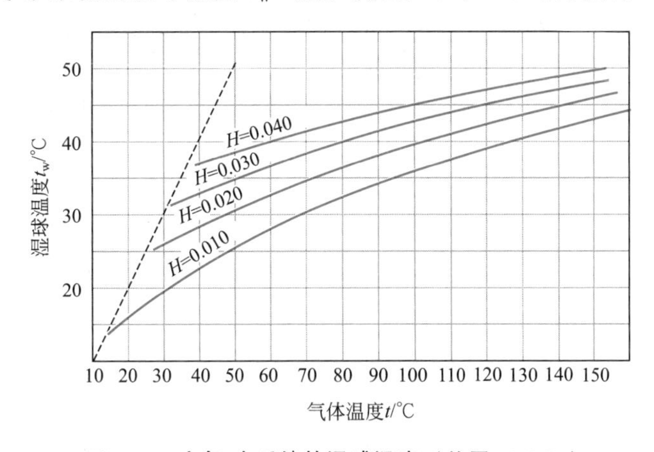

图 13-5　空气-水系统的湿球温度（总压 100kPa）

【例 13-2】计算湿球温度

在总压为 100kPa、温度为 40℃的空气中，水汽分压为 3.12kPa，求此空气的湿球温度。

解：空气的湿度为

$$H = 0.622\frac{p_{水汽}}{p - p_{水汽}} = 0.622 \times \frac{3.12}{100 - 3.12} = 0.020 \ (\text{kg 水汽/kg 干气})$$

湿球温度

$$t_w = t - \frac{r_w}{1.09}(H_w - H) = 40 - \frac{r_w}{1.09}(H_w - 0.020)$$

假设一个湿球温度，由表 13-1 查出此温度下的汽化热及气体饱和湿度，代入上式算出 t_w，若计算值与假定值相近，则计算有效。

设 $t'_w=28.5℃$，由表 13-1 查得：$r_w=2434\text{kJ/kg}$，$H_w=0.02514\text{kg/kg}$，代入前式算出 $t_w=28.5℃$，假设正确，所求湿球温度为 28.5℃。

湿球温度和绝热饱和温度的关系　湿球温度和绝热饱和温度都有重要的实用意义，且都表达了气体的状态。

但从湿球温度和绝热饱和温度导出的过程可知，两者之间有着完全不同的物理含义。湿球温度是传热和传质速率均衡的结果，属于动力学范围。而绝热饱和温度却完全没有速率方面的含义，它是由热量衡算和物料衡算导出的，因而属于静力学范围。

比较式(13-9)、式(13-13) 可知，湿球温度和绝热饱和温度在数值上的差异决定于 α/k_H 与 c_{pH} 两者之间的差别。对空气-水系统，数值上 $\alpha/k_H\approx c_{pH}$，此称为路易斯(Lewis) 规则。因此，对空气-水系统可以认为绝热饱和温度 t_{as} 与湿球温度 t_w 是相等的，即 $t_{as}\approx t_w$。但对其他物系，如某些有机液体和空气系统，湿球温度高于绝热饱和温度。

思考题

13-3　热质同时传递的过程极限有什么新特点？

13-4　湿球温度 t_w 受哪些因素影响？绝热饱和温度 t_{as} 与 t_w 在物理含义上有何差别？

13.3　过程的计算

13.3.1　热、质同时传递时过程的数学描述

全塔物料与热量衡算　在对凉水塔进行过程数学描述时，首先可以对全过程作出总体的热量和物料衡算以确定塔的两端各参数之间的关系。

按图 13-6 的符号，对水分作全塔物料衡算。气相经凉水塔后水分的减量应等于水的蒸发量，即

$$V(H_2-H_1)=L_2-L_1 \tag{13-14}$$

全塔热量衡算式为

$$V(I_2-I_1)=L_2c_{pL}\theta_2-L_1c_L\theta_1 \tag{13-15}$$

一般凉水塔内水分的蒸发量不大，约为进水流量的 1%～2.5%。上式中 $L_1\approx L_2$，并将进塔水流量写成 L，则上式成为

$$V(I_2-I_1)=Lc_{pL}(\theta_2-\theta_1) \tag{13-16}$$

微分接触式设备在计算过程的速率时，由于设备各处的传热、传质推动力不同，因而必须对微元塔段发生的过程作出数学描述，即列出微元塔段的物料衡算、热量衡算及传热、传质速率方程组，并沿塔高积分或逐段计算。本节以逆流微分接触式凉水塔为例加以说明。

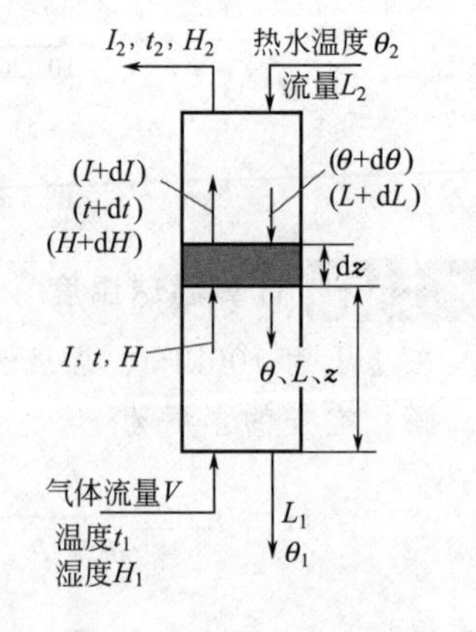

图 13-6　微元塔高的数学描述

物料衡算微分方程式　图 13-6 所示为一逆流微分接触式凉水塔，有效相际接触比表面积为 a，气液两相的流率与状态沿塔高连续变化。在与流动垂直的方向上取一微元塔段 dz，以此微元塔段为控制体，对水分作物料衡算可得

$$V\text{d}H=\text{d}L \tag{13-17}$$

式中，V 为气相流率，以干气体为基准，kg 干气/(s·m^2 塔截面)；L 为液相流率，kg/(s·m^2 塔截面)。

显然，气体经过微元塔段水分的变化量，应等于两相在此微元塔段内的水分传递量，即

$$V\mathrm{d}H = N_A a\,\mathrm{d}z \tag{13-18}$$

将传质速率 N_A 的表达式(13-5) 代入式(13-18) 则得

$$V\mathrm{d}H = k_H a(H_\theta - H)\mathrm{d}z \tag{13-19}$$

式中，H_θ 为 θ 温度下气体的饱和湿度。

热量衡算微分方程式 同样以图 13-6 所示的微元塔段为控制体作热量衡算可得

$$V\mathrm{d}I = c_{pL}(L\mathrm{d}\theta + \theta\mathrm{d}L) \tag{13-20}$$

式中，c_{pL} 为液体比热容，水为 4.18kJ/(kg·℃)。

式(13-20) 等号右方包含两项。由于凉水塔内水分的汽化量不大，汽化的水所携带的显热（$c_{pL}\theta\mathrm{d}L$）与水温降低所引起的水的热焓变化（$c_{pL}L\mathrm{d}\theta$）相比可略去不计，故热量衡算式化简为

$$V\mathrm{d}I = c_{pL}L\mathrm{d}\theta \tag{13-21}$$

此外，从传热速率角度来考察，气液两相在微元塔段内所传递的热量为 $q(a\mathrm{d}z)$，此热量可使气体温度升高 $\mathrm{d}t$，即

$$Vc_{pH}\mathrm{d}t = qa\,\mathrm{d}z \tag{13-22}$$

将传热速率方程式(13-2) 代入上式可得

$$Vc_{pH}\mathrm{d}t = \alpha a(\theta - t)\mathrm{d}z \tag{13-23}$$

设计型计算的命题 凉水塔设计型计算的命题方式是：

设计任务，将一定流量的热水从入口温度 θ_2 冷却至指定温度 θ_1；

设计条件，可供使用的空气状态，即进口空气的温度 t 与湿度 H；

计算目的，选择适当的空气流量（kg 干气/s），确定经济上合理的塔高及其他有关尺寸。

在计算过程中用到的容积传质系数 $k_H a$ [kg/(s·m^3)] 与容积传热系数 αa [kJ/(s·m^3)] 须通过实验或根据经验数据确定，在此可作为已知量。

计算方法 式(13-10)、式(13-19)、式(13-21) 及式(13-23) 组成的方程组是求解热、质同时传递过程的基础。该方程组的求解方法有两种：逐段计算法和以焓差为推动力的近似计算法。逐段计算法的适用范围广，且可获得沿塔高的两相状态分布。焓差近似计算法仅适用于 $\dfrac{\alpha}{k_H} \approx c_{pH}$ 的物系（如空气-水系统），计算比较简便，但有时可能产生较大误差。以下对此两种计算方法分别予以讨论。

13.3.2 逐段计算法

将塔高自下而上分成若干段，每一等分塔段高度为 Δz。对每一塔段上述方程式组可近似写成为（参见图 13-7）

热量衡算式 $$V(I_n - I_{n-1}) = Lc_{pL}(\theta_n - \theta_{n-1}) \tag{13-24}$$

传热速率式 $$Vc_{pH}(t_n - t_{n-1}) = \alpha a(\theta - t)_{n-1}\Delta z \tag{13-25}$$

传质速率式 $$V(H_n - H_{n-1}) = k_H a(H_\theta - H)_{n-1}\Delta z \tag{13-26}$$

湿空气热焓的计算式 $$I_n = c_{pH}t_n + H_n r_0 \tag{13-27}$$

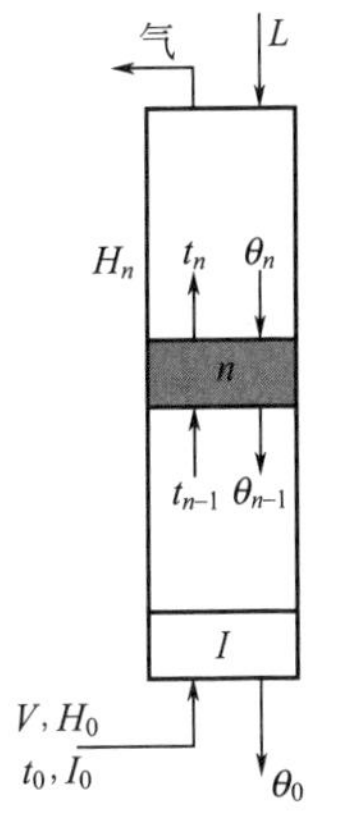

图 13-7 逐段计算

对于上述凉水塔设计型计算问题，当塔径决定之后，塔底的气、液两相有关参数均为已知，逐段计算可从塔底开始。这样，在逐段计算时，每段下截面的参数皆为已知量，传热推动力（$\theta-t$）与传质推动力（$H_\theta-H$）近似取该截面上的数值，根据式(13-24)～式(13-27)可求出该段截面上有关参数。上述方程式组可改写成

$$H_n=H_{n-1}+\frac{k_H\alpha}{V}(H_\theta-H)_{n-1}\Delta z \tag{13-28}$$

$$t_n=t_{n-1}+\frac{\alpha a}{Vc_{pH}}(\theta-t)_{n-1}\Delta z \tag{13-29}$$

$$I_n=(c_{pg}+c_{pV}H_n)t_n+r_0H_n \tag{13-30}$$

$$\theta_n=\theta_{n-1}+\frac{V(I_n-I_{n-1})}{c_{pL}L} \tag{13-31}$$

利用以上诸式可方便地从塔底逐段向上计算，直到所求得的某截面水温 θ_n 与入口温度 θ_2 相近为止，所需塔高即为各段塔高之和。

【例 13-3】 凉水塔的计算

如图 13-8 所示。欲在逆流操作的填料塔内，用空气将温度为 46℃ 的热水冷却至 26℃，热水流率 $L=4.5\text{kg}/(\text{s}\cdot\text{m}^2)$。当地大气总压 $p=100\text{kPa}$，温度 32℃，湿度 $H=0.00356\text{kg/kg}$，塔内空气流率 $V=2.89\text{kg}$ 干气/(s·m²)。设备的容积传质系数 $k_H\alpha=1.26\text{kg}/(\text{s}\cdot\text{m}^3)$。求塔高及两相的温度和水汽分压分布。

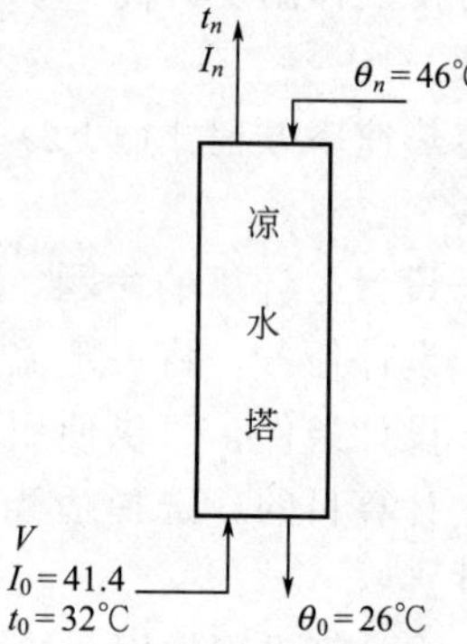

图 13-8 例 13-3 附图

解：

$$\frac{k_H\alpha}{V}=\frac{1.26}{2.89}=0.436$$

对空气-水系统有

$$\frac{\alpha a}{Vc_{pH}}\approx\frac{k_H\alpha}{V}=0.436,\quad \frac{V}{c_{pL}L}=\frac{2.89}{4.18\times4.5}=0.154$$

代入方程组 (13-28)～式(13-31) 得

$$H_n=H_{n-1}+0.436(H_{\theta,n-1}-H_{n-1})\Delta z$$

$$t_n=t_{n-1}+0.436(\theta_{n-1}-t_{n-1})\Delta z$$

$$I_n=(1.01+1.88H_n)t_n+2500H_n$$

$$\theta_n=\theta_{n-1}+0.154(I_n-I_{n-1})$$

塔底端面的两相参数为：湿度 $H_0=0.00356\text{kg/kg}$；气温 $t_0=32$℃

焓 $I_0=(1.01+1.88H_0)t_0+2500H_0=(1.01+1.88\times0.00356)\times32+2500\times0.00356$
$=41.4$ (kJ/kg)

水温 $\theta_0=26$℃，水滴表面气体的饱和湿度可由表 13-1 查得 $H_\theta=0.0216\text{kg/kg}$。以上数据皆为已知量，列入本题附表第一行。

取 $\Delta z=1\text{m}$，则

$$H_1=H_0+0.436(H_\theta-H_0)\Delta z=0.00356+0.436\times(0.0216-0.00356)\times1$$
$$=0.0114\ (\text{kg/kg})$$

$$t_1=t_0+0.436(\theta_0-t_0)\Delta z=32+0.436\times(26-32)\times1=29.4\ (℃)$$

$$I_1=(1.01+1.88H_1)t_1+2500H_1=58.9\ (\text{kJ/kg})$$

$$\theta_1=\theta_0+0.154(I_1-I_0)=26+0.153\times(58.9-41.4)=28.7\ (℃)$$

28.7℃下的气体饱和湿度 H_θ 由表 13-1 查得为 0.0255kg/kg。于是，截面 1 有关参数全

部求出，如附表第二行所示。再取 $\Delta z=1\text{m}$ 重复上述计算。直至 $\theta_n\approx46℃$，得塔高为 $z=8.6\text{m}$。

不同塔高处的气相水汽分压 $p_{水汽}$ 可由湿度 H 求得，其间关系为

$$p_{水汽}=\frac{p}{1+\dfrac{0.622}{H}}$$

同时，由各截面水温 θ 可查表得出对应的饱和蒸气压 p_θ。不同塔高处的 $p_{水汽}$、p_θ 数据分别列入本题附表第七、第八两列。

按附表所列数据，分别将两相温度 t、θ 及两相水汽分压 $p_{水汽}$、p_θ 对塔高 z 标绘，得图 13-9。该图表明，气液两相温度线在某处相交。上部热、质同向传递，下部热、质反向传递。

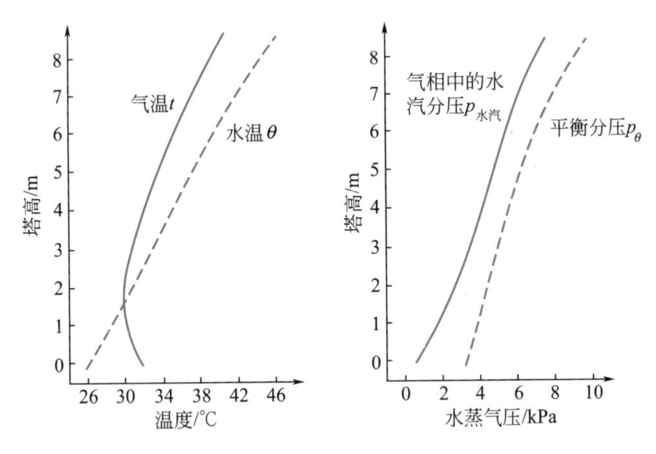

图 13-9　凉水塔中气、液两相状态沿塔高的分布

例 13-3 附表

塔高 z /m	湿度 H /(kg/kg)	气温 t /℃	焓 I /(kJ/kg)	水温 θ /℃	H_θ /(kg/kg)	$p_{水汽}$ /kPa	p_θ /kPa
0	0.00356	32	41.4	26	0.0216	0.569	3.36
1	0.0114	29.4	58.9	28.7	0.0255	1.80	3.93
2	0.0175	29.1	74.2	31.0	0.0293	2.74	4.50
3	0.0227	29.9	88.2	33.2	0.0334	3.52	5.09
4	0.0273	31.3	102	35.3	0.0376	4.20	5.69
5	0.0318	33.0	115	37.2	0.0422	4.86	6.35
6	0.0363	34.9	128	39.3	0.0476	5.52	7.11
7	0.0412	36.8	143	41.6	0.0544	6.22	8.03
8.0	0.0470	38.9	160	44.2	0.0630	7.02	9.12
8.6	0.0512	40.3	172	46.0	0.0698	7.60	10.1

13.3.3　以焓差为推动力的近似计算法

塔高计算法　为计算凉水塔的总高 z，可将上述方程式组在一定条件下作适当变换。若

近似取空气的湿比热容 c_{pH} 为一常数，微分式(13-10) 可得

$$V\mathrm{d}I = Vc_{pH}\mathrm{d}t + Vr_0\mathrm{d}H$$

等号右端 $V\mathrm{d}H$ 及 $Vc_{pH}\mathrm{d}t$ 可分别用传质、传热速率式(13-19)、式(13-23) 代入，则

$$V\mathrm{d}I = \alpha a(\theta - t)\mathrm{d}z + k_H a r_0 (H_\theta - H)\mathrm{d}z$$

设 $\frac{\alpha a}{k_H a} \approx c_{pH}$，上式成为

$$\frac{V}{k_H a}\mathrm{d}I = c_{pH}(\theta - t)\mathrm{d}z + r_0(H_\theta - H)\mathrm{d}z$$

根据焓的定义，上式右端可写为 $(I_\theta - I)\mathrm{d}z$，则

$$\mathrm{d}z = \frac{V}{k_H a} \times \frac{\mathrm{d}I}{I_\theta - I} \tag{13-32}$$

式中，I_θ 为水温 θ 下饱和湿空气的焓，即

$$I_\theta = (1.01 + 1.88H_\theta)\theta + r_0 H_\theta \tag{13-33}$$

I_θ 是水温 θ 的单值函数，可由表 13-1 查得。

将式(13-32) 积分得塔高为

$$z = \frac{V}{k_H a}\int_{I_1}^{I_2} \frac{\mathrm{d}I}{I_\theta - I} \tag{13-34}$$

式中，I_1、I_2 分别为气体进、出塔的焓。上式也可以写成

$$z = H_{OG} N_{OG} \tag{13-35}$$

式中

$$H_{OG} = \frac{V}{k_H a} \tag{13-36}$$

$$N_{OG} = \int_{I_1}^{I_2} \frac{\mathrm{d}I}{I_\theta - I} \tag{13-37}$$

N_{OG} 称为以焓差为推动力的传递单元数。

全塔热量衡算　为计算传递单元数 N_{OG}，必须了解 I_θ 即相应的水温 θ 与气相焓 I 之间的对应关系。为此，可对全塔作热量衡算得

$$V(I_2 - I_1) = Lc_{pL}(\theta_2 - \theta_1) \tag{13-38}$$

对塔内任一截面与塔底作热量衡算［图 13-10(a)］得

$$I = I_1 + \frac{L}{V}c_{pL}(\theta - \theta_1) \tag{13-39}$$

式(13-39) 表示塔中任一截面上气相的热焓与水温之间呈线性关系。若以气相焓 I 为纵坐标、以水温 θ 为横坐标作图，上式为一直线［参见图 13-10(b)］。此直线可称为凉水塔的操作线。

与水温 θ 相对应的饱和湿空气焓 I_θ 可由表 13-1 查出。但因 $I_\theta = f(\theta)$ 为非线性函数，在图 13-10(b) 中为一曲线，故 N_{OG} 应按式(13-37) 用数值积分求解。

综上所述，焓差法计算塔高的条件为：

① 水量 L 近似取为常数，但须注意，这一假定仅是为了热量衡算的方便，并不意味空气的湿度不发生变化；

② $\frac{\alpha a}{k_H a} \approx c_{pH}$，例如空气-水系统；

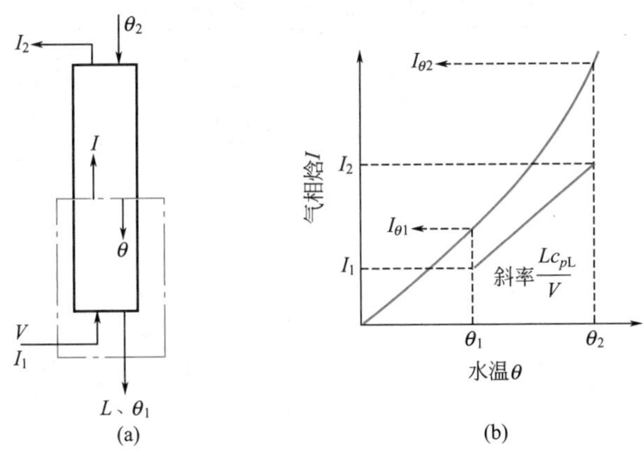

图 13-10　凉水塔的热量衡算和操作线

③ 在热、质反向传递的区域用焓差为推动力计算塔高会导致较大的误差。

N_{OG}的近似求解　当凉水塔水温变化范围不大时，作为近似计算可将 $I_\theta=f(\theta)$ 关系当作直线处理。这样，传递单元数 N_{OG}的计算可取如下的简单形式

$$N_{OG}=\frac{I_2-I_1}{\Delta I_m} \tag{13-40}$$

式中

$$\Delta I_m=\frac{(I_{\theta 1}-I_1)-(I_{\theta 2}-I_2)}{\ln\dfrac{I_{\theta 1}-I_1}{I_{\theta 2}-I_2}} \tag{13-41}$$

为以焓差表示的对数平均推动力。

【例 13-4】　以焓差为推动力计算凉水塔

试以焓差为推动力的近似计算法求水由 46℃冷却至 30℃所需的塔高。已知条件为气体流率 $V=2.89\text{kg/(s}\cdot\text{m}^2)$；水流率 $L=4.5\text{kg/(s}\cdot\text{m}^2)$；空气入口温度 $t_1=28$℃；湿度 $H_1=0.01$kg/kg；容积传质系数 $k_H a=1.26\text{kg/(s}\cdot\text{m}^3)$。

解：进口气体的焓

$$I_1=(1.01+1.88H)t+2500H=(1.01+1.88\times0.01)\times28+2500\times0.01=53.8\ (\text{kJ/kg})$$

出口气体的焓

$$I_2=I_1+\frac{L}{V}c_{pL}(\theta_2-\theta_1)=53.8+\frac{4.5}{2.89}\times4.19\times(46-30)=158.4\ (\text{kJ/kg})$$

水温 $\theta_1=30$℃及 $\theta_2=46$℃下饱和湿空气的焓可由表 13-1 查得：

$$I_{\theta 1}=100.6\text{kJ/kg};\qquad I_{\theta 2}=226.6\text{kJ/kg}$$

$$\Delta I_m=\frac{(I_{\theta 1}-I_1)-(I_{\theta 2}-I_2)}{\ln\dfrac{I_{\theta 1}-I_1}{I_{\theta 2}-I_2}}=\frac{(100.6-53.8)-(226.6-158.4)}{\ln\dfrac{46.8}{68.2}}=56.8\ (\text{kJ/kg})$$

$$N_{OG}=\frac{I_2-I_1}{\Delta I_m}=\frac{158.4-53.8}{56.8}=1.84$$

$$H_{OG}=\frac{V}{k_H a}=\frac{2.89}{1.26}=2.29\ (\text{m})$$

塔高

$$z=H_{OG}N_{OG}=2.29\times1.84=4.22\ (\text{m})$$

表 13-1 **饱和湿空气的性质**（空气-水系统，总压 100kPa）

温度 θ /℃	饱和蒸气压 p_θ/kPa	饱和湿度 H_θ/(kg 水/kg 干气)	饱和热焓 I_θ/(kJ/kg 干气)	汽化热 r/(kJ/kg)	温度 θ /℃	饱和蒸气压 p_θ/kPa	饱和湿度 H_θ/(kg 水/kg 干气)	饱和热焓 I_θ/(kJ/kg 干气)	汽化热 r/(kJ/kg)
0	0.6108	0.003821	9.55	2500.8	52	13.613	0.098018	306.64	2377.3
2	0.7054	0.004418	13.06	2495.9	54	15.002	0.10976	339.51	2372.4
4	0.8129	0.005100	16.39	2491.3	56	16.509	0.12297	373.31	2367.6
6	0.9346	0.005868	20.77	2486.6	58	18.146	0.13790	417.72	2362.7
8	1.0721	0.006749	25.00	2481.9	60	19.92	0.15472	464.11	2357.9
10	1.2271	0.007733	29.52	2477.2	62	21.84	0.17380	516.57	2353.0
12	1.4015	0.008849	34.37	2472.5	64	23.91	0.19541	575.77	2348.1
14	1.5974	0.010105	39.57	2467.8	66	26.14	0.22021	643.51	2343.1
16	1.8168	0.011513	45.18	2463.1	68	28.55	0.24866	721.01	2338.2
18	2.062	0.013108	51.29	2458.4	70	31.16	0.28154	810.36	2333.3
20	2.337	0.014895	57.86	2453.1	72	33.96	0.31966	915.57	2328.3
22	2.642	0.016812	65.02	2449.0	74	36.96	0.36468	1035.60	2323.3
24	2.982	0.019131	72.60	2442.0	76	40.19	0.41790	1179.42	2318.3
26	3.390	0.021635	81.22	2439.5	78	43.65	0.48048	1348.40	2313.3
28	3.778	0.024435	90.48	2434.8	80	47.36	0.55931	1560.80	2308.3
30	4.241	0.027558	100.57	2430.0	82	51.33	0.65573	1820.46	2303.2
32	4.753	0.031050	111.58	2425.3	84	55.57	0.77781	2148.92	2298.1
34	5.318	0.034950	123.72	2420.5	86	60.50	0.93768	2578.73	2293.0
36	5.940	0.039289	136.99	2415.8	88	64.95	1.15244	3155.67	2287.9
38	6.624	0.044136	151.60	2411.0	90	70.11	1.45873	3978.42	2282.8
40	7.375	0.049532	167.64	2406.2	92	75.61	1.92718	5236.61	2277.6
42	8.198	0.05560	185.40	2401.4	94	81.46	2.73170	7395.49	2272.4
44	9.010	0.062278	204.94	2396.6	96	87.69	4.42670	11944.39	2267.1
46	10.085	0.069778	226.55	2391.8	98	94.30	10.30306	27711.34	2261.9
48	11.161	0.078146	250.45	2387.0	100	101.325	∞	∞	2256.7
50	12.335	0.087516	277.04	2382.1					

思考题

13-5 以焓差为推动力计算凉水塔高有什么条件？

<<<<< 习 题 >>>>>

过程的方向和极限

13-1 温度为 30℃、水汽分压为 2kPa 的湿空气吹过下列三种状态的水的表面时，试用箭头表示传热和传质的方向。

水温 θ	50℃	30℃	18℃	10℃
传热方向	气____水	气____水	气____水	气____水
传质方向	气____水	气____水	气____水	气____水

［答：略］

13-2 在常压下一无限高的填料塔中，空气与水逆流接触。入塔空气的温度为 25℃、湿球温度为 20℃。水的入塔温度为 40℃。求气、液相被加工的极限。（1）大量空气，少量水在塔底被加工的极限温度；（2）大量水，少量空气在塔顶被加工的极限温度和湿度。

［答：（1）20℃；（2）40℃，0.0489kg 水/kg 干空气］

过程计算

13-3 总压力为 320kPa 的含水湿氢气干球温度为 $t=30$℃，湿球温度为 $t_w=24$℃。求湿氢气的湿度 H

（kg 水/kg干氢气）。已知氢-水系统的 $\alpha/k_H \approx 17.4$kJ/(kg·℃)。 [答：0.0423kg 水/kg 干氢气]

13-4 常压下气温 30℃、湿球温度 28℃的湿空气在淋水室中与大量冷水充分接触后，被冷却成 10℃的饱和空气，试求：(1) 每千克干气中的水分减少了多少 (kg)？(2) 若将离开淋水室的气体再加热至 30℃，此时空气的湿球温度是多少？ [答：(1) 0.0156kg；(2) 18.1℃]

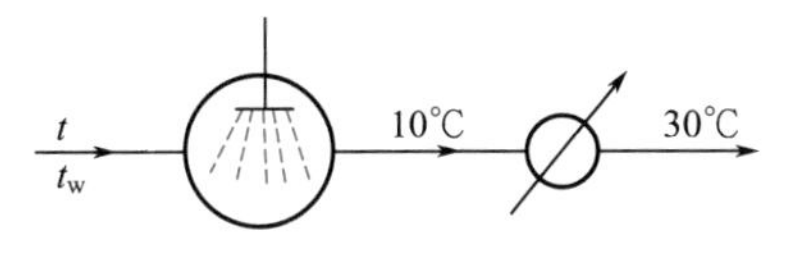

习题 13-4 附图

13-5 在 $t_1=60$℃，$H_1=0.02$kg 水/kg 干气的常压空气中喷水增湿，每千克干空气的喷水量为 0.006kg，这些水在气流中全部汽化。若不计喷入的水本身所具有的热焓，求增湿后的气体状态（温度 t_2 和湿度 H_2）。 [答：45.2℃；0.026kg 水/kg 干空气]

***13-6** 今有 CO_2-水蒸气混合物 2000kg/h，其中水蒸气含量为 70%（质量分数），在操作压强 0.3MPa（表压）下将该混合物的温度下降至 80℃，试问冷凝下的水量为多少（kg 水/h）？

[答：1365kg 水/h]

13-7 氮和苯蒸气的混合气体在 297K 时含苯蒸气分压为 7.32kPa，总压为 102.4kPa。现采用加压冷却的方法以回收混合气中的苯，问须将混合气加压至多大的压强并冷却至 283K，才能回收 75%的苯（已知 283K 时苯的饱和蒸气压为 6.05kPa）。 [答：320.4kPa]

***13-8** 拟在一填料凉水塔中用空气将水从 34℃冷却至 20℃，两者作逆流接触。水的流率为 2.71kg/(s·m²)，空气的流率为 4kg/(s·m²)，空气入塔温度为 20℃，湿度为 0.004kg 水/kg 干空气，当地大气压为 100kPa，已知设备的容积系数 $k_Ha=0.16$kg/(s·m³)，并鉴于凉水塔内水温度变化范围不大，试以焓差为推动力法估算凉水塔的高度。 [答：2.53m]

符号说明

符号	意义	计量单位
a	单位设备容积的传质表面积或传热表面积	m²/m³
c_p	比热容	kJ/(kg·℃)
H	湿度，单位质量干气体所带的湿蒸汽	kg 汽/kg 干气
H_θ	θ 温度下饱和空气的湿度	kg 汽/kg 干气
I	空气的热焓	kJ/kg 干气
k_H	以湿度差为推动力的传质系数	kg/(s·m²)
L	液体（水）流率	kg/(s·m²)
N_A	传质速率	kg/(s·m²)
p	总压	kPa
$p_{水汽}$	水汽分压	kPa
p_θ	θ 温度下的饱和水蒸气压	kPa
r	汽化热	kJ/kg
t	气温	℃
V	气体流率	kg 干气/(s·m²)
z	塔高	m
α	气相给热系数	kW/(m²·℃)
θ	水温	℃
下标		
g	干气体	
V	湿蒸汽	
H	湿空气	
L	液体	
w	湿球	
as	绝热饱和	

第14章 固体干燥

14.1 概述

14.1.1 固体去湿方法

化工生产中的固体产品（或半成品）为便于输送、储藏、使用或进一步加工的需要，须除去其中的湿分（水或有机溶剂）。例如，药物或食品中若含水过多，保质期就变短；塑料颗粒若含水超过规定，则在以后的成型加工中产生气泡，影响了产品的品质。因此，干燥作业的良好与否直接影响产品的使用质量和外观。

物料的去湿方法　去除固体物料中湿分的方法有多种。

(1) 机械去湿　当物料带水较多，可先用离心过滤等机械分离方法除去大量的水。

(2) 吸附去湿　用某种平衡水汽分压很低的干燥剂（如 $CaCl_2$、硅胶等）与湿物料并存，使物料中水分经气相而转入干燥剂内。

(3) 供热干燥　向物料供热以汽化其中的水分。供热方式又有多种，工业干燥操作多是用热空气或其他高温气体为介质，使之掠过物料表面，介质向物料供热并带走汽化的湿分。此种干燥常称为对流干燥，这是本章讨论的主要内容。

此外，含有固体溶质的溶液可借蒸发、结晶的方法脱除溶剂以获得固体产物。也可将此溶液分散成滴并与热气流接触，湿分汽化，从而获得粉粒状固体产物。前者是蒸发过程，溶剂或水的汽化在沸腾条件下进行；后者则属于干燥过程，湿分是在低于沸点条件下汽化的，工业上称为喷雾干燥。

本章主要讨论以空气为干燥介质、湿分为水的对流干燥过程。

对流干燥过程的特点　当温度较高的气流与湿物料直接接触时，气固两相间所发生的是热、质同时传递的过程（参见图14-1）。物料表面温度 θ_i 低于气流温度 t，气体传热给固体。气流中的水汽分压 $p_{水汽}$ 低于固体表面水的分压 p_i，水分汽化并进入气相，湿物料内部的水分以液态或水汽的形式扩散至表面。因此，对流干燥是一热、质同时传递的过程。

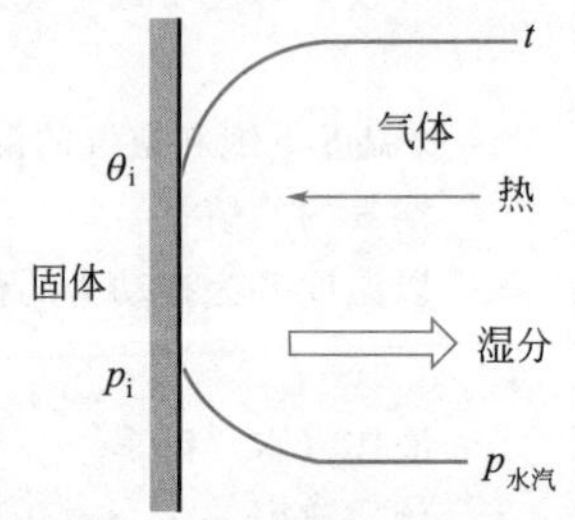

图14-1　对流干燥过程的热、质传递

14.1.2 对流干燥流程及经济性

对流干燥可以是连续过程也可以是间歇过程，图14-2是典型的对流干燥流程示意图。空气经预热器加热至适当温度后，进入干燥器。在干燥器内，气流与湿物料直接接触。沿其行程气体温度降低，湿含量增加，废气自干燥器另一端排出。若为间歇过程，湿物料成批加入干燥器内，待干燥至指定的含湿要求后一次取出。若为连续过程，物料被连续地加入与排

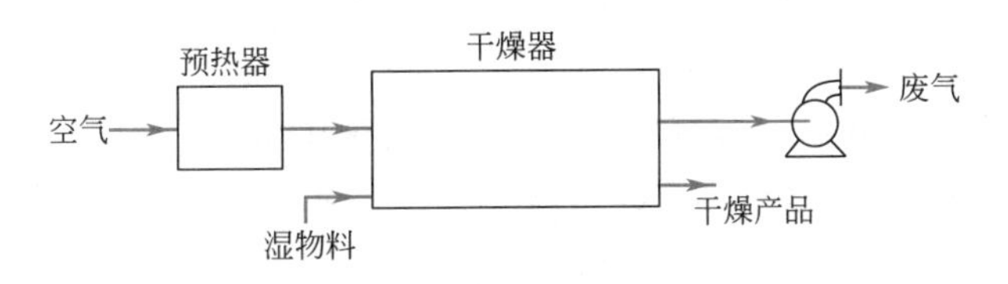

图 14-2 对流干燥流程示意图

出，物料与气流可呈并流、逆流或其他形式的接触。

干燥操作的经济性主要取决于能耗和热的利用率。为减轻汽化水分的热负荷，湿物料中的水分应当尽可能采用机械分离方法先予除去，因为机械分离方法比较经济。在干燥操作中，加热空气所消耗的热量只有一部分用于汽化水分，相当可观的一部分热能随含水分较高的废气流失。此外，设备的热损失、固体物料的温升也造成了不可避免的能耗。为提高干燥过程的经济性，应采取适当措施降低这些能耗，提高过程的热利用率。

思考题

14-1 通常物料去湿的方法有哪些？

14-2 对流干燥过程的特点是什么？

14-3 对流干燥的操作费用主要在哪里？

14.2 干燥静力学

干燥静力学是考察气固两相接触时过程的方向与极限。为此，首先对水分在气固两相中的性质分别予以讨论。

14.2.1 湿空气的状态参数

在第 13 章中已叙述了湿空气的部分状态参数，本章全面介绍湿空气的状态参数，以便对干燥过程进行数学描述。

空气中水分含量的表示方法　湿空气的状态参数除总压 p、温度 t 之外，与干燥过程有关的是水分在空气中的含量。根据不同的测量原理及计算的需要，水蒸气在空气中的含量有不同的表示方法。

(1) 水汽分压 $p_{水汽}$ 与露点 t_d　空气中的水汽分压直接影响干燥过程的平衡与传质推动力。测定水汽分压的实验方法是测量露点，即在总压不变的条件下将空气与不断降温的冷壁相接触，直至空气在光滑的冷壁面上析出水雾，此时的冷壁温度称为露点 t_d。壁面上析出水雾表明，水汽分压为 $p_{水汽}$ 的湿空气在露点温度下达到饱和状态。因此，测出露点温度 t_d，可查得此温度下的饱和水蒸气压，此即为空气中的水汽分压 $p_{水汽}$。显然，在总压 p 一定时，露点与水汽分压之间有单一函数关系。

(2) 空气的湿度 H　已在 13.2.1 中叙述。

(3) 相对湿度 φ　空气中的水汽分压 $p_{水汽}$ 与一定总压及一定温度下空气中水汽分压可能达到的最大值之比定义为相对湿度，以 φ 表示。

当总压为 101.3kPa，空气温度低于 100℃时，空气中水汽分压的最大值应为同温度下的饱和水蒸气压 p_s，故有

$$\varphi=\frac{p_{水汽}}{p_s}(当\ p_s\leqslant p) \tag{14-1}$$

当空气温度高于100℃时，该温度下的饱和水蒸气压 p_s 大于总压。但因空气的总压已指定，水汽分压的最大值最多等于总压，故取

$$\varphi=\frac{p_{水汽}}{p}(当\ p_s>p) \tag{14-2}$$

从相对湿度的定义可知，相对湿度 φ 表示了空气中水分含量的相对大小。$\varphi=1$，表示空气已达饱和状态，不能再接纳任何水分；φ 值愈小，表明空气还可接纳的水分愈多。

(4) 湿球温度 t_W 已在13.2.1中叙述。由湿球温度的原理可知，空气的湿球温度 t_W 总是低于干球温度 t。t_W 与 t 差距愈小，表示空气中的水分含量愈接近饱和；对饱和湿空气 $t_W=t$。

(5) 湿空气的焓 I 已在13.2.1中叙述。

(6) 绝热饱和温度 t_{as} 已在13.2.1中叙述。

湿空气的比体积　当需知气体的体积流量（如选择风机、计算流速）时，常使用气体的比体积。湿空气的比体积 v_H 是指1kg干气及其所带的 Hkg水汽所占的总体积，m^3/kg干气。

通常条件下，气体比体积可按理想气体定律计算。在常压下1kg干空气的体积为

$$\frac{22.4}{M_{气}}\times\frac{t+273}{273}=2.83\times10^{-3}(t+273)$$

Hkg水汽的体积为

$$H\frac{22.4}{M_{水}}\times\frac{t+273}{273}=4.56\times10^{-3}H(t+273)$$

常压下温度为 t℃、湿度为 H 的湿空气比体积为

$$v_H=(2.83\times10^{-3}+4.56\times10^{-3}H)(t+273) \tag{14-3}$$

湿度图　在总压 p 一定时，上述湿空气的各个参数（t、$p_{水汽}$、φ、H、I、t_W 等）中，只有两个参数是独立的，即规定两个互相独立的参数，湿空气的状态即被唯一地确定。工程上为方便起见，将诸参数之间的关系在平面坐标上绘制成湿度图。为了使用上的方便可选择不同的独立参数作为坐标，由此所得湿度图的形式也就不同。

图14-3是以气体的温度 t 与湿度 H 为坐标，称为湿度-温度图（H-t 图）。某些书籍或手册中载有包含参数更多、更详细的 H-t 图，可供需要时查阅。

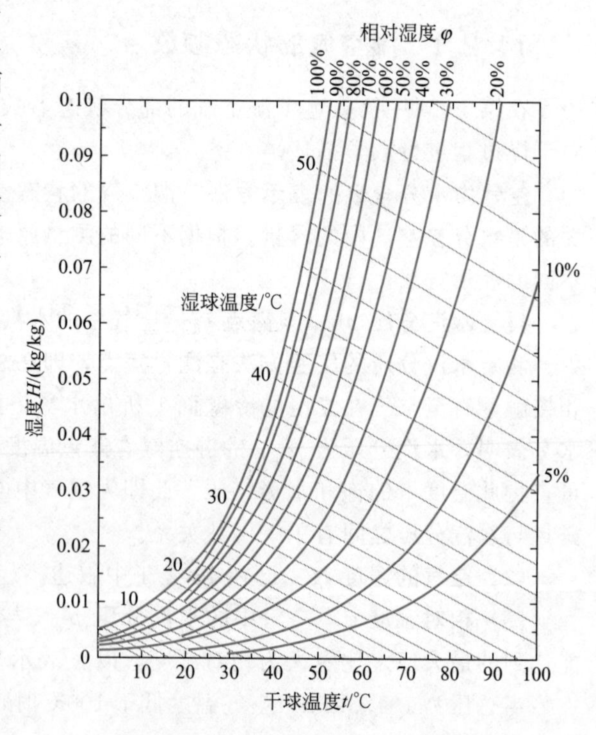

图14-3　空气-水系统的湿度-温度图

图14-4所示为湿空气的焓-湿度图（I-H 图），在进行过程的物料（水分）衡算与热量衡算时使用此图颇为方便。该图的横坐标为空气湿度 H，纵坐标为焓 I。图中横坐标实为与纵轴互成135°的斜线，使图中有用部分的图线不致过于密集。因此，图中等焓线为一组与水平夹45°角的斜线。

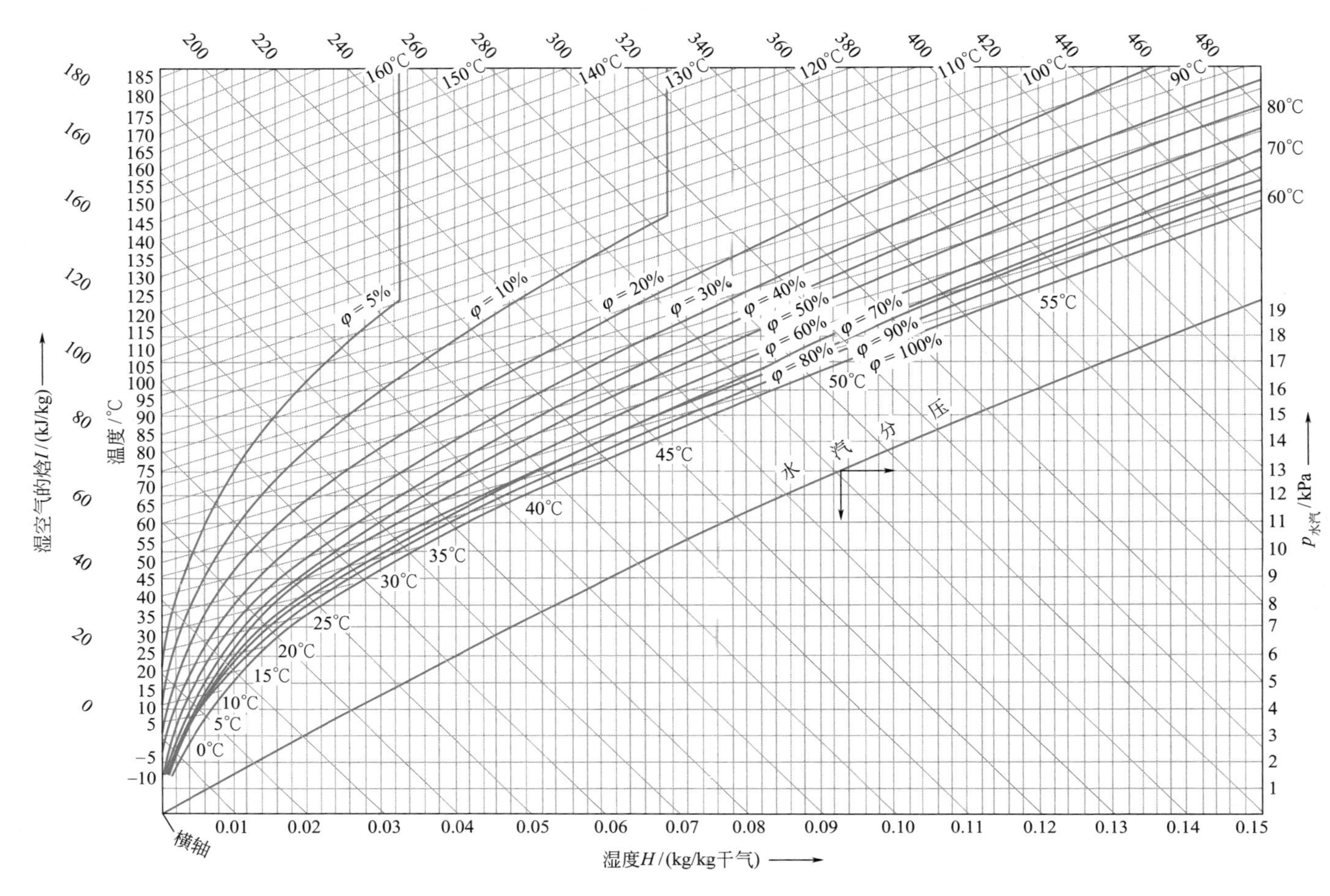

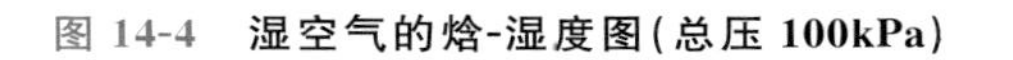

图 14-4 湿空气的焓-湿度图(总压 100kPa)

图 14-4 是在总压 $p=100\text{kPa}$ 条件下绘制的。当空气温度大于 99.7℃时，水的饱和蒸气压超过 100kPa，但空气中可能达到的水汽分压的最大值为总压（100kPa）。按相对湿度 φ 的定义［式(14-2)］，在温度大于 99.7℃后，等相对湿度线为一垂直向上的直线。

14.2.2 湿空气状态的变化过程

加热与冷却过程　若不计换热器的流动阻力，湿空气的加热或冷却属等压过程。湿空气被加热时的状态变化可用 I-H 图上的线段 AB 表示［见图 14-5(a)］。由于总压与水汽分压没有变化，空气的湿度不变，AB 为一垂直线。温度升高，空气的相对湿度减小，表示它接纳水汽的能力增大。

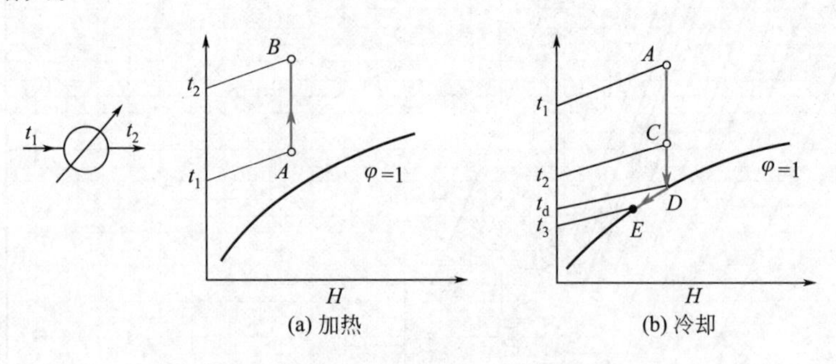

图 14-5　加热、冷却过程的图示

图 14-5(b) 表示温度为 t_1 的空气的冷却过程。若冷却终温 t_2 高于空气的露点 t_d，则此冷却过程为等湿度过程，如图中 AC 线段所示。若冷却终温 t_3 低于露点，则必有部分水汽凝结为水，空气的湿度降低，如图中 ADE 所示。

绝热增湿过程　设温度为 t、湿度为 H 的不饱和空气流经一管路或设备［图 14-6(a)］，在设备内向气流喷洒少量温度为 θ 的水滴。这些水接受来自空气的热量后全部汽化为蒸汽而混入气流之中，致使空气温度下降、湿度上升。当不计热损失时，空气给水的显热全部变为水分汽化的潜热返回空气，因而称为绝热增湿过程。过程终了时空气的焓较之初态略有增加，此增量为所加入的水在 θ 温度下的显热，即

$$\Delta I=4.18\theta(H_1-H) \tag{14-4}$$

式中，H_1 为过程终了时空气的湿度。

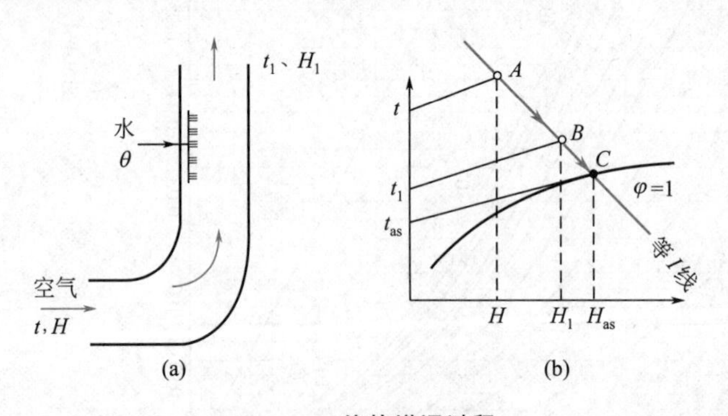

图 14-6　绝热增湿过程

由于增量 ΔI 与空气的焓 I 相比甚小，一般可以忽略而将绝热增湿过程视为等焓过程，如图 14-6(b) 中 AB 线段所示，$I_1=I_2$。当等焓增湿至饱和时，即为绝热饱和温度，见图 14-6(b) 中的 C 点。

对空气-水系统，湿球温度 t_w 与绝热饱和温度 t_{as} 近似相等，而绝热饱和温度又可近似地在 I-H 图上作等焓线至 $\varphi=1$ 处获得。因此，工程计算时常将等焓线近似地看作既是绝热增湿线，又是等湿球温度线。

【例 14-1】　利用 *I-H* 图确定空气的状态

今测得空气的干球温度为 80℃，湿球温度为 40℃，求湿空气的湿度 H、相对湿度 φ、

焓 I 及露点 t_d。

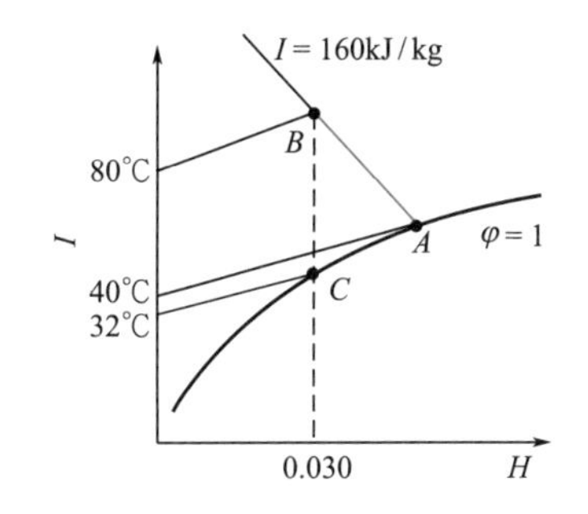

图 14-7 例 14-1 附图
（I-H 图的用法）

解：在 I-H 图上作 $t=40℃$ 等温线与 $\varphi=1$ 线相交，再从交点 A 作等 I 线与 $t=80℃$ 等温线相交于点 B，点 B 即为空气的状态点（见图 14-7）。由此点读得：$I=160kJ/kg$，$\varphi=10\%$，$H=0.030kg/kg$。从 B 点引一垂直线与 $\varphi=1$ 线相交于 C 点，此 C 点的温度就是所求的露点，读得 $t_d=32℃$。

两股气流的混合　设有流量为 V_1、V_2（kg 干气/s）的两股气流相混，其中第一股气流的湿度为 H_1，焓为 I_1，第二股气流的湿度为 H_2，焓为 I_2，分别用图 14-8 中的 A、B 两点表示。此两股气流混合后的空气状态不难由物料衡算、热量衡算获得。设混合后空气的焓为 I_3，湿度为 H_3，则

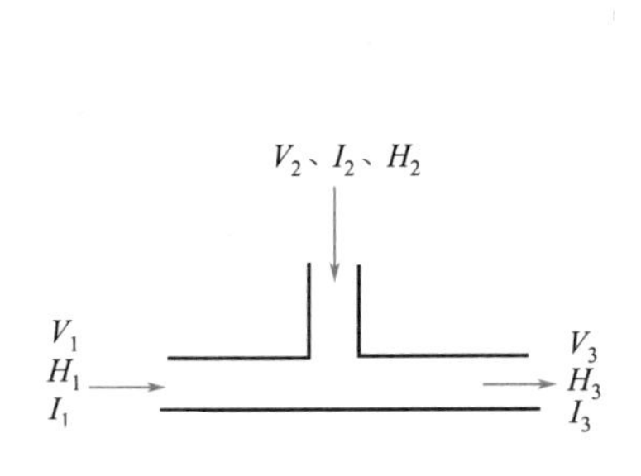

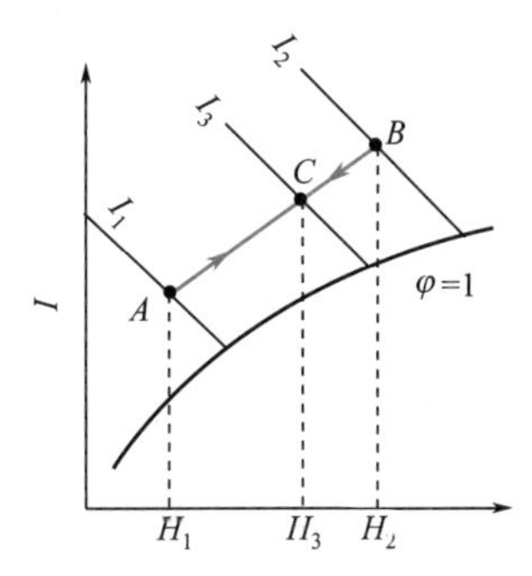

图 14-8 两股气流的混合

总物料衡算　$$V_1+V_2=V_3 \tag{14-5}$$

水分衡算　$$V_1H_1+V_2H_2=V_3H_3 \tag{14-6}$$

焓衡算　$$V_1I_1+V_2I_2=V_3I_3 \tag{14-7}$$

显然，混合气体的状态点 C 必在 AB 连线上，其位置也可由杠杆规则定出，即

$$\frac{V_1}{V_2}=\frac{\overline{BC}}{\overline{AC}} \tag{14-8}$$

【例 14-2】 空气状态变化过程的计算

在总压 101.3kPa 下将温度为 18℃、湿度为 0.005kg/kg 干气的新鲜空气与部分废气混合，然后将混合气加热，送入干燥器作为干燥介质使用（参见图 14-9）。控制废气与新鲜空气的混合比例以使进干燥器时气体的湿度维持在 0.064kg/kg 干气。废气的排出温度为 55℃、相对湿度 75%。

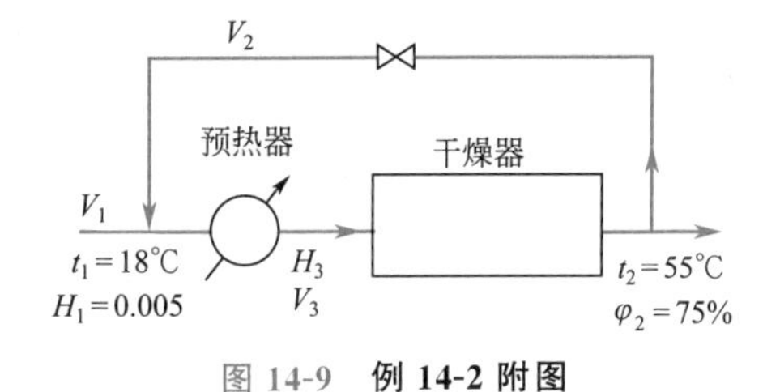

图 14-9 例 14-2 附图

试求废气与新鲜空气的混合比及混合气进预热器的温度。

解：(1) 由附录查得 $t_2=55℃$ 时的饱和水蒸气压 $p_s=15.7kPa$，废气中的水汽分压为

$$p_{水汽}=\varphi p_s=0.75\times15.7=11.8\ (kPa)$$

废气湿度　$$H_2=0.622\frac{p_{水汽}}{p-p_{水汽}}=0.622\times\frac{11.8}{101.3-11.8}=0.082\ (kg/kg\ 干气)$$

废气的焓 $I_2=(1.01+1.88H_2)t_2+2500H_2$

$=(1.01+1.88\times0.082)\times55+2500\times0.082=269$(kJ/kg 干气)

由混合过程的物料衡算可知

$$V_1H_1+V_2H_2=(V_1+V_2)H_3$$

混合比 $$V_2/V_1=\frac{H_3-H_1}{H_2-H_3}=\frac{0.064-0.005}{0.082-0.064}=3.28$$

(2) 为求取混合气的温度，必须对混合过程作热量衡算。新鲜空气的焓为

$I_1=(1.01+1.88H_1)t_1+2500H_1=(1.01+1.88\times0.005)\times18+2500\times0.005$
$=30.8$(kJ/kg 干气)

混合前、后的热量衡算式为

$$V_1I_1+V_2I_2=(V_1+V_2)I$$

混合后气体的焓为

$$I=\frac{I_1+(V_2/V_1)I_2}{1+V_2/V_1}=\frac{30.8+3.28\times269}{1+3.28}=213\text{(kJ/kg 干气)}$$

进预热器的混合气温度为

$$t=\frac{I-2500H}{1.01+1.88H}=\frac{213-2500\times0.064}{1.01+1.88\times0.064}=47.2(℃)$$

14.2.3 水分在气-固两相间的平衡

结合水与非结合水 水在固体物料中可以不同的形态存在，以不同的方式与固体相结合。

当固体物料具有晶体结构时，其中可能含有一定量的结晶水，这部分水以化学力与固体相结合，如硫酸铜中的结晶水等。当固体为可溶物时，其所含的水分可以溶液的形态存在于固体中。当固体的物料系多孔性、或固体物料系由颗粒堆积而成时，其所含水分可存在于细孔中并受到孔壁毛细管力的作用。当固体表面具有吸附性时，其所含的水分则因受到吸附力而结合于固体的内、外表面上。以上这些借化学力或物理化学力与固体相结合的水统称为结合水。

当物料中含水较多时，除一部分水与固体结合外，其余的水只是机械地附着于固体表面或颗粒堆积层中的大空隙中（不存在毛细管力），这些水称为非结合水。

结合水与非结合水的基本区别是其表现的平衡蒸气压不同。非结合水的性质与纯水相同，其平衡蒸气压即为同温度下纯水的饱和蒸气压。结合水则不同，因化学和物理化学力的存在，其平衡蒸气压低于同温度下的纯水的饱和蒸气压。

平衡蒸气压曲线 一定温度下湿物料的平衡蒸气压 p_e 与含水量的关系大致如图 14-10(a) 所示（物料的含水量以绝对干物料为基准，即以每千克绝对干物料所带有的 $X_t$kg 水量表示）。

物料中只要有非结合水存在而不论其数量多少，其平衡蒸气压不会变化，总是为纯水的饱和蒸气压。当含水量减少时，非结合水不复存在，此后首先除去的是结合较弱的水，余下的是结合较强的水，因而平衡蒸气压逐渐下降。显然，测定平衡蒸气压曲线就可得知固体中有多少水分属结合水，多少属非结合水。

上述平衡曲线也可用另一种形式表示，即以气体的相对湿度 φ（即 p_e/p_s）代替平衡蒸气压 p_e 作为纵坐标。此时，固体中只要存在非结合水，则 $\varphi=1$。除去非结合水后，φ 即逐

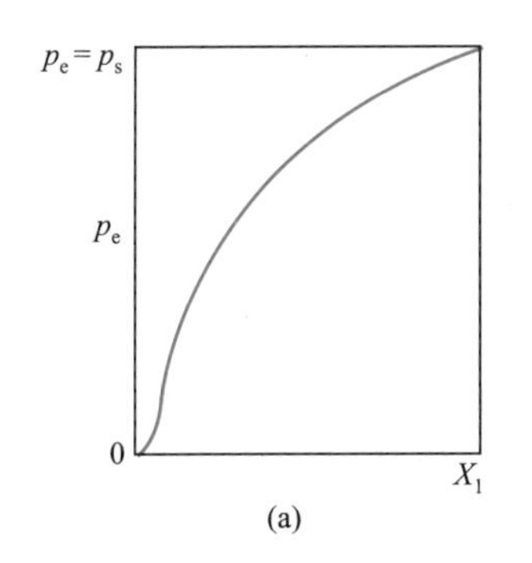

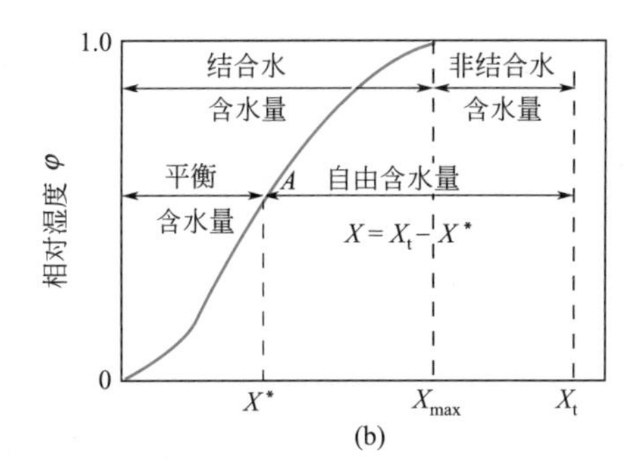

图 14-10 平衡蒸气压曲线

渐下降，如图 14-10(b) 所示。

以相对湿度 φ 代替 p_e 有其优点，此时平衡曲线随温度变化较小。因为温度升高时，p_e 与 p_s 都相应地升高，温度对此比值的影响就相对减少了。

图 14-11 所示为几种物料的平衡曲线。

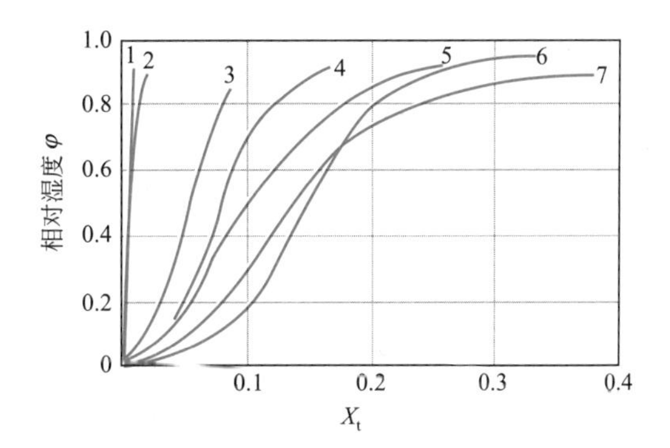

图 14-11 室温下几种物料的平衡曲线

1—石棉纤维板；2—聚氯乙烯粉（50℃）；3—木炭；4—牛皮纸；5—黄麻；6—小麦；7—土豆

平衡水分与自由水分 若固体物料中的水分都属非结合水，则只要空气未达饱和，且有足够的接触时间，原则上所有的水都将被空气带走，就像雨后马路上的水被风吹干那样。

当有结合水存在时，情况就不同了。设想以相对湿度 φ 的空气掠过同温度的湿固体，长时间后，固体物料的含水量将由原来的含水量 X_t 降为 X^* [图 14-10(b) 中的 A 点]，但不可能绝对干燥。X^* 是物料在指定空气条件下的被干燥的极限，称为该空气状态下的平衡含水量。

此种情况下被去除的水分（相当于 $X_t - X^*$）包括两部分：一部分是非结合水（相当于 $X_t - X_{max}$）；另一部分是结合水（相当于 $X_{max} - X^*$）。所有能被指定状态的空气带走的水分称自由水分，相应地称（$X_t - X^*$）为自由含水量，即

自由含水量 $$X = X_t - X^* \quad (14\text{-}9)$$

结合水与非结合水、平衡水分与自由水分是两种不同的区分。水之结合与否是固体物料的性质，与空气状态无关；而平衡水分与自由水分的区别则与空气状态有关。

还需注意，当固体含水量较低（都属结合水）而空气相对湿度 φ 较大时，两者接触非但不能达到物料干燥的目的，水分还可以从气相转入固相，此为吸湿现象。饼干的返潮即为一例。

思考题

14-4 通常露点温度、湿球温度、干球温度的大小关系如何？什么时候三者相等？

14-5 结合水与非结合水有什么区别？

14-6 何谓平衡含水量、自由含水量？

14.3 干燥速率与干燥过程计算

14.3.1 物料在定态空气条件下的干燥速率

干燥动力学实验　将湿物料试样置于恒定空气流中进行干燥，例如大量空气流过小块固体物料。在干燥过程中气流的温度 t、相对湿度 φ 及流速保持不变，物料表面各处的空气状况基本相同。随着干燥时间的延续，水分被不断汽化，湿物料的质量减少，因而可以记取物料试样的自由含水量 X 与时间 τ 的关系如图 14-12(a) 所示。此曲线称为干燥曲线。随干燥时间的延长，物料的自由含水量趋近于零。

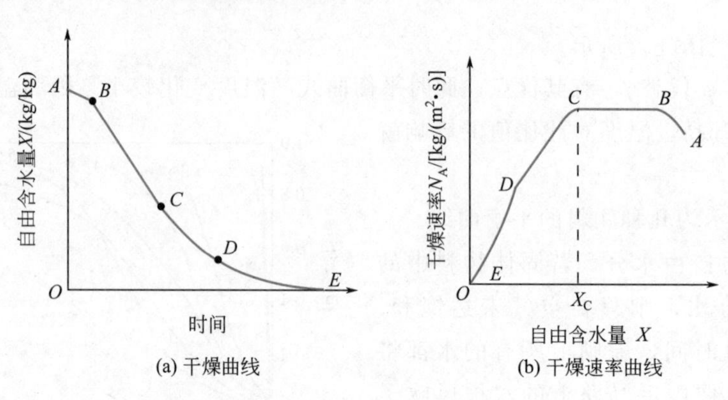

图 14-12　恒定空气条件下的干燥试验

物料的干燥速率即水分汽化速率 N_A 可用单位时间、单位面积（气固接触界面）被汽化的水量表示，即

$$N_A = -\frac{G_c \mathrm{d}X}{A \mathrm{d}\tau} \tag{14-10}$$

式中，G_c 为试样中绝对干燥物料的质量，kg；A 为试样暴露于气流中的表面积，m²；X 为物料的自由含水量，$X = X_t - X^*$，kg 水/kg 干料。

由干燥曲线求出各点斜率 $\frac{\mathrm{d}X}{\mathrm{d}\tau}$，按上式计算物料在不同自由含水量时的干燥速率，由此可得干燥速率曲线 $N_A = f(X)$，如图 14-12(b) 所示。

干燥曲线或干燥速率曲线是恒定空气条件（指一定的流速、温度、湿度）下获得的。对指定的物料，空气的温度、湿度不同，干燥速率曲线的位置也不同，如图 14-13 所示。

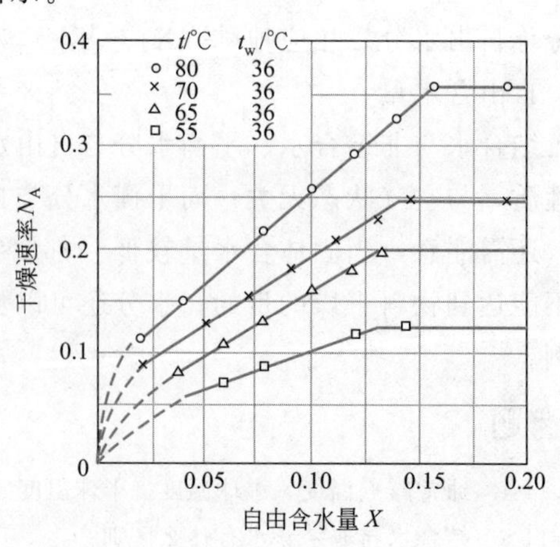

图 14-13　石棉纸浆的干燥速率曲线

考察实验所得的干燥速率曲线可知，整个干燥过程可分为恒速干燥与降速干燥两个阶段，每个干燥阶段的传热、传质有各自的特点。

恒速干燥阶段　此阶段的干燥速率如图 14-12(b) 中的 BC 段所示。由 14.2 节关于物料所带水分的性质可知，物料中的非结合水无论其数量多少，所表现的性质均与液态纯水相同。此时的气-固接触犹如湿球温度计一样，经较短

的接触时间后，物料表面即达空气的湿球温度 t_w，且维持不变。由传质速率式

$$N_A = k_H(H_w - H) \tag{14-11}$$

不难看出，只要物料表面全部被非结合水所覆盖，干燥速率必为定值。

由于试样刚移入干燥介质时的初温不会恰好等于空气的湿球温度，干燥初期有一为时不长的预热阶段，如图 14-12 中 AB 线所示。

降速干燥阶段　在降速阶段，干燥速率的变化规律与物料性质及其内部结构有关。降速的原因大致有如下四个。

(1) 实际汽化表面减小　随着干燥的进行，由于多孔物质外表面水分的不均匀分布，局部表面的非结合水已先除去而成为“干区”。此时尽管物料表面的平衡蒸气压未变，式(14-11) 中的推动力（$H_w - H$）未变，k_H 也未变，但实际汽化面积减小，以物料全部外表面计算的干燥速率将下降。多孔性物料表面，孔径大小不等，在干燥过程中水分会发生迁移。小孔借毛细管力自大孔中“吸取”水分，因而首先在大孔处出现干区。由局部干区而引起的干燥速率下降如图 14-12(b) 中 CD 段所示，成为第一降速阶段。

(2) 汽化面的内移　当多孔物料全部表面都成为干区后，水分的汽化面逐渐向物料内部移动。此时固体内部的热、质传递途径加长，造成干燥速率下降。此为干燥曲线中的 DE 段，也称为第二降速阶段。

(3) 平衡蒸气压下降　当物料中非结合水已被除尽，所汽化的已是各种形式的结合水时，平衡蒸气压将逐渐下降，使传质推动力减小，干燥速率也随之降低。

多孔性物料在干燥过程中水分残留的情况如图 14-14 所示。

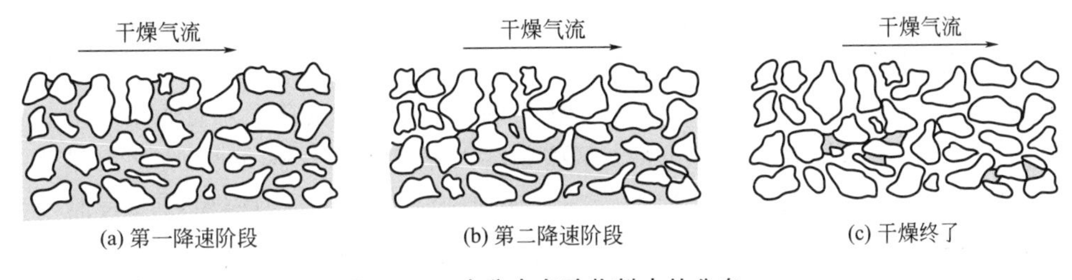

图 14-14　水分在多孔物料中的分布

(4) 固体内部水分的扩散极慢　对非多孔性物料，如肥皂、木材、皮革等，汽化表面只能是物料的外表面，汽化面不可能内移。当表面水分去除后，干燥速率取决于固体内部水分的扩散。内扩散是个速率极慢的过程，且扩散速率随含水量的减少而不断下降。此时干燥速率将与气速无关，与表面气-固两相的传质系数 k_H 无关。

固体内水分扩散的理论推导表明，扩散速率与物料厚度的平方成反比。因此，减薄物料厚度将有效地提高干燥速率。

非多孔性固体的干燥速率曲线如图 14-15 所示。

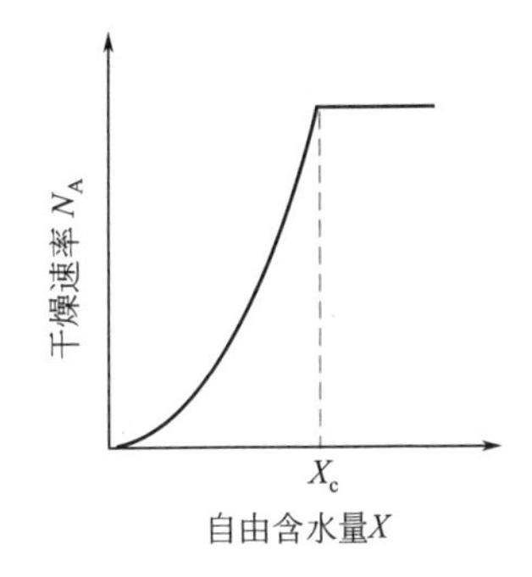

图 14-15　非多孔性固体的干燥速率曲线

临界含水量　固体物料在恒速干燥终了时的含水量称为临界含水量，而从中扣除平衡含水量后则称为临界自由含水量 X_c。临界含水量不但与物料本身的结构、分散程度有关，也受干燥介质条件（流速、温度、湿度）的影响。物料分散越细，临界含水量越低。等速阶段的干燥速率越大，临界含水量越高，即降速阶段较早地开始。表 14-1 给出某些物料的临界含水量范围。

表 14-1 某些物料的临界含水量（大约值）

物料		空气条件			临界含水量/(kg/kg 干料)
品种	厚度/mm	速度/(m/s)	温度/℃	相对湿度 φ	
黏土	6.4	1.0	37	0.10	0.11
黏土	15.9	1.0	32	0.15	0.13
黏土	25.4	10.6	25	0.40	0.17
高岭土	30	2.1	40	0.40	0.181
铬革	10	1.5	49	—	1.25
砂<0.044mm	25	2.0	54	0.17	0.21
0.044～0.074	25	3.4	53	0.14	0.10
0.149～0.177	25	3.5	53	0.15	0.053
0.208～0.295	25	3.5	55	0.17	0.053
新闻纸	—	0	19	0.35	1.00
铁杉木	25	4.0	22	0.34	1.28
羊毛织物	—	—	25	—	0.31
白垩粉	31.8	1.0	39	0.20	0.084
白垩粉	6.4	1.0	37	—	0.04
白垩粉	16	9～11	26	0.40	0.13

必须注意，物料干燥至临界含水量时，物料仍含少量非结合水。临界含水量只是等速阶段和降速阶段的分界点。

干燥操作条件对产品性质的影响　在恒速阶段，物料表面温度维持在湿球温度。因此，即使在高温下易于变质、破坏的物料（塑料、药物、食品等）仍然允许在恒速阶段采用较高的气流温度，以提高干燥速率和热的利用率。在降速阶段，物料温度逐渐升高，故在干燥后期须注意不使物料温度过高。

物料性质可因脱水而产生种种物理的、化学的以致生物的变化。木材脱水收缩，内部产生应力，严重时可使木材沿薄弱面开裂。某些物料因降速初期干燥过快，在表面结成一坚硬的外壳，内部水分几乎无法通过此层硬壳，干燥难以继续进行。为避免产生表面硬化、干裂、起皱等不良现象，常需对降速阶段的干燥条件严格加以控制，通常减缓干燥速率，使物料内部水分分布比较均匀，可以防止发生上述现象。

14.3.2 间歇干燥过程的计算

干燥时间　一批物料在恒定空气条件下干燥所需的时间原则上应由该物料的干燥试验确定，且试验物料的分散程度（或堆积厚度）必须与生产时相同。当生产条件与试验差别不大时，可根据下述方法对物料干燥时间进行估算。

恒速阶段的干燥时间 τ_1　如物料在干燥之前的自由含水量 X_1 大于临界自由含水量 X_c，则干燥必先有一恒速阶段。忽略物料的预热阶段，恒速阶段的干燥时间 τ_1 可由式(14-10)积分求出。

$$\tau_1=\int_0^{\tau_1}\mathrm{d}\tau=-\frac{G_c}{A}\int_{X_1}^{X_c}\frac{\mathrm{d}X}{N_A}$$

因干燥速率 N_A 为一常数

$$\tau_1=\frac{G_c}{A}\times\frac{X_1-X_c}{N_A} \tag{14-12}$$

速率 N_A 由实验决定，也可按传质或传热速率式估算，即

$$N_A = k_H(H_w - H) = \frac{\alpha}{r_w}(t - t_w) \tag{14-13}$$

传质系数 k_H 的测量技术不及给热系数测量那样成熟与准确，在干燥计算中常用经验的给热系数进行计算。气流与物料的接触方式对给热系数影响很大，以下是几种典型接触方式的给热系数经验式。

(1) 空气平行于物料表面流动 [图 14-16(a)]

$$\alpha = 0.0143G^{0.8} \quad \mathrm{kW/(m^2 \cdot ℃)} \tag{14-14}$$

式中，G 为气体的质量流速，$\mathrm{kg/(m^2 \cdot s)}$。上式的试验条件为 $G = 0.68 \sim 8.14\mathrm{kg/(m^2 \cdot s)}$，气温 $t = 45 \sim 150℃$。

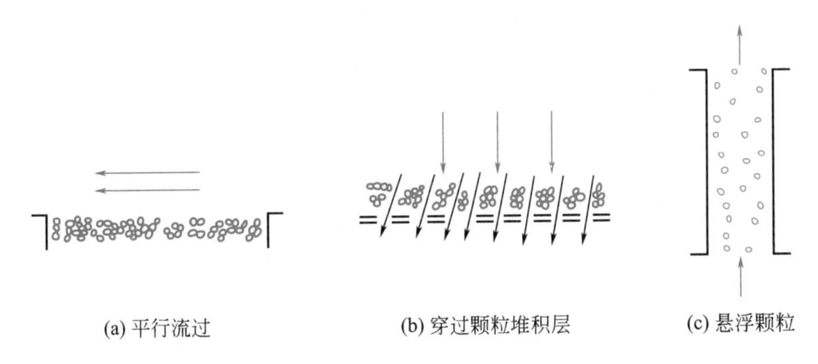

图 14-16 气流与物料的相对运动方式

(2) 空气自上而下或自下而上穿过颗粒堆积层 [图 14-16(b)]

$$\alpha = 0.0189\frac{G^{0.59}}{d_p^{0.41}} \quad 当\left(\frac{d_p G}{\mu} > 350\right) \tag{14-15}$$

$$\alpha = 0.0118\frac{G^{0.49}}{d_p^{0.51}} \quad 当\left(\frac{d_p G}{\mu} < 350\right) \tag{14-16}$$

式中，G 为气体质量流速，$\mathrm{kg/(m^2 \cdot s)}$；$d_p$ 为具有与实际颗粒相同表面的球的直径，m。α 的单位与式(14-14) 相同。

(3) 单一球形颗粒悬浮于气流中 [图 14-16(c)]

$$\frac{\alpha d_p}{\lambda} = 2 + 0.65Re_p^{1/2}Pr^{1/3} \tag{14-17}$$

$$Re_p = \frac{d_p u \rho}{\mu} \tag{14-18}$$

式中，u 为气体与颗粒的相对运动速度；ρ、μ、Pr 为气体的密度、黏度和普朗特数。

【例 14-3】 恒速干燥速率的计算

在总压 100kPa 下将温度为 23℃、相对湿度 φ 为 60%的空气预热至 80℃后送入间歇干燥器，空气以 7m/s 的流速平行流过物料表面。试估计恒速阶段的干燥速率。

若空气的预热温度改为 90℃，恒速干燥速率有何变化？

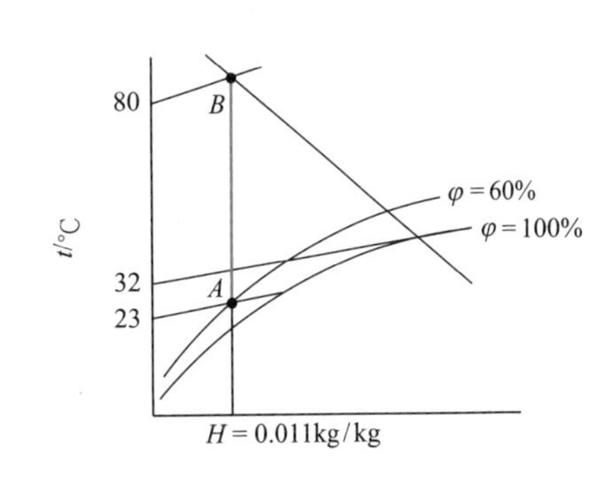

图 14-17 例 14-3 附图

解：(1) 在 I-H 图上查得空气预热前的状态如图 14-17 中 A 点所示，加热至 $t = 80℃$ 移至 B 点，此

时空气的湿度 $H=0.011\text{kg/kg}$，湿球温度 $t_w=32℃$。查表得 $r_w=2421\text{kJ/kg}$。

进干燥器空气的湿比体积为

$$v_H=(2.83\times10^{-3}+4.56\times10^{-3}H)(t+273)$$
$$=(2.83\times10^{-3}+4.56\times10^{-3}\times0.011)\times(80+273)=1.017\ (\text{m}^3/\text{kg 干气})$$

密度 $$\rho=\frac{1.0+H}{v_H}=\frac{1+0.011}{1.017}=0.994\ (\text{kg/m}^3)$$

质量流速 $$G=\rho u=0.994\times7=6.96\ [\text{kg/(s}\cdot\text{m}^2)]$$

给热系数 $$\alpha=0.0143G^{0.8}=0.0143\times6.96^{0.8}=0.0675\ [\text{kW/(m}^2\cdot℃)]$$

干燥速率 $$N_A=\frac{\alpha(t-t_w)}{r_w}=\frac{0.0675\times(80-32)}{2421}=1.339\times10^{-3}\ [\text{kg/(s}\cdot\text{m}^2)]$$

(2) 预热温度为90℃时，查得进入干燥器空气的湿球温度 $t_w=34.3℃$，则干燥速率为

$$N_A=\frac{\alpha(t-t_w)}{r_w}=\frac{0.0675\times(90-34.3)}{2414}=1.557\times10^{-3}\ [\text{kg/(s}\cdot\text{m}^2)]$$

降速阶段的干燥时间 τ_2 当物料的自由含水量减至临界自由含水量时，降速阶段开始。物料从临界自由含水量 X_c 减至 X_2 所需时间 τ_2 为

$$\tau_2=\int_0^{\tau_2}\mathrm{d}\tau=-\frac{G_c}{A}\int_{X_c}^{X_2}\frac{\mathrm{d}X}{N_A}$$

因降速段干燥速率 N_A 与自由含水量有关，若写成 $N_A=f(X)$，则

$$\tau_2=\frac{G_c}{A}\int_{X_2}^{X_c}\frac{\mathrm{d}X}{f(X)} \tag{14-19}$$

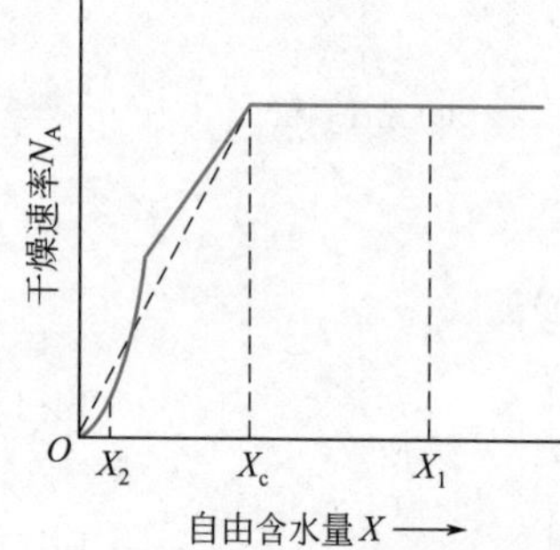

图 14-18 将降速干燥速率曲线处理为直线

若物料在降速阶段的干燥曲线可近似作为通过临界点与坐标原点的直线处理（参见图 14-18），则降速阶段的干燥速率可写成

$$N_A=K_XX \tag{14-20}$$

式中，比例系数 K_X 可由物料的临界自由含水量与物料的恒速干燥速率 $(N_A)_{恒}$ 求取，即

$$K_X=\frac{(N_A)_{恒}}{X_c} \tag{14-21}$$

于是

$$\tau_2=\frac{G_c}{AK_X}\ln\left(\frac{X_c}{X_2}\right) \tag{14-22}$$

物料经恒速及降速阶段的总干燥时间为

$$\tau=\tau_1+\tau_2 \tag{14-23}$$

【例 14-4】 降速阶段的干燥时间

已知某物料在恒定空气条件下从自由含水量0.15kg/kg干料干燥至0.05kg/kg干料共需4h，问将此物料继续干燥至自由含水量为0.02kg/kg干料还需多少时间？

已知此干燥条件下物料的临界自由含水量 $X_c=0.09\text{kg/kg}$ 干料，降速阶段的速率曲线可按过原点的直线处理。

解：(1) X 由0.15kg/kg降至0.05kg/kg经历两个干燥阶段：

$$\tau_1=\frac{G_c}{A(N_A)_{恒}}(X_1-X_c)$$

$$\tau_2=\frac{G_c X_c}{A(N_A)_{恒}}\ln\left(\frac{X_c}{X_2}\right)$$

$$\frac{\tau_1}{\tau_2}=\frac{(X_1-X_c)}{X_c\ln\left(\frac{X_c}{X_2}\right)}=\frac{0.15-0.09}{0.09\times\ln\left(\frac{0.09}{0.05}\right)}=1.134$$

已知 $\tau_1+\tau_2=4$（h），解得 $\tau_1=2.13$（h），$\tau_2=1.87$（h）。

（2）继续干燥所需的时间

设从临界自由含水量 X_c 干燥至 $X_3=0.02$kg/kg 干料所需时间为 τ_3，则

$$\frac{\tau_3}{\tau_2}=\frac{\ln\left(\frac{X_c}{X_3}\right)}{\ln\left(\frac{X_c}{X_2}\right)}=\frac{\ln\left(\frac{0.09}{0.02}\right)}{\ln\left(\frac{0.09}{0.05}\right)}=2.56,\quad \tau_3=2.56\tau_2$$

继续干燥尚需时间 $\tau_3-\tau_2=1.56\times1.87=2.92$（h）

干燥结束时的物料温度　在降速阶段，干燥（水分汽化）速率减慢，物料表面温度不再保持在湿球温度不变，此时气体传给固体物料的热量中一部分用于物料升温。当物料干燥至平衡含水量时，物料温度 θ 等于气温 t。对厚层物料，升温首先发生于物料的表层，物料内部存在非定态的温度分布。但对薄层或松散的粉粒物料，内外温度差别不大，固体温度可视为均一，从而可利用气固间传热与传质速率式找出干燥终了时物料的温度与含水量间的关系。

在降速阶段，$d\tau$ 时段气固间的传热量应等于水分汽化及物料升温所需的热量，故有

$$\alpha A(t-\theta)d\tau=-rG_c dX+G_c c_{pm}d\theta$$

式中，t 为气流温度，为一定值，℃；θ 为瞬时的物料温度，℃；c_{pm} 为固体物的比热容，kJ/(kg·℃)；r 为水的汽化热，kJ/(kg·℃)。

在降速阶段，设干燥速率与物料的自由含水量成正比，即

$$-\frac{G_c dX}{A d\tau}=K_X X$$

联立以上两式以消去 $d\tau$，得

$$-\frac{\alpha(t-\theta)}{K_X X}dX=-r dX+c_{pm}d\theta$$

方程的边界条件为

$$当\ X=X_c,\quad \theta=t_w$$
$$当\ X=X_2,\quad \theta=\theta_2$$

解上述微分方程可得

$$t-\theta_2=(t-t_w)\left[\frac{rX_2-c_{pm}(t-t_w)\left(\frac{X_2}{X_c}\right)^{\frac{X_c r}{c_{pm}(t-t_w)}}}{rX_2-c_{pm}(t-t_w)}\right]\tag{14-24}$$

式(14-24) 的近似条件为：

① 物体内部温度均一，即指悬浮颗粒或薄层物料；

② 降速阶段的速率与物料的自由含水量成正比；

③ 水的汽化热 r 取为常数（可取 t_w 下的值），物料比热容 c_{pm} 也取常数（取绝对干燥物的比热容）。

14.3.3 连续干燥过程一般特性

在连续干燥器中，气流与物料的接触方式可为并流、逆流、错流或其他更为复杂的形式（参见图 14-19）。

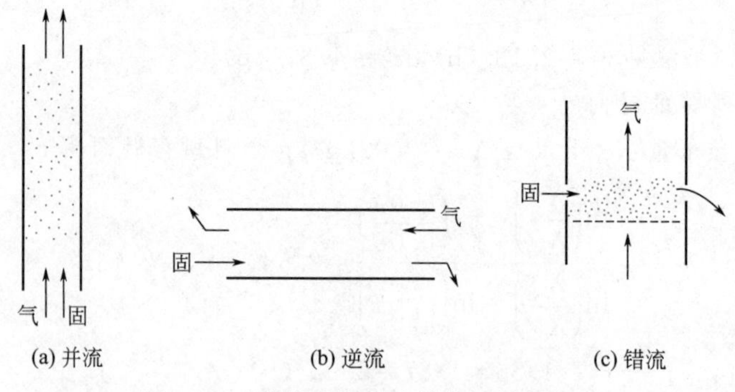

图 14-19　连续干燥器中的气固接触方式

连续干燥过程的特点　现以并流连续干燥为例加以说明，图 14-20 所示为此种干燥器内气、固两相温度沿流动途径（设备长度）的变化情况。

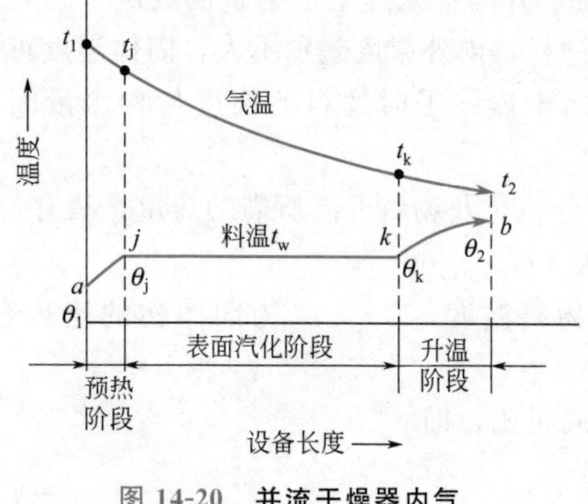

图 14-20　并流干燥器内气、固两相温度的变化

当物料的含水量大于临界含水量时，物料的温度在进入干燥器一小段距离后即可由初温 θ_1 升到气流的湿球温度，此为物料预热段，如图中 aj 段所示。由于水分汽化，沿途空气的湿度增加，温度降低。在连续干燥器内，因物料在设备的不同部位与之接触的空气状态不同，即使物料含水量大于临界值，也不存在恒速干燥阶段，而只有一个表面水分的汽化阶段，如图中 jk 段所示。若忽略设备的热损失，在此表面汽化段中气体绝热增湿，物料温度维持不变。k 点以后，表面水分汽化完毕，干燥速率进一步下降，物料温度逐渐升高至出口温度 θ_2。但须注意，连续干燥器中的这一升温阶段与定态空气条件下的降速阶段不同，此时与同一物料接触的空气状态不断变化，其干燥速率不能假设与物料的自由含水量成正比。

连续干燥过程的数学描述　连续干燥为一定态过程，设备中的湿空气与物料状态沿途不断变化，但流经干燥器任一确定部位的空气和物料状态不随时间而变。因此，在对连续干燥过程进行数学描述时，应该采用欧拉方法，在垂直于气流运动方向上取一设备微元 $d\overline{V}$ 作为考察对象。

干燥过程是气、固两相间的热、质同时传递过程。过程数学描述时，可对所取设备微元写出物料衡算式、热量衡算式及相际传热与传质速率方程式。由式(13-7) 可知，在相际传热与传质速率方程式中，分别包含界面温度与界面饱和湿度。对于气、固系统，这两个界面参数与物料内部的导热和扩散情况有关，其确定将变得十分复杂。

因此，为对干燥过程进行全面的数学描述，除上述四个方程式之外，还必须同时列出物料内部的传热、传质速率方程式。不难想象，物料内部的传热与传质，必与物料的内部结构、水分与固体的结合方式、物料层的厚度等许多因素有关，要定量地写出这两个特征方程式是非常困难的。

以下首先对干燥过程作物料和热量衡算，然后对干燥过程作出简化，列出传热、传质速率方程，计算设备容积。

14.3.4 干燥过程的物料衡算与热量衡算

图 14-21 所示为典型对流干燥器。空气经预热后进入干燥器与湿物料相遇，将固体物料的含水量由 X_1 降为 X_2[1]，物料温度则由 θ_1 升高为 θ_2。根据需要，干燥器内可对空气补充加热。干燥过程的物料衡算和热量衡算是确定空气用量、分析干燥过程的热效率以及计算干燥器容积的基础。

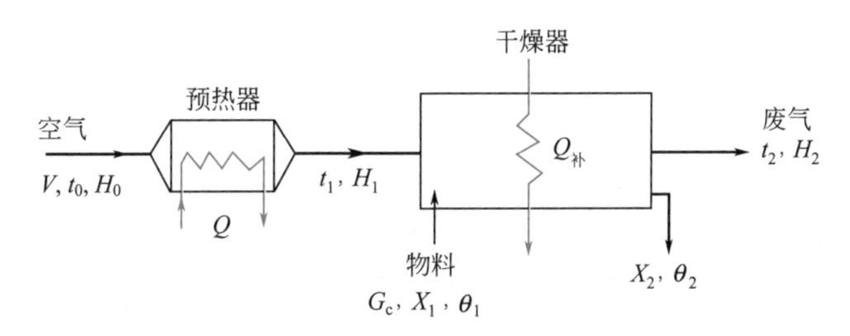

图 14-21 典型对流干燥器

物料衡算 参见图 14-21 所列参数，以干燥器为控制体对水分作物料衡算可得

$$W=G_c(X_1-X_2)=V(H_2-H_1) \tag{14-25}$$

式中，W 为在干燥过程中被除掉的水分，kg/s；V 为以绝对干气体计的空气流量，kg 干气/s；H_1、H_2 为空气进、出干燥器的湿度，kg 水/kg 干气。

物料的含水量习惯上也可用水在湿物料中的质量分数 w（湿基）表示，它与绝干物料为基准的含水量 X_t（干基）之间的关系为

$$X_t=\frac{w}{1-w} \tag{14-26}$$

湿物料量与绝干物料量 G_c 的关系为

$$G_c=G_1(1-w_1)=G_2(1-w_2) \tag{14-27}$$

式中，G_1、G_2 为进干燥器的湿物料量和出干燥器的干燥产品量，kg/s；w_1、w_2 为进、出干燥器物料的含水量，kg/kg 湿物料。

干燥器中物料失去的水分 W 为

$$W=G_1-G_2=G_1\frac{w_1-w_2}{1-w_2} \tag{14-28}$$

预热器的热量衡算 以图 14-21 中的预热器为控制体作热量衡算可得

$$Q=V(I_1-I_0)=Vc_{pH1}(t_1-t_0) \tag{14-29}$$

式中，Q 为空气在预热器中获得的热量，kW；I_0、I_1 为空气进、出预热器的焓，kJ/kg 干气；c_{pH1} 为湿空气的比热容，即（$c_{pg}+c_{pV}H_1$），kJ/(kg·℃)。

干燥器的热量衡算 取图 14-21 所示的干燥器作控制体作热量衡算可得

$$VI_1+G_cc_{pm1}\theta_1+Q_{补}=VI_2+G_cc_{pm2}\theta_2+Q_{损} \tag{14-30}$$

式中，$Q_{补}$ 为干燥器中的补充加热量，kW；$Q_{损}$ 为干燥器中的热损失，kW；c_{pm} 为湿物料的比

---

[1] 为简化起见，含水量 X_t 的下标 t 在不发生混淆时常被忽略。

热容，kJ/(kg 干料·℃)，由绝干物料比热容 c_{pS} 及液体比热容 c_{pL} 按加和原则计算，即

$$c_{pm}=c_{pS}+c_{pL}X_t \tag{14-31}$$

物料衡算与热量衡算的联立求解　在设计型问题中，G_c、θ_1、X_1、X_2 是干燥任务规定的，气体湿度 $H_1=H_0$ 由空气初始状态决定，$Q_{损}$ 可按传热章有关公式求取，一般可按规模设备假定为预热器热负荷的 5%～10%。14.3.2 中已经说明，干燥终了时的物料温度 θ_2 是干燥后期气固两相间及物料内部热、质传递的必然结果，不能任意选择，应在一定条件下由实验测出或按经验判断确定。气体进干燥器的温度 t_1 可以选定。这样，干燥过程的物料和热量衡算常遇以下两种情况：

① 选择气体出干燥器的状态（如 t_2 及 φ_2），求解空气用量 V 及补充加热量 $Q_{补}$；

② 选定补充的加热量（如在许多干燥器中 $Q_{补}=0$）及气体出干燥器状态的一个参数（H_2、φ_2、t_2 中的一个），求 V 及另一个气体出口参数（如 H_2）。

在第②种情况下，由于出口气体状态参数之一是未知数，联立求解式(14-25) 和式(14-30) 的计算比较繁复，因而常对干燥过程作出简化，以便于初步估算。

理想干燥过程的物料和热量衡算　若在干燥过程中物料汽化的水分都是在表面汽化阶段除去的，设备的热损失及物料温度的变化可以忽略，也未向干燥器补充加热，此时干燥器内气体传给固体的热量全部用于汽化水分，并带入气相。由热量衡算式(14-30) 可知，气体在干燥过程中的状态变化为等焓过程，这种简化的干燥过程称为理想干燥过程。

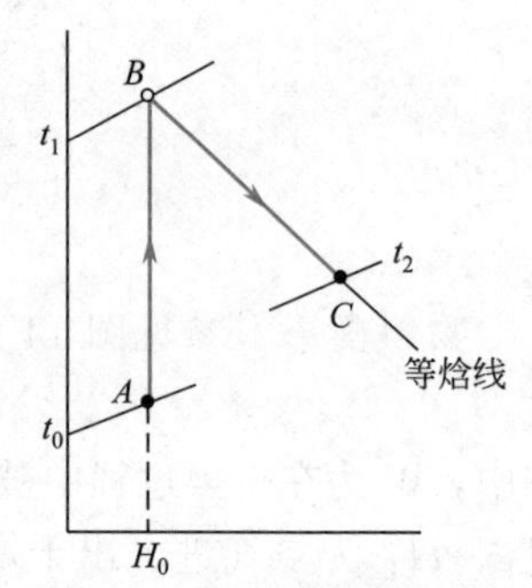

图 14-22　理想干燥过程的气体状态的变化过程

图 14-22 所示为理想干燥过程的气体状态的变化过程。由室外空气的状态 t_0、H_0 决定 A 点。在预热器中空气沿等湿度线升温至 t_1，即 B 点。进入干燥器后气体沿等焓线降温、增湿至出口状态 t_2，即图中 C 点。这样，气体出口的状态参数便可方便地确定，然后可由物料衡算式计算空气用量 V。

【例 14-5】 理想干燥过程的物料衡算与热量衡算

在常压下将含水量为 10% 的湿物料以 5kg/s 的速率送入干燥器，干燥产物的含水量为 1%。所用空气的温度为 20℃、湿度为 0.007kg/kg 干气，预热温度为 130℃，废气出口温度为 70℃，设为理想干燥过程，试求：(1) 空气用量 V；(2) 预热器的热负荷。

解：(1) 绝对干物料的处理量为

$$G_c=G_1(1-w_1)=5\times(1-0.1)=4.5\ (\text{kg 干料/s})$$

进、出干燥器的含水量为

$$X_1=\frac{w_1}{1-w_1}=\frac{0.10}{1-0.10}=0.1111\ (\text{kg/kg 干料})$$

$$X_2=\frac{w_2}{1-w_2}=\frac{0.01}{1-0.01}=0.0101\ (\text{kg/kg 干料})$$

水分汽化量为　$W=G_c(X_1-X_2)=4.5\times(0.1111-0.0101)=0.4545\ (\text{kg/s})$

气体进干燥器的状态为

$$H_1=H_0=0.007\ (\text{kg/kg 干气})$$

$$\begin{aligned}I_1&=(1.01+1.88H_1)t_1+2500H_1\\&=(1.01+1.88\times0.007)\times130+2500\times0.007=151\ (\text{kJ/kg 干气})\end{aligned}$$

气体出干燥器的状态为 $t_2=70℃$，$I_2=I_1=151\text{kJ/kg}$ 干气。

出口气体的湿度为 $H_2=\dfrac{I_2-1.01t_2}{1.88t_2+2500}=\dfrac{151-1.01\times70}{1.88\times70+2500}=0.0303$ (kg/kg 干气)

空气用量为 $V=\dfrac{W}{H_2-H_1}=\dfrac{0.4545}{0.0303-0.007}=19.48$ (kg 干气/s)

(2) 预热器的热负荷为 $Q=V(I_1-I_0)$

式中 $I_0=(1.01+1.88H_0)t_0+2500H_0$

$=(1.01+1.88\times0.007)\times20+2500\times0.007=38.0$ (kJ/kg 干气)

$Q=19.48\times(151-38)=2202$ (kW)

实际干燥过程的物料和热量衡算 干燥过程中若不向干燥器补充热量或补充的热量 $Q_补$ 不足以抵偿物料带走热量 $G_c(c_{pm2}\theta_2-c_{pm1}\theta_1)$ 与热损失之和，则出口气体的焓将低于进口气的焓，出口气体的状态如图 14-23 中 D 点所示。若规定气体出干燥器的温度 t_2 相同，则 D 点的湿度较理想干燥过程的出口湿度（图中 C 点）为低，按物料衡算求出的空气用量较多。反之，当向干燥器补充加热量较多时，则出口气体的焓将大于进口气体的焓，如图 14-23 中 E 点所示。对相同的出口温度 t_2，E 点的湿度较大，物料衡算求得的空气用量较少。实际干燥过程气体出干燥器的状态需由物料衡算式(14-25) 和热量衡算式(14-30) 联立求解决定。

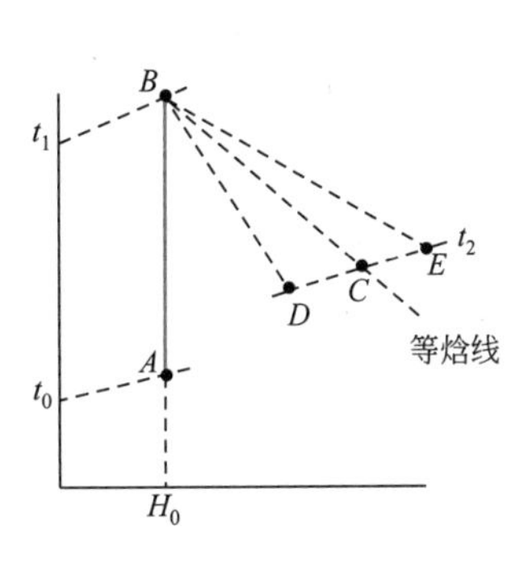

图 14-23 实际干燥过程的出口气体状态

【例 14-6】 实际干燥过程中气体出口状态的计算

已知某连续干燥过程的有关参数如下。物料：$G_c=4.5\text{kg}$ 干料/s；$X_1=0.1111\text{kg}$ 水/kg 干料；$X_2=0.0101\text{kg}$ 水/kg 干料；$\theta_1=20℃$；$\theta_2=65℃$；干料比热容 $c_{pS}=2.0\text{kJ/(kg·℃)}$。空气：$t_0=20℃$；$H_0=0.007\text{kg}$ 水/kg 干气；预热至 $t_1=130℃$ 后进入干燥器，离开干燥器时的温度 $t_2=70℃$。

若热损失按空气在预热气体中获得热量的 5%计算，干燥器中不补充加热。试求：(1) 空气用量 V；(2) 预热器的热负荷 Q。

解：(1) 水分汽化量为 $W=G_c(X_1-X_2)=4.5\times(0.1111-0.0101)=0.4545$ (kg/s)

湿物料比热容为

$$c_{pm1}=c_{pS}+c_{pL}X_1=2.0+4.18\times0.1111=2.46\ [\text{kJ/(kg·℃)}]$$

$$c_{pm2}=c_{pS}+c_{pL}X_2=2.0+4.18\times0.0101=2.04\ [\text{kJ/(kg·℃)}]$$

气体的焓为 $I_0=(1.01+1.88H_0)t_0+2500H_0$

$=(1.01+1.88\times0.007)\times20+2500\times0.007=38$ (kJ/kg 干气)

$I_1=(1.01+1.88H_1)t_1+2500H_1$

$=(1.01+1.88\times0.007)\times130+2500\times0.007=151$ (kJ/kg 干气)

热量衡算式可写为

$$VI_1=VI_2+G_c(c_{pm2}\theta_2-c_{pm1}\theta_1)+0.05V(I_1-I_0) \quad ①$$

物料衡算式为

$$V=\frac{W}{H_2-H_0} \quad ②$$

将 $I_2=(1.01+1.88H_2)t_2+2500H_2$ 和式②代入式①，经整理后得

$$H_2=\frac{0.95I_1+0.05I_0+H_0G_c(c_{pm2}\theta_2-c_{pm1}\theta_1)/W-1.01t_2}{2500+1.88t_2+G_c(c_{pm2}\theta_2-c_{pm1}\theta_1)/W}$$

$$=\frac{0.95\times151+0.05\times38+0.007\times4.5\times(2.04\times65-2.46\times20)/0.4545-1.01\times70}{2500+1.88\times70+4.5\times(2.04\times65-2.46\times20)/0.4545}$$

$$=0.0233\ (\text{kg/kg 干气})$$

空气用量为 $$V=\frac{W}{H_2-H_0}=\frac{0.4545}{0.0233-0.007}=27.95\ (\text{kg 干气/s})$$

(2) 预热器的热负荷为

$$Q=V(I_1-I_0)=27.95\times(151-38)=3158\ (\text{kW})$$

将本例与例14-5比较可知，在物料的干燥要求相同，气体进出干燥器的温度也相同的条件下，因热损失及物料带走热量，空气用量及预热器的热负荷将显著增加。

本例条件下出口气体的焓为

$$I_2=(1.01+1.88H_2)t_2+2500H_2$$

$$=(1.01+1.88\times0.0233)\times70+2500\times0.0233=132\ (\text{kJ/kg 干气})$$

出口气体的焓 I_2 明显低于进干燥器的焓 I_1，达到同一温度 t_2 的出口气体湿度 H_2 比例14-5中明显降低（参见图14-23中 D 点）。因此需要更多的空气用量。

14.3.5 干燥过程的热效率

干燥器的热量分析 为分析热空气在干燥器中所放热量的有效利用程度，可将热量衡算式(14-30)中的焓 I_1、I_2 及湿物料比热容 c_{pm1} 用各自的定义代入，经整理可得

$$Vc_{pH1}(t_1-t_2)=Q_1+Q_2+Q_{损}-Q_{补} \tag{14-32}$$

式中等号左方表示气体在干燥器中放出的热量，它由等式右方的四部分决定，其中

$$Q_1=W(r_0+c_{pV}t_2-c_{pL}\theta_1) \tag{14-33}$$

为汽化水分并将它由进口态的水变成出口态的蒸汽所消耗的热；

$$Q_2=G_c c_{pm2}(\theta_2-\theta_1) \tag{14-34}$$

为物料温度升高所带走的热。

由式(14-29)可知，空气在预热器中获得的热量可分解成两部分，即

$$Q=Vc_{pH1}(t_1-t_2)+Vc_{pH1}(t_2-t_0) \tag{14-35}$$

或

$$Q=Vc_{pH1}(t_1-t_2)+Q_3 \tag{14-36}$$

式中

$$Q_3=Vc_{pH1}(t_2-t_0) \tag{14-37}$$

可理解为废气离开干燥器时带走的热量。式(14-36)中等号右方第一项，即为气体在干燥器中放出的热量，用式(14-32)代入式(14-36)得

$$Q+Q_{补}=Q_1+Q_2+Q_3+Q_{损} \tag{14-38}$$

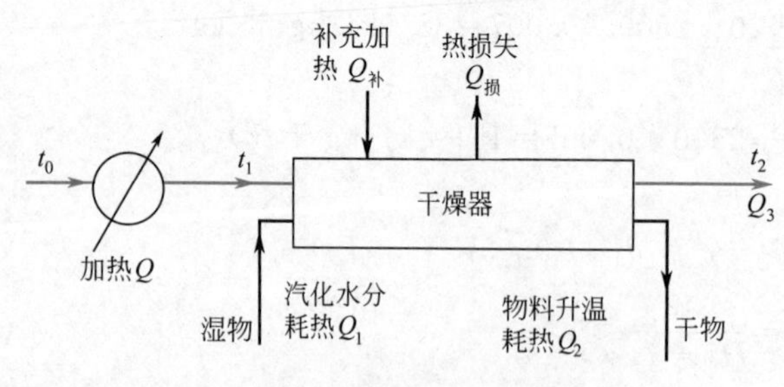

图14-24 干燥过程的热量分配

干燥过程中空气受热和放热的分配表示于图14-24中。

干燥过程中热量的有效利用程度是决定过程经济性的重要方面。由式(14-38)可知，空气在预热器及干燥器中加入的热量消耗于四个方面，其中 Q_1 直接用于干燥目的，Q_2 是为达到规定含水量所不可避免。因此，干

燥过程热量利用的经济性可用如下定义的热效率来表示

$$\eta=\frac{Q_1+Q_2}{Q+Q_{补}} \tag{14-39}$$

若干燥器内未补充加热，热损失也可忽略，$Q_{补}=Q_{损}=0$，则上式中分子 Q_1+Q_2 可用式(14-32) 代入，而分母用式(14-29) 代入，得

$$\eta=\frac{t_1-t_2}{t_1-t_0} \tag{14-40}$$

显然，提高热效率可从提高预热温度 t_1 及降低废气出口温度 t_2 两方面着手。

降低废气出口温度 t_2 可以提高热效率，但也降低了干燥速率，延长了干燥时间，增加了设备容积。同时，废气出口温度不能过低以致接近饱和。否则，气流易在设备及管道出口处散热而析出水滴。通常为安全起见，废气出口温度须比出干燥器气体的湿球温度高20～50℃。

提高空气的预热温度 t_1，也可提高热效率。空气预热温度高，单位质量干空气携带的热量多，干燥过程所需要的空气用量少，废气带走的热量相对减少，故热效率得以提高。但是，空气的预热温度应以物料不致在高温下受热破坏为限。对不能经受高温的物料，采用中间加热的方式即在干燥器内设置一个或多个中间加热器，也可提高热效率。

【例 14-7】 预热温度 t_1 对热效率的影响

已知某实际干燥过程的有关参数如下。物料：$G_c=4.5$kg 干料/s；$X_1=0.1111$kg/kg 干料；$X_2=0.0101$kg/kg 干料；$\theta_1=20$℃；$\theta_2=65$℃；干料比热容 $c_{pS}=2.0$kJ/(kg·℃)。空气：$t_0=20$℃；$H_0=0.007$kg 水/kg 干气；离开干燥器的气温 $t_2=70$℃。空气经预热至 $t_1=140$℃进入干燥器。

在干燥器内不补加热量（$Q_{补}=0$），热损失取预热器中空气获得热量的 6%，即$Q_{损}=0.06Q$。试求：(1) 空气用量 V；(2) 热效率 η。

解：(1) 水分汽化量

$$W=G_c(X_1-X_2)=4.5\times(0.1111-0.0101)=0.4545\ (\text{kg/s})$$

汽化水分耗热

$$Q_1=W(r_0+c_{pV}t_2-c_{pL}\theta_1)=0.4545\times(2500+1.88\times70-4.18\times20)=1158\ (\text{kW})$$

物料升温耗热

$$Q_2=G_c c_{pm2}(\theta_2-\theta_1)$$

其中

$$c_{pm2}=c_{pS}+c_{pL}X_2=2.0+4.18\times0.0101=2.04\ [\text{kJ/(kg·℃)}]$$

因此

$$Q_2=4.5\times2.04\times(65-20)=413\ (\text{kW})$$

废气带走热量

$$Q_3=Vc_{pH1}(t_2-t_0)$$

式中

$$c_{pH1}=1.01+1.88H_1=1.01+1.88\times0.007=1.02\ [\text{kJ/(kg·℃)}]$$

因此

$$Q_3=V\times1.02\times(70-20)=51V \tag{①}$$

由热量衡算式(14-38) 得

$$Q=Q_1+Q_2+Q_3+0.06Q$$

移项并将式①代入上式得

$$0.94Q=Q_1+Q_2+51V \tag{②}$$

为计算预热器中的加热量，先算出气体进、出预热器的焓

$$\begin{aligned}I_0&=(1.01+1.88H_0)t_0+2500H_0\\&=(1.01+1.88\times0.007)\times20+2500\times0.007=38\ (\text{kJ/kg 干气})\end{aligned}$$

$$\begin{aligned}I_1&=(1.01+1.88H_1)t_1+2500H_1\\&=(1.01+1.88\times0.007)\times140+2500\times0.007=161\ (\text{kJ/kg 干气})\end{aligned}$$

代入式②

$$V=\frac{Q_1+Q_2}{0.94(I_1-I_0)-51}=\frac{1158+413}{0.94\times(161-38)-51}=24.31\ (\text{kg 干气/s})$$

(2) 空气在预热器中获得热量

$$Q=V(I_1-I_0)=24.31\times(161-38)=2990\ (\text{kW})$$

废气带走热量 $Q_3=51V=51\times24.31=1240\ (\text{kW})$

热效率 $$\eta=\frac{Q_1+Q_2}{Q}=\frac{1158+413}{2990}=0.525$$

现将本例所得结果与例 14-6 比较如下：

项目	例 14-6	例 14-7
预热温度/℃	$t_1=130$	$t_1'=140$
假定热损失	$Q_{损}=5\%Q$	$Q_{损}=6\%Q$
空气用量/(kg/s)	$V=27.95$	$V=24.31$
出干燥器空气湿度/(kg/kg)	$H_2=0.0233$	$H_2'=0.0257$
预热器加热量/kW	$Q=3158$	$Q=2990$
废气带走热量/kW	$Q_3=1425$	$Q_3=1240$
热损失/kW	$Q_{损}=158$	$Q_{损}=179$
热效率	$\eta=0.499$	$\eta=0.525$

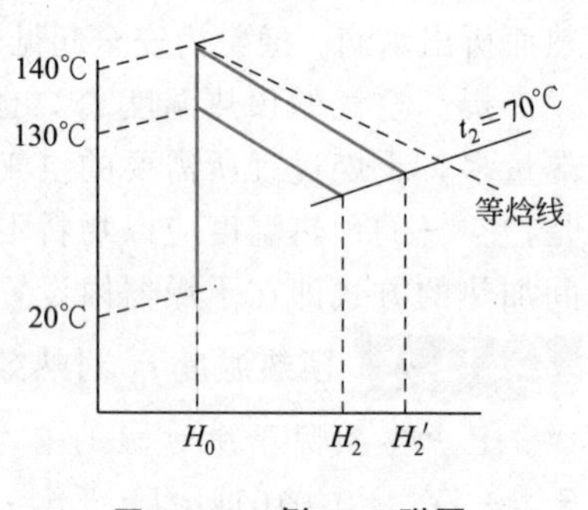

图 14-25 例 14-7 附图

比较可知，由于预热温度 t_1 升高，达到相同出口温度 t_2 的湿度 H_2 增大（参见图 14-25），使空气用量减少，废气带走热量减少，热效率提高。

14.3.6 连续干燥过程设备容积的计算方法

理想干燥过程 在理想干燥过程中，所有水分都是在表面汽化阶段除去的，实质是假设物料内部水分向表面扩散的速率远大于表面汽化速率，使物料表面温度与饱和湿度同内部传递过程无关。此时，只需以设备微元$d\overline{V}$为控制体列出物料衡算式、热量衡算式以及相际传热、传质速率式，便可对理想干燥器作出数学描述，然后沿气流或物料运动方向积分以求得干燥设备的容积。以下以一并流操作的理想干燥过程为例加以说明。

在流动方向上取一设备微元 $d\overline{V}$，进、出该微元的气、固两相流量与组成如图 14-26 所示。以微元 $d\overline{V}$为控制体，对水分作物料衡算可得

$$V\mathrm{d}H=-G_c\mathrm{d}X \tag{14-41}$$

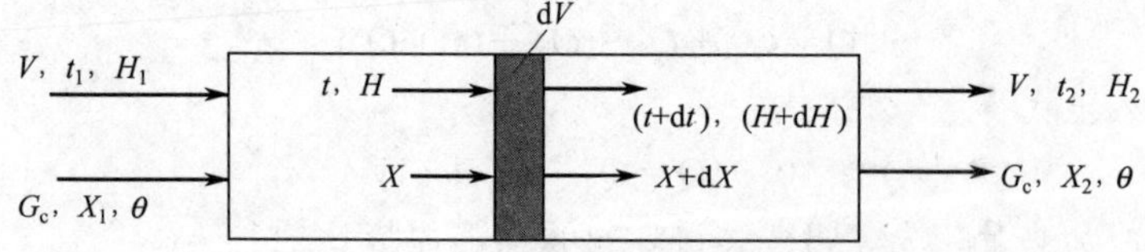

图 14-26 理想干燥过程的数学描述

根据理想干燥过程的有关假定，以 $d\overline{V}$为控制体作热量衡算可得

$$\mathrm{d}I=0 \tag{14-42}$$

在微元体内两相传热与传质速率分别为

$$-c_{pH}V\mathrm{d}t=\alpha a(t-\theta)\mathrm{d}\overline{V} \tag{14-43}$$

$$V\mathrm{d}H=k_{H}a(H_{\theta}-H)\mathrm{d}\overline{V} \tag{14-44}$$

式中，H_{θ} 为物料表面温度 θ 下气体的饱和湿度。

理想干燥过程的计算问题，可联立以上四式求解。

在理想干燥过程中，汽化水分所需的热量只能由气体提供，即 $-c_{pH}V\mathrm{d}t=r_{\theta}V\mathrm{d}H$。于是，联立求解式(14-43）与式(14-44）两式可以求出物料表面温度为

$$\theta=t-\frac{k_{H}r_{\theta}}{a}(H_{\theta}-H) \tag{14-45}$$

将此式与式(13-9）对照，不难看出，此物料表面温度 θ 就是与之接触空气的湿球温度 t_{w}。因理想干燥器内气体状态变化是等焓过程，故物料表面温度处处相等。

将式(14-41）与式(14-42）积分，可分别得到

物料衡算式
$$V(H_{2}-H_{1})=G_{c}(X_{1}-X_{2}) \tag{14-46}$$

热量衡算式
$$I_{1}=I_{2}$$

或
$$(c_{pg}+c_{pV}H_{1})t_{1}+r_{0}H_{1}=(c_{pg}+c_{pV}H_{2})t_{2}+r_{0}H_{2} \tag{14-47}$$

将传热或传质速率式积分可求出所需设备容积$\overline{V}$。考虑到容积传热系数 αa 比传质系数 $k_{H}a$ 更容易获得，通常根据传热速率式计算设备容积，即

$$\overline{V}=\frac{V}{\alpha a}\int_{t_{2}}^{t_{1}}\frac{c_{pH}\mathrm{d}t}{(t-\theta)} \tag{14-48}$$

在理想干燥过程中，$\theta=t_{w}=$常数、$I=$常数，不难找出 c_{pH}与温度 t 的函数关系，通过数值积分由上式算出所需要的设备容积。

如作近似计算，湿比热容 $c_{pH}=c_{pg}+c_{pV}H$ 可取某一平均值作为常数，则上式可积分得

$$\overline{V}=\frac{Vc_{pH}}{\alpha a}\ln\frac{t_{1}-t_{w}}{t_{2}-t_{w}} \tag{14-49}$$

或写成
$$Q=Vc_{pH}(t_{1}-t_{2})=\alpha a\overline{V}\Delta t_{m} \tag{14-50}$$

式中
$$\Delta t_{m}=\frac{(t_{1}-t_{w})-(t_{2}-t_{w})}{\ln\dfrac{t_{1}-t_{w}}{t_{2}-t_{w}}} \tag{14-51}$$

为干燥器进、出口气固两相温差的对数平均值。

除物性之外，以上诸式共包含 10 个过程参数。在设计型计算中，G_{c}、X_{1}、X_{2}、H_{1} 是已知量，根据式(14-45)～式(14-49)，选择 t_{1} 与 t_{2}，可以计算 V、H_{2}、θ、$\overline{V}$四个未知量。

实际干燥过程的简化及所需容积的估算　临界含水量很低、颗粒尺寸又很细小的松散物料的干燥，往往可简化为理想干燥过程而不致产生很大偏离。但在大多数的情况下，湿物料的干燥是不能简单地作理想干燥过程处理的。前面已经提到，在干燥过程的升温阶段，物料内部的传质与传热将对干燥产生影响，使问题变得十分复杂。目前，实际干燥过程主要是通过实验或凭经验解决问题。尽管如此，在工程上可以根据具体物料和具体设备的特点对实际

干燥过程作出某种程度的简化，然后通过计算对所需设备容积进行粗略的估算。

通常所用的简化假定有（参见图 14-20）：

① 假定在预热段物料只改变温度，不改变含水量。这样，预热段只发生气、固两相间的传热过程，可通过热量衡算决定预热段与表面汽化段分界处的两相温度 θ_j（即 t_w）、t_j，有时，也可将物料预热段忽略不计。

② 表面汽化阶段可假设为理想干燥过程，根据实验测定的临界含水量 X_c，不难求出该段与物料升温段分界处的 t_k、H_k、θ_k（即 t_w）与 X_k（即 X_c）。

③ 在物料升温阶段假定气、固两相温度呈线性关系，两相在此段的平均温差可取两端点温差的对数平均值。

这样，通过总物料衡算、总热量衡算确定干燥器两端状态，再根据上述假定确定各分界处有关参数，便可按式(14-50) 分别求出各段所需要的设备容积，即

$$\overline{V}_i=\frac{Q_i}{\alpha a\,\Delta t_{mi}} \tag{14-52}$$

干燥过程所需要的总设备容积为三段所需容积之和。

思考题

14-7 何谓临界含水量？它受哪些因素影响？

14-8 干燥速率对产品物料的性质会有什么影响？

14-9 连续干燥过程的热效率是如何定义的？

14-10 理想干燥过程有哪些假定条件？

14-11 为提高干燥热效率可采取哪些措施？

14.4 干燥器

14.4.1 干燥器的基本要求

对被干燥物料的适应性 湿物料的外表形态很不相同，从大块整体物件到粉粒体，从黏稠溶液或糊状团块到薄膜涂层。物料的化学、物理性质也有很大差别。煤粉、无机盐等物料能经受高温处理，药物、食品、合成树脂等有机物则易于氧化、受热变质。有的物料在干燥过程中还会发生硬化、开裂、收缩等影响产品的外观和使用价值的物理化学变化。

适应被干燥物料的外观性状是对干燥器的基本要求，也是选用干燥器的首要条件。但是，除非是干燥小批量、多品种的产品，一般并不要求一个干燥器能处理多种物料，通用的设备不一定符合经济、优化的原则。

设备的生产能力 设备的生产能力取决于物料达到指定干燥程度所需的时间。由 14.3.1 可知，物料在降速阶段的干燥速率缓慢，费时较多。缩短降速阶段的干燥时间不外从两方面着手：①降低物料的临界含水量，使更多的水分在速率较高的恒速阶段除去；②提高降速阶段本身的速率。将物料尽可能地分散，可以兼达上述两个目的。许多干燥器（如气流式、流化床、喷雾式等）的设计思想就在于此。

能耗的经济性 干燥是一种耗能较多的单元操作，设法提高干燥过程的热效率是至关重要的。在对流干燥中，提高热效率的主要途径是减少废气带热。干燥器结构应能提供有利的气固接触，在物料耐热允许的条件下应使用尽可能高的入口气温，或在干燥器内设置加热面

进行中间加热。这两者均可降低干燥介质的用量，减少废气带走的热量。

在恒速干燥阶段，干燥速率与介质流速有关，减少介质用量会使设备容积增大；而在降速阶段，干燥速率几乎与介质流速无关。这样，物料的恒速与降速干燥在同一设备、相同流速下进行在经济上并不合理。为提高热效率，物料在不同的干燥阶段可采用不同类型的干燥器加以组合。

此外，在相同的进、出口温度下，逆流操作可以获得较大的传热（或传质）推动力，设备容积较小。换言之，在设备容积和产品含水量相同的条件下，逆流操作介质用量较少，热效率较高。但对于热敏性物料，并流操作可采用较高的进气温度，并流操作将优于逆流。

14.4.2 常用对流式干燥器

厢式干燥器 厢式干燥器亦称烘房，其结构如图 14-27 所示。干燥器外壁由砖墙并覆以适当的绝热材料构成。厢内支架上放有许多矩形浅盘，湿物料置于盘中，物料在盘中的堆放厚度为 10～100mm。厢内设有翅片式空气加热器，并用风机造成循环流动。调节风门，可在恒速阶段排出较多的废气，而在降速阶段使更多的废气循环。

厢式干燥器一般为间歇式，但也有连续式的。此时堆物盘架搁置在可移动的小车上，或将物料直接铺在缓缓移动的传送网上。

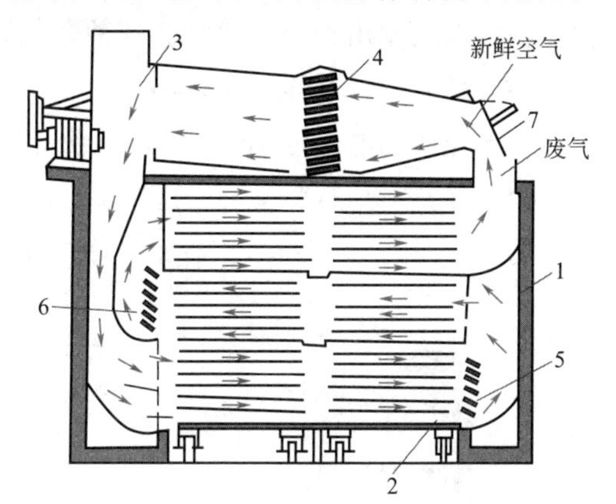

图 14-27 厢式干燥器

1—干燥室；2—小板车；3—送风机；4,5,6—空气预热器；7—调节门

动画

厢式干燥器的最大特点是对各种物料的适应性强，干燥产物易于进一步粉碎。但湿物料得不到分散，干燥时间长，完成一定干燥任务所需的设备容积及占地面积大，热损失多。因此，主要用于产量不大、品种需要更换的物料的干燥。

喷雾干燥器 黏性溶液、悬浮液以至糊状物等可用泵输送的物料，以分散成粒、滴进行干燥最为有利。所用设备为喷雾干燥器，如图 14-28、图 14-29 所示。

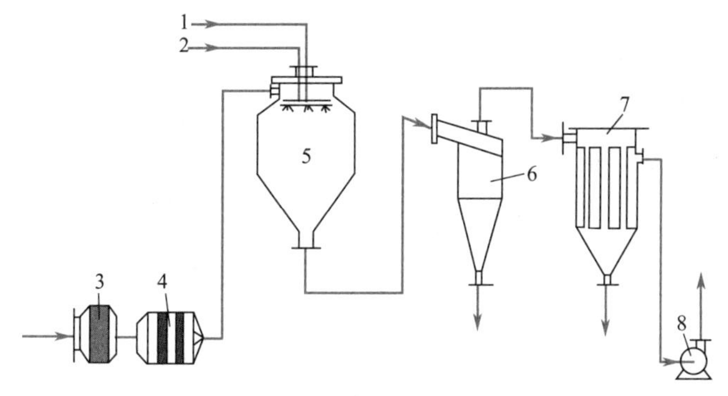

图 14-28 喷雾干燥流程

1—料液；2—压缩空气；3—空气过滤器；4—翅片加热器；5—喷雾干燥器；6—旋风分离器；7—袋滤器；8—风机

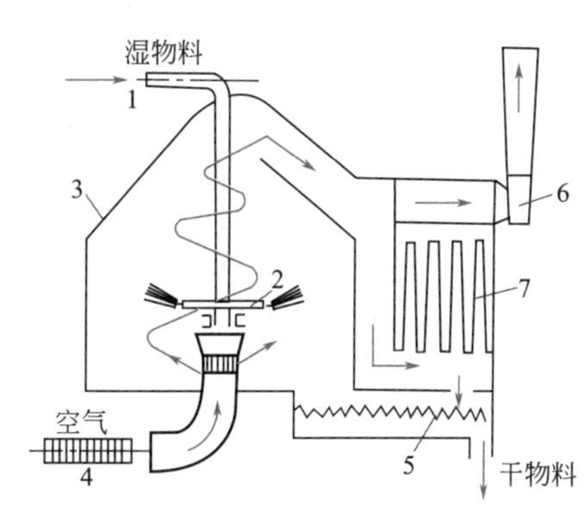

图 14-29 离心式喷雾干燥器

1—加料管；2—喷雾盘；3—干燥室；4—空气预热器；5—运输器；6—送风机；7—袋滤器

喷雾干燥器由雾化器、干燥室、产品回收系统、供料及热风系统等部分组成。雾化器的

作用是将物料喷洒成直径为 10～60μm 的细滴，从而获得很大的汽化表面积（约 100～600m^2/L 溶液）。常用的雾化器有以下三种。

(1) 压力喷嘴［图 14-30(a)］ 用高压泵使液体在 3～20MPa 的压强下通过孔径为 0.25～0.5mm 的喷嘴，离开喷嘴的液体首先形成一圆锥形的薄膜，继而撕成细丝，分散成滴。由于料液通过喷嘴时的速度很高，孔口常易磨损，故喷嘴应使用碳化钨等耐磨材料制造。此种喷嘴不能处理含固体颗粒的液体，否则孔口容易堵塞。

(2) 离心转盘［图 14-30(b)］ 将物料注于 5000～20000r/min 的旋转圆盘上，借离心力使料液向四周抛出、分散成滴。这种雾化器对各种物料包括悬浮液或黏稠液体均能适用，但传动装置的制造、维修要求较高。

(3) 气流式喷嘴［图 14-30(c)］ 使 0.1～0.5MPa 的压缩空气与料液同时通过喷嘴，在喷嘴出口处压缩空气将料液分散成雾滴。此种方法常用于溶液和乳浊液的喷洒，也可用于含固体颗粒的浆料。其缺点是要消耗压缩空气，动力费用较大。

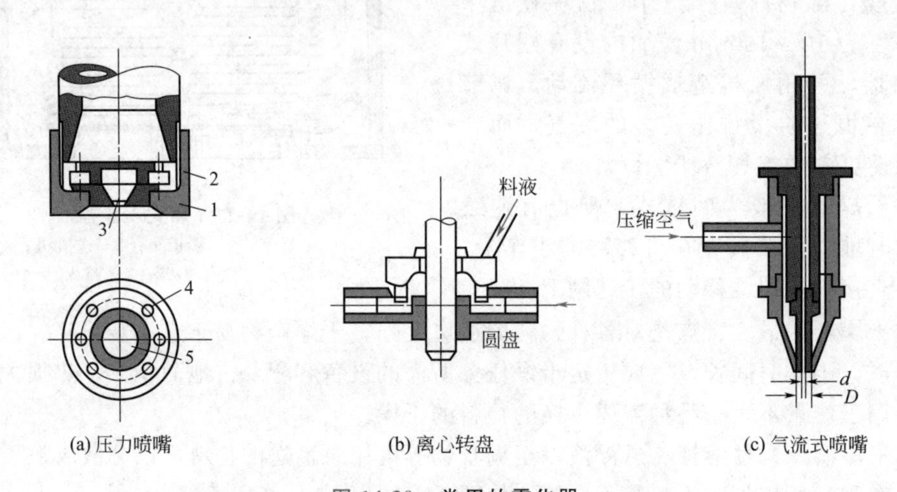

图 14-30 常用的雾化器

1—外套；2—圆板；3—旋涡室；4—小孔；5—喷出口

液体雾化的优劣直接影响产品的色泽、密度、含水量等品质。但是，无论何种雾化器所产生的液滴直径都分布在一定的范围之内。这就有可能使一部分大液滴在其外表尚未干涸时就碰上干燥器壁，并黏附于壁上。同时，另一部分过细的液滴则因干燥较快，延长了高温阶段的停留时间。因此，理想的雾化器应能产生细小而均匀的雾滴。一般来说，向雾化器输入的能量越多（如压力喷嘴使用的压强越高），所得液滴群的平均直径越小，分布范围也小，即液滴较为均匀。

干燥室的基本要求是提供有利的气液接触，使液滴在到达器壁之前已获得相当程度的干燥，同时使物料与高温气流的接触时间不致过长。因此，离心转盘造成的雾矩范围大，干燥室的高径比则应较小。反之，压力喷嘴则须采用高径比很大的柱形干燥室。

气流与液滴的流向可作多种安排（见图 14-31），应按物料性质妥善选择。

总的说来，喷雾干燥的设备尺寸大，能量消耗多。但物料停留时间很短（一般只需 3～10s），适用于热敏物料的干燥，且可省去溶液的蒸发、结晶等工序，由液态直接加工成固体

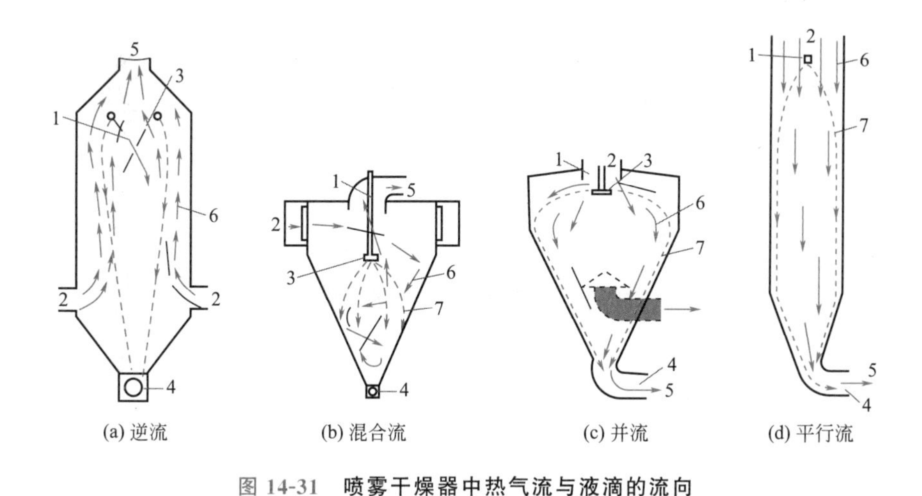

图 14-31　喷雾干燥器中热气流与液滴的流向

1—物料；2—热空气；3—喷嘴；4—产品；5—废气；6—气流；7—雾滴

产品。喷雾干燥在合成树脂、食品、制药等工业部门中得到广泛的应用。

气流干燥器　若湿物料为粉粒体，经离心脱水后可在气流干燥器中以悬浮的状态进行干燥。气流干燥器的主要部件如图 14-32 所示。

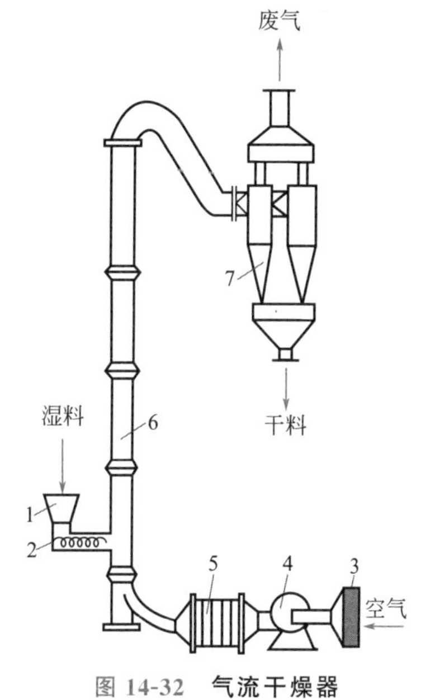

图 14-32　气流干燥器

1—料斗；2—螺旋加料器；3—空气过滤器；4—风机；5—预热器；6—干燥管；7—旋风分离器

空气由风机吸入，经翅片加热器预热至指定温度，然后进入干燥管底部。物料由加料器连续送入，在干燥管中被高速气流分散。在干燥管内气固并流流动，水分汽化。干物料随气流进入旋风分离器，与湿空气分离后被收集。

气流干燥器操作的关键是连续而均匀地加料，并将物料分散于气流中。连续加料可使用各种型式的加料器，图 14-33 所示为常用的几种固体加料器。但是，黏并成团的潮湿粉粒往往难于分散。为使湿物料在入口部借气流获得必要的分散，管内的气速应大大超过单个颗粒的沉降速度，常用的气速约在10～20m/s 以上。由于干燥管的高度有限，颗粒在管内的停留时间很短，一般仅 2s 左右。因颗粒尺寸很小，在此短暂时间内可将颗粒中的大部分水汽化，使含水量降至临界值以下。

须指出，在整个干燥管的高度范围内，并不是每一段都同样有效。在加料口以上 1m 左右，物料被加速，气固相对速度最大，给热系数和干燥速率亦最大，是整个干燥管中最有效的部分。在干燥管上部，物料已接近或低于临界含水量，即使管子很高，仍不足以提供物料升温阶段缓慢干燥所需要的时间。因此，当要求干燥产物的含水量很低时，应改用其他低气速干燥器继续干燥。

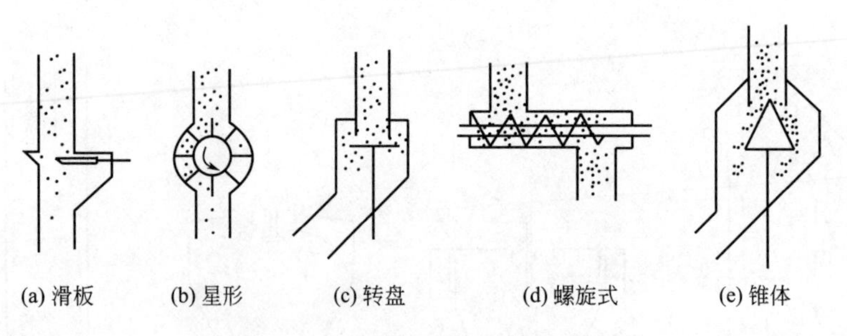

图 14-33　常用的几种固体加料器

流化干燥器　物料处于流化阶段，可以获得足够的停留时间，将含水量降至规定值。图 14-34 所示为常用的几种流化床干燥器。

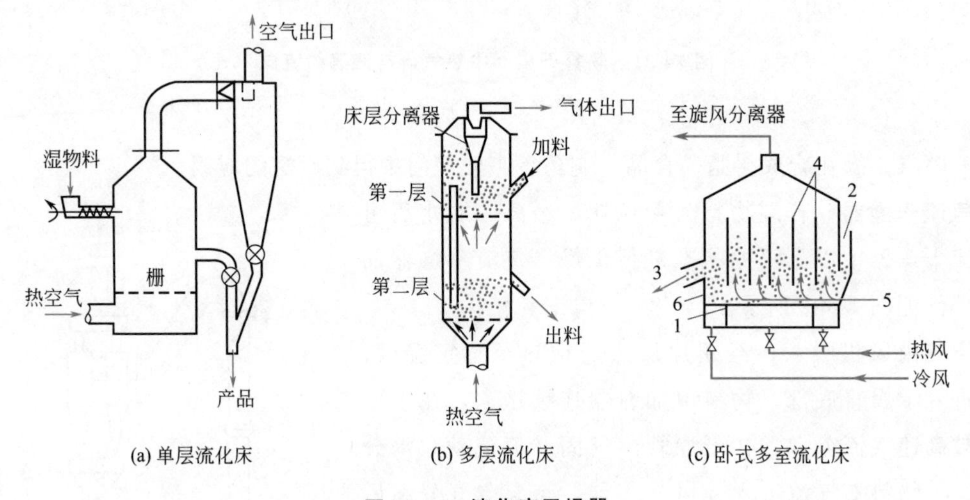

图 14-34　流化床干燥器

1—多孔分布器；2—加料口；3—出料口；4—挡板；5—物料通道（间隙）；6—出口堰板

工业用单层流化床多数为连续操作。物料自圆筒式或矩形筒体的一侧加入，自另一侧连续排出。颗粒在床层内的平均停留时间（即平均干燥时间）τ 为

$$\tau=\frac{\text{床内固体量}}{\text{加料速率}}$$

由于流化床内固体颗粒的均匀混合，每个颗粒在床内的停留时间并不相同，这使部分湿物料未经充分干燥即从出口溢出，而另一些颗粒将在床内高温条件下停留过长。

为避免颗粒完全混合，可使用多层床。湿物料逐层下落，自最下层连续排出。也可采用卧式多室流化床，此床为矩形截面，床内设有若干纵向挡板，将床层分成许多区间。挡板与床底部水平分布板之间留有足够的间距，供物料逐室通过，但又不致完全混合。将床层分成多室不但可使产物含水量均匀，且各室的气温和流量可分别调节，有利于热量的充分利用。一般在最后一室吹入冷空气，使产物冷却而便于包装和储藏。

流化床干燥器对气体分布板的要求不如反应器那样苛刻。在操作气速下，通常具有 1kPa 压降（或为床层压降的 20%～100%）的多孔板已可满足要求。床底应便于清理，去除从分布板小孔中落下的少量物料。对易于黏结的粉体，在床层进口处可附设 3～30r/min 的搅拌器，以帮助物料分散。

流化床内常设置加热面，可以减少废气带走热量。

转筒干燥器 经真空过滤所得的滤渣、团块物料以及颗粒较大而难以流化的物料，可在转筒干燥器内获得一定程度的分散，使干燥产品的含水量能够降至较低的数值。

干燥器的主体是一个与水平略成倾斜的圆筒［参见图 14-35(a)、(b)］，圆筒的倾斜度约为 1/15～1/50，物料自高端送入，低端排出，转筒以 0.5～4r/min 缓缓地旋转。转筒内设置各种抄板，在旋转过程中将物料不断举起、撒下，使物料分散并与气流密切接触，同时也使物料向低处移动。常见的抄板如图 14-35(c) 所示。

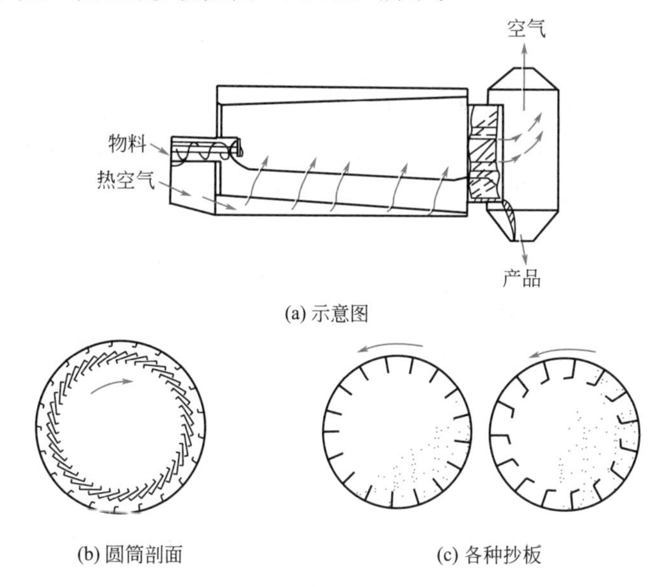

图 14-35 转筒干燥器

热空气或燃烧气可在器内与物料作总体上的并流或逆流。为便于气固分离，通常转筒内的气速并不高。对粒径小于 1mm 的颗粒，气速为 0.3～1m/s；对于 5mm 左右的颗粒，气速约在 3m/s 以下。

物料在干燥器内的停留时间可借转速加以调节，通常停留时间为 5min 乃至数小时，因而使产品的含水量降至很低。此外，转筒干燥器的处理量大，对各种物料的适应性强，长期以来应用很广。

14.4.3 非对流式干燥器

耙式真空干燥器 这是一种以传导供给热量、间歇操作的干燥器，结构如图 14-36 所示。

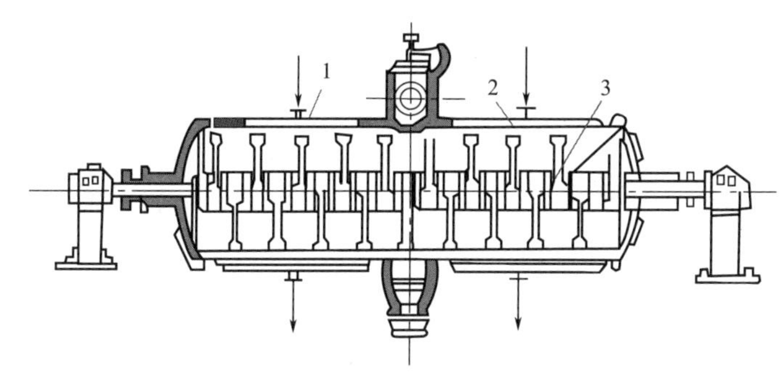

图 14-36 耙式真空干燥器

1—外壳；2—蒸汽夹套；3—水平搅拌器

在一个带有蒸汽夹套的圆筒中装有一水平搅拌轴，轴上有许多叶片以不断地翻动物料。

汽化的水分和不凝性气体由真空系统排除，干燥完毕时切断真空并停止加热，使干燥器与大气相通，然后将物料由底部卸料口卸出。

耙式真空干燥器通过间壁传导供热，操作密闭，无需空气作为干燥介质，故适用于在空气中易氧化的有机物的干燥。此种干燥器对糊状物料适应性强，物料的初始含水量允许在很宽的范围内变动，但生产能力很低。

红外线干燥器 利用红外线辐射源发出波长为 0.72～1000μm 的红外线，投射于被干燥物体上，可使物体温度升高，水分或溶剂汽化。通常把波长为 5.6～1000μm 范围的红外线称为远红外线。

动画

不同物质的分子吸收红外线的能力不同。像氢、氮、氧等双原子的分子不吸收红外线，而水、溶剂、树脂等有机物则能很好地吸收红外线。此外，当物体表面被干燥之后，红外线要穿透干固体层深入物料内部比较困难。因此红外线干燥器主要用于薄层物料的干燥，如油漆、油墨的干燥等。

目前常用的红外线辐射源有两种。一种是红外线灯，用高穿透性玻璃和钨丝制成。钨丝通电后在 2200℃下工作，可辐射 0.6～3μm 的红外线。红外线灯也可制成管状或板状，常用的单灯功率有 190W、200W 等。灯与物体的距离直接影响物体的干燥温度和干燥时间。单个灯或干燥装置中还带有各种反光罩，使红外线集中于物体的某一局部或平行投射于整个物体。另一种辐射源是使煤气与空气的混合气（一般空气量是煤气量的 3.5～3.7 倍）在薄金属板或钻了许多小孔的陶瓷板的背面发生无烟燃烧，当板的温度达到 340～800℃时（一般是 400～500℃）即放出红外线。

间歇式的红外线干燥器可随时启闭辐射源；也可以制成连续的隧道式干燥器，用运输带连续地移动干燥物件。红外线干燥器的特点是：

① 设备简单，操作方便灵活，可以适应干燥物品的变化。

② 能保持干燥系统的密闭性，免除干燥过程中溶剂或其他毒性挥发物对人体的危害，或避免空气中的尘粒污染物料。

③ 耗能大，但在某些情况下这一缺点可被干燥速率快所补偿。

④ 因固体的热辐射是一表面过程，故限于薄层物料的干燥。

冷冻干燥器 冷冻干燥是使物料在低温下将其中水分由固态直接升华进入气相而达到干燥目的。

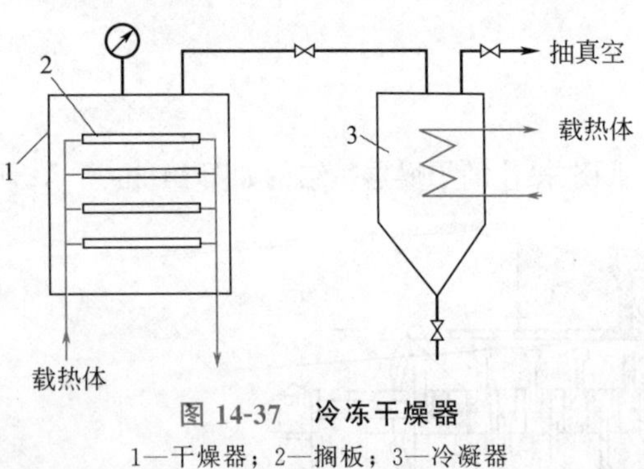

图 14-37 冷冻干燥器

1—干燥器；2—搁板；3—冷凝器

图 14-37 所示为冷冻干燥器。湿物料置于干燥箱内的若干层搁板上。首先用冷冻剂预冷，将物料中的水冻结成冰。由于物料中的水溶液的冰点较纯水为低，预冷温度应比溶液冰点低 5℃左右，一般约为 −30～−5℃。随后对系统抽真空，使干燥器内的绝对压强约保持为 130Pa，物料中的水分由冰升华为水汽并进入冷凝器中冻结成霜。此阶段应向物料供热以补偿冰的升华所需的热量，而物料温度几乎不变，是一恒速阶段。供热的方式可用电热元件辐射加热，也可通入载热体加热。干燥后期，为一升温阶段，可将物料升温至 30～40℃并保持 2～3h，使物料中的剩余水分去除干净。

冷冻干燥器主要用于生物制品、药物、食品等热敏物料的脱水，以保持酶、天然香料等有效成分不受高温或氧化破坏。在冷冻干燥过程中物料的物理结构未遭破坏，产品加水后易于恢复原有的组织状态。但冷冻干燥费用很高，只用于少量贵重产品的干燥。

思考题

14-12 评价干燥器技术性能的主要指标有哪些？

习 题

湿空气的性质

14-1 将干球温度27℃、露点为22℃的空气加热至80℃，试求加热前后空气相对湿度的变化。

[答：74.1%，5.6%]

14-2 在常压下将干球温度65℃、湿球温度40℃的空气冷却至25℃，计算每千克干空气中凝结出多少水分？每千克干空气放出多少热量？ [答：0.0174kg，87.6kJ]

14-3 总压为100kPa的湿空气，试用焓-湿度图填充附表。

习题14-3附表

干球温度/℃	湿球温度/℃	湿度/(kg水/kg干气)	相对湿度/%	热焓/(kJ/kg干气)	水汽分压/kPa	露点/℃
80	40					
60						29
40			43			
		0.024		120		
50					3.0	

[答：略]

14-4 在温度为80℃、湿度为0.01kg水/kg干气的空气流中喷入0.1kg水/s的水滴。水滴温度为30℃，全部汽化被气流带走。气体的流量为10kg干气/s，不计热损失。试求：(1) 喷水后气体的热焓增加了多少？(2) 喷水后气体的温度降低到多少度？(3) 如果忽略水滴带入的热焓，即把气体的增湿过程当作等焓变化过程，则增湿后气体的温度降到几度？

[答：(1) 1.25kJ/kg干气；(2) 55.9℃；(3) 54.7℃]

***14-5** 某干燥作业如附图所示。现测得温度为30℃，露点为20℃，流量为1000m³湿空气/h的湿空气在冷却器中除去水分2.5kg/h后，再经预热器预热到60℃后进入干燥器。操作在常压下进行。试求：(1) 出冷却器的空气的温度和湿度；(2) 出预热器的空气的相对湿度。 [答：(1) 17.5℃，0.0125；(2) 10%]

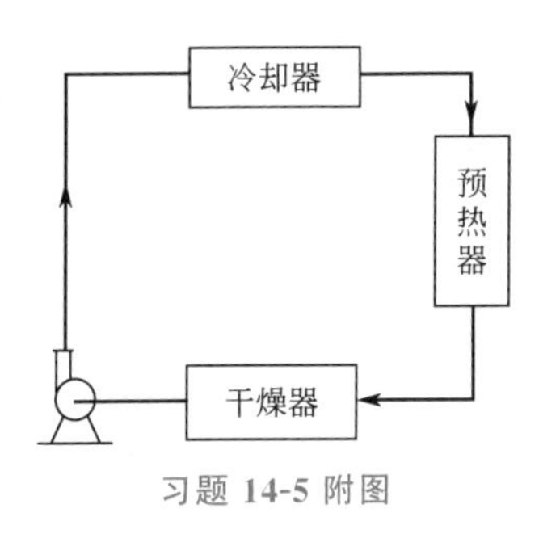

习题14-5附图

间歇干燥过程计算

14-6 已知常压、25℃下水分在氧化锌与空气之间的平衡关系为：相对湿度$\varphi=100\%$时，平衡含水量$X^*=0.02$kg水/kg干料；相对湿度$\varphi=40\%$时，平衡含水量$X^*=0.007$kg水/kg干料。现氧化锌的含水量为0.25kg水/kg干料，令其在25℃与$\varphi=40\%$的空气接触。试问物料的自由含水量、结合水及

非结合水的含量各为多少？ [答：0.243kg 水/kg 干料，0.02，0.23]

14-7 1m×1m×5cm（长×宽×厚）的板状物料（全部立着放，并设干燥过程中物料不收缩），在干燥介质湿度不变的情况下，水分由50%干燥到2%，其平衡湿含量接近于零，绝干物料的密度为500kg/m³，以上含水量均为湿基。由实验得到下列干燥速率：水分由50%干燥至25%为等速阶段，其干燥速率为5kg/(m²·h)；水分在25%以下为降速阶段，此时空气质量流速为1kg/(m²·h)，并设干燥速率曲线为直线。试求：(1) 所需干燥时间；(2) 若临界湿含量近似不变，仅将空气的质量流速增大为2kg/(m²·h)，能否将干燥时间缩短为原来的一半？ [答：(1) 3.71h；(2) 不能]

14-8 某厢式干燥器内有盛物浅盘50只，盘的底面积为70cm×70cm，每盘内堆放厚20mm的湿物料。湿物料的堆积密度为1600kg/m³，含水量由0.5kg 水/kg 干料干燥到0.005kg 水/kg 干料。器内空气平行流过物料表面，空气的平均温度为77℃，相对湿度为10%，气速2m/s。物料的临界自由含水量为0.3kg 水/kg 干料，平衡含水量为零。设降速阶段的干燥速率与物料的自由含水量成正比。求每批物料的干燥时间。 [答：21.08h]

连续干燥过程的计算

14-9 某常压操作的干燥器的参数如附图所示，其中：空气状况 $t_0=20$℃，$H_0=0.01$kg/kg 干气，$t_1=120$℃，$t_2=70$℃，$H_2=0.05$kg/kg 干气；物料状况 $\theta_1=30$℃，含水量 $w_1=20\%$，$\theta_2=50$℃，$w_2=5\%$，绝对干物料比热容 $c_{pS}=1.5$kg/(kg·℃)；干燥器的生产能力为53.5kg/h（以出干燥器的产物计），干燥器的热损失忽略不计。试求：(1) 空气用量 V；(2) 预热器的热负荷；(3) 应向干燥器补充的热量。

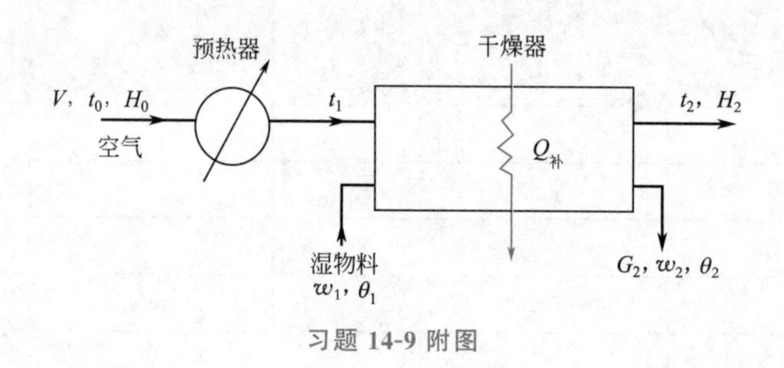

习题 14-9 附图

[答：(1) 250.75kg 干气；(2) 25798kJ/h；(3) 13984kJ/h]

14-10 某湿物料用热空气进行干燥。湿物料的处理量为2000kg/h，初始含水量为15%，要求干燥产品的含水量为0.6%（湿基）。所用空气的初始温度为20℃，湿度为0.03kg 水/kg 干气，预热至120℃。若干燥过程可视为理想干燥过程，且干燥热效率为60%。试求：(1) 空气的出口温度为多少？(2) 为保证热效率不低于60%，所需的空气量为多少？ [答：(1) 60℃；(2) 1.18×10^4kg 干气/h]

***14-11** 一理想干燥器在总压为100kPa下，将湿物料由含水20%干燥至1%（均为湿基），湿物料的处理量为1.75kg/s。室外大气温度为20℃，湿球温度16℃，经预热后送入干燥器。干燥器出口废气的相对湿度为70%。现采用两种方案：(1) 将空气一次预热至120℃送入干燥器；(2) 预热至120℃送入干燥器后，空气增湿至 $\varphi=70\%$，再将此空气在干燥器内加热至100℃（中间加热），继续与物料接触，空气再次增湿至 $\varphi=70\%$ 排出器外。求上述两种方案的空气用量和热效率。

[答：(1) 10.9kg/s，78%；(2) 6.59kg/s，80.5%]

14-12 总压为100kPa、温度为16℃、湿度为0.0023 kg 水/kg 干气的新鲜空气与废气80%（质量分数）混合后进入预热器（如附图所示）。已知废气的温度为67℃，露点温度为35℃。将物料最初含水量为47%（湿基，下同）干燥至含水量为5%的产品，干燥器的生产能力为837kg 产品/h。若干燥器是理想干燥器，试求：(1) 干燥器每小时消耗的空气量；(2) 预热器的传热量（忽略热损失）。

已知：

t/℃	16	35	67
p_s/kPa	1.817	5.623	27.33
r/(kJ/kg)	2455	2420	2438

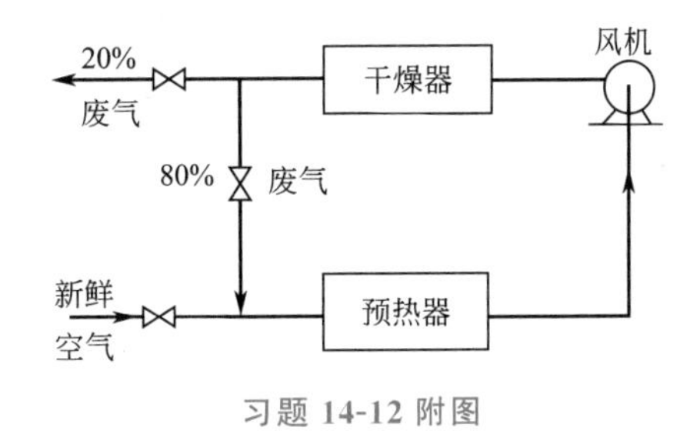

习题 **14-12** 附图

[答：(1) 1.91×10^4 kg/h；(2) 2.73×10^6 kJ/h]

14-13 某厂欲将物料由含水量 50%（湿基，下同）干燥至含水量 1%，每分钟需要处理湿物料 1200kg。采用温度为 25℃、露点温度为 4℃的室外空气，以 223kg/s 的流量经预热后送入干燥器。若干燥器是理想干燥器，空气总压为 101kPa，废气排出温度为 50℃。试求：(1) 废气的相对湿度 φ；(2) 预热温度和干燥器的热效率；(3) 若干燥任务不变，空气出口温度不变，将空气预热温度提高至 176℃，空气用量和干燥器热效率分别为多少？

[答：(1) 60%；(2) 163℃，81.1%；(3) 201kg 空气/s，83.4%]

符号说明

符号	意义	计量单位
a	单位设备容积中的气固传热表面积	m^2/m^3
A	气固接触表面积，即干燥面积	m^2
c_p	比热容	kJ/(kg·℃)
d_p	颗粒或液滴直径	m
G	干燥器中气体的质量流速	kg/(m^2·s)
G_1	进干燥器湿物料量	kg/s
G_2	出干燥器干燥产品量	kg/s
G_c	绝对干物料的量（间歇过程）	kg
	或流率（连续过程）	kg/s
H	气体湿度	kg 汽/kg 干气
H_s	气体的饱和湿度	kg 汽/kg 干气
I	热焓	kJ/kg 干气
k_H	以湿度差为推动力的气相传质系数	kg/(s·m^2)
N_A	传质速率，即汽化速率或干燥速率	kg/(s·m^2)
p	总压	kPa
p_s	水的饱和蒸气压	kPa
Q	预热器耗热量	kW
Q_1	汽化水分耗热	kW
Q_2	物料升温耗热	kW
r	汽化热	kJ/kg
t	气体温度	℃
V	干燥用气量	kg 干气/s
$\overline{V}$	干燥设备容积	m^3
W	水分汽化量	kg/s
w	湿物料含水质量分数	kg/kg 湿物料
X_t	物料干基含水量	kg 水/kg 干料
X	物料的干基自由含水量，即 X_t-X^*	kg 水/kg 干料
X^*	干基平衡含水量	kg 水/kg 干料
α	给热系数	kW/(m^2·℃)
θ	物料温度	℃
φ	气体的相对湿度	

下标

下标	意义
g	干气体
V	湿蒸汽
H	湿气体
L	液体
m	湿物料
S	干固体
d	露点
w	湿球
as	绝热饱和

附 录

一、气体的扩散系数

1. 一些物质在氢、二氧化碳、空气中的扩散系数（0℃，101.3kPa） 单位：$10^{-4}\cdot m^2\cdot s^{-1}$

物质名称	H_2	CO_2	空气	物质名称	H_2	CO_2	空气
H_2		0.550	0.611	NH_3			0.198
O_2	0.697	0.139	0.178	Br_2	0.563	0.0363	0.086
N_2	0.674		0.202	I_2			0.097
CO	0.651	0.137	0.202	HCN			0.133
CO_2	0.550		0.138	H_2S			0.151
SO_2	0.479		0.103	CH_4	0.625	0.153	0.223
CS_2	0.3689	0.063	0.0892	C_2H_4	0.505	0.096	0.152
H_2O	0.7516	0.1387	0.220	C_6H_6	0.294	0.0527	0.0751
空气	0.611	0.138		甲醇	0.5001	0.0880	0.1325
HCl			0.156	乙醇	0.378	0.0685	0.1016
SO_3			0.102	乙醚	0.296	0.0552	0.0775
Cl_2			0.108				

2. 一些物质在水溶液中的扩散系数

溶质	浓度 /(mol/L)	温度 /℃	扩散系数 $D\times10^9$ /(m^2/s)	溶质	浓度 /(mol/L)	温度 /℃	扩散系数 $D\times10^9$ /(m^2/s)
HCl	9	0	2.7	NH_3	0.7	5	1.24
	7	0	2.4		1.0	8	1.36
	4	0	2.1		饱和	8	1.08
	3	0	2.0		饱和	10	1.14
	2	0	1.8		1.0	15	1.77
	0.4	0	1.6		饱和	15	1.26
	0.6	5	2.4			20	2.04
	1.3	5	1.9	C_2H_2	0	20	1.80
	0.4	5	1.8	Br_2	0	20	1.29
	9	10	3.3	CO	0	20	1.90
	6.5	10	3.0	C_2H_4	0	20	1.59
	2.5	10	2.5	H_2	0	20	5.94
	0.8	10	2.2	HCN	0	20	1.66
	0.5	10	2.1	H_2S	0	20	1.63
	2.5	15	2.9	CH_4	0	20	2.06
	3.2	19	4.5	N_2	0	20	1.90
	1.0	19	3.0	O_2	0	20	2.08
	0.3	19	2.7	SO_2	0	20	1.47
	0.1	19	2.5	Cl_2	0.138	10	0.91
	0	20	2.8		0.128	13	0.98
CO_2	0	10	1.46		0.11	18.3	1.21
	0	15	1.60		0.104	20	1.22
	0	18	1.71±0.03		0.099	22.4	1.32
	0	20	1.77		0.092	25	1.42
NH_3	0.686	4	1.22		0.083	30	1.62
	3.5	5	1.24		0.07	35	1.8

二、几种气体溶于水时的亨利系数

气体	温度/℃															
	0	5	10	15	20	25	30	35	40	45	50	60	70	80	90	100
	$E\times10^{-3}$/MPa															
H_2	5.87	6.16	6.44	6.70	6.92	7.16	7.38	7.52	7.61	7.70	7.75	7.75	7.71	7.65	7.61	7.55
N_2	5.36	6.05	6.77	7.48	8.14	8.76	9.36	9.98	10.5	11.0	11.4	12.2	12.7	12.8	12.8	12.8
空气	4.38	4.94	5.56	6.15	6.73	7.29	7.81	8.34	8.81	9.23	9.58	10.2	10.6	10.8	10.9	10.8
CO	3.57	4.01	4.48	4.95	5.43	5.87	6.28	6.68	7.05	7.38	7.71	8.32	8.56	8.56	8.57	8.57
O_2	2.58	2.95	3.31	3.69	4.06	4.44	4.81	5.14	5.42	5.70	5.96	6.37	6.72	6.96	7.08	7.10
CH_4	2.27	2.62	3.01	3.41	3.81	4.18	4.55	4.92	5.27	5.58	5.85	6.34	6.75	6.91	7.01	7.10
NO	1.71	1.96	1.96	2.45	2.67	2.91	3.14	3.35	3.57	3.77	3.95	4.23	4.34	4.54	4.58	4.60
C_2H_6	1.27	1.91	1.57	2.90	2.66	3.06	3.47	3.88	4.28	4.69	5.07	5.72	6.31	6.70	6.96	7.01
	$E\times10^{-2}$/MPa															
C_2H_4	5.59	6.61	7.78	9.07	10.3	11.5	12.9	—	—	—	—	—	—	—	—	—
N_2O	—	1.19	1.43	1.68	2.01	2.28	2.62	3.06	—	—	—	—	—	—	—	—
CO_2	0.737	0.887	1.05	1.24	1.44	1.66	1.88	2.12	2.36	2.60	2.87	3.45	—	—	—	—
C_2H_2	0.729	0.85	0.97	1.09	1.23	1.35	1.48	—	—	—	—	—	—	—	—	—
Cl_2	0.271	0.334	0.399	0.461	0.537	0.604	0.67	0.739	0.80	0.86	0.90	0.97	0.99	0.97	0.96	—
H_2S	0.271	0.319	0.372	0.418	0.489	0.552	0.617	0.685	0.755	0.825	0.895	1.04	1.21	1.37	1.46	1.062
	E/MPa															
Br_2	2.16	2.79	3.71	4.72	6.01	7.47	9.17	11.04	13.47	16.0	19.4	25.4	32.5	40.9	—	—
SO_2	1.67	2.02	2.45	2.94	3.55	4.13	4.85	5.67	6.60	7.63	8.71	11.1	13.9	17.0	20.1	—

三、某些二元物系的汽液平衡组成

1. 乙醇-水（101.3kPa）

乙醇摩尔分数		温度/℃	乙醇摩尔分数		温度/℃
液相	气相		液相	气相	
0.00	0.00	100	0.3273	0.5826	81.5
0.0190	0.1700	95.5	0.3965	0.6122	80.7
0.0721	0.3891	89.0	0.5079	0.6564	79.8
0.0966	0.4375	86.7	0.5198	0.6599	79.7
0.1238	0.4704	85.3	0.5732	0.6841	79.3
0.1661	0.5089	84.1	0.6763	0.7385	78.74
0.2337	0.5445	82.7	0.7472	0.7815	78.41
0.2608	0.5580	82.3	0.8943	0.8943	78.15

2. 苯-甲苯（101.3kPa）

苯摩尔分数		温度/℃	苯摩尔分数		温度/℃
液相	气相		液相	气相	
0.0	0.0	110.6	0.592	0.789	89.4
0.088	0.212	106.1	0.700	0.853	86.8
0.200	0.370	102.2	0.803	0.914	84.4
0.300	0.500	98.6	0.903	0.957	82.3
0.397	0.618	95.2	0.950	0.979	81.2
0.489	0.710	92.1	1.00	1.00	80.2

3. 氯仿-苯 (101.3kPa)

氯仿质量分数		温度/℃	氯仿质量分数		温度/℃
液相	气相		液相	气相	
0.10	0.136	79.9	0.60	0.750	74.6
0.20	0.272	79.0	0.70	0.830	72.8
0.30	0.406	78.1	0.80	0.900	70.5
0.40	0.530	77.2	0.90	0.961	67.0
0.50	0.650	76.0			

4. 水-醋酸 (101.3kPa)

水摩尔分数		温度/℃	水摩尔分数		温度/℃
液相	气相		液相	气相	
0.0	0.0	118.2	0.833	0.886	101.3
0.270	0.394	108.2	0.886	0.919	100.9
0.455	0.565	105.3	0.930	0.950	100.5
0.588	0.707	103.8	0.968	0.977	100.2
0.690	0.790	102.8	1.00	1.00	100.0
0.769	0.845	101.9			

5. 甲醇-水 (101.3kPa)

甲醇摩尔分数		温度/℃	甲醇摩尔分数		温度/℃
液相	气相		液相	气相	
0.0531	0.2834	92.9	0.2909	0.6801	77.8
0.0767	0.4001	90.3	0.3333	0.6918	76.7
0.0926	0.4353	88.9	0.3513	0.7347	76.2
0.1257	0.4831	86.6	0.4620	0.7756	73.8
0.1315	0.5455	85.0	0.5292	0.7971	72.7
0.1674	0.5585	83.2	0.5937	0.8183	71.3
0.1818	0.5775	82.3	0.6849	0.8492	70.0
0.2083	0.6273	81.6	0.7701	0.8962	68.0
0.2319	0.6485	80.2	0.8741	0.9194	66.9
0.2818	0.6775	78.0			

四、某些三元物系的液液平衡数据

1. 丙酮(A)-氯仿(B)-水(S)(25℃,均为质量分数)

氯　仿　相			水　　相		
A	B	S	A	B	S
0.090	0.900	0.010	0.030	0.010	0.960
0.237	0.750	0.013	0.083	0.012	0.905
0.320	0.664	0.016	0.135	0.015	0.850
0.380	0.600	0.020	0.174	0.016	0.810
0.425	0.550	0.025	0.221	0.018	0.761
0.505	0.450	0.045	0.319	0.021	0.660
0.570	0.350	0.080	0.445	0.045	0.510

2. 丙酮（A)-苯（B)-水（S)（30℃，均为质量分数）

苯相			水相		
A	B	S	A	B	S
0.058	0.940	0.002	0.050	0.001	0.949
0.131	0.867	0.002	0.100	0.002	0.898
0.304	0.687	0.009	0.200	0.004	0.796
0.472	0.498	0.030	0.300	0.009	0.691
0.589	0.345	0.066	0.400	0.018	0.582
0.641	0.239	0.120	0.500	0.041	0.459

五、填料的特性

填料的种类及尺寸①	比表面积 /(m^2/m^3)	空隙率 /(m^2/m^3)	堆积密度 /(kg/m^3)
整砌的填料			
拉西环(瓷环)			
50×50×5.0	110	0.735	650
80×80×8	80	0.72	670
100×100×1	60	0.72	670
螺旋环			
75×75	140	0.59	930
100×75	100	0.6	900
150×150	65	0.67	750
有隔板的瓷环			
75×75	135	0.44	1250
100×75	110	0.53	940
100×100	105	0.58	940
150×100	72	0.5	1120
150×150	65	0.52	1070
陶瓷波纹填料	500～600	0.6～0.7	600～700
金属波纹填料	1000～1100	约 0.9	
木栅填料 10×100			
节距 10	100	0.55	210
节距 20	65	0.68	145
节距 30	48	0.77	110
金属丝网填料	160	0.95	390
乱堆的填料			
瓷环			
6.5×6.5×1	584	0.66	860
8.5×8.5×1	482	0.67	750
10×10×1.5	440	0.7	700
15×15×2	330	0.7	690
25×25×3	200	0.74	530
35×35×4	140	0.78	530
50×50×5	90	0.785	530
钢质填圈			
8×8×0.3	630	0.9	750
10×10×0.5	500	0.88	960
15×15×0.5	350	0.92	660
25×25×0.3	220	0.92	640
50×50×1	110	0.95	430
整砌的填料			
鞍形填料			
12.5	460	0.68	720
25	260	0.69	670
38	165	0.70	670
焦块			
块子大小 25	120	0.53	600
块子大小 40	85	0.55	590
块子大小 75	42	0.58	650
石英			
块子大小 25	120	0.37	1600
块子大小 40	85	0.43	1450
块子大小 75	42	0.46	1380

① 尺寸以 mm 计。

参考文献

[1] Perry R H，Chilton C H. Chemical Engineers Handbook. 6th ed. New York：McGraw-Hill Inc，1984.

[2] Weast R C. Handbook of Chemical and Physics. 59th ed. Boca Raton：CRC Press Inc，1977-1978.

[3] 时钧，汪家鼎，余国琮，陈敏恒．化学工程手册：上卷．第2版．北京：化学工业出版社，1996.

[4] Roid Robert C，et al. The Properties of Gases and Liquids. 3rd ed. New York：McGraw-Hill Inc，1977.

[5] Treybal R E. Mass Transfer Operations. 2nd ed. New York：McGraw-Hill Inc，1968.

[6] Linton W H，T K Sherwood. Chem Eng Prog，1950，46：258.

[7] Chilton T H，A P Colbum. Ind Eng Chem，1934，26：1183.

[8] B. M. 拉默．化学工业中的吸收操作．北京：高等教育出版社，1955.

[9] Sherwood T K，Pigford R L. Absorption and Extraction. New York：McGraw-Hill Inc，1952.

[10] Reid R C，Sherwood T K. The Properties of Gases and Liquids. 2nd ed. New York：McGraw-Hill Inc，1966.

[11] Hala E，et al. Vapour-Liquid Equilibrium. 2nd ed. Oxford：Pergamon Press，1967.

[12] Van Wimkle M. Distillation. New York：McGraw-Hill Inc，1967.

[13] 河東準，岡田功．蒸留の理論と計算．東京：工学図書株式会社，1973.

[14] McCabe W L，Smith J C. Unit operations of Chemical Engineering. 4th ed. McGraw-Hill Inc，1985.

[15] 上海化工学院．基础化学工程：中册．上海：上海科学技术出版社，1978.

[16] Hughmark G A，H E O'Connell. Chem Eng Prog，1957，53（3）：127.

[17] Drickamer，Bradford. Trans Am Inst Chem Engrs，1943，39：319.

[18] H E O'Connell. Trans Am Inst Chem Engrs，1946，42：741.

[19] 碇醇．多孔板トレイの最適選定．化学装置，1979，21（2）：48.

[20] Buford D Smith. Design of equilibrium Stage process. New York：McGraw-Hill Inc，1963.

[21] Fair I R. Petro Chem Eng，1961，33（10）：45.

[22] Liebson，Kelley，Bullington. Petrol Refiner，1957，36（3）：288.

[23] Hunt，et al. Amer Inst of Chem Eng J，1955，1：441.

[24] Bolles W L. Petrol Refiner，1946，25：613.

[25] Davies J A，K F Gorden. Petro Chem Eng，1961，33（11）：82.

[26] Sherwood H R，G G K Shipley，F A L Holloway. Ind Eng Chem，1938，30：765.

[27] Leva M. Chem Eng Progr Symp Ser，1954，50（10）：51.

[28] Eckert J S，et al. Chem Eng Progr，1966，62（1）：59.

[29] Eckert J S. Chem Eng Progr，1970，66（3）：89.

[30] 恩田等．化学工学（日），1967，31：126.

[31] Onda et al. J Chem Eng Japan，1968，1：56.

[32] 陈英南，刘玉兰．常用化工单元设备的设计．上海：华东理工大学出版社，2005.

[33] Francis A W. Liquid-Liquid Equilibriums. New York：John Wiley and Sons Inc，1963.

[34] Surenson J M，Arlt W. Liquid-Liquid Equilibrium Data Collection：Tables，Diagrams & Model Parameters. Frankfurt：DECHEMA，1980.

[35] Treybal R E. Mass Transfer Operations. 2nd ed. New York：McGraw-Hill Inc，1968.

[36] Treybal R E. Liquid Extraction. 2nd ed. New York：McGraw-Hill Inc，1963.

[37] 柴田節夫，中山ジヨー. 液液抽出装置の設計（3). 化学装置，1974，16（10)：19-28.

[38] Reman，Olney. Chem Eng Progr，1955：51，141.

[39] Treybal R E. Chem Eng Progr，1966，62（9)：27.

[40] 陈维钮．超临界流体萃取的原理和应用．北京：化学工业出版社，1998.

[41] 吴俊生，邓修，陈同芸．分离工程．上海：华东化工学院出版社，1992.

[42] 柯尔森，李嘉森．化学工程：卷Ⅱ单元操作．丁绪淮等译．北京：化学工业出版社，1987.

[43] J. 金克普利斯．传递过程与单元操作．清华大学化工传递组译．北京：清华大学出版社，1985.

[44] 哈姆斯基．化学工业中的结晶．古涛，叶铁林译．北京：化学工业出版社，1984.

[45] 丁绪淮，谈遒．工业结晶．北京：化学工业出版社，1985.

[46] Diran Basmadjian. Little adsorption book. Boca Raton：CRC Press Inc，1997.

[47] 叶振华．化工吸附分离过程．北京：中国石化出版社，1992.

[48] 北川浩，铃木谦一郎．吸附的基础和设计．鹿政理译．北京：化学工业出版社，1983.

[49] Yang R T. 吸附法气体分离．王树森，曾美云，胡竞民译．北京：化学工业出版社，1991.

[50] Klaus Sattler. Thermische TrennVerfahren. Weinheim：VCH Verlagsgesellschaft，1995.

[51] 蒋维钧．新型传质分离技术．北京：化学工业出版社，1992.

[52] 王学松．膜分离技术与应用．北京：科学出版社，1994.

[53] 高以炫，叶凌碧．膜分离技术基础．北京：科学出版社，1989.

[54] 日本膜学会．膜分离过程设计法．王志魁译．北京：科学技术文献出版社，1988.

[55] R. Rautenbach. 膜工艺．王乐夫译．北京：化学工业出版社，1998.

[56] 王学松．反渗透膜技术及其在化工和环保中的应用．北京：化学工业出版社，1989.

[57] 国井大藏．熱的単位操作：下．東京：丸善株式会社，1978.

[58] Keey R B. Introduction to Industrial Drying Operations. Oxford：Pergamon Press，1978.

[59] Foust A S. Principles of Unit Operations. 2nd ed. New York：John Willey and Sons，1980.

[60] Keey R B. Drying-Principles and Practice. Oxford：Pergamon Press，1972.

[61] Keey R B. Introduction to Industrial Drying Operations. Oxford：Pergamon Press，1978.

[62] Geankoplis C J. Transport Processes and Separation Process Principles. 4th ed. New Jersey：Prentice Hall，2003.

[63] 化学工業協会．化学工学便覧．改訂4版．東京：丸善株式会社，1978.

[64] 黄婕．化工原理学习指导与习题精解．北京：化学工业出版社，2015.

[65] 潘鹤林．化工原理考研复习指导．北京：化学工业出版社，2017.

名人堂

顾毓珍（1907.3.9—1968.7.27），中国江苏无锡人，著名化学工程专家，流体传热理论研究的先行者，中国液体燃料与油脂工艺研究的开拓者。1927年毕业于清华大学，赴美深造。1932年获麻省理工学院化学工程博士。期间于1930年发起成立中国化学工程学会，为该学会创始人之一。1932年发表的论文《化学工程》对我国化学工程学科的发展起到了推动作用。1933年提出光滑管摩擦系数计算式 $\lambda=0.0056+0.500/Re^{0.32}$（适用于 $Re=3\times10^3\sim3\times10^6$），被国际公认为顾毓珍公式并广泛使用。1933年回国任中央工业试验所所长，任金陵大学、清华大学教授。为解决抗战时期燃料紧缺问题，积极从事液态燃料代用品研究，重点研究植物油裂化制液体燃料，并先后发表有关人造丝、酒精代汽油、大豆工业、油脂工业等方面的论文数十篇。1934年在上海筹建中国酒精厂，1940年开发“氯化钙脱水法制造高浓度酒精（>98%，可代汽油）”工艺，取得专利并成功工业化。在系统研究大豆油、菜籽油、棉籽油、桐油、芝麻油、蓖麻油、花生油等压榨油收率影响因素的基础上，1943年发表文章《中国十年来之油脂工业》。开发了活性炭制作工艺，为抗战将士提供了2万多套防毒面具，免受日军毒气伤害。开发了喷动谷物干燥新技术并成功工业化，形成喷动床技术。1952年华东化工学院建校后，一直担任化工原理和化学工程教研组教授、主任。曾任上海市第二、三届政协委员。先后编写出版了《液体燃料》《油脂制备学》《化工计算》《湍流传热导论》等著作。1956年与张洪沅、丁绪淮共同编写出版了《化学工业过程及设备》（上、下册），是首部全国统编化工原理教材。1964年编著出版了《化学工程学丛书》，推动了化学工程学科和化学工业的发展。

艾萨克·牛顿（Isaac Newton），著名的英国数学家、物理学家，1643年1月4日出生于英国林肯郡，1727年3月31日卒于英国伦敦。1665年牛顿毕业于剑桥大学，获得学士学位，留校做研究工作。从此开始了他的科学生涯。1665年秋，伦敦发生瘟疫，剑桥大学关门，牛顿回到了家乡。在家乡的十八个月，是牛顿一生中最重要的时期，几乎他所有最重要的成就都在这个时期奠定了基础。牛顿研究苹果落地的故事，就发生在这期间。瘟疫过后，牛顿回到剑桥大学，1668年取得硕士学位。1669年，他的导师巴罗博士辞职，并推荐他接替了数学教授的职位。他在剑桥大学从事教学和科研工作长达三十年之久。

牛顿的研究涉及物理学、数学、天文学、哲学等众多领域，著有《自然哲学的数学原理》《光学》等。他在1687年发表的论文《自然定律》里，对万有引力和三大运动定律进行了描述。这些描述奠定了此后三个世纪里物理世界的科学观点，并成为了现代工程学的基础。在力学上，牛顿阐明了动量和角动量守恒原理、牛顿黏性定律。在光学上，他发明了反射望远镜，并基于对三棱镜将白光发散成可见光谱的观察，发展出了颜色理论。他还系统地表述了传热的冷却定律，研究并提出了牛顿音速公式。在数学上，牛顿与莱布尼茨共同发展出微积分学。他也证明了广义二项式定理，提出了趋近函数零点的“牛顿法”，并为幂级数的研究做出了贡献。在经济学上，牛顿提出了金本位制度。

牛顿1672年当选为英国皇家学会会员，1689年当选为英国国会议员，1696年因病离开剑桥大学，到皇家造币厂当监督，1699年出任造币厂厂长，同时被选为法国科学院八个外国委员之一。1703年他当选为皇家学会会长，并每年连任直至去世。1705年英国安妮女皇授予他爵士称号。

让·巴普蒂斯·约瑟夫·傅里叶（Jean Baptiste Joseph Fourier），法国数学家、物理学家，1768年3月21日出生于法国约讷省，1830年5月16日卒于巴黎。傅里叶9岁时沦为孤儿，被当地教堂收养，就读于地方军校，1785年回乡教数学。1794年到巴黎，成为高等师范学校的首批学员。1795年在巴黎综合工科学校执教。1798年随拿破仑军队远征埃及，任军中文书和埃及研究院秘书，受到拿破仑器重，回国后被任命为格勒诺布尔省省长。

傅里叶早在1807年就写成关于热传导的基本论文《热的传播》，推导出著名的热传导方程，并在求解该方程时发现解函数可以由三角函数构成的级数形式表示，从而提出任一函数都可以展开成三角函数的无穷级数。傅里叶级数（即三角级数）、傅里叶分析等理论均由此创始。该论文呈交巴黎科学院，1811年又提交修改稿，并获科学院大奖，但未正式发表。傅里叶因对热传导理论的贡献于1817年当选为巴黎科学院院士。

1822年，傅里叶出版了专著《热的解析理论》，这部经典著作推进了整个19世纪数学分析严格化的进程。《热的解析理论》将欧拉、伯努利等在一些特殊情形下应用的三角级数方法发展成内容丰富的一般理论，三角级数后来就以傅里叶的名字命名。傅里叶应用三角级数求解热传导方程的主要贡献是创立了一套数学理论：最早使用定积分符号，改进了代数方程符号法则的证法和实根个数的判别法等；提出傅里叶变换的基本思想，它是一种积分变换，能将满足一定条件的某个函数表示成正弦函数的线性组合或者积分。在不同的研究领域，傅里叶变换具有多种不同的变体形式，如连续傅里叶变换和离散傅里叶变换。傅里叶变换可以化复杂的卷积运算为简单的乘积运算，从而提供了计算卷积的一种简单手段。傅里叶变换在物理学、数论、组合数学、信号处理、概率、统计、密码学、声学、光学等领域都有着广泛的应用。1822年傅里叶成为巴黎科学院终身秘书，后又任法兰西学院终身秘书和理工科大学校务委员会主席。

阿道夫·欧根·费克（Adolf Eugen Fick），德国医学家、生理学家，1829年9月3日出生于德国黑森州卡塞尔市，1901年8月21日卒于布朗肯堡。他以费克扩散定律而闻名。

费克早年开始于对数学和物理学的研究，后意识到自己在医学方面的才能，曾在苏黎世大学、维尔茨堡大学、马堡大学学习和研究。他于1851年在马堡大学获得医学博士学位。毕业后，费克从担任解剖员开始，从事自己的工作和研究。1855年，他发表了著名的费克扩散定律，该定律表述了气体通过液膜时的扩散。1870年，他率先使用现在称为费克原理的方法测量心脏排血量。费克曾两次发表了他的扩散定律，因扩散定律既适用于生理学又适用于物理学。

费克定律支配所有通过扩散所进行的质量传递。费克的研究受到之前托马斯·格雷姆实验的启发，但之前未提出任何基础定律。费克定律与同时代其他著名科学家所发现的定律，如达西定律（水流）、欧姆定律（电荷流动）及傅里叶定律（热传递），有近似的地方。费克实验主要由两个盐槽组成，两个槽由多条含水的管道连接，实验测量水管中的盐浓度及通量。值得注意的是，费克主要研究的是液体的扩散，而不是固体，因当时普遍认为固体扩散并不可行。时至今日，在研究固体、液体及气体扩散时，费克定律仍是求解相关问题的核心方程。当扩散不遵从费克定律时，我们把这种过程称为“非费克扩散”。

马丁·汉斯·克里斯安·努森（Martin Hans Christian Knudsen），简称马丁·努森，丹麦物理学家，1871年2月15日出生于丹麦哈斯马克，1949年5月27日卒于哥本哈根。

努森在丹麦技术大学担任教授并主持研究。他主要以研究气体分子流动和开发努森结晶析出槽而闻名。努森结晶析出槽是分子束外延生长结晶系统的主要组成部分。在晶体生长过程中，努森结晶析出槽常被用作相对较低分压元素（如Ga、Al、Hg、As）的汽化器源头。典型的努森结晶析出槽由炉缸、加热丝、水冷系统、隔热罩和孔板百叶窗组成。

努森在1895年获得了丹麦技术大学的金牌奖，并在第二年获得了物理学硕士学位。他于1901年成为该大学的物理讲师，1912年起担任教授，直到1941年退休。努森以其在分子动力学理论和气体的低压现象方面的研究工作而闻名。他的名字与努森流、努森数、努森层和努森气体相关联，还有努森方程、努森绝对压力计、努森计量器和努森泵。他发表的著作《气体动力学理论》包含了他的主要研究成果。努森在海洋物理学方面也非常活跃，开发了测定海水性质的方法，1901年出版了《水文表》。1935年努森被授予美国国家科学院亚历山大·阿加西勋章。